CHEMICALLY BONDED PHOSPHATE CERAMICS
TWENTY-FIRST CENTURY MATERIALS WITH DIVERSE APPLICATIONS
(SECOND EDITION)

化学结合磷酸盐胶凝材料

21 世纪多用途材料

第二版

[美] 阿 伦（Arun S. Wagh） 著

丁 铸 邢 锋 译

U0224384

中国建材工业出版社

北 京

图书在版编目（CIP）数据

化学结合磷酸盐胶凝材料：21世纪多用途材料：第二版 /（美）阿伦（Arun S. Wagh）著；丁铸，邢锋译 . —北京：中国建材工业出版社，2023.11

书名原文：Chemically Bonded Phosphate Ceramics (second edition)

ISBN 978-7-5160-2787-5

Ⅰ. ①化… Ⅱ. ①阿… ②丁… ③邢… Ⅲ. ①胶凝材料 Ⅳ. ① TB321

中国版本图书馆 CIP 数据核字（2019）第 296380 号

This edition of Chemically Bonded Phosphate Ceramics by Wagh, Arun is published by arrangement with Elsevier Ltd. of The Boulevard, Langford Lane, Kidlington, OXFORD, OX5 1GB, UK.

Chinese edition @ Elsevier Ltd.and China Building Materials Press.

化学结合磷酸盐胶凝材料：21世纪多用途材料（第二版）
HUAXUE JIEHE LINSUANYAN JIAONING CAILIAO
21 SHIJI DUOYONGTU CAILIAO（DI-ER BAN）
［美］阿 伦（Arun S. Wagh） 著

丁 铸 邢 锋 译

出版发行：中国建材工业出版社
地　　址：北京市海淀区三里河路 11 号
邮　　编：100831
经　　销：全国各地新华书店
印　　刷：北京市朝阳燕华印刷厂
开　　本：787mm×1092mm　1/16
印　　张：19
字　　数：400 千字
版　　次：2023 年 11 月第 2 版
印　　次：2023 年 11 月第 1 次
定　　价：**110.00 元**
北京市版权局著作权合同登记　图字：01-2022-0491

关 于 作 者

　　阿伦（Arun S. Wagh）退休之前曾是美国阿贡国家实验室的全职科学家，目前担任该实验室的核材料顾问一职。他主要研究的是美国能源部资助的项目——化学结合磷酸盐胶凝材料的开发，以期将其用于稳固放射性废物和核屏蔽材料。除此之外，他还和俄罗斯一些核研究中心，例如俄罗斯科学院以及马雅科生产研究中心进行合作。他与乌克兰哈尔科夫物理与技术研究所也有合作，致力于完善化学结合磷酸盐胶凝材料在核工业领域的应用。

　　在美国主持这些项目的同时，他还努力将这些材料进行了广泛的商业化应用。他的这些工作获得了许多奖项，其中包括两个研发奖、两个联邦实验联盟奖、芝加哥知识产权律师协会年度最佳科学家奖和阿贡实验室标兵奖。另外，他也是美国陶瓷学会会员。为促进化学结合磷酸盐胶凝材料的商业应用，他还成立了自己的公司——无机聚合物解决方案股份有限公司，同时他也担任相关行业的顾问。

第二版序言

自从本书2004年第一次出版以来，研究人员、工业界、化学结合磷酸盐胶凝材料（CBPC）开发的主要资助机构即美国能源部（DOE），对于 CBPC 的兴趣越来越浓厚。一直以来，CBPC 的主要研究方向都是生物陶瓷方面，但是 DOE 的兴趣却是把这些材料用于核工业领域，尤其是用于核屏蔽材料的开发和核工业废弃物稳固方面。在这两个领域中已经有一些定制产品成功应用的案例，在第一版的内容中我们已经对其进行过综述。

在本书第一版出版之后，人们对 CBPC 在市场应用方面已经进行了全面的评价。虽然 CBPC 的制备过程类似于水泥，即用粉末与水拌和而成，但是并不意味着它们可以取代传统硅酸盐水泥。磷酸盐水泥的成本过高，尽管它们不需要高温烧结，但是并不能简单地替代烧结的陶瓷材料，因为它们没有传统陶瓷材料的韧性；它们可以像聚合物乳液一样成型和模塑以及快速凝结，但是没有和聚合物相媲美的柔韧性；然而，它们比传统的水泥、烧结陶瓷材料特别是聚合物更加生态友好。这就意味着这些材料能够增值，因为它们与普通水泥、陶瓷和聚合物相比有着独特的性质以及环境效益。

本书第二版着重说明了这些方面。通过试验和理论模型的建立，研究表明CBPC能够制备优良的核辐射屏蔽材料，这将有助于核工业使用一种环保且安全的方式处理核材料。对高度可分散同位素，CBPC 也是优良的宿主，将有助于控制核材料和核废料的分散性。在当前形势下，核材料在未知领域的危险性越来越受到重视，如果这些材料落入心存恶意的人手中或扩散到生态系统中将引发灾难性事故（例如苏联切尔诺贝利核电站事故、日本福岛核电站事故），CBPC 可以显著地抑制这些核材料的污染，并且减少人们对其环境影响的担心。

不可否认的是，现在我们已经严重破坏了环境，所有的科学研究已经使我们意识到这一点，世界范围的自然灾害和变幻无常的天气状况也印证了这一点，这使科学家们努力寻找解决这个问题的新方法。新能源必须是环境友好型的，材料也必须更加符合新规范，达到保护环境的设计标准，人类的生产实践必须减少废物的产生和能源消耗，以及构建符合环境要求的结构。

CBPC 在降低材料对环境的影响方面发挥了重大作用。一个突出的例子就是涂层，过去十多年的研究表明，它们有钝化钢筋防止腐蚀的倾向，并且保护木材、混凝土免受火灾影响。同时在涂层工业中，CBPC 涂层具有减少碳排放量和消除挥发性有机化合物（VOCs）的潜力。如果这个发现付诸实际，将会对涂料工业产生重大影响。另外，如果这个设想被推广应用到现代建筑支柱材料——复合材料中，将会对建筑工业产生深刻影响。

在本书中，我们强调了这些内容，这些材料是建立在第一版所覆盖的科学与技术之上的，是新增加的内容。例如，第 8 章包括了对 CBPC 晶体结构的最新研究成果，这些信息对于解释 CBPC 作为放射性同位素的晶体型宿主以及如何减少这些同位素的分散性非常有用。这些晶体结构在固化放射性同位素方面的应用实例在第 18 章进行叙述。第 15 章讨论了用全无机 CBPC 涂层来消除 VOCs 并减少碳排放量的全新概念，同时该涂层提高了防腐能力，也可作为防火屏障。第 17 章充分阐述了 CBPC 屏蔽核辐射的性能，并讨论了它们作为高放射性物质的密封材料的应用。第 20 章评估了制造 CBPC 材料的环境影响。第一版的第 16 章关于危险材料的稳定化的内容已经合并到本版的第 18 章。我们希望广大读者关注的焦点能够集中在 CBPC 的新领域，这将会是实现 21 世纪世界更加平衡和安全的目标过程中的积极一步。

第一版的编写大量地利用了美国阿贡国家实验室的资源。第二版是我自己努力的结果，但是也有爱思唯尔出版社提供的数据帮助。我的妻子，Sulbha Swati Wagh 是一个训练有素的信息科学家，是她指导我穿越了日益扩大的文献迷宫。来自乌克兰的哈尔科夫物理与技术研究所的 Sergey Sayenko 博士和他的科研团队，进行了 CBPC 在核领域中新应用的开发工作。我与他们一边讨论，一边工作，这对我们第二版的内容有相当大的助益。

当一本书出版时，作者本人会得到应有的认可，但是我的妻子 Sulbha 却在背后默默无闻，为我长期的写作提供耐心的支持。即使在完成撰写后，我依旧以同样的热情分享着这份喜悦，怀着感激之情感谢她的支持。

感谢所有为这本书贡献了照片的朋友们和家人们，这些照片比文字更具有说服力。我的一位来自美国南卡罗来纳州斯帕坦堡的朋友 William George，当他第一次遇到 CBPC 这种材料时就非常看好它，然后就从事这项事业并为该材料设计了复式喷涂系统，这使 CBPC 在涂层应用上取得了成功。

最后，感谢爱思唯尔出版社的 Mathew Deans，他提出了出版本书第二版的必要性并从计划阶段就开始帮助我，也同样非常感谢爱思唯尔出版社的 Jeffrey Freeland 和 Christina Gifford，他们在整个出版过程中一直指导着我，并帮助我准时完成这本书。没有他们的帮助，这本书将难以面世。

阿 伦

内伯威尔市，美国

赠　言

致我的孙子们：Shruti, Evan, Abhinav, Ethan 和 Emily，
他们自豪地告诉那些一起玩沙堡的朋友，
"我爷爷可以将粉与水混合，造出石头来！"
对化学结合磷酸盐胶凝材料再也没有比这有更好的描述了。

阿　伦

缩 写 词

AASHTO	美国国家公路与运输协会
ANL	美国阿贡国家实验室
ANS	美国核学会
API	美国石油协会
ASTM	美国材料与试验学会
BNL	布鲁克海文国家实验室
BTU	英国热量单位
CBC	化学结合胶凝材料
CBPC	化学结合磷酸盐胶凝材料
CFR	美国联邦法规（典）
DCPA	无水磷酸二钙
DCPD	二水磷酸二钙
DOE	美国能源部
DOT	美国运输部
DSC	差示扫描量热法
EDX	能量色散 X 射线光谱仪
EPA	美国环境保护署
FAP	氟磷灰石
FSU	苏联
FTIR	傅里叶变换红外光谱分析仪
FUETAP	在稍高于环境的温度和压力下形成
GHG	温室气体
HAP	羟基磷灰石
HAPs	有害的空气污染物
HAW	高放射性废料
HEU	高浓缩铀
IAEA	国际原子能机构
IDP	综合处理设施

INEEL	爱达荷国家工程和环境实验室
ISO	国际标准化组织
KIPT	哈尔科夫物理技术研究所
LAW	低放射性废物
LCA	全生命周期评估
LI	浸出率指数
MCC	材料表征中心
MCPA	无水磷酸钙
MCPM	一水磷酸钙
MDF	无宏观缺陷
MHP	三水磷酸氢钙（镁磷石）
MIT	麻省理工学院
MKP	六水合磷酸钾镁（$MgKPO_4 \cdot 6H_2O$）
MPa	兆帕
MSW	城市固体废弃物
NAS	美国国家科学院
NES	美国国家能源局
NORM	天然放射性物质
NRC	美国核管理委员会
NSP	普通过磷酸盐
OCP	磷酸八钙
PCT	产品一致性试验
PNNL	西北太平洋国家实验室
psi	每平方英寸磅数
PUREX	钚和铀提取过程
PWR	加压动力反应堆
RCRA	美国资源保护与回收法案
SEM	扫描电子显微镜
SRNL	美国萨凡纳河国家实验室
TCLP	标准毒性浸出方法
TCP	磷酸三钙
TSP	三过磷酸盐
TTCP	磷酸四钙
TRU	超铀元素
UTS	通用处理标准
VOC	挥发性有机化合物
WAC	废物验收标准
XPS	X 射线光电子能谱
XRD	X 射线衍射

目 录

第1章

化学结合胶凝材料导论

物质由原子和分子组成，这些原子和分子通过化学力和物理力结合形成固体、液体和气体。原子间的作用与化学键在物质的物理性质中起着关键的作用，同时原子和分子本身的化学性质决定了物质的化学性质。虽然原子和分子的化学性质讨论气体时占主导地位，可是气体中分子的结合并不紧密，对分子结合紧密的固体而言，则高度依赖于这些化学键的作用，而溶解化学起的重要作用是解离原子和分子，并再结合成新的固体物质产物。化学结合胶凝材料（CBC）的工程应用可以通过两种方式实现。一是将期望得到的组分通过高温热处理，使原料颗粒熔成具有所期望性质的固体。二是将金属制成合金材料或压实氧化物粉末在高温下烧结制得陶瓷材料。这些方法需要消耗大量能源，并会产生大量不受欢迎的碳排放，但在现代社会中它依然是一种不可或缺的工艺过程，因为这些产品的原子和分子之间的结合强度非常高，而使用其他方法无法使产品达到相同的强度、密度和其他一些特性。

有一个可行的替代方案，就是将固体成分溶解在溶剂中，然后再将这些溶解的物质重新整合成新固体。尽管目前有大量的有机溶剂可以使用，但是，水才是最好且最丰富的溶剂。如果能用水作为溶剂来生产所需性能的新固体材料，在合成的过程中不需要加热或仅需适量加热，这将会是生产具有指定性质的固体材料的最佳方案。该过程属于化学反应，因此候选材料应该是化学键能够断开，并且解离出的分子或原子能够发生反应的物质。在无机材料中，磷酸盐可以发生这种解离和聚合，因此本书基于磷酸盐化学键的性质，讲述了如何利用磷酸盐材料合成具有重要技术意义的新材料，以及该过程中所涉及的参数和如何控制它们。这一类新材料，被称为化学结合磷酸盐胶凝材料（CBPC）。

本书的讨论仅限于那些碳排放量低、危害性污染物排放量最少、使用后对环境影响很小的无机材料。需要特别指出的是，本书中讨论的无机材料是一些普通易得的氧化物或氧化物矿物或磷酸盐，最终得到的产品是陶瓷或水泥材料。

1.1　陶瓷材料与水泥

陶瓷材料和水泥是普遍使用的两大类人造无机固体材料[1]。大多数使用的水泥都属于水基材料，因此被称之为水泥。制备陶瓷材料首先需将原材料粉末压实，再将其在 2000～3000℃① 的高温下烧结成型，经过这样处理后所制备的陶瓷材料不仅坚硬而且十分致密，具有非常优异的耐腐蚀性能。这种材料已经成功地应用在砖块、陶器、氧化铝、氧化锆和氧化镁耐火产品，以及高温超导体等领域；还可以用于制造过滤器和薄膜多孔陶瓷材料。这种材料也是通过烧结工艺制备而成，但在制作的过程中会有意识地引入一部分孔隙。陶瓷材料通常来说结晶度高，且包含某些玻璃相。如果其中的玻璃相在组成中占主导地位，那么称该种材料为"微晶玻璃"。

水硬性胶凝材料是另一类具有重要技术意义的材料，包括硅酸盐水泥、铝酸钙水泥和建筑石膏②。这些材料的粉末与水混合时，可以在室温下凝结硬化。以这种方式形成的硬化浆体具有足够的抗压强度，从而应用于一些需要承重的领域，因此其经常用于结构工程。它们的微观结构通常是以非晶相为主。

水硬性水泥是很好的加速化学键合的例子。在其粉末中加水发生化学反应会生成氢键。这些氢键不同于在高温下由于颗粒间扩散而导致粉末固结的陶瓷材料中的化学键。

硅酸盐水泥是最常见的水硬性水泥。它是将石灰石、砂、氧化铁和其他添加剂的化合物在高温下（1500℃）煅烧而成。硅酸盐水泥与水混合后，形成硅酸二钙（Ca_2SiO_4）、硅酸三钙（Ca_3SiO_5）、铝酸钙（$Ca_2Al_2O_6$）和铁铝酸钙 $[Ca_4(Fe_{1-x}Al_x)O_5]$ 的水化结合相。将这种水泥与砂子、砾石混合黏结在一起后可以形成水泥混凝土用于建筑施工。通常，在硅酸盐水泥与水混合后的最初几个小时就会发生初始硬化，但是一般要花数周的时间养护才能发挥出大部分强度。

铝酸钙水泥的制备也与之类似。此时，钙和氧化铝（而不是钙和二氧化硅）与水反应生成水化铝酸钙[2]作为黏结相，这种材料的早期强度增长要快于硅酸盐水泥。

通过对水硬性水泥的深入研究，目前已经生产出应用范围广泛的多种混合水泥。为获得较高的早期强度，已经开发出了快速凝结硬化的早强型水泥。降低用水量的水泥外加剂可用于制备 MDF 水泥（无宏观缺陷水泥 macro-defect-free cement）[3]，该

---

① 对于建筑陶瓷的烧成温度：低温陶瓷（700℃以下），中温陶瓷（700～1100℃），高温陶瓷（1200℃以上）；陶瓷墙砖的烧制温度要在 1100℃以上，陶瓷地砖的烧制温度要在 1300℃以上。——译者注

② 建筑石膏不属于水硬性胶凝材料。水硬性胶凝材料是指通过自身的物理化学作用，在由可塑性浆体变为坚硬石状体的过程中，能将散粒或块状材料黏结成为整体的材料，和水成浆后，既能在空气中硬化，又能在水中硬化，保持和继续发展其强度的材料。这类材料通称为水泥，如硅酸盐水泥、铝酸盐水泥、硫铝酸盐水泥等。那些只能在空气中硬化，也只能在空气中保持和发展其强度的称气硬性胶凝材料，如石灰、建筑石膏和水玻璃等；气硬性胶凝材料一般只适用于干燥环境中，而不宜用于潮湿环境，更不可用于水中。——译者注

种水泥硬化后微观结构中没有大尺寸孔隙。用于石油钻井的各种泵送硅酸盐水泥[4]也很常见。然而，所有的这些改性都取决于由二氧化硅、氧化钙、氧化铝和氧化铁之间的化学反应所形成的主键类型。

因此，水泥和陶瓷材料之间的主要区别在于生产方式。通过高温热处理烧结的固化材料是陶瓷材料，而在室温下通过化学反应固化的是水泥。陶瓷材料因为在生产过程中需要经过高温煅烧会增加成本，另外其原材料价格也高，所以相对于广泛应用的水泥而言，陶瓷材料通常用于要求性价比高的场合。

然而，水泥和陶瓷材料的区别远不止这些。从微观结构的角度来看，区别水泥和陶瓷材料的关键点在于使其颗粒聚集起来并产生必要强度的那些颗粒间的化学键。水泥颗粒通过范德华力结合起来，而陶瓷材料颗粒之间通过离子键或共价键结合而形成。这些具体化学键的性质将在第 8 章详细讨论。由于共价键和离子键比范德华力强，所以陶瓷材料比水泥强度更高。

陶瓷材料和水泥之间的另一个区别就是孔隙率。陶瓷材料非常致密，除非需要孔隙的存在，而水泥材料是天生多孔性的。好的陶瓷材料其孔隙率小于 1%（体积分数），但是对于水泥而言其孔隙率通常在 15%～20%（体积分数）之间。陶瓷材料耐高温性能优异，而且其在很宽的 pH 范围内均具有良好的抗腐蚀效果。而水泥是常温下使用的材料，容易受到高温和酸性环境的影响。相比水泥而言，陶瓷材料价格更高；水泥是大批量生产的，而陶瓷除了砖等少数产品外，大部分都是特种产品。

1.2　化学结合胶凝材料是水泥和陶瓷的中间产品

陶瓷材料和水泥材料之间的这些区别无法全面概括过去五十年来材料研究领域所诞生的大量产品。其中的一些产品在制备的时候首先要加热处理，然后像水泥材料那样凝固。有些产品在制备工艺上类似于水泥，但却展示出类似陶瓷材料的结构，因为其中键合机制是共价键和离子键，它们相比水泥而言具有更高的抗压强度和更强的耐腐蚀性。有一些材料比水硬性水泥凝结硬化更快。

耐火水泥是一个很好的例子[2]。将高铝水泥和耐火粉末［如以刚玉（Al_2O_3）形式存在的氧化铝］混合，定位浇注后干燥硬化，然后煅烧制成陶瓷材料。在此，通过化学途径来产生早期强度，然后通过烧制形成陶瓷键合。介于水泥和陶瓷材料之间的另一种产品是用于核废料封装的 FUETAP 水泥[5]。该材料通过热压成型，十分致密。为了定义这种中间材料，Roy[6]创造了化学结合陶瓷（CBC）这一名称。

地质聚合水泥是介于水泥和陶瓷材料之间的另一种中间材料[7]。这种地质聚合水泥的制备过程是，首先将天然高岭土（富含氧化铝的黏土）通过热处理的方式制成偏高岭土，然后将偏高岭土与碱金属氢氧化物或硅酸钠反应生成一种致密的岩石状固体物质。该化学反应已经被广泛研究，用于生产像陶瓷材料一样坚硬的产品。虽然这种材料的生产工艺类似于水泥，但是其性能更像烧结陶瓷材料。

以上给出的例子只是几种不需要经过热处理即可制备而成的 CBC 材料。通过酸碱反应还可以制备更多种类的材料，而且这些材料同时具备水泥和陶瓷材料的性能。这些材料将在下面进行讨论。

1.3 化学结合胶凝材料中的酸碱水泥

酸碱水泥是在室温条件下形成的一类化学结合陶瓷，该材料具有类似于陶瓷材料的性质，它们通过酸碱反应而形成。通常这种反应产生一种无凝聚力的沉淀物。然而，如果控制某些特定酸和碱之间的反应速率，沉淀物颗粒之间就会发生凝聚结合，并逐渐生长成晶体结构，最终形成陶瓷材料。酸性和碱性组分快速中和，所得浆体迅速转化成具有中性pH值的材料。

化学结合陶瓷早期的发展主要是因为医学上快速凝结的牙用水泥的大量需求。Wilson 和 Nicholson[8] 在他们的著作《酸碱水泥》中对酸碱水泥进行了详细的论述。他们讨论了以下三种类型的胶凝材料：聚烯丙酸酯水泥、含氧盐水泥和磷酸盐结合胶凝材料。

1.3.1 聚烯酸水泥

聚烯酸水泥是聚合物水泥，由聚阴离子（或称为阴离子的大离子）和与其电性相反的小阳离子结合而成，例如聚羧酸盐水泥[9]、玻璃-离子聚合物水泥[10,11]、和聚磷酸盐水泥[11,12]。除此之外还有聚羧酸锌、聚烯酸玻璃和聚烯酸树脂玻璃，这些材料已经成功用于牙和骨的黏合剂。这些材料十分致密，凝结时间快而且还具有良好的生物兼容性。详细的信息可以见参考文献[8]。

1.3.2 含氧盐水泥

氯氧镁水泥以及硫氧镁水泥是另一类酸碱水泥。它们是无机胶凝材料，在有水存在的条件下通过金属氧化物（如氧化镁）与金属的氯化物或硫酸盐共同反应而成。目前对于氯氧镁水泥和氯氧锌水泥的开发已经十分成熟[8]。

氯氧化物水泥有好几种相，其中最主要的是含氧酸盐相。单相的含氧酸盐难溶于水，因此适用于室外环境，如作为工程结构材料。然而，事实上合成单相材料非常困难。作为次生相的氯化物和硫酸盐，会使水泥在水中应用时溶出。因此，其应用受到一定限制，但是这并不意味着其潜力也受到限制。如果这些材料的商业价值像磷酸盐结合胶凝材料一样被发掘，那么可能会像这本书中所描述的磷酸盐结合胶凝材料的发展一样，会有很多其他类型的含氧酸盐水泥以同样的方式被发掘出来[8]。

1.3.3 磷酸盐结合胶凝材料

磷酸盐结合胶凝材料是本书的主题，该材料的形成过程类似于水泥，但是其内部结构以及性能与陶瓷材料类似，这些材料快凝早强、质地坚硬。该材料通过金属阳离子与磷酸根阴离子反应而成，通常是将阳离子（通常是氧化物，例如镁或锌的氧化物）与磷酸或酸式磷酸盐如磷酸氢铵溶液混合后发生反应。开发这种水泥的初衷是为了满足医学牙用水泥的需要，但是现在它们已被应用于各个领域，包括结构胶凝材料、固废处理、钻井完井以及生物陶瓷等。

磷酸盐结合胶凝材料可以应用于生物材料及牙医等领域的一个重要原因是因为其中含有磷酸根离子，比如骨骼中含有磷酸钙，因此磷酸盐结合胶凝材料与骨骼之间有很好的生物相容性。虽然磷酸钙基胶凝材料生产困难，但是基于锌和镁的磷酸盐胶凝材料却可以通过较为容易的方法来生产，可以作为牙科材料和结构材料使用。关于磷酸盐结合胶凝材料在生物领域的应用将在第 19 章详细讨论。

磷酸盐化学结合胶凝材料与传统的水泥相比有以下几个优点。相对于聚烯酸水泥而言，磷酸盐化学结合胶凝材料完全是无机材料，无毒。硅酸盐水泥是在完全碱性溶液中形成，不同的是，磷酸盐化学结合胶凝材料是中性的酸碱水泥。该种材料可以在更宽的 pH 范围内保持性能稳定，此外由于该种材料是由天然矿物材料制成的，因此其生产原料容易得到。基于相同的原因，其价格相对于其他的酸碱水泥而言也比较便宜。该材料具有优异的自黏结性能，即第二层可紧密地与第一硬化层黏结。这些属性推动了美国阿贡国家实验室对磷酸盐结合材料用于稳定放射性有害废弃物的研究[13]，而且同时也引起了投资者们对于该材料在其他领域应用的关注。该材料的这些性能也极大地吸引了作者所在的阿贡实验室研究小组的兴趣，他们通过溶解化学和热力学等手段来研究分析该种材料的形成机理。通过研究，比较深入洞察了该种材料由金属氧化物制备，而不局限于通过金属镁和锌制备的普遍机理。本书将讨论随着几种新型磷酸盐化学结合胶凝材料的发展得到的普遍机理。

1.4 自然界中由化学结合引起的固化

化学结合作为一种材料固化方式在自然界中是十分普遍的。沉积岩的形成，如碳酸盐岩石就是一个很好的例子。碳酸盐岩石是由氧化钙与海水中的二氧化碳反应形成的[14]，海洋生物也利用该原理生成贝壳。在饱和钙离子的海水中繁殖的生物体会轻微地改变溶液的碱度，致使碳酸钙沉淀，并通过该反应形成生物体的保护性贝壳或海螺壳。

红土是一种富含铝、铁和硅的氧化物的土壤，大量存在于热带地区。这种材料在自然界的干湿循环过程中，其内部的颗粒会形成强的联结[15]，这是另外一个很好的实例。这种材料因含有氧化铁（赤铁矿，Fe_2O_3）而呈现红色，也含有氧化铝（Al_2O_3）和一少部分非晶质的氧化铝、二氧化硅，这些非结晶的物质促进了该材料内部粒子的结合。这些土壤经受频繁的干湿过程后会发生硬化。因此，热带地区特有的季节性雨水和阳光会使这种材料变成硬块。该材料的这种特性被古代的南亚国家用来建造古庙，如柬埔寨的吴哥窟寺庙（图 1.1）。这些不朽的建筑物的建造，是将湿土捣成块状，然后让其在阳光和雨水的作用下逐渐硬化。

使用红土来建造单层房子在热带地区非常普遍，如印度部分地区的这种红土的强度足够承载轻质屋顶。类似的，在中美洲和美国的西南部[16]，用夯实的湿土和天然纤维来建造土坯式房屋，就是利用了这种土壤能结合成硬块的天然性质。

不管是碳酸盐岩石还是贝壳中矿物的硬化过程，或是红土或荒漠土中氧化硅、氧化铝的硬化，都是十分缓慢的过程，需要花费几年或几个世纪，有的矿物甚至需要用地质年代来衡量其固化时间。可惜的是，我们对于其内部详细的化学反应以及导致的硬化机理知之甚少。因此，自然界中发生的这种化学硬化过程难以转化为技术上的用途，因为工程上的应用要求有比较快的硬化和固结速度。

形成矿物岩石的化学反应是个例外。地球化学家们已经对其反应进行了研究，并提出了一些有趣

图 1.1　使用红土建造的柬埔寨吴哥窟寺庙（照片由 Barbara 和 James Franch 提供）

的方式来利用它们。例如，由建筑师 W. H. Hilbertz 开发的通过矿物连生方法，可以在海洋中建造房屋[17]。他建议利用这一方法在海洋中建造人工建筑构件。这一类构件可以用于建造海岸线堤坝，或在海洋中生产制造而在陆地上使用的建筑材料。全球珊瑚礁联盟[18]提议用同样的方式在海洋中种植珊瑚礁，以修复海洋生物的生存环境。在此反应过程中，潮汐或太阳能产生的微弱电流可以促进碳酸盐化学反应形成固体。有些人建议利用这个方法来保护威尼斯日渐恶化的运河建筑物。

上述的例子说明，对于这类化学结合无机材料的深入研究所获得的知识可以制备多种新型胶凝材料和水泥。更好地理解该种材料形成的化学过程，可以加快现代结构材料的商业化产品的开发。

1.5　化学结合胶凝材料的一般定义

从科学角度来说，所有在室温下凝结硬化的材料均称之为水泥是一种不正确的说法。高度结晶的结构材料，如磷酸盐陶瓷，是在室温下通过化学反应合成出来的。因为它们是晶体结构，可以称为陶瓷材料，但是同时也可以认为它是水泥基材料，因为它们可在室温下形成。我们把这一类材料称为化学结合陶瓷（CBCs）。如果是用硅酸盐来制作的话，那么该种材料就被称为化学结合硅酸盐陶瓷。如果是用磷酸盐来制作的话，那么该种材料就被称为化学结合磷酸盐陶瓷。通过使用 CBC 和 CBPC这样的英文缩写，可以避免对于最后一个 C 到底指代的是"水泥"（cement）还是"陶瓷"（ceramic）的争论，因为最后的字母"C"，可以代表这是水泥或者陶

瓷中的任意一个①。

CBCs 的定义是由 Della Roy 和 Rustum Roy[6,19,20] 提出的。Della Roy 强调的是基于传统水硬性水泥制备方式的改进，Rustum Roy 用 CBC 表示在室温下成型的一般陶瓷材料，例如通过超声波等技术使磷酸盐体系的水溶液在室温下成型固化，我们则进一步扩展了这一定义，即化学结合陶瓷包括通过化学反应硬化而不仅仅是高温烧结硬化的所有无机材料。

化学结合磷酸盐胶凝材料的性能介于烧结陶瓷材料和水泥材料之间。这种材料像水泥一样可以在室温下或是比室温稍微高一点的温度下成型，但是它的结构是高度结晶的，或是玻璃-晶体复合材料。与水泥混凝土一样，化学结合陶瓷材料中的微粒也是与化学反应形成的浆体联结在一起的，但是这些微粒本身是以晶体结构为主。该种材料的强度高于水泥但是低于烧结陶瓷材料。其耐腐蚀性接近于陶瓷材料，同时也可能会像水泥一样易受侵蚀。由于这种材料成型简单，凝结硬化速度快而且成本较低，使其在多种用途中都具有吸引力，对此本书将做详细论述。

1.6　化学结合胶凝材料中化学键的性质

不论是矿物还是人造材料，CBCs 中的化学结合都是处于室温或是略高于室温，这一特点将其与传统烧结陶瓷材料区别开来。虽然 Wilson 和 Nicholson[8] 已经讨论了几种非水基的陶瓷材料，但是大部分化学结合陶瓷还是要加水硬化成型。对于许多的水基化学结合陶瓷而言，水在其结构内部发生化学结合，但是有些情况下在反应过程中释放出水。对于所有情况而言，该种材料都是基于先将其中各个组分溶解在水中以形成阳离子和相应的阴离子后进而形成的。来自不同组分的各种离子相互反应形成中性沉淀物。如果控制该反应的速率，将形成颗粒互联的网状结构，生成有序的晶体或者无序结构的反应产物。CBCs 是包含着晶体和部分无序结构的复合材料。

1.6.1　不含磷酸盐的化学结合胶凝材料中的化学键

想一想海水中碳酸钙的形成过程。海水富含钙离子（Ca^{2+}）和碳酸根离子（CO_3^{2-}），同时也包括一些其他离子，包括镁离子（Mg^{2+}）和电解质离子如钠离子（Na^+）。在合适的反应条件下，比如 pH 和温度都适宜时，钙离子和碳酸根离子反应生成碳酸钙。海水中的海洋生物可以提供这些必要的反应条件，尽管到目前为止这些生物改变海水 pH 值的机制还不清楚。环境条件的改变会使碳酸钙逐渐沉淀，并最终形成贝壳、海螺壳和珊瑚等。在碳酸钙形成过程中，在海洋中两个电极之间

①　从广义上讲，陶瓷是指除有机和金属材料之外的所有无机非金属材料。从狭义上讲，陶瓷主要是指多晶的无机非金属材料，即高温热处理（高温烧结）而成的无机非金属材料。本书中的术语"CBC"可译为"化学结合陶瓷"或"化学结合水泥"，而"CBPC"根据上下文语义有不同的含义，例如可以翻译为"化学结合磷酸盐陶瓷""化学结合磷酸盐胶凝材料"或"化学结合磷酸盐水泥"。为了统一，本书中在大部分情况下将其翻译为"化学结合磷酸盐胶凝材料"。——译者注

提供了必要的条件，其中的微弱电流作用将钙沉积在阴极上并在阴极析出碳酸钙。

海洋环境中的这种反应过程说明溶解-沉淀是形成碳酸钙的基础。这种溶解再重组的过程并不仅限于海水中，它同样也发生在碳酸盐岩石的形成中，二氧化碳溶解在水中形成碳酸（H_2CO_3）并与钙或镁的氧化物反应生成碳酸钙或碳酸镁。这是碳酸盐岩的自然形成方式。该反应速率很慢，因此在实验室环境下很难重复其反应过程。然而，钙和镁的氧化物都微溶于水，碳酸则是由大气中的二氧化碳溶解在水中形成的。因此，这些成分的溶解在这些反应过程中发挥着重要的作用。

有些硅酸盐矿物也以类似的方式形成。由于硅酸盐矿物的溶解度极低，因此该反应过程非常缓慢，甚至比碳酸盐岩石的生成过程更加缓慢。在黏土矿物或红土中，硅酸盐以非常缓慢的溶解速度形成中间产物硅酸（H_4SiO_4），随后与其他微溶性的化合物反应并形成硅酸盐结合相，因此溶解-沉淀反应过程对于某些硅酸盐矿物的形成也是至关重要的。

红土的硬化是一个很好的例子。这种土壤的硬化条件说明了溶解-沉淀过程可以引起硬化。红土土壤中富含氧化铝（Al_2O_3）、二氧化硅（SiO_2）和以赤铁矿（Fe_2O_3）形式存在的氧化铁，这些成分都难溶于水。然而当它们是以非结晶的极细微粒即无定形粉末的形式存在时，其暴露于水中的表面积很大，其所发生的微溶的过程足以使得这些微粒在水中相互反应，形成诸如铝硅酸盐或铁铝硅酸盐等的沉淀产物，该反应过程在雨季与旱季的年度干湿循环中得到促进。通过数年的干湿循环，单个颗粒的表面将形成足够多的结晶产物，该反应产物可以把相邻的颗粒黏结起来并形成硬化的红土制品。

该工艺在牙买加赤泥中得到应用[21]。赤泥是用拜耳法从铝土矿中提取氧化铝产生的残留物。铝土矿还富含氧化铁，是一种典型的红土。但是牙买加赤泥中并不富含二氧化硅，因此当通过其在氢氧化钠中的溶解来提取氧化铝时，该过程会富集二氧化硅的残留物，这种残留物还含有相当数量的溶解物烧碱，它可以溶解一些残余的氧化铝。单个微粒的电子扫描显微照片显示，在这些颗粒的表面覆盖了非常细的粉末材料的覆盖层，这种表面覆盖的无定形材料可能是氧化铝或氧化铁。众所周知，经过干湿循环后储库中的赤泥材料会硬化成块状，这说明赤泥中存在无定形氧化铝和二氧化硅的反应，可以通过加入一定量的硅酸钠胶体来加速该反应的进行。赤泥的高碱性可以促进硅酸钠溶液中的二氧化硅与无定形氧化铝之间的反应，该反应产生的铝硅酸盐可将微粒结合在一起从而使赤泥硬化。这种经过干燥硬化后的赤泥可形成具有一定强度的固体并应用于制砖。为了证明这一方法的实用性，牙买加铝土矿研究所与本书作者合作，将赤泥和硅酸钠混合，将其硬化物压制并养护成砖块，用其建造了一座建筑物（图1.2）。

硬化的红土中的结合相太少，使得其无法分离出来进行分析鉴定。然而在硅酸盐化学结合赤泥材料中发现了针状晶体的生长[21]，从天然土壤中得不到这种直接证据，但是富含氧化铝的天然土经过干湿循环后会发生硬化，这一事实表明溶解-沉淀步骤控制着红土的硬化过程。

图 1.2　牙买加铝土矿研究所建造的使用了三十年的体育俱乐部，该建筑使用硅酸钠化学结合赤泥材料制作的砖块来建造（感谢：Shanti Persaud，牙买加铝土矿研究所）

有文献显示在实验室环境下能够制备黏土矿物[14]，以下是 CBC 形成的其他例子。复合黏土矿物如蒙脱石 $[(Al，Mg)_8(Si_4O_{10})_3(OH)_{10}·12H_2O]$，绿泥石 $[(Mg，Fe)_3(Si，Al)_4O_{10}(OH)_2·(Mg，Fe)_3(OH)_6]$ 和蛇纹石 $[Mg_3Si_2O_5(OH)_4]$ 已经可以在实验室的室温条件下合成，其通过相应的氧化物或氢氧化物的稀溶液或悬浮液的缓慢反应来实现。这些氧化物硬化为黏土矿物的现象，是化学结合的代表性实例。

从本质上来讲，由碳酸和硅酸引起的溶解是一个非常缓慢的过程，因为碳酸盐岩石和硅酸盐矿物的形成需要用地质年代来计算，因此难以在实验室中重复其过程。但是酸碱水泥可以在数小时内成型，并且控制该类材料的反应速率比加速碳酸盐石和硅酸盐矿物的形成要容易得多。如果提供阳离子的氧化物在酸性溶液中的溶解度能够被高效有序地利用，那么酸碱水泥将具有巨大的商业应用潜力，因此，我们接下来将更详细地讨论这些水泥形成所涉及的溶解步骤。

1.6.2　磷酸盐化学胶凝材料中的化学键

大自然的创造只偏爱元素周期表中的某些元素。氧、碳、氢和氮提供了在生物中形成有机物质的基本元素，主要的辅助元素有钙、铝、硅和磷。虽然除磷之外的所有元素在自然界中的含量都是丰富的，但是少量的磷在生命的形成中起着至关重要的作用。

例如生命的最基本的大分子 DNA 结构。DNA 是自然界的纳米芯片，其中储存着人类大量有关繁殖、发育以及从病毒到生命细胞的功能实体的遗传信息。从图 1.3 中可以看出 DNA 结构中的有机分子通过磷酸盐结合连接在一起（关于其化学键的详细信息见第 8 章）。同样，人体和动物的骨骼和牙齿中也含有丰富的磷酸钙，以至于要制造人造骨骼或连接骨骼，就需要使用磷酸盐陶瓷（见第 19 章）。磷酸盐也是植物主要的营养素。所有的这些例子都表明，大自然已经充分利用了磷酸盐，也同样表明磷酸盐键合在技术创新等领域蕴含着巨大潜力。通过利用快速凝结的酸碱反应技术制备 CBPC，就是探索这个问题的方法之一。这些酸碱反应使用水作为溶剂，水将各个组分溶解并启动化学反应。

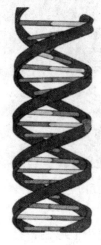

图 1.3　DNA 分子结构（从 https://search.creativecommons.org/7q-DNA + structure 转载，访问该网页最后的日期是 2015 年 10 月 23 日）

　　图 1.3 中的 DNA 大分子称为多聚核苷酸，相互缠绕形成双螺旋。每个链由称为核苷酸的小单元组成，其通过一个糖基与一个磷酸基之间的共价键彼此连接。因此，磷酸键可以为多聚核苷酸提供稳定性，从而为 DNA 提供稳定性。其可用于以下用途：（1）用于商业目的；（2）修改、适应和发展。

1.7　溶解度在化学结合中的作用

　　Wilson 和 Nicholson[8]总结了形成酸碱水泥的必要步骤；

（1）将碱溶解在富含阴离子的酸性溶液中以形成阳离子；

（2）溶液中阳离子和阴离子的相互作用形成中性络合物；

（3）这些络合物逐渐转化为凝胶使得溶液饱和；

（4）饱和凝胶以网状形式形成结晶状、半结晶状或无序的固体，析出固体沉淀物。

　　为了制备化学结合胶凝材料，控制碱的溶解速率至关重要。形成酸碱水泥的碱通常是微溶的，也就是说其只会缓慢地溶解一小部分，而酸性材料本身是可溶的。因此，最先形成的是酸溶液，而后碱才会缓慢地开始溶解，溶解物反应形成凝胶状。该凝胶结晶后会形成陶瓷材料或硬化水泥浆体。这些凝胶的结晶过程本质上很慢，如果碱溶解得很快，其反应产物将会使溶液迅速饱和，而且反应产物的快速形成将会导致沉淀，不会形成有序或部分有序的连续结构。另一方面，如果碱性材料溶解得太慢，反应产物的生成也会很慢，那么凝胶的形成以及在溶液中达到饱和的过程将需要很长时间。该溶液需要保持长时间不受干扰的状态以保证晶体的连续生长。因此，碱的溶解速率是形成连续结构和固体产物的控制因素。碱性材料的溶解度既不能太大也不能太小。微溶性的碱性材料对于制备酸碱水泥是较为理想的。

对于酸碱水泥而言，碱在酸溶液中总是部分溶解，大多数情况下，在碱还未完全溶解的时候，溶液就处于饱和凝胶状态了。单个碱性微粒部分溶解，溶液中已溶解的碱性组分与阴离子发生反应使溶液饱和形成凝胶，其反应产物晶体会在未溶解的碱性微粒表面形成并且将微粒黏结起来，随后形成陶瓷结构或硬化水泥浆体结构，其过程可见图 1.4。

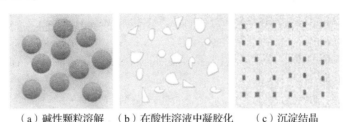

（a）碱性颗粒溶解　　　（b）在酸性溶液中凝胶化　　　（c）沉淀结晶

图 1.4　化学结合陶瓷材料的形成步骤

如果是矿物的话，这个过程会略有不同。与水接触的矿物颗粒会部分溶解，如果这些颗粒之间彼此足够靠近，那么接下来的重结晶过程可以使它们桥接并结合在一起。因此在其整个固体产物中，结合相非常少，所以它很难通过技术识别手段来进行分析。对于结合相的探索能力也许会有助于解决一直以来的一个争论，即古埃及人是不是最先利用尼罗河中的淤泥生产化学结合材料，并将其用于制作金字塔顶端岩石。[22]

如果化学结合陶瓷材料中的基质全部转化为结合相，那么用于结晶的内核将无法留下，而且产生的沉淀产物将形成玻璃状的无序结构，这种结构不具备足够的强度。因此，结合相应仅在微粒的表面形成，并且反应组分的化学转化只是局部的。未反应的微粒将以第二相为基体提供刚度，这才是化学结合陶瓷材料的理想结构。

总之，以上对于矿物和酸碱水泥的综述提供了理解化学结合陶瓷材料的知识，即控制至少一个反应组分的溶解速率对于该材料的形成是至关重要的。因此，本书的重要内容是叙述形成 CBPC 的氧化物的溶解化学。

参考文献

［1］　F. P. Glasser. Cements from micro to macrostructures, Ceram. Trans. J. 89 (6) (1990) 195-202.

［2］　K. Scrivener, A. Capmas. Calcium aluminate cements, in：P. Hewlett (Ed.), Lea's Chemistry of Cement and Concrete, John Wiley, New York, 1998, pp. 709-778.

［3］　J. Birchall, A. Howard, K. Kendall. Flexural strength and porosity of cements, Nature 289 (1981) 388-389.

［4］　D. Smith. Cementing, vol. 4, Soc. Petroleum Engineers, New York, 1990.

［5］　E. W. McDaniel, D. B. Delzer. FUETAP Concrete, in：W. Lutze, R. C. Ewing (Eds.), Radioactive Waste Forms for the Future, Elsevier, New York, 1988, pp. 565-588. Chapter 9.

［6］　D. Roy. New Strong cement materials：chemically bonded ceramics, Science 235 (1987) 651-658.

[7] J. Davidovits. Geopolymer Chemistry and Applications, Institut Geopolymere, SaintQuentin, France, 2008, pp. 584.

[8] A. D. Wilson, J. W. Nicholson. Acid-Base Cements, Cambridge Univ. Press, Cambridge, 1993, pp. 398.

[9] D. C. Smith. A new dental cement, Br. Dent. J. 125 (1968) 381-384.

[10] A. D. Wilson, B. E. Kent. The glass-ionomer cement: anew translucent cement for dentistry, J. Appl. Chem. Biotech. 21 (1971) 313.

[11] A. D. Wilson, J. Ellis. Poly-Vinyl-Phosphonic Acid and Metal Oxide or Cermet or Glass-Ionomer Cements, US Patent 5,079,277, 1992.

[12] J. Ellis, A. D. Wilson. Polyphosphonate cements: a new class of dental materials, J. Mater. Sci. Lett. 9 (1990) 1058-1060.

[13] A. S. Wagh, D. Singh, S. Y. Jeong. Chemically bonded phosphate ceramics for stabilization and solidification of mixed wastes, in: Hazardous and Radioactive Waste Treatment Technologies Handbook, CRC Press, Boca Raton, FL, 2001, pp. 6.3.1-6.3.18.

[14] K. B. Krauskoff. Introduction to Geochemistry, McGraw-Hill, New York, 1967.

[15] M. McNeil, Lateritic soils, Sci. Am. 221 (5) (1964) 96-102.

[16] E. Toelles, E. Kimbro, F. Webster, W. Ginell. Seismic Stabilization of Historic Adobe Structures, Getty Conservation Institute, Los Angeles, 2000.

[17] A. Turnbull, Ocean-grown homes, Popular Mechanics (September) (1997). http:// www.global-coral. org/_oldgcra/Ocean_Grown Homes. htm. Last visited October 18, 2015.

[18] W. H. Hilbertz, T. Goreau. Method of Enhancing the Growth of Aquatic Organisms, and Structures Thereby, US Patent 5,543,034, 1996.

[19] R. Roy, D. K. Agarwal, V. Srikanth. Acoustic wave stimulation of low temperature ceramic reactions: the system Al_2O_3-P_2O_5-H_2O, J. Mater. Res. 6 (11) (1991) 2412-2416.

[20] T. Simonton, R. Roy, S. Komarneni, E. Brevel. Microstructure and mechanical properties of synthetic opal: a chemically bonded ceramic, J. Mater. Res. 1 (5) (1986) 667-674

[21] A. S. Wagh, V. Douse. Silicate-bonded unsintered ceramics of Bayer process muds, J. Mater. Res. 6 (5) (1991) 1094-1102.

[22] J. Davidovits. The Pyramids - An Enigma Solved, Hippocrene Books, New York, 1988.

第 2 章

⊞ 化学结合磷酸盐胶凝材料 ⊞

化学结合磷酸盐胶凝材料（CBPC）在 19 世纪被发现，并被开发成为一种牙科水泥。那时的开发工作主要是集中在磷酸锌水泥上，另外也有一些磷硅酸盐（含硅酸盐和磷酸盐化学键）被开发为牙科水泥。而从 1970 年开始，人们对磷酸镁类水泥材料作为结构材料进行了研究，这个领域的工作成果来自于美国布鲁克海文国家实验室（BNL）对磷酸镁类水泥材料进行的基础性研究。磷酸铝是种类繁多的 CBPC 中的一个分支，尽管还没有找到适合的应用市场。与此同时，我们还对磷酸铜进行了一些粗略的研究工作，但也没有落实到实际应用。在 20 世纪 90 年代，美国阿贡国家实验室开发 CBPC 使之用于放射性和危险废物管理，磷酸镁水泥的利用在该领域取得了长足的发展。在成功制造并用于废物管理之后，这些胶凝材料也应用于结构材料。本章回顾了 CBPC 的诞生和发展历史。

2.1 磷酸盐结合陶瓷及水泥材料的回顾

在检索了磷酸盐水泥和陶瓷材料的相关文献后，发现 CBPC 的基础研究工作几乎没有受到关注，因此在开发这些材料的实际应用方面还有相当大的潜力。Westman[1] 对 1918—1973 年内出现的磷酸盐陶瓷和水泥材料的发展进行了第一次综述。这篇综述发表在 1977 年的《陶瓷文摘》中。他提到有关于磷酸盐结合材料的文献在所有水泥、石灰和砂浆的文章总数中只占了 7%，而且其中只有一篇是关于磷酸盐结合建筑黏土制品的。而这些参考文献本身并没有描述 CBPC；有些文献涉及磷酸盐作为絮凝剂及其他用途。在 Westman 之后，Kanazawa[2] 对 1974—1987 年期间《陶瓷文摘》中刊登的关于磷酸盐陶瓷材料的文章进行了文献调研，他总结到，所有关于磷酸盐的文章共有 874 篇，但其中关于磷酸盐结构制品的文章只有 35 篇，且并不是所有关于磷酸盐结构材料的论文全都涉及室温下凝固的磷酸盐材料，而其中一些磷酸盐陶瓷材料是在高于室温的温度下制成的。

在这两次文献调研之后，根据 1988—2002 年《陶瓷摘要》发表的文献，作者在 2013 年完成的一篇综述，已经收录在本书的第一版中，现转载于表 2.1。表 2.1 所示的结果表明，近年来关于 CBPC 的文献数量有了显著的增长。研究的主要推动力是生物材料和牙科水泥，它们是现代 CBPC 配方的基础。虽然涉及磷酸盐结构材料的论文数量很少，但已经有了几篇关于结构材料应用的论文，其中还包括油井封填水泥。对酸碱组分的各种反应所生成 CBPC 材料的结构和性质进行的研究工作，支持了该材料的所有应用。这些内容，主要是牙科水泥，在 Wilson 和 Nicholson 的书[3]中有详细介绍，本章中只做简要讨论。

表 2.1　由《陶瓷摘要》检索到的文献结果

检索《陶瓷摘要》	1988—2002
与低温磷酸盐陶瓷或水泥材料相关的文章总数	2264 篇
与生物材料及牙科水泥相关的文章	68.0%
结构材料	5.6%
耐火材料	12.6%
材料结构、性能等	13.9%

通过跟踪论文来了解一个主题的研究与发展趋势，可以学到很多东西。考虑到这一点，我们统计的数据涵盖了 2003—2015 年 8 月出版的刊物。为此，使用了 Web of Science 数据库。

图 2.1(a) 中显示，尽管每年出版的文献（包括论文、专利和会议出版物）数量不多，但在过去两年中却出现了一些激动人心的事情。由于对于这些出版物的统计仅仅涵盖了 2015 年 1—8 月这段时间内的数据，因此在 2015 年底的时候这个数字很有可能会超过 2014 年同期数据。图 2.1(b) 给出了引用次数的统计，可以看出引用次数的增加趋势。引用次数一共达到了 792 次，其中除去自引的数量外为 680 次。

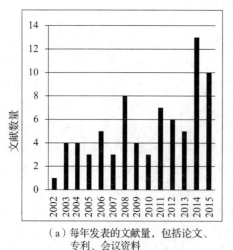

（a）每年发表的文献量，包括论文、专利、会议资料　　　　（b）每年的引用量

图 2.1　近年来发表 CBPC 文献的数量以及引用的数量，包括专利和会议论文

这些没有自引的文章被引用的次数为 605 次。另外值得注意的是每个条目的引用次数（h 指数）都很大①，为 10.42，这意味着 CBPC 的研究和开发近年来已经引起了科学界的极大兴趣。图 2.1(a)、(b) 显示了过去十三年中的这种趋势。

牙科水泥的早期工作为开发新型 CBPC 提供了线索与思路。正如综述中所显示的，为了开发理想的牙科用水泥，已经研究了氧化物或氧化物矿物与磷酸反应的多种组合。这些研究成为 CBPC 技术发展的基础，因此，我们对于牙科水泥的早期工作也进行了简短的调研。

2.2 磷酸盐结合牙科水泥概述

Wilson 和 Nicholson[3] 在他们的著作中详细介绍了牙科水泥。因为已经有了他们这么好的综述，所以我们只提及一些在磷酸盐水泥的发展历史中具有里程碑式的成果，并将增加一些在早期综述中没有被提及的最新发展。

CBPC 的诞生可追溯到 19 世纪末和 20 世纪初的磷酸锌牙用水泥[4-11]。Rostaing 的专利[4] 和 Rollins 的论文[5] 是其中第一批提供利用氧化锌与磷酸反应来生产牙科水泥配方的文献。在随后的许多研究中，则关注于寻找合适的方法缓和这些原材料之间所发生的激烈的化学反应，以便开发实用的水泥。对氧化锌进行煅烧，以及利用氢氧化锌和（或）氢氧化铝对磷酸进行部分中和，被认为是延缓化学反应的最佳方法。这两种方法的组合，产生了优良牙科水泥[12,13]的配方，牙医们才有了足够的时间去拌和水泥，继而应用它们。

这些水泥内部生成了结晶相产物。主要结晶相的形成取决于养护时间和氧化期间水的存在，并且还受到混合料中其他组分如氧化铝的影响。对氧化锌和磷酸溶液的简单体系的研究表明，水泥生成了部分可溶性水合磷酸锌 $[Zn(H_2PO_4)_2 \cdot 2H_2O$ 和 $ZnHPO_4 \cdot 3H_2O]$，其逐渐转化为磷锌矿 $[Zn_3(PO_4)_2 \cdot 4H_2O]^{[14-20]}$。

磷酸锌水泥中的铝非常重要。E. van Dalen[21] 是第一个认识到其重要性的人。铝极大地减缓了氧化锌与磷酸的反应。这种作用的效果是在氧化锌颗粒上形成了磷酸铝凝胶状膜层。Wilson 和 Nicholson 甚至认为这种凝胶状物质可能是一种磷酸锌相[3]，这种磷酸锌相随后结晶成为磷锌矿与磷酸铝无定形凝胶（$AlPO_4 \cdot nH_2O$）。

按照这种配方所得到的正磷酸锌水泥是不透明的固体，是由磷酸铝和磷酸锌凝胶所涂覆并黏结在一起的过量氧化锌颗粒组成。这种水泥多孔，可以被染料所渗透[22]。尽管有一定的孔隙率，但是所得的水泥依然具有较高的抗压强度和抗拉强度，分别为 70~131MPa(10000~18600psi) 和 4.3~8.3MPa(600~1186psi)。该强度值相比于传统水泥的强度要高出几倍。例如，以硅酸盐水泥为例，其抗压强度和

---

① h 指数，美国加州大学圣地亚哥分校物理学家乔治·赫希（Jorge E. Hirsch）提出的一种定量评价科研人员学术成就的混合量化指标。h 指数越高，则表明作者的论文影响力越大。——译者注

抗拉强度分别仅为30MPa和1MPa①。

与磷酸锌水泥的研发工作同步，"陶瓷"牙科水泥也逐步发展起来。Steenbock[23]使用质量分数为50%的浓磷酸溶液和铝硅酸盐玻璃，首先制备出了磷硅酸盐牙科水泥。Steenbock[24]在这些铝硅酸玻璃中引入含氟助熔剂，大大改善了牙科水泥的性能。氟化物的引入降低了生成这些水泥时所用玻璃的熔化温度。同时氟化物赋予了水泥更好的半透明性，而且具有一定的治疗效果。因此，氟化物已成为现代牙科水泥不可缺少的一个组分。

Wilson等人[25]分析了各种品牌的商业水泥，并详细说明了这些水泥可能的组成成分、性能和微观结构。Wilson等人报道了商业"陶瓷"牙科水泥最具代表性和综合性的数据。这些水泥由氧化铝-石灰-石英玻璃与磷酸混合构成，反应生成坚硬的半透明制品。玻璃粉末原料的组成中含有质量分数为31.5%～41.6%的二氧化硅，27.2%～29.1%的氧化铝，7.7%～9.0%的氧化钙，7.7%～11.2%的氧化钠，13.3%～22%的氟和少量磷和氧化锌。一般情况下也会存在非常少的氧化镁和氧化锶。磷酸被氧化铝和氧化锌部分中和。Wilson经过详细分析得出了以下关于这些水泥的一般性结论：

（1）它们由反应产物所胶结的原始玻璃颗粒组成。与磷酸锌水泥不同，在它们内部没有发现晶体结构，主要存在的是玻璃相。而在磷酸锌水泥中，仅少量的玻璃原料反应形成了结合相，大部分玻璃原料并没有参与反应，成为产物的一部分。

（2）凝结时间取决于磷酸的稀释程度。浓度达到70%的浓磷酸可使凝结时间变得更短（少于5min），而浓度较低时凝结时间以指数规律增加。然而，一定量的水对于良好的反应和提高强度都是很有必要的。当磷酸稀释至50%浓度的时候可获得最佳强度（抗压强度）。该强度范围为220～325MPa，而凝结时间从短至3min变化到最大值24min。

（3）强度较高的水泥比低强度水泥在胶结相中似乎存在更多的晶体产物，这表明结晶过程是制备高质量水泥的关键。

上述水泥的生产工艺类似于第1章中所述的硅酸盐矿物的情况，差别在于形成速率。与牙科水泥相比，硅酸盐矿物质的形成速度要低上一个数量级。在牙科水泥中，磷酸在溶液中释放出质子并降低其pH，这会将玻璃相分解并在溶液中释放出硅，从而形成中间产物硅酸[26,27]。同时，阳离子如Al^{3+}、Ca^{2+}、Na^+和阴离子F^-也释放出来[28]。阳离子和阴离子彼此吸引，形成中性胶结相。这种结合网络，特别是含铝的结合网络导致硬化产物的凝胶化和随后的聚合。

Wilson和Kent[28]对溶液中单个离子的沉淀进行了跟踪研究。结果表明，浆料混合后，在5min凝结时间内铝和钙会形成沉淀产物。锌沉淀出产物的时间长约30min，钠和氟不能完全沉淀。这些现象说明铝和钙提供了牙科水泥的早期强度，锌

---

① 硅酸盐水泥有许多系列和品种，不同类型的硅酸盐水泥在不同的龄期也有不同的强度发展，通常按照水泥28d龄期的抗压强度作为判断水泥等级的依据。此处作者没有说明是什么类型的硅酸盐水泥和什么龄期的强度值。目前硅酸盐水泥的28d强度都高于此处作者给出的数值。——译者注

则使得水泥强度逐渐增高。由于水泥完全凝结需要的时间可能在一年以上[28,29]，我们也可以设想牙科水泥的强度发展是一个持续增长的过程。

这些牙科水泥的极限抗压强度可达到 255MPa（36500psi），这可能是纯无机水泥所能达到的最高强度。Wilson 和 Nicholson[3] 也综述了这些水泥的其他性能。一般来说，这些水泥的抗弯强度为 24.5MPa（3500psi），抗拉强度为 13.6MPa（2000psi），断裂韧性为 0.12 ~ 0.3MPa·m$^{1/2}$，浸出率为 0.34% ~ 3.8%（质量分数）。其中最弱的性能是断裂韧性，这表明该水泥是非常脆的。在 pH 为 4 的酸性介质中，其浸出率较高。然而，牙科水泥的优点是，它们半透明，并且颜色可以与牙釉质相匹配，也正是由于这两种性质，这些水泥主要用于修复前牙。

另一种牙科水泥是前文描述过的磷硅酸锌，它是磷酸锌和磷硅酸盐的混合物[30]。通过混合铝硅酸盐玻璃和氧化锌来制备释放阳离子的原料粉末。该水泥的性能处在磷酸锌水泥和硅酸盐水泥之间。例如，抗压强度为 101 ~ 171MPa（14300 ~ 24400psi）[31]，高于硅酸盐水泥，但低于磷酸锌水泥。其主要的优点是可以持续释放氟，这对于牙科是非常宝贵的[32]。这些氟会被牙釉质所吸收，继而避免牙齿出现龋齿造成牙垢与牙菌斑。

其他的磷硅酸盐水泥使用基于硅灰石[33]和蛇纹石[34,35]的硅酸盐材料释放阳离子。已知自然界存在天然磷酸盐水泥[36]，在这些水泥中，硅酸盐溶解度较低，会释放出阳离子（Ca^{2+} 和 Mg^{2+}），它们与磷酸根阴离子反应形成磷酸氢盐，最终转化为磷酸盐。这种反应方式与磷酸锌水泥的生成相类似，在后者中首先形成磷酸氢盐，然后在养护期间发展成磷酸盐。

2.3　磷酸镁胶凝材料

与磷酸钙水泥不同，磷酸镁水泥结晶度高，因此称其为室温固化陶瓷材料更恰当，而不是称其为水泥。这些陶瓷材料通过重烧氧化镁（MgO）与磷酸或酸式磷酸盐溶液反应后形成。其快速反应生成的产物，与在磷酸锌胶凝材料中发现的相似。在 20 世纪下半叶，开发出了用于结构材料的各种磷酸镁基胶凝材料，包括用于寒冷地区快速修复道路以及修复工业地坪和机场跑道[37]的磷酸镁铵灌浆材料，用于稳定和固化低放射性和其他危险废物[38]的磷酸镁钾胶凝材料。在美国和欧洲的市场上也有一些商业产品出现。

图 2.2 中展示了一尊中国佛像雕塑的照片。这是一个很好的例子，可以说明磷酸镁

图 2.2　用磷酸镁水泥和粉煤灰混合物制成的中国佛像。[中国台湾艺术家史蒂文·黄的作品；雕像的宽度和高度的实际尺寸为：14cm × 24cm（5.5in × 9.5in）。摄影：Poojan 和 Jennifer Wagh，Sleepy Hollow，Illinois，USA。]

基 CBPC 可以被铸造成有用的形状，并在 1d 内硬化，使得制品可以立即使用。具体的细节我们将在第 14 章讨论。

磷酸镁胶凝材料的首次发现是在 1939—1940 年间，由 Prosen[39,40] 和 Earnshaw[41,42] 将其作为一种铸造合金的包覆材料时发现的。欧洲和美国也对类似材料[43-46] 颁布了一些专利，其中氧化镁与磷酸或含有五氧化二磷（P_2O_5）的材料发生反应。然而，制得的产品凝结速度都非常快，因此用于施工操作的时间相当短。另外，这些产品是水溶性的，因此不能将其应用于实际的结构材料中[47]。它们会反应形成水溶性磷酸二氢镁 $[Mg(H_2PO_4)_2 \cdot nH_2O]$。要制得具有低溶解度的实用胶凝材料，则要通过可溶性磷酸盐提供额外的阳离子。用该阳离子替代化合物的 $Mg(H_2PO_4)_2$ 部分中的氢。如磷酸一氢铵或磷酸二氢铵[48,49]、聚磷酸铵[50]、磷酸氢铝[47,51]、聚磷酸钠[52] 或磷酸二氢钾[38] 等盐便可提供必要的额外阳离子。

在磷酸镁胶凝材料中形成的主要产物可以由式 $Mg(X_2PO_4)_2 \cdot nH_2O$ 或 $MgXPO_4 \cdot nH_2O$ 来表示，其中 X 是氢（H）\铵（NH_4）\钠（Na）或钾（K）。反应产物列于表 2.2。

表 2.2　在磷酸镁陶瓷中发现的物相

分子式	名称	参考文献
$Mg(H_2PO_4)_2 \cdot 2H_2O$	磷酸二氢镁	[47]
$Mg(H_2PO_4)_2 \cdot 4H_2O$	磷酸二氢镁	
$MgHPO_4 \cdot 3H_2O$	镁磷石	[43-46]
$MgHPO_4 \cdot H_2O$	Haysite	[53]
$MgHPO_4 \cdot 2H_2O$①		
$Mg(NH_4 \cdot HPO_4)_2 \cdot 4H_2O$	磷镁氢铵石	[53-56]
$MgNH_4PO_4 \cdot 4H_2O$	鸟粪石	
$MgNH_4PO_4 \cdot H_2O$	迪磷镁铵石	
$MgKPO_4 \cdot 6H_2O$	磷酸钾镁	[37]
$Mg_3(PO_4)_2 \cdot 4H_2O$	磷酸镁	[48]

在表 2.2 中列出的相中，镁磷石、鸟粪石、磷酸钾镁和磷酸镁是最稳定的。表 2.2 中的前两物相是水溶性的[47]，它们是当氧化镁与磷酸直接反应时所形成的产物。但是当使用少量硼酸（<MgO 质量分数的 1%）来延迟该反应时，在胶凝材料的固化期间，这些物相会转变成溶解度更低的镁磷石。具体转化过程可以由以下反应式表示：

$$Mg(H_2PO_4)_2 + MgO + 5H_2O \longrightarrow MgHPO_4 \cdot 3H_2O \tag{2.1}$$

固化反应在这些胶凝材料中是常见的。例如，Abdelrazig 及其同事[53-56] 的研究表明，磷酸铵镁胶凝材料中的鸟粪石是逐步产生成的。开始时形成了磷镁氢铵石，

---

① 原著中此行没有提供名称或参考文献。——译者注

但是随着固化过程中磷镁氢铵石与过量 MgO 的持续反应，最终形成了鸟粪石和一水磷酸铵镁。如果有足量的水存在，则反应继续形成六水合物鸟粪石。这些反应表明在给定的组成中养护固化所产生的相最稳定，并且过量 MgO 的存在和水决定了最终产物的组成。Sarkar[57,58] 也得出了类似的结论。

研究已经发现，镁磷石相是 MgO 和 Al(H_2PO_4)$_3$ 反应所形成的胶凝材料中最为稳定的。Finch 和 Sharp[47] 的详细研究表明，当 MgO：Al(H_2PO_4)$_3$ 的比例为 4:1 时，镁磷石的含量最大。有趣的是，这些研究者没有检测到同时包含 Mg 和 Al 的相，例如 Al(MgPO$_4$)$_3$，Al 总是形成 $AlPO_4 \cdot nH_2O$，因为 $AlPO_4$ 是热力学稳定性最高的相之一，所以其形成会优先于其他含 Al 的磷酸盐。

在 MgO 与 KH_2PO_4 的反应中，最终得到的产物总是 $MgKPO_4 \cdot 6H_2O$。没有发现镁磷石的存在。然而，如果部分 H_3PO_4 被 K_2CO_3 中和，然后再与 MgO 反应，则可以发现镁磷石与 $MgKPO_4 \cdot 6H_2O$[59] 的共存。在第一种情况下，用化学计量的 MgO 和 KH_2PO_4 反应生成最稳定的 $MgKPO_4 \cdot 6H_2O$ 相。在第二种情况下，在形成 $MgKPO_4 \cdot 6H_2O$ 时消耗了可用的 K，多余的 MgO 与可用的 H_3PO_4 反应形成了镁磷石。根据对这一系列磷酸镁水泥的研究，我们可以得到如下形成稳定材料的指导性原则。

在所有可能的反应产物中，给定的组成将在养护过程中通过中间步骤形成不稳定相，然后形成最稳定相。

基于反应产物的溶解特性及其热力学稳定性，我们在第 4 章到第 6 章中将更详细地探讨这一原理。

如第 1 章所述，这些胶凝材料的共同特征是存在一部分未参与反应的 MgO。当 MgO 溶解后与酸性溶液反应时，其过程和反应主要发生在 MgO 的颗粒表面上。反应会在颗粒表面产生由难溶性产物组成的保护性膜层，该膜层阻止了酸性溶液与 MgO 颗粒内核之间的反应。实际上，这些未反应的 MgO 颗粒的大量存在，对于陶瓷材料的总体强度和完整性是有益处的，因为未反应的 MgO 可作为固体颗粒包裹体抵抗陶瓷内的裂纹扩展，并提高其断裂韧性。因此，未反应 MgO 的功能与水泥砂浆中砂的功能相似。

2.4　化学结合磷酸盐胶凝材料形成的一般原理

早在 1950 年，Kingery[60] 通过磷酸溶液与不同的阳离子供体氧化物反应，探索了 CBPC 形成的普遍性规律。他进行这项研究的目的是为了鉴别哪些反应可以用 CBPC 作为耐火材料前驱体。在每种情况下，他除了确定反应是否形成了陶瓷材料，同时为满足要求的反应确定了样品为 0.5cm^3 大小时相应的凝固时间和最高温度。他还利用 X 射线衍射技术以确定这些陶瓷材料中的相组成。

Kingery 的工作表明，CBPC 的形成不限于磷酸和 MgO 或 ZnO 之间的反应，而且可能包括大多数其他金属氧化物。在所有形成陶瓷材料的反应中，生成的产物是相应氧化物阳离子的磷酸一氢盐或磷酸二氢盐。对于某些金属氧化物，产物中不含水，其反应产物不能凝结硬化成陶瓷材料。例如，汞（Hg）和铅（Pb）分别形成 $Hg_3(PO_4)_2$ 和 $Pb_3(PO_4)_2$，它们不能凝结成固体。此外，陶瓷材料的形成取决于所用氧化物的化合价。在含 Pb 的情况下，Kingery 使用了 Pb_3O_4，而不是 PbO 或 PbO_2，形成的 $Pb(H_2PO_4)_2$ 硬化成了固体。

除 Kingery 之外的其他研究者也试图利用不含有 Mg 和 Zn 的氧化物来制备陶瓷材料。例如，Fedorov 等人[61]使用氧化铜（CuO）和金属铜的混合物，开发了用于黏结金属的黏合剂。他们还验证了用 ZrO_2 与 $CaZrO_3$ 联合 Ni、Cr 与 Ti 形成的磷酸盐胶。这些研究与 Kingery 以及之前讨论的任何研究都有所不同，因为在此反应中常常有金属组分参与。金属对反应动力学所造成的影响将在第 7 章中讨论。

我们已经讨论了在形成 CBPC 中硅酸盐作为阳离子供体的运用。类似于使用硅酸盐的方式，Sychev 等人[62]和 Sudakas 等人[63]的研究表明，微溶钛酸镁（Mg_2TiO_4、$MgTiO_3$ 和 $Mg_2Ti_2O_5$）也会形成 CBPC。在这些情况下，生成的胶凝相同样是镁磷石。这些研究表明，微溶化合物在溶液中提供了阳离子以形成这些胶凝材料。

在文献中报道的大部分内容涉及的是二价金属氧化物或其化合物形成的胶凝材料。除了 Kingery[60]，很少有人尝试使用三价和四价氧化物在室温下合成可凝结的胶凝材料。Kingery 的专利中声称可以使用 $Al_2O_3 \cdot xH_2O$、Pb_3O_4、$Cr_2O_3 \cdot xH_2O$、Fe_2O_3、Fe_3O_4、La_2O_3、Y_2O_3、$Ti(OH)_4$、ThO_2 和 V_2O_5 制造胶凝材料。俄罗斯科学家[64,65]和 Wagh 等人的研究结果[66,67]表明可以用 Fe_3O_4 与磷酸反应形成胶凝材料，所得产物均是磷酸氢盐。Kingery 发现某些反应产物，如 $Al(H_2PO_4)_3$ 是水溶性的。另外，其中一些反应产物中可能含有无定形物质，无定形产物不能通过 X 射线衍射的技术来检测。因此，Kingery 有限的研究虽然非常有用，但并不能保证制造实用的不溶性胶凝材料。尽管如此，它确实证明了用一种普遍方法来制成陶瓷是可行的，如果能更好地理解有关产物形成的动力学，便可生产更多类型的胶凝材料。

2.5　文献调研总结

本章的文献综述揭示了指导进一步研究 CBPC 的几个普适性原理：

（1）浓磷酸和金属氧化物反应似乎不能形成胶凝材料。其反应产物虽然是结晶体，但只是沉淀物。

（2）当部分中和的磷酸溶液与金属氧化物反应时，形成含有反应产物 $M_xB_y(PO_4)_{(x+y)/3}$ 的胶凝材料，其中 M 代表金属，B 可以代表是氢（H）或另一种金属例如铝（Al）。这些反应中，磷酸因为被稀释或者因与含 B 的氧化物发生了反应而被中和。

（3）如果 B 是氢，并且 $y > 1$，通常反应产物可溶于水，因此该产物本身可以与含 M 的氧化物反应，形成溶解度较低的胶凝材料。

（4）在大多数 CBPC 产品中，M 一般是二价金属，尽管对三价和四价金属氧化物的研究也有报道，但相对有限。含有镁和锌的胶凝材料已经得到了普遍应用。如果 M 是一价金属，则生成可溶的反应产物，这不能用于制备胶凝材料。然而，当 M 为二价或价态 >2 时，B 可以是一价金属。

（5）已经使用硅酸盐和其他矿物质，例如含有二价金属的钛酸盐来代替氧化物。硅酸盐可以为制品提供半透明结构。铝也能提供更致密、更坚固的结构。

这些观测结果表明，形成磷酸盐陶瓷材料需要稀释的磷酸或部分中和的磷酸盐溶液作为阴离子的来源，并且需要溶解度较低（微溶）的氧化物或矿物以提供阳离子。所有的陶瓷材料都是在水溶液中形成的。一般来说，以下的方案似乎最有效。

磷酸可以用水进行稀释。这一步骤为形成陶瓷材料提供了所需的水分。溶解度较高的一价碱金属氧化物可用于中和部分酸，而溶解度较低的二价金属氧化物则是提供阳离子的良好来源。尤其首选 Mg、二价 Fe 和 Zn 的氧化物，因为它们与其他类似的氧化物相比价格便宜，并且它们对环境是无害的，这与 Pb、Cr、Cd、Hg 和 Ni 的氧化物不同（参见第 16 章）。钙虽然是二价金属，但其氧化物并非微溶。它在反应期间会产生过多的热量，不能形成黏聚性的陶瓷结构。

氧化铝是用于形成磷酸盐陶瓷材料唯一的三价金属氧化物，需要对其进行一些热处理。Kingery 在其专利中声称观察到了三价氧化铁和磷酸之间的凝固反应，但这种反应可能是由三价氧化物中极少量的磁铁矿引起的，纯三价氧化铁如赤铁矿（Fe_2O_3）并不与磷酸反应。总地来说，三价金属氧化物的溶解度很低，甚至低于微溶的二价金属氧化物，同时，大多数四价金属（锆是一个例外）的氧化物由于溶解度太低，因此不能形成磷酸盐陶瓷材料。

总体上，阳离子供体仍然是决定在稀释过的或部分中和的磷酸盐溶液中能否形成陶瓷材料的关键因素。因此，第 4～6 章专门介绍了形成这些陶瓷材料的溶解模型。在第 9～13 章中，该模型将用来讨论用常见氧化物制备陶瓷材料的过程。

2.6　化学结合磷酸盐胶凝材料的应用

早期 CBPC 的大部分工作集中在把 Zn 和 Mg 的磷酸盐陶瓷材料用作牙科水泥或快速固化水泥，近年来，CBPC 已经实现了更加广泛的应用。图 2.3 给出了这些用途的总览。以下也列出了一些主要的应用情况，在这些应用场景下常规材料的使用具有局限性，这些应用在第 14～19 章详细讨论。

1. 放射性废物的固化

在化学固定可溶性与挥发性裂变产物和将锕系物包封进 CBPC 基体方面，CBPC 已经显示出了其优异的特性。合理配制的 CBPC 制品在标准化测试中，室温下固定放射性成分的性能表现优于任何其他替代品，具体的细节将在第 17 章中讨论。

2. 核屏蔽

通过调整 CBPC 的配比，可以吸收放射性物质的中子和 γ 辐射，这不仅有助于为放射性材料周围环境提供屏蔽，而且可以在较小的空间内储存核燃料，从而在一

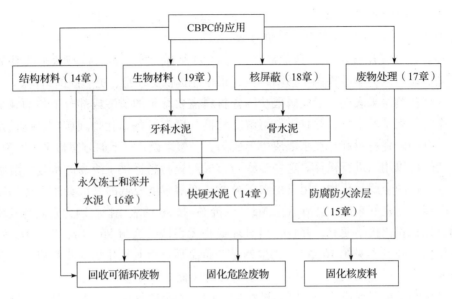

图 2.3　CBPC 的潜在应用

定程度上解决核扩散问题。这具体将在第 18 章中讨论。

3. 无害废弃物的循环利用

如今有大量不含危险元素的废物占据了大片的土地，靠近公用事业发电厂的灰坝、含有废弃矿物的溶液以及矿物精炼设施附近的固体和污泥，这些仅是小部分例子。CBPC 为循环利用这些废弃物提供了机会，将其转变为有用的结构材料，同时在此过程中也清洁了环境。图 2.2 是这种理念的一个实例。第 14 章中，我们会讨论在 CBPC 产品中循环利用无害的废弃物。

4. 油井水泥

人类对能源日益增长的渴求促使人们从深井和地热井中寻找并开采石油和天然气。普通水泥材料不适合在温度较高的井下使用。CBPC 材料可在这些情况下发挥重要作用。在第 16 章中我们会进一步讨论这些应用。

5. 防腐和防火涂料

目前几乎所有市场上的油漆和涂料都是由聚合物（环氧树脂、胶乳等）制造的。这些涂料所产生的挥发性有机化合物已被证明会破坏臭氧层，并且碳排放量较高。另一方面，CBPC 涂料不含碳化合物，它们不会释放出任何挥发性有机化合物。其碳排放量也很低。更重要的是，作为防腐和防火涂料，它们比市场上的产品性能更好。一个生动的用磷酸盐抑制铁的锈蚀的例子是位于印度德里的铁柱（图 2.4）。我们会在第 15 章中详细讨论这个实例的细节以及 CBPC 涂层的组成和性能。

6. 骨水泥和牙科水泥

如前所述，由 CBPC 制造牙科水泥的历史已逾百年，如今已经取得了重大进展和开创性研究成果，它们已成为商业化产品。同时，CBPC 中的钙基水泥，允许骨

（a）整根柱子的全景　　　　　（b）近距离观察到的光滑表面

图 2.4　印度的德里铁柱是磷酸盐抑制铁腐蚀作用的一个生动的例子。[在笈多帝国时期（Gupta Empire；320—500 年），竖立了一根高度为 23ft（英尺）、重达 6t 的支柱，以纪念当时的皇帝旃陀罗笈多。即使历经了 15 个世纪的风吹雨打、日晒雨淋，柱子也没有发生腐蚀，没有变成废墟。这推动了磷酸盐防腐涂料的发展，在第 15 章中我们会继续讨论。（摄影：Jennifer Wagh，Sleepy Hollow，Illinois）]

骼组织在其中生长，并且最终被吸收，转化为类似天然形成的骨骼。第 19 章中我们将讨论这一领域的最新进展。

　　现代材料必须要做到对环境友好。它们的生产、使用和使用寿命周期结束后应尽可能少地影响环境。正如我们在后面的章节中将要看到的，CBPC 在一些特殊的应用情况中十分合适，这是其他现有产品所不能实现的，在按照既定标准进行评估时，它们对环境非常友好。这一部分内容我们将在第 20 章中讨论。

参考文献

[1]　A. E. R. Westman. Phosphate ceramics, in: Topics in Phosphorus Chemistry, vol. 9, Wiley, New York, 1977, pp. 231-381.

[2]　T. Kanazawa（Ed.）. Inorganic Phosphate Materials, Elsevier, New York, 1989, pp. 1-8.

[3]　A. D. Wilson, J. W. Nicholson. Acid-Base Cements, Cambridge University Press, Cambridge, 1993.

[4]　C. S. Roastaing di Rostagni. Verfahrung zur darstellung von kitten für zähnarztliche undähnliche-zwecke, bestehend von gemischen von pyrophosphaten des calcium soder bariums mit den pyrophos-pheten des zinks oder magneiums, German Patent No. 6015, Berlin, 1878. Also in Correspon-denz-Blatt für Zahnärtze 10（1881）pp. 67-69.

[5]　W. H. Rollins. A Contribution to the Knowledge of Cements, Dent. Cosmos 21（1979）574-576.

[6]　E. S. Gaylord. Oxyphosphates of Zinc, Arch. Dent. 33（1989）364-380.

[7]　W. B. Ames. Oxyphosphates, Dent. Cosmos 35（1893）869-875.

[8]　H. Fleck. Chemistry of Oxyphosphates, Dent. Items Interest 24（1902）906.

[9]　W. Souder, G. C. Paffenbarger. Physical Properties of Dental Materials（Natl Bur. Standards,（U.

S.)), Gaithersburg, MD, Circ. No. C433, 1942.

[10] W. S. Crowell. Physical chemistry of dental cements, J. Am. Dent. Assoc. 14 (1927) 1030-1048.

[11] E. W. Skinner. Science of Dental Materials, third ed. , W. B. Saunders Co. , Philadelphia, 1947.

[12] N. E. Eberly, C. V. Gross, W. S. Crowell, System zinc oxide, phosphorous pentoxide, and water at 25℃ and 37℃, J. Am. Chem. Soc. 42 (1920) 1433.

[13] G. C. Paffenbarger, S. J. Sweene, A. Isaacs. A preliminary report on zinc phosphate cements, J. Am. Dent. Assoc. 20 (1933) 1960-1982.

[14] A. B. Wilson, G. Abel, B. G. Lewis. The solubility and disintegration test for zinc phosphate dental cements, Br. Dent. J. 137 (1974) 313-317.

[15] W. S. Crowell. Physical chemistry of dental cements, J. Am. Dent. Assoc. 14 (1929) 1030-1048.

[16] B. W. Darwell. Aspects of chemistry of zinc phosphate cements, Aust. Dent. J. 29 (1984) 242-244.

[17] F. Halla, F. Kutzeilnigg. Zurkennetnis des zinkphosphatzements, Z. für Stomatol. 31 (1933) 177-181.

[18] D. F. Vieira, P. A. De Arujo. Estudo a cristizacao de cemento de fostato de zinco, Rev. Faculdade Odontol. Univ. Saõ Paolo 1 (1963) 127-131.

[19] J. Komarska, V. Satava. Die chemischenprozassebei der abbindung von zinkphosphatzementen, Deusche Zahnärtzliche Z. 25 (1970) 914-921.

[20] A. D. Wilson, J. A. von Fraunhofer (Ed.), Zinc Oxide Dental Cements, vol. 5, Butterworths, Boston, 1975 (Chapter 5).

[21] E. van Dalen. Orënteerende onderzoekingen over tandcementen, Thesis, Delft Univ. , Netherlands, 1933.

[22] P. J. Wisth. The ability of zinc phosphate and hydro-phosphate cements to seal space bands, Angle Orthod. 42 (1972) 395-398.

[23] P. Steenbock. Improvements in and Relating to the Manufacture of a Material Designed to the Production of Cement, British Patent 15,181, 1904.

[24] F. Schoenbeck. Process for the Production of Tooth Cement, US Patent 897,160, 1908.

[25] A. D. Wilson, B. E. Kent, D. Clinton, R. P. Miller, The formation and microstructure of the dental silicate cement, J. Mater. Sci. 7 (1972) 220-228.

[26] A. D. Wilson, R. F. Bachelor, Dental silicate cements. i. the chemistry of erosion, J. Dent. Res. 46 (1967) 1075-1085.

[27] A. D. Wilson, R. F. Mesley. Dental silicate cements. VI. Infrared studies, J. Dent. Res. 47 (1968) 644-652.

[28] A. D. Wilson, B. E. Kent. Dental silicate cements. IX. Decomposition of the powder, J. Dent. Res. 49 (1970) 21-26.

[29] A. D. Wilson, B. E. Kent. Dental silicate cements. V. Electrical conductivity, J. Dent. Res. 44 (1968) 463-470.

[30] G. C. Paffenbarger, I. C. Schoonover, W. Souder. Dental silicate cements: physical and chemical

properties and a specification, J. Am. Dent. Assoc. 25 (1938) 32-87.

[31] A. D. Wilson, S. Crisp, B. G. Lewis. The aqueous erosion of silicophosphate cements, J. Dent. 10 (1982) 187-197.

[32] K. R. Anderson, G. C. Paffenbarger. Properties of silicophosphate cements, Dent. Prog. 2 (1962) 72-75.

[33] C. E. Semler. A quick-setting wollastonite phosphate cement, Am. Ceram. Soc. Bull. 55 (1976) 983-988.

[34] M. S. Ter-Grigorian, V. V. Beriya, E. N. Zedginidze, M. M. Sychev. Problem of the setting of serpentinite-phosphate cement, Chem. Abstr. 101. (1984). No. 156469.

[35] M. S. Ter-Grigorian, E. N. Zedginidze, M. M. Sychev, S. M. Papuashvili, L. K. Teideishvili, R. I. Dateshitze. Study of serpentinite-phosphate cement during heat treatment at 110-1200℃, Chem. Abstr. 96 (1982). No. 23920.

[36] K. P. Krajewski. Early diagenetic phosphate cements in the Albian condensed glauconitic limestone of the Tatra Mountains, Western Carpathians, Chem. Abstr. 10 (1984). No. 114382.

[37] B. El-Jazairi. rapid repair of concrete pavings, concrete 16 (1982) 12-15.

[38] A. S. Wagh, D. Singh, S. Y. Jeong. Chemically bonded phosphate ceramics, in: C. Oh (Ed.), Handbook of Mixed Waste Management Technology, CRC Press, Boca Raton, 2001, pp. 6.3.1-6.3.18.

[39] E. M. Prosen. Refractory Materials for Use in Making Dental Casting, US Patent 2,152,152, 1939.

[40] E. M. Prosen. Refractory Material Suitable for Use in Casting Dental Investments, US Patent 2,209,404, 1941.

[41] R. Earnshaw. Investments for casting cobalt-chromium alloys, Part I, Br. Dent. J. 108 (1960) 389-396.

[42] R. Earnshaw. Investments for casting cobalt-chromium alloys, part II, Br. Dent. J. 108 (1960) 429-440.

[43] F. G. Sherif, E. S. Michaels. Fast-Setting Cements from Liquid Waste Phosphorous Pentoxide Containing Materials, US Patent 4,487,632, 1984.

[44] F. G. Sherif, E. S. Michaels. Fast-Setting Cements from Solid Phosphorous Pentoxide Containing Materials, US Patent 4,505,752, 1985.

[45] F. G. Sherif, A. G. Ciamei. Fast-Setting Cements from Superphosphoric Acid, US Patent 4,734,133, 1988.

[46] F. G. Sherif, F. A. Via. Production of Solid Phosphorous Pentoxide Containing Materials for Fast Setting Cements, US Patent 4,755,227, 1988.

[47] T. Finch, J. H. Sharp. Chemical reactions between magnesia and aluminium orthophosphate to form magnesia-phosphate cements, J. Mater. Sci. 24 (1989) 4379-4386.

[48] T. Sugama, L. E. Kukacka. magnesium monophosphate cements derived from diammonium phosphate solutions, Cem. Concr. Res. 13 (1983) 407-416.

[49] F. G. Sherif, F. A. Via, L. B. Post, A. D. F. Toy. Improved Fast Setting Cements from Ammonium Phosphate Fertilizer Solution, European Patent EP0203485, 1986.

[50] T. Sugama, L. E. Kukacka, Characteristics of magnesium polyphosphate cements derived from Ammonium Polyphosphate Solutions, Cem. Concr. Res. 13 (1983) 499-506.

[51] J. Ando, T. Shinada, G. Hiraoka. Reactions of monoaluminum phosphate with alumina and magnesia, Yogyo-Kyokai-Shi 82 (1974) 644-649.

[52] E. D. Demotakis, W. G. Klemperer, J. F. Young. Polyphosphate chain stability in magnesia-polyphosphate cements, Mater. Res. Symp. Proc. 45 (1992) 205-210.

[53] B. E. I. Abdelrazig, J. H. Sharp. Phase changes on heating ammonium magnesium phosphate hydrates, Thermochim. Acta 129 (1988) 197-215.

[54] B. E. I. Abdelrazig, J. H. Sharp, B. El-Jazairi. Microstructure and mechanical properties of mortars made from magnesia-phosphate cement, Cem. Concr. Res. 19 (1989) 228-247.

[55] B. E. I. Abdelrazig, J. H. Sharp, B. El-Jazairi. The chemical composition of mortars made from magnesia-phosphate cement, Cem. Concr. Res. 18 (1988) 415-425.

[56] B. E. I. Abdelrazig, J. H. Sharp, P. A. Siddy, B. El-Jazairi. Chemical reactions in magnesia-phosphate cements, Proc. Br. Ceram. Soc. 35 (1984) 141-154.

[57] A. K. Sarkar. Phosphate cement-based fast-setting binders, Ceram. Bull. 69 (2) (1990) 234-238.

[58] A. K. Sarkar. Hydration/dehydration characteristics of struvite and dittmarite pertaining to magnesium ammonium phosphate cement system, J. Mater. Sci. 26 (1991) 2514-2518.

[59] A. Wagh, D. Singh, S. Jeong. Method of Waste Stabilization via Chemically Bonded Phosphate Ceramics, US Patent No. 5,830,815, 1998.

[60] W. D. Kingery. Fundamental study of phosphate bonding in refractories: II. Coldsetting properties, J. Am. Ceram. Soc. 33 (5) (1950) 242-250.

[61] N. F. Fedorov, L. V. Kozhevnikova, N. M. Lunina, Current-conducting phosphate cements, UDC 666.767.

[62] M. M. Sychev, I. N. Medvedeva, V. A. Biokov, O. S. Krylov, Effect of reaction kinetics and morphology of neoformation on the properties of phosphate cements based on magnesium titanates, Chem. Abstr. 96 (1982). No. 222252e.

[63] G. L. Sudakas, L. I. Turkina, A. A. Chernikova. Properties of phosphate binders, Chem. Abstr. 96 (1982) No. 202,472.

[64] S. L. Golynko-Wolfson, M. M. Sychev, L. G. Sudakas, L. I. Skoblo. Chemical Basis of Fabrications and Applications of Phosphate Binders and Coatings, Khimiya, Leningrad, 1968.

[65] L. I. Turkina, L. G. Sudakas, V. A. Paramonova, A. A. Chernikova. Inorganic Materials, Plenum Publishers, New York, 1990. Translated from Russian Original 26 [7], pp. 1680-1685.

[66] A. S. Wagh, S. Y. Jeong, D. Singh, A. S. Aloy, T. I. Kolytcheva, E. N. Kovarskaya, Y. J. Macharet. Iron-phosphate-based chemically bonded phosphate ceramics for mixed waste stabilization, in: Proc. Waste Management '97, March 2-6 1997, 1997.

[67] A. S. Wagh, S. Jeong, D. Singh. High strength phosphate cement using industrial byproduct ashes, in: A. Azizinamini, D. Darwin, C. French (Eds.), Proc. First Int. Conf. on High Strength Concrete, Kona, HI, American Society of Civil Engineers, Reston, VA, 1997, pp. 542-553.

第 3 章

原材料

在第 2 章中我们讨论的各种化学结合磷酸盐胶凝材料（CBPC）产品显示，CBPC粉末由一种或多种微溶性氧化物和酸式磷酸盐组成。当该混合物在水中搅拌时，酸式磷酸盐首先溶解，并使溶液呈酸性，然后微溶的碱性氧化物溶解并引发酸碱反应。该反应产生的浆体随之硬化，形成类似于陶瓷的硬质产品。但如果酸式磷酸盐是磷酸溶液，则凝结硬化反应速度过快。因此，这种方法对于生产大体积水泥制品而言是不切实际的，因为快速的酸碱反应放出大量的热，而大量的热量会导致反应浆体沸腾，尤其是在浆体的体积较大时。此外，温度的快速上升加速了反应和凝固速率，这会引起大量的水分蒸发，从而导致结构不连续的高孔隙率制品产生。鉴于以上原因，只有极少数弱酸性的酸式磷酸盐（例如磷酸二氢盐）优先用于制造实用的磷酸盐胶凝材料。

在大多数应用中，少量的磷酸盐胶凝材料粉末可与大量廉价的填料混合，然后将混合物在水中搅拌以形成反应性浆体。例如，如果磷酸盐胶凝材料用于制造建筑产品，使用的填料则是砂、碎石、煤灰、土壤或某些矿物废料。磷酸盐胶凝材料为这些填料的颗粒之间提供黏结，并将它们结合成固体。因此，这些混合物实际上与常规混凝土混合物很像，后者通常将硅酸盐水泥与大量砂和砾石混合以生产出水泥混凝土。当使用磷酸盐胶凝材料时，则产品可称为磷酸盐水泥混凝土。如果是用于废料的稳定，则废料本身为填料，最终产品被称为废料固化体。

通常，在水泥或磷酸盐混凝土中胶凝材料使用的量较少，混凝土中骨料占据主要的体积。使用少量的胶凝材料可以使产品的总成本保持在较低水平。在普通硅酸盐水泥混凝土中的骨料组分不参与凝结反应。另一方面，对于 CBPC 而言，有的填料在酸性浆体中表现出一定的溶解性。由于二氧化硅（SiO_2）不溶于酸溶液，因此可以肯定，它不参与任何凝结反应，在最终产品中将保持为惰性填料。然而，一些硅酸盐是微溶的，例如硅灰石（$CaSiO_3$），它们将参与反应并形成胶结相。有研究发现粉煤灰中含有这样的微溶硅酸盐组分，因此它参与化学反应，最终形成 CBPC 产品[1]，这将在本书的第 14 章中详细讨论。同样，正如我们将在第 17 章中所看到的，当CBPCs用于废料固化时，危险或放射性污染物和磷酸盐之间的反应是重要的，因为这些反应最终会将这些污染物转化为不溶性磷酸盐从而实现化学上的稳定，并保证其不渗入地下水。因此，在开发CBPC产品理想属性的同时，不仅需要研究胶凝材料成分的溶解特性，而且对添加剂和填充物的溶解特性也应该有很好的了解。

填料的溶解性在牙科水泥和生物材料中也是非常重要的。与建筑水泥不同，牙科水泥的成本不是主要问题，但最终产品的纯度、生物相容性以及性能非常重要。每种填料组分在对最终产品的性能改性方面都有其自身的作用。正如我们将在第19章中看到的那样，硅灰石提高了牙科水泥的抗弯强度和韧性，而加入羟基磷灰石 $[Ca_5(PO_4)_3OH]$ 则提高了产品的生物相容性。这些填料的属性决定了产品的最终性能，因此我们不仅要了解胶凝材料组分的性能，还要了解添加剂和填料组分的特性。

除了填充物之外，在许多应用中，例如用作涂料时CBPC涂层必须与金属相结合（第15章），或者用于岩土工程时CBPC胶凝材料必须与含有石灰石、砂岩等的地层相结合（第16章），这都需要了解胶凝材料和填料矿物学知识细节。因此，本章介绍磷酸盐胶凝材料和重要填料组分的成因与性质。

3.1　用磷酸盐矿石生产的磷酸

磷酸盐矿的主要矿藏在美国佛罗里达州、俄罗斯科拉和摩洛哥[2,3]。此外，中东大部分地区都有丰富的磷酸盐矿。这些磷酸盐矿石由磷酸钙等矿物组成[2]。一般通过加工这些矿石来提取所需矿物质，在这些矿物中氟磷酸钙 $[Ca_{10}F_2(PO_4)_6]$ 最为重要。这些矿石中的磷酸盐和所提取的产物的纯度是根据其中 P_2O_5 含量来测算的。

磷酸盐化学制品可以用来大量生产磷酸盐肥料。图3.1显示了用磷酸盐矿石生产酸式磷酸盐化学产品的流程图。这些酸式磷酸盐是制造CBPC产品的潜在原料。

通常简称为磷酸的正磷酸（ H_3PO_4 ）是从磷酸盐矿提取的第一种产品，也是最重要的产品。当矿石与硫酸（ H_2SO_4 ）反应时，通过以下反应形成磷酸：

$$Ca_{10}F_2(PO_4)_6 + 10H_2SO_4 + 10yH_2O \Longrightarrow 6H_3PO_4 + 10CaSO_4 \cdot yH_2O + 2HF \quad (3.1)$$

式中，$y=0$，$0.5\sim0.7$，或2；右边的第二项表示各种形式的石膏，它被分离和丢弃或用于建筑材料中，而第三项氢氟酸（HF）被移除，并安全地使用或处理。

根据纯度和浓度的不同，磷酸以不同的等级出售。商业级磷酸的浓度为70%～85%（质量分数）。该酸的pH值为零，因此是强酸。然而，为了制备实用的CBPC产品，该酸要么被稀释，要么与碱金属反应以形成pH＞1的酸式磷酸盐。图3.1说明了这些酸式磷酸盐的形成。即使是稀释过的磷酸在形成CBPC时酸性还是太强。此外，液体酸的运输和储存具有溢出和发生事故的风险。另一方面，部分中和过的酸式磷酸盐是粉末，酸性减弱了，因此更适合于运输、处理和储存，所以在生产CBPC产品时，要优先考虑酸式磷酸盐。

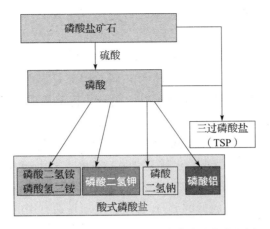

图 3.1 用磷酸盐矿石生产酸式磷酸盐的流程图

3.2 酸式磷酸盐

用于形成 CBPC 的代表性的酸式磷酸盐是铵、钙、钠、钾和铝的磷酸氢盐，一般是使氯化物、硝酸盐、氧化物（或氢氧化物）或碳酸盐与磷酸反应，进而形成磷酸氢盐。如前所述，这些磷酸氢盐可以用于商业化肥。钙的磷酸氢盐 $[Ca(H_2PO_4)_2 \cdot H_2O]$ 和氨的磷酸氢盐 $[(NH_4)_2HPO_4$ 和 $(NH_4)H_2PO_4]$ 是最常用的肥料，而富含磷酸二氢钾（KH_2PO_4）的肥料也用于需要钾盐（钾的化合物如碳酸盐、硝酸盐和硫酸盐）的土壤中。

在制备 CBPC 产品时，使用少量的具有最大可用 P_2O_5 值的胶凝材料和大量当地可用填料是最经济的方式。以这种方式，只需少量富含 P_2O_5 的胶凝材料需要被运送到使用地点，这样可避免散装填料的高运输成本。因此，具有最大 P_2O_5 含量的磷酸氢盐是 CBPC 生产成本的主要因素。

可选的酸式磷酸盐中的 P_2O_5 含量见表 3.1。为了便于比较，本表还包括商业上的磷酸（H_3PO_4 浓度为 85%）和称为三过磷酸盐（TSP）的磷酸氢钙肥料。[①]

表 3.1 备选酸式磷酸盐中 P_2O_5 的含量

磷酸盐	H_3PO_4	NaH_2PO_4	KH_2PO_4	$(NH_4)H_2PO_4$	$(NH_4)_2HPO_4$
P_2O_5（质量分数，%）	61.6	59.2	52.2	61.7	53.8

由表 3.1 可以得出一个结论，即所有纯酸式磷酸盐和磷酸中 P_2O_5 的含量都集中在 50%~60%（质量分数）的范围，其中 $(NH_4)H_2PO_4$ 中 P_2O_5 的含量最高，而 KH_2PO_4 中 P_2O_5 含量最少。TSP 是不纯的 $Ca(H_2PO_4)_2 \cdot H_2O$，其中 P_2O_5 的含量较低。因此，可以得出结论，磷酸应该是用于 CBPC 产品中最经济的 P_2O_5 的材料。然

---

① 原著中表 3.1 并没有出现三过磷酸钙的分子式。

而，由于以前讨论过的原因（强酸、液体形式），在CBPC生产中，应该优选使用酸式磷酸盐而不是酸溶液本身。

在酸式磷酸盐中，铵的磷酸氢盐、铝的磷酸氢盐［$AlH_3(PO_4)_2 \cdot H_2O$］和钠的磷酸氢盐（NaH_2PO_4）也具有较高浓度的P_2O_5，因此是形成CBPC的潜在原料。然而，磷酸氢铵及其CBPC产品在成型CBPC期间，甚至是成型后，特别是制造大尺寸样品时会释放大量的氨。另外由NaH_2PO_4得到的磷酸盐胶凝材料含有钠玻璃相，最终产物不是很硬。这种磷酸盐胶凝材料随着时间的推移会出现微裂纹。此外，由于Na是轻质原子，其水溶浸出性也较高。另一方面，$AlH_3(PO_4)_2 \cdot H_2O$酸性很强，反应速度过快，因此这种原料难以制成大的物体。磷酸氢钙也有类似的问题。有意思的是，虽然KH_2PO_4具有较低的P_2O_5含量，但却是最有用的酸式磷酸盐。它酸性不是太强，以粉末形式存在，能生产出优良的固化材料。为此，KH_2PO_4是生产大尺寸制品或连续生产过程中最有用的原料。在文献中基于KH_2PO_4制备的磷酸盐胶凝材料通常称为Ceramicrete[①]。尽管如此，在批量处理中或当生产尺寸较小的产品时，将KH_2PO_4与其他磷酸盐组合是非常有用的。为此，下面详细讨论用于制备磷酸盐结合胶凝材料的各种酸式磷酸盐。

3.2.1　磷酸氢钙肥料

由于钙是磷矿石的主要成分之一，所以可以通过矿石与磷酸的反应来生产磷酸氢钙。主要反应为：

$$Ca_{10}F_2(PO_4)_6 + 14H_3PO_4 + 10H_2O \Longrightarrow 10Ca(H_2PO_4)_2 \cdot H_2O + 2HF \quad (3.2)$$

右边的第一个产物是磷酸氢钙，在实际处理过程中它并不纯净，它含有来自矿石的杂质，这些含有杂质的磷酸氢钙一般被作为TSP肥料销售。除此之外，也可以通过使磷酸盐矿石与硫酸反应来生产类似的磷酸盐产物。反应如下：

$$Ca_{10}F_2(PO_4)_6 + 7H_2SO_4 + 3H_2O \Longrightarrow 3Ca(H_2PO_4)_2 \cdot H_2O + 7CaSO_4 + 2HF \quad (3.3)$$

一旦移除HF，最终产物就是磷酸氢钙和石膏等固体物质。该固体被称为普通过磷酸盐（NSP）。虽然这种肥料是一种廉价的产品，但由于NSP中可用的P_2O_5量非常小（5%~8%），对于经济地生产CBPC来说并不是很好的原料，但是TSP却可以用于其他的场合。第13章讨论了陶瓷形成中TSP使用的细节。

3.2.2　磷酸二氢钾

市售的纯KH_2PO_4与MgO反应可以生产高品质磷酸盐胶凝材料[4]。这种原料与其他的磷酸盐相比更贵，但是在磷酸盐胶凝材料的生产过程中可以加入大量的填料，因此制造产品时，胶凝材料组分的净成本较低。通过KH_2PO_4和MgO的反应形成的磷酸盐结合胶凝材料，即Ceramicrete，已经在阿贡国家实验室进行了广泛的研究。

---

① Ceramicrete是一种含有KH_2PO_4的磷酸盐胶凝材料的商业产品的名称，它是ceramic（陶瓷）和concrete（混凝土）的合成词，可以理解为"瓷质混凝土或磷酸盐胶凝材料"。——译者注

Ceramicrete 的细节将在第 9 章讨论，第 14 章介绍该材料的应用。

磷酸二氢钾（MKP）是通过氯化钾或碳酸钾与磷酸的反应形成的，所得的磷酸盐是一种以化合物形式存在的结晶材料。其主要的商业应用是作为冷饮和洗涤剂中的组成成分。目前，Ceramicrete 已经为其商业用途提供了一条新途径。

3.2.3 磷酸二氢镁

与磷酸二氢钙一样，同样可以把磷酸二氢镁 $[Mg(H_2PO_4)_2 \cdot H_2O]$ 作为酸式磷酸盐使用[5]。该产品的商业应用很少，因此其商业可用性受到限制。因此，虽然这种产品可以生产优质的胶凝材料，但它只能用于特殊产品如牙科水泥。第 9 章将会讨论使用酸性磷酸盐制备磷酸镁胶凝材料，在第 19 章中将会讨论其在牙科水泥中的应用。

3.2.4 磷酸氢铝

如第 2 章所述，在早期牙科水泥的开发过程中，得以认识了 $AlH_3(PO_4)_2 \cdot H_2O$ 的利用。Finch 和 Sharp[6]研究了由氧化镁和这种酸式磷酸盐反应制备的优良胶凝材料的详细化学性质。

当氢氧化铝和磷酸溶液的混合物在 100~120℃ 范围内加热时，会形成酸式磷酸铝。反应表示为：

$$Al(OH)_3 + 2H_3PO_4 \Longrightarrow AlH_3(PO_4)_2 \cdot H_2O + 2H_2O \qquad (3.4)$$

这些反应的细节和磷酸铝胶凝材料的制备将在第 11 章中讨论。遗憾的是，这种酸式磷酸盐的用途有限，因此其商业效用也有限。

3.2.5 磷酸铵盐

在所有氨基磷酸盐肥料化学制品中，磷酸二氢铵 $[MAP, (NH_4)H_2PO_4]$ 和磷酸氢二铵 $[DAP, (NH_4)_2HPO_4]$ 均在 CBPC 的制备中发挥了重要作用。如第 2 章所讨论的，Sugama 和他的研究组[7,8]用这两种酸式磷酸盐开发出了磷酸盐胶凝材料，随后 Abel-razig 和他的研究组[9-11]以及 Popovics 等人[12]用这些材料开发出了结构材料（第 9 章）。

这些磷酸铵盐是通过硝酸铵与磷酸反应生成的，所得化合物易溶于水，在制备胶凝材料过程中，会释放氨，磷酸盐会与金属阳离子如镁反应，形成 CBPC。由于有氨气的释放，它一般会用于户外如道路修补，这些材料几乎没有室内应用。这些材料的详细性质将在第 14 章进行讨论。

3.3 主要氧化物和氧化物矿物

第 2 章的讨论表明，二价金属氧化物，如钙、镁和锌的氧化物（CaO，MgO 和 ZnO）是形成磷酸盐陶瓷的主要候选物。选择合适的氧化物以产生既定产物的准则是以溶解化学为基础，这些准则将在第5章中给出。这些氧化物在酸性溶液中是微溶的，使用时能够控制生成过程中的反应速度和凝固速度，所以它们是最合适制备胶凝材料的氧化物。此外，按照本书后续章节讨论的方法，地壳中丰富的氧化铝（铝矾土，Al_2O_3）和氧化铁（Fe_2O_3）也具有制备性能优良、低成本 CBPC 的潜力。为此，我们给出了有关这些氧化物的相关信息。表3.2介绍了其详细的资料。

表 3.2　可选金属氧化物在地壳中的含量、水溶性以及形成 CBPC 时所需的温度

金属氧化物	含量（质量分数，%）	水溶性	应用	形成 CBPC 时所需温度
MgO	2.09	微溶；在酸溶液中溶解度较高，随着 pH 的升高而减小	大体积，结构，废物管理	室温或者更低温度
CaO	3.63	微溶；在酸溶液中溶解度较高，随着 pH 的升高而减小	小体积，牙科或生物制品	室温
Al_2O_3	8.13	难溶，溶解度在酸性或碱性溶液中降低（两性）	耐高温	约150℃
ZnO	0.007	微溶；在酸溶液中会随着 pH 的减小而增高	小体积，牙科水泥	室温
Fe_2O_3	5.00	不溶	降低室内温度	室温

3.3.1　氧化钙

钙的存在形式主要是地壳中的碳酸钙和各种硅酸钙，两者存在于石灰石和其他岩石中。加热石灰石，使二氧化碳从碳酸钙中排出，可得到氧化钙。由于石灰石天然含量丰富，所以其是一种廉价的原料，用于各种工业部门，如从制造水泥到制造牙膏等。根据对其粒径、纯度和反应活性的划分，市面上的氧化钙有不同等级。

由于氧化钙是一种反应性粉末，它在与水接触时会形成氢氧化钙，该反应放热，因此在形成氢氧化物期间，水会被加热。正是由于这种过多热量的存在，氧化钙不能通过与酸式磷酸盐溶液反应而直接参与制备磷酸盐胶凝材料，必须以微溶的方式使用，例如以硅酸盐或磷酸氢盐的形式，从所用矿物中缓慢地将氧化钙释放到溶液中。尽管存在困难，但是由于人类骨骼中含有磷酸钙，人们现在已经做了很多努力，通过使用部分可溶性钙的磷酸盐，而不是使用氧化物本身来开发制备生物相容性磷酸钙类 CBPC 的方法。如果使用部分溶解的硅酸钙或铝酸钙，也可采用类似的方法。这些方法将在第13章进行讨论。

3.3.2　氧化镁

像钙一样，氧化镁是一种存在于诸如菱镁矿（碳酸镁）和白云石（碳酸钙和碳酸镁的复合盐）的矿物中。镁是地壳中第八大元素。可以从这些岩石中提取或通过电解含有氯化镁的海水中提取氧化镁。它是用于形成 CBPC 的最常见原料。这是因为其溶解度没有氧化钙的溶解度那么大，也不如常用的氧化物如二氧化硅和氧化铁

那样小。当溶于水时，也不会释放过多的热量。因此，已经开发了许多基于镁的CBPC作为结构材料以及用于废料管理领域的技术。镁基 CBPC 的开发将在第 9 章讨论，而其应用将在第 14 章中进行讨论。氧化镁可以根据其热处理的温度和持续时间，划分成为各种不同的反应活性等级。对于 CBPC 的制备而言，重烧氧化镁是最有用的，其反应活性和热处理也将在第 9 章中进行讨论。

3.3.3　氧化铝

铝元素是地壳中第二多的金属元素。它是热带土壤（红土）中常见的金属。它是由铝土矿，即富铝红土中提取而来，在 150～250℃ 和 20 个大气压下将氧化物溶解在苛性钠溶液中，随后分离成含有该氧化物的饱和拜耳溶液①。虽然氧化铝基CBPC价格便宜，但由于在酸性溶液中，氧化铝的溶解度也较低，所以一般很难形成CBPC。然而，其溶解度可以通过轻度的热处理来增大，以制备合适的 CBPC（第 13章）。商业买到的氧化铝可以是煅烧氧化铝（刚玉）或其水化合物形式如氢氧化铝[$Al(OH)_3$]、勃姆石（$Al_2O_3 \cdot 3H_2O$）、三水铝矿（$Al_2O_3 \cdot H_2O$）或不纯的物质如高岭土。这些矿物形态及其在制备胶凝材料中的应用将在第 11 章中进行讨论。

3.3.4　氧化铁

铁元素是地壳中第三多的金属。其主要氧化物矿物为方铁矿（FeO）、赤铁矿（Fe_2O_3）和磁铁矿（Fe_3O_4）；后者可以被认为是前两者的混合物[14]。FeO 和 Fe_3O_4容易形成 CBPC，因为它们的溶解度足够高，而 Fe_2O_3 是最稳定的氧化物之一，因此不易进行与酸式磷酸盐反应进而形成 CBPC 产物。但是，它可以部分通过还原反应形成 CBPC，这种氧化物在自然界很丰富而且成本较低，其所制备的 CBPC 是能大量实用的胶凝材料。第 12 章将讨论基于这种氧化物形成的 CBPC。

3.3.5　氧化锌

锌并不是很常见的金属，如表 3.1 中所示，它在地壳中的含量很低，现查明锌主要以硫化锌的形式存在于某些矿物中，如硫镉锌矿[$(Zn, Fe)S$]和闪锌矿，以碳酸盐形式存在于菱锌矿（$ZnCO_3$），以硅酸盐形式存在于炉甘石中②。通过焙烧这些矿石提取氧化锌。首次把锌基 CBPC 作为牙科材料是在 1879—1981 年[14,15]。磷酸锌基 CB-PC 是早期最重要的 CBPC 之一，在后来的几十年中对锌基牙科水泥进行了不断地改进（第 2 章和第 19 章）。遗憾的是由于其在几分钟内就凝结，它只能用于小尺寸结构，如牙科水泥。大量生产这种材料需要减缓氧化锌与磷酸溶液的反应或使用酸式磷酸盐。由于这一问题没有得到解决，因此这种材料没有应用到其他领域。当然，氧化锌的成本也

---

① 拜耳溶液是用拜耳法从铝土矿生产氧化铝的化工过程中使用的溶液。拜尔法由奥地利工程师卡尔·约瑟夫·拜耳于 1887 年发明。——译者注

② 炉甘石为碳酸盐类矿物方解石族菱锌矿，主要含有碳酸锌。——译者注

可能是阻碍其广泛应用的一个因素。在第 10 章我们将详细讨论磷酸锌水泥的形成过程。

3.4 骨料

骨料是大批量、低成本的材料,在每个使用混凝土的场地都可以获得。它们是 CBPC 大部分应用的主要材料,原因有两个。一是有些传统骨料是填料,它们降低了生产过程中的温升,从而允许有更多的时间进行混合和应用。它们还增强了所得混凝土的强度,这是硅酸盐水泥混凝土使用的传统理念。二是有些填料,如粉煤灰和硅灰石,有一定的反应活性并参与固化反应,制成的产品比胶凝材料本身的力学性能更加优异。由于价格低廉,这两种填料降低了产品的总成本,因此对于生产可行的 CBPC 复合材料至关重要。

3.4.1 砂

砂是最丰富的材料之一,几乎可以随处可见,它是混凝土中最常用的细骨料,在建筑行业应用中,砂是 CBPC 主要的原料。

砂由结晶二氧化硅(石英)组成,其水溶性可忽略不计。因此,它不参与制备 CBPC 的反应。然而,由于砂颗粒较硬,因此改善了 CBPC 产品的力学性能,特别是其韧性。它增加了混合物的热容也有助于减缓胶凝材料的凝结速度,从而降低了固化过程中的温升。作为低成本填料,它也可以大量用于生产 CBPC 产品。

3.4.2 粉煤灰

除了砂子,CBPC 中最重要的填料是粉煤灰。我们将在第 14 章中看到,粉煤灰不仅仅是填料,它也参与形成 CBPC 的化学反应。因此,含有粉煤灰的 CBPC 产品具有相当好的力学性能,可以制备出致密结构的陶瓷制品。当大量使用粉煤灰时,它也降低了凝结过程中的反应速度,获得更多可操作的时间,以便产品的使用。因此,除了涂层和生物活性材料,在大多数应用实例中,粉煤灰都是 CBPC 产品的主要成分。因为涂层需要快速凝固,而生物材料需要高纯度的 CBPC。

粉煤灰是在燃煤或燃油发电的电厂产生的。因此,它是一种产量很大的工业副产品。它由非常细的粉末通常是细小粒径(<10mm)颗粒[①]组成,有两种粉煤灰,分别是 C 级和 F 级粉煤灰,这种分类是基于粉煤灰的化学组成。表 3.3 给出了两种粉煤灰中不同成分的典型范围。

表 3.3　典型的 F 级和 C 级粉煤灰的成分(质量分数,%)

元素	Al	Ca	Fe	K	Si	C
F 级	11.5	1.54	4.16	2.31	21.8	8.78
C 级	9.74	16.8	3.44	—	16.5	0.08

---

① 粉煤灰的颗粒粒径一般分布在 0.5～300μm 的范围之内。——译者注

如表 3.3 所示，与 F 级粉煤灰相比，C 类粉煤灰中的钙含量较高，而碳含量较低。钙的含量高是由于在生产该粉煤灰时使用的煤中含钙量较高的结果。此外，当煤完全燃烧产生粉煤灰时，在粉煤灰中几乎没有残留的碳。相比之下，F 级粉煤灰中碳的含量较高。因此，F 级粉煤灰为灰黑色，而 C 级灰通常为浅褐色。

图 3.2 显示了 F 级和 C 级粉煤灰的代表性 X 射线衍射图样。在 2θ 约为 27°位置的衍射峰是二氧化硅晶体。从图 3.3 的扫描电子显微镜（SEM 图像）可以看出，二氧化硅主要以球体形式存在。空心的球称为空心微珠或漂珠①，其可与粉煤灰分离并用作轻质水泥和类似产品中的填料。从图 3.2 中可以注意到，在二氧化硅衍射峰的基部，还有一个宽的隆起，这表示存在无定形或微晶二氧化硅。参与反应的无定形二氧化硅表面积很大，因此在制备优异 CBPC 产品中起重要作用。所以粉煤灰是 CBPC 结构材料产品中的良好填料。粉煤灰在 CBPC 产品中的应用将在第 14 章进行讨论。

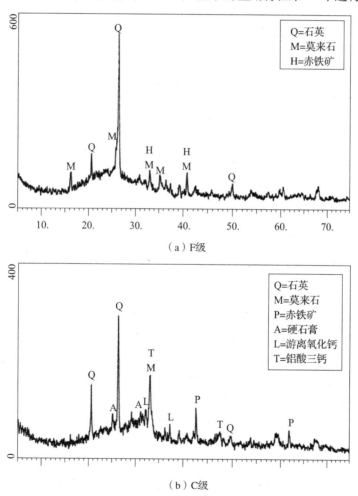

图 3.2　F 级和 C 级粉煤灰的 XRD 图样

---

① 原著为 extendospheres。——译者注

图3.3 C级粉煤灰中空心微珠的SEM图样

除了发电厂的粉煤灰之外，还可以使用火山灰以及城市固体废物燃烧产生的灰烬或其他任何燃烧产物产生的灰分。通常，某种废物（如果可燃）可以通过焚烧来减少其体积，这对于管理危险废物和放射性废物很重要，而这个过程也将产生灰分。由于焚烧产生的灰分富含某些有害的无机组分，需要被稳定或者固化下来。磷酸盐胶凝材料是稳定危险物和放射性污染物的理想材料，故CBPC工艺是稳定这种灰分的理想选择，而正如前所述，灰分能改善最终CBPC产品的物理和力学性能。在第16章和第17章我们将讨论灰分的稳定。

正如我们将在后面看到的那样，CBPC技术还可以允许使用一系列其他大体积和低成本的填料，如矿物质和工业废液以及土壤。这正是CBPC的极具吸引力的一个特征，通过使用这些本地的填料，可以减少CBPC产品的材料成本。出于同样的原因，CBPC技术在稳定不同废料方面也是最有用的。因此，可以得出结论，在CBPC中可以使用更广泛的骨料，并且使用它们时也不太受骨料的组成成分的限制。

3.4.3 硅酸钙

大量自然状态下的硅酸盐具有不同程度的溶解度。这些矿物质作为可溶性二氧化硅的来源可用于CBPC，并增强产品的力学性能，如抗压强度。其中，偏硅酸钙或硅灰石是最重要的。因为这种矿物质在自然界中来源丰富，成本较低。它是微溶的，因此可以参与CBPC产品形成过程中的固化反应，而且其晶体结构呈针状，这为最终产品提供了更好的韧性和抗弯曲性能。

硅灰石存在于结晶石灰岩中，一般从硅灰石含量足够高的矿石中开采出来。这种硅灰石矿藏主要分布在美国的纽约州和加利福尼亚州、法国北部的布列塔尼、罗马尼亚和墨西哥[13]。

商业上，硅灰石按照纯度以及不同的长径比（颗粒的长径比）来划分。图3.4显示了CBPC中所用的市售硅灰石的细长晶体。硅灰石单个颗粒的结构是针状的，因此可通过晶粒的长径比来鉴别。正如我们将在第14章中看到的那样，这种矿物的纤维性质可使CBPC复合材料中的裂纹发生偏转，增加了裂纹扩展的迂回程度，使材料更坚韧。因此，硅灰石除了提供可溶性二氧化硅来源之外，其结构形态还有助于形成具有较高力学性能的产品，所以说硅灰石是 CBPC 产品中优先使用的矿物[16]。

图 3.4　CBPC 中的棒状硅灰石晶体

参考文献

［1］　A. S. Wagh, S. Jeong, D. Singh。High strength phosphate cement using industrialbyproduct ashes, in: A. Azizinamini, D. Darwin, C. French (Eds.), Proc. First Int. Conf. on High Strength Concrete, Kona, HI, American Society of Civil Engineers, Reston, VA, 1997, pp. 542-553.

［2］　T. Kanazawa (Ed.). Inorganic Phosphate Materials, Kodansha/Elsevier, Tokyo/Oxford, 1989, pp. 1-13.

［3］　Kirk-Othmer. Encyclopedia of Chemical Technology, third ed., vol. 10, Wiley Interscience, New York, NY, 1982, pp. 62.

［4］　A. S. Wagh, D. Singh. S. Y. Jeong, Method of Waste Stabilization Via Chemically bonded Phosphate Ceramics, US Patent No. 5,830,815, 1998.

［5］　S.-Y. Jeong, A. S. Wagh. Formation of Chemically Bonded Ceramics With Magnesium Dihydrogen Phosphate Binder, Patent No. 6,776,837, 2004.

［6］　T. Finch, J. H. Sharp. Chemical reactions between magnesia and aluminium orthophosphate to form magnesia-phosphate cements, J. Mater. Sci. 24 (1989) 4379-4386.

［7］　T. Sugama, L. E. Kukacka. Magnesium monophosphate cements derived from diammonium phosphate solutions, Cem. Concr. Res. 13 (1983) 407-416.

［8］　T. Sugama, L. E. Kukacka. Characteristics of magnesium polyphosphate cementsderived from ammonium polyphosphate solutions, Cem. Concr. Res. 13 (1983)499-506.

［9］　B. E. I. Abdelrazig, J. H. Sharp, B. El-Jazairi. Microstructure and mechanical properties of mortars made from magnesia-phosphate cement, Cem. Concr. Res. 19 (1989)228-247.

［10］　B. E. I. Abdelrazig, J. H. Sharp, B. El-Jazairi, The chemical composition of cortarsmade from magnesia-phosphate Cement, Cem. Concr. Res. 18 (1988) 415-425.

［11］　B. E. I. Abdelrazig, J. H. Sharp, P. A. Siddy, B. El-Jazairi. Chemical reactions in magnesia-phosphate cements, Proc. Br. Ceram. Soc. 35 (1984) 141-154.

[12] S. Popovics, N. Rajendran, M. Penko. Rapid hardening cements for repair of concrete, ACI Material. J. 84 (1987) 64-73.

[13] C. Klein, C. Hurlbut Jr. Manual of Mineralogy, Wiley, New York, NY, 1977, pp. 153.

[14] W. H. Rollins. A Contribution to the knowledge of cements, Dent. Cosmos 21 (1979)574-576.

[15] A. Wagh, S. Jeong, D. Lohan, A. Elizabeth. Chemically Bonded Phosphosilicate Ceramic, US Patent No. 6,518,212 B1, 2003.

[16] C. S. Roastaing di Rostagni. VerfahrüngzurDarstellüng von Kitten für zahnärztliche und ähnliche Zwecke, bestehend von Gemischen von Pyrophosphaten des Calciumsoder Bariums mit den Pyrophospheten des Zinks oder magneiums, German Patent 6015, Berlin, 1878. Also in Correspondenz-Blatt fürZahnärtze 10 (1881) 67-69.

第4章

磷酸盐化学

磷酸盐化学是制备化学结合磷酸盐陶瓷材料（CBPC）的基础。正磷酸（简称为磷酸）和酸式磷酸盐是制备 CBPC 的主要原料。通过选择合适的酸式磷酸盐和金属氧化物或者矿物，就可以合成一系列的 CBPC。故此，本章对磷酸和酸式磷酸盐在不同的 pH 下的行为做了简要的综述。

4.1 命名法

磷是五价元素，它的自然氧化物是 P_2O_5，即五氧化二磷。五氧化二磷是高吸湿性粉末，容易与水发生反应生成磷酸（H_3PO_4）并放出大量的热。磷酸与各类碱性化合物反应生成磷酸盐。这些化合物以及其经过改性的化合物为线状、链状、环状与支链聚合物和晶体。因为这些化合物是聚合物，所以磷酸盐可以提供连续结构，形成性能良好的陶瓷材料。读者可以查阅 Westman[1] 的《磷化学专题》，里面有详细解释。由于磷元素形成的聚合物种类繁多，所以在磷酸盐化学中要用系统命名法命名。

线状和链状的磷酸盐聚合物用公式表示：

$$M_{(n+2)}\left[P_nO_{(3n+1)}\right]_x \tag{4.1}$$

式中，M 是 x 价的阳离子，n 为整数，nx 则表示分子中的磷原子数目或者"链长"。当 $n=1$ 时，前缀是"正"，$n=2$ 时，前缀是"焦"。因此，如果 M 是氢离子（$x=1$）且 $n=1$，公式（4.1）表示为 H_3PO_4，即正磷酸，简称磷酸；当 $n=2$，公式（4.1）表示为 $H_4P_2O_7$，即，焦磷酸。如果 M 是单价金属，比如钠，当 $n=1$，公式（4.1）即表示为 Na_3PO_4（正磷酸钠）；$n=2$，公式（4.1）即表示为 $Na_3P_2O_7$（焦磷酸钠）。如果 M 是二价金属，比如钙，当 $n=1$，公式（4.1）即表示 $Ca_3(PO_4)_2$（正磷酸钙），公式（4.1）即表示为 $Ca_4(P_2O_7)_2$，$n=2$ 时，公式（4.1）即表示为 $Ca_2P_2O_7$（焦磷酸钙）。本书中提到的都是正磷酸和正磷酸盐，所以将省略前缀"正"，简单地称正磷酸盐为磷酸盐，因此正磷酸钠称为磷酸钠，正磷酸钙称为磷酸钙。当 $n = 3$，4 时，称为三聚磷酸盐和四聚磷酸盐等，相应的酸为三聚磷酸和四聚磷酸。

具有环结构的磷酸盐通常用公式表示：

$$\left[M(PO_3)_x \right]_n \tag{4.2}$$

此处 $n > 2$。对于该式表达的磷酸盐化合物，前缀变为"偏"。所以 H_3PO_3，Na_3PO_3 和 $Ca_3(PO_3)_2$ 分别称为偏磷酸、偏磷酸钠和偏磷酸钙。

公式（4.1）只表示为分子中存在单一的阳离子，而在链状磷酸盐中存在不只一种阳离子的情况。比如我们在第 2 章中讨论过的正磷酸盐，就包括各种磷酸氢盐，磷酸镁钾或者磷酸锌铝等。对正磷酸盐的公式（4.1）的推广，用 AB 代替 M，此处 A 和 B 总的化合价等于 x 且 $n = 1$，公式变为

$$A_m B_n (PO_4)_{(mx+ny)/3} \tag{4.3}$$

当 A = B = M 时，$x = y$，得到 $m + n = 3$ 的公式（4.1），令公式（4.3）中的 A = Mg，B = K，$m = 1$，$n = 1$，得到 $MgKPO_4$，它是中性不溶性化合物，此时 $x = 2$，$y = 1$。正如我们第 2 章所讨论过的，形成的这些 CBPC 的分子中不是只有一种阳离子。如果 A 和 B 都是 H，下标大于 1，此时化合物就是酸式磷酸盐，可以用于制备胶凝材料。KH_2PO_4、$(NH_4)_2HPO_4$，或者 $Al(H_2PO_4)_3$ 就是这样的可溶性金属化合物的例子。因此具有多种阳离子的化合物能否成为胶凝物质或者是陶瓷制品，取决于它们是酸性可溶的还是中性不可溶的。

4.2　pH 的作用

形成 CBPC 的酸碱反应通常在水溶液中进行。这些反应中，不论是水的合成还是离解反应，都存在电离的质子和羟基离子。反应式如下：

$$2H^+ + O^{2-} \Longrightarrow H^+ + (OH)^- \Longrightarrow H_2O \tag{4.4}$$

在式（4.4）中，反应向前进行是水的合成，可逆反应是水的分解。氧化物和酸式磷酸盐分解释放到溶液中将与 H^+ 和 OH^- 发生反应，其发生反应的程度，将极大影响式（4.4）所表示反应的速率。因此 H^+ 和 OH^- 的反应是基础反应。在试验中，并不是所有释放的离子都参与反应，反应进行到 H^+ 与 $(OH)^-$ 浓度相等，皆为 $10^{-7} mol$，这时的溶液是中性的。为了区别溶液的酸性、中性和碱性，水的电离常数在 25℃时被定义为：

$$\langle H^+ \rangle \langle (OH)^- \rangle / \langle H_2O \rangle = 10^{-14} \tag{4.5}$$

式（4.5）中，尖角括号表示该种离子的摩尔浓度。实际上，通常选用 1mol 的水进行研究，此时等式（4.5）表示为 $\langle H_2O \rangle = 1$。此外，式（4.5）中浓度通常取以 10 为底的负对数：

$$-\log \langle H^+ \rangle \langle (OH)^- \rangle = 14 \tag{4.6}$$

当 $\langle H^+ \rangle = \langle (OH)^- \rangle$ 时，$-\log \langle H^+ \rangle = -\log \langle (OH)^- \rangle = 7$，这时溶液呈中性；如果水中有剩余的 H^+，则溶液呈酸性（pH < 7）；反之，若水中的 OH^- 离子更

多，溶液则呈碱性，pH > 7。

　　类似于水的分解，所有的可溶性酸式磷酸盐和可溶性氧化物在水中都可分解或溶解。当酸式磷酸盐在水中溶解时，会释放 H^+ 降低溶液的 pH 值，而大多数的氧化物或氢氧化物与水混合会释放出 OH^- 抵消溶液中的质子。因此，当磷酸盐在原本呈中性的水溶液中溶解时，水溶液拥有更多的 H^+ 导致溶液 pH < 7，即呈酸性。另一方面，对于含有碱性元素（如 Na、K、Mg 和 Ca）的氧化物，由于溶液中缺少 H^+，所以溶液的 pH 值升高。总地来说，pH 值是判定溶液中 H^+ 和 OH^- 释放程度的重要指标，在本书中用来表示酸碱反应的程度。

4.3　磷酸盐的溶解特性

　　对于磷酸来说，当它与水混合时，会失去 H 形成质子（H^+）和磷酸盐的阴离子（$H_2PO_4^-$、HPO_4^{2-} 和 PO_4^{3-}），失去的 H^+ 数量取决于发生分解的溶液中的 pH 值。这些分解反应可以用以下方程表示：

$$H_3PO_4 \rule[0.5ex]{1.5em}{0.4pt} H^+ + H_2PO_4^- \quad 2.15 < pH < 7.2 \tag{4.7}$$

$$H_2PO_4^- \rule[0.5ex]{1.5em}{0.4pt} H^+ + HPO_4^{2-} \quad 7.2 < pH < 12.37 \tag{4.8}$$

$$HPO_4^{2-} \rule[0.5ex]{1.5em}{0.4pt} H^+ + PO_4^{3-} \quad pH > 12.37 \tag{4.9}$$

　　式（4.7）~式（4.9）给出的离解物是在其 pH 值范围内的支配性物质。当 pH < 2.15，非离子的 H_3PO_4 是主要形态，不会促进水溶液中的酸碱反应，所以这个范围不利于制备胶凝材料。

　　pH 介于 2.15 ~ 7.2 之间时，主要的离子是 $H_2PO_4^-$，只有少量的 H_3PO_4 和 HPO_4^{2-}。pH > 7.2 时，主要的离子是 HPO_4^{2-}，此时存在少量的 $H_2PO_4^-$ 和 PO_4^{3-} 等。与第 2 章的文献调研结果一致，在 pH 值为 0 ~ 2.15 的范围内不适合制备 CBPC，因为此时酸碱反应十分剧烈不能形成均质的坚硬固体。在 pH 介于 2.15 ~ 7.2 范围内是比较理想的，因为在该区间内，碱性氧化物可以与酸溶液混合，发生可控的反应。所以等式（4.8）给出的反应最适合制备 CBPC。

4.4　磷酸的中和与酸式磷酸盐的形成

　　金属氧化物比如 Mg 或者 Al 的氧化物在其溶解度允许的范围内溶解于磷酸盐溶液中。溶解的金属氧化物会与磷酸根离子反应形成相应的磷酸氢盐或者磷酸盐。比如，pH < 2.15 时，MgO 会与没有发生电离的 H_3PO_4 自发反应，溶解的 MgO 和 $H_2PO_4^-$ 发生反应生成次生相 $Mg(H_2PO_4)_2$。pH 介于 2.15 ~ 7.2 之间时，主要的反应产物是 $Mg(H_2PO_4)_2$，同时也形成少量的 $MgHPO_4$。当 pH 在 7.2 ~ 12.37 之间时，反应生成的主相为 $MgHPO_4$ 和少量的其他次生相。因此，可以通过在这些特定的 pH 值范围内引入金属氧化物来生成想要的磷酸氢盐。如果可以控制反应的速率，这些

磷酸氢盐可固化形成 CBPC。酸碱反应是形成 CBPC 的基础，因为酸溶液中总是包含不止一种相，并且添加的金属氧化物不是完全溶解，因此得到的胶凝材料中不只有一种磷酸盐相，还包含一些未反应的金属氧化物。

金属氧化物和磷酸之间的典型酸碱反应可以写为：

$$\mathrm{MO}_x + n\mathrm{H_3PO_4} + m\mathrm{H_2O} =\!=\!= \mathrm{MH}_{3n-2x}(\mathrm{PO_4})_n + (m+x)\mathrm{H_2O} \tag{4.10}$$

在式（4.10）中，x 表示化合价，其值为 m 的一半，$n \geqslant (2/3)x$，且 m 是任意整数，它决定着反应中的加水量。这种水合反应中形成的任何其他形式的水可以作为结晶水保留在体系内，或作为游离水释放。氧化钠（$\mathrm{Na_2O}$）与磷酸反应形成的不同产物如下：

$$\mathrm{Na_2O} + 2\mathrm{H_3PO_4} =\!=\!= 2\mathrm{NaH_2PO_4} + \mathrm{H_2O} \qquad x = 1/2, \quad n = 1, \quad m = 0 \tag{4.11}$$

$$\mathrm{Na_2O} + \mathrm{H_3PO_4} =\!=\!= \mathrm{Na_2HPO_4} + \mathrm{H_2O} \qquad x = 1/2, \quad n = 1/2, \quad m = 0 \tag{4.12}$$

$$3\mathrm{Na_2O} + 2\mathrm{H_3PO_4} =\!=\!= 2\mathrm{Na_3PO_4} + 3\mathrm{H_2O} \qquad x = 1/2, \quad n = 1/3, \quad m = 0 \tag{4.13}$$

氧化镁（MgO）与磷酸反应形成的不同产物如下：

$$\mathrm{MgO} + 2\mathrm{H_3PO_4} =\!=\!= \mathrm{Mg(H_2PO_4)_2} \cdot \mathrm{H_2O} \qquad x = 1, \quad n = 2, \quad m = 0 \tag{4.14}$$

$$\mathrm{MgO} + \mathrm{H_3PO_4} + 2\mathrm{H_2O} =\!=\!= \mathrm{Mg(HPO_4)} \cdot 3\mathrm{H_2O} \qquad x = 1, \quad n = 1, \quad m = 2 \tag{4.15}$$

$$3\mathrm{MgO} + 2\mathrm{H_3PO_4} =\!=\!= \mathrm{Mg_3(PO_4)_2} + 3\mathrm{H_2O} \qquad x = 1, \quad n = 2/3, \quad m = 0 \tag{4.16}$$

类似地，氧化铝（$\mathrm{Al_2O_3}$）与磷酸反应形成的不同产物如下：

$$\mathrm{AlO_{3/2}} + 3\mathrm{H_3PO_4} =\!=\!= \mathrm{Al(H_2PO_4)_3} + 3/2\mathrm{H_2O} \qquad x = 3/2, \quad n = 3, \quad m = 0 \tag{4.17}$$

$$\mathrm{AlO_{3/2}} + 2\mathrm{H_3PO_4} =\!=\!= \mathrm{AlH(HPO_4)_2} + 3/2\mathrm{H_2O} \qquad x = 3/2, \quad n = 2, \quad m = 0 \tag{4.18}$$

$$\mathrm{AlO_{3/2}} + 3/2\mathrm{H_3PO_4} =\!=\!= \mathrm{Al(HPO_4)_{3/2}} + 3/2\mathrm{H_2O} \qquad x = 3/2, \quad n = 3/2, \quad m = 0 \tag{4.19}$$

$$\mathrm{AlO_{3/2}} + \mathrm{H_3PO_4} =\!=\!= \mathrm{AlPO_4} + 3/2\mathrm{H_2O} \qquad x = 3/2, \quad n = 1, \quad m = 0 \tag{4.20}$$

n 的其他值将给出这些初级反应、或者这些反应与额外的 $\mathrm{H_3PO_4}$ 的线性组合。比如，反应物为氧化镁时，令 $x = 1$，$n = 3$，反应产物为 $\mathrm{Mg_4H(PO_4)_3}$，和 $\mathrm{MgHPO_4} + \mathrm{Mg_3(PO_4)_2}$ 一样。类似地，反应物为氧化铝时，令 $x = 3/2$，$n = 4$，反应产物为 $\mathrm{AlH_9(PO_4)_4}$，和 $\mathrm{Al(H_2PO_4)_3} + \mathrm{H_3PO_4}$ 一样。

根据式（4.10），每个反应都由不同的 pH 值主导，pH 值根据式（4.4）确定，即 $\mathrm{H_3PO_4}$ 在水溶液中的电离状态。比如，$7 \geqslant \mathrm{pH} \geqslant 2$，$\mathrm{H_3PO_4}$ 会电离产生 $\mathrm{H_2PO_4^-}$。在酸溶液中，即有 $\mathrm{H^+}$ 存在时，MgO 也会部分溶解，通过溶解反应形式 Mg 的阳离子：

$$\mathrm{MgO} + \mathrm{H^+} =\!=\!= \mathrm{Mg^{2+}(aq)} + \mathrm{OH^-} \tag{4.21}$$

镁离子后面的符号（aq）表示镁离子溶液，后面会讨论这种溶液物质的形成。可以说，它是通过溶解 MgO 形成的中间产物。这种镁离子溶液和式（4.14）中产生

的 $H_2PO_4^-$ 按下式结合生成 $Mg(H_2PO_4)_2$：

$$Mg^{2+}(aq) + 2H_2PO_4^- \rightleftharpoons Mg(H_2PO_4)_2 \qquad (4.22)$$

当碱性氧化物溶解在酸性溶液中并与酸性离子发生反应时，溶液会发生部分中和。这将相应地改变酸性离子的形态。因为在强酸中的溶解度比在弱酸中高，活性更强，这就使得酸根离子和更多的氧化物发生反应并产生更多的中性产物。比如，$Mg(H_2PO_4)_2$ 会形成弱酸性的 $MgHPO_4$，反应如下：

$$Mg(H_2PO_4)_2 + MgO \rightleftharpoons 2MgHPO_4 + H_2O \qquad (4.23)$$

类似地，$Al(H_2PO_4)_3$ 和 $AlO_{3/2}$ 反应如下：

$$Al(H_2PO_4)_3 + 2AlO_{3/2} \rightleftharpoons 3AlPO_4 + 3H_2O \qquad (4.24)$$

式（4.23）和式（4.24）表明部分酸式磷酸盐只是中间相。因此，可以选择这些中间相作为初始反应物，然后与氧化物进行反应形成更多的中性盐来制备胶凝材料。稍后我们将会看到，选择酸性成分作为中间产物将有助于降低酸碱反应速率，创造制备均质陶瓷材料的条件。

以上的论述表明酸性磷酸盐在形成 CBPC 中占据重要地位，在酸碱反应中用磷酸盐作为酸性成分，最重要的要求就是其在水中的溶解度。表 4.1 列出了几种常见磷酸盐的溶解度，它们是制备 CBPC 有用的中间相，其溶解度数据来源于文献。

表 4.1　几种酸式磷酸盐的溶解度 （$mol/100g\ H_2O$）[2]

溶解度 （$mol/100g\ H_2O$）	NaH_2PO_4	KH_2PO_4	$(NH_4)H_2PO_4$	$Ca(H_2PO_4)_2$
g	48.5	20	28.57	30.01[a]
mol	0.4042	0.147	0.2484	0.128

[a] 来自文献 [3]。

当利用这些酸式磷酸盐作为阴离子的来源来制备 CBPC 时，形成的磷酸盐具有较低的溶解度。比如，H_3PO_4 很容易在水中溶解，CBPC 的酸碱反应非常快，产物是可溶于水的酸性磷酸盐析出物。另一方面，对于由 H_3PO_4 部分中和形成表 4.1 中列出的酸式磷酸盐，反应速度比较慢，可更好地控制磷酸盐反应的配位网络，形成不溶性的反应产物。因此，如第 2 章所述，中和磷酸形成酸式磷酸盐是早期研究者普遍使用的方法。即使在酸式磷酸盐中，首选依然是更低溶解度的盐类。当制备磷酸盐陶瓷材料时，酸式磷酸盐比如 KH_2PO_4 与溶解度较高的 NaH_2PO_4、MgH_2PO_4 相比，甚至与 $(NH_4)H_2PO_4$ 相比，操作时间会更长。所以，用 KH_2PO_4 反应制成的 CBPC 可实现大规模应用，而其他磷酸盐则不能。

4.5　缩聚磷酸盐

正磷酸盐是单体，它的缩聚物是偏磷酸盐或焦磷酸盐，是有长链或环状结构的聚合物。这些磷酸盐通过共享氧原子将 PO_4 四面体连结起来，如此一来，其骨架中有交替的 P 和 O 原子，要么是链状要么是环状，通过对正磷酸盐进行热处理而得到，如下例：

$$2Na_2HPO_4 \Longrightarrow Na_4P_2O_7 + H_2O \tag{4.25}$$

$$nNaH_2PO_4 \Longrightarrow (NaPO_3)_n + nH_2O \tag{4.26}$$

式（4.26）可以形成长链磷酸盐，n 在理论上无穷大。由于这些磷酸盐是经过热处理形成的，它们是制造高温陶瓷和玻璃的优良原材料。因为在本书中讨论的是室温胶凝材料，除了在第 18 章的一个案例中讨论了偏磷酸钠用于地热井水泥的内容，我们不会详细讨论缩聚磷酸盐。但是，CBPC 是高温磷酸盐和玻璃的前驱体。由于这个原因，CBPC 早期的研究兴趣是在室温下制成耐火材料坯体，然后再烧制成最终的耐火材料。

4.6　弱酸的电离常数

强酸和碱会剧烈反应并产生热量，因此不能用来制备 CBPC。在所有的 CBPC 的研究中，相比其他强酸如盐酸，我们会选择在水中缓慢电离的磷酸。酸式磷酸盐比如 KH_2PO_4 和 $Al(H_2PO_4)_3$ 和弱碱如 Mg 和 Al 的氧化物在水中缓慢溶解，为了表示弱酸或弱碱在水中缓慢电离的程度，引入离解（电离）常数。

电离常数是酸性物质溶解的化学平衡常数，其定义类似于水溶液中 pH 值的定义。正如之前讨论过的，弱酸比如 H_3PO_4 根据式（4.7）~式（4.9）在水中逐步电离，每一步的电离常数都是由试验得到：

$$-\log\langle H^+ \rangle \langle H_2PO_4^- \rangle = 2.15 \tag{4.27}$$

$$-\log\langle H^+ \rangle \langle HPO_4^{2-} \rangle = 7.2 \tag{4.28}$$

$$-\log\langle H^+ \rangle \langle PO_4^{3-} \rangle = 12.37 \tag{4.29}$$

注意，按照惯例，在每种情况下我们假设有 1mol 的酸发生电离。

对于微溶的酸性或碱性盐类可以做类似的分析。我们可以定义电离常数为 pK_{so}，对于一个 n 价金属的磷酸二氢盐的电离反应，如下：

$$M(H_2PO_4)_n \Longrightarrow M^{n+} + n(H_2PO_4)^{n-} \tag{4.30}$$

所以有：

$$pK_{so} = -\log[\langle M^{n+} \rangle \langle H_2PO_4 \rangle^{n-}] \tag{4.31}$$

与式（4.27）~式（4.29）类似，式（4.31）也是 1mol 的 M(H_2PO_4)n。表 4.2 提供了一些最重要的酸式磷酸盐的电离常数，这些磷酸盐作为反应物制备 CBPC，或是其反应产物。

如表 4.2 中，酸式磷酸盐的电离常数相差很大。$(NH_4)H_2PO_4$ 和 KH_2PO_4 的电离常数和摩尔溶解度都较低（表 4.1），因此更适合制备胶凝材料。有更高电离常数值的盐可以制备小体积的，但是不能制备出实用的产品，因为这些盐的溶解度高，酸碱反应很快且会放出热量。类似地，磷酸的电离常数或者由式（4.28）与式（4.29）中给出的后续离子的电离常数，与表 4.2 中给出的最高的 pK_{so} 值相比甚至更高。因此，使用提供磷酸根离子的磷酸在制备使用胶凝材料方面是无益的。正如

第 2 章所指出的，研究人员已经通过溶解 Al 或 Zn 的氧化物来使磷酸产生某种程度的中和，以生产牙科水泥。

表 4.2　弱酸式磷酸盐的电离反应和电离常数[2-4]

磷酸盐	电离反应	pK_{so}
KH_2PO_4	$KH_2PO_4 \Longrightarrow K^+ + H_2PO_4^-$	0.15
$(NH_4)H_2PO_4$	$(NH_4)H_2PO_4 \Longrightarrow NH_4^+ + H_2PO_4^-$	-0.69
$Mg(H_2PO_4)_2 \cdot 2H_2O$	$Mg(H_2PO_4)_2 \cdot 2H_2O \Longrightarrow Mg^{2+} + 2H_2PO_4^- + 2H_2O$	2.97
$Ca(H_2PO_4)_2 \cdot H_2O$	$Ca(H_2PO_4)_2 \cdot H_2O \Longrightarrow Ca^{2+} + 2H_2PO_4^- + H_2O$	1.146

除了这些酸式磷酸盐，Sugama 和 Kukacka[4] 还用碱式磷酸盐 $(NH_4)_2HPO_4$ 和 MgO 反应制备胶凝材料。这种单氢磷酸盐比磷酸二氢盐有更低的溶解度，所以用得更多，但是一般来说，除了磷酸一氢铵，其余磷酸一氢盐的溶解性太小。此外，这些都不是酸式盐，因此与氧化物的反应不是酸碱反应。所以，对这种盐的介绍就到此为止。

参考文献

［1］　A. E. R. Westman. Topics in Phosphorous Chemistry, vol. 9, Wiley, New York, 1977, pp. 239-253.

［2］　F. L. William. Solubilities of Inorganic and Metal Organic Compounds, fourth ed., vol. II, American Chemical Society, Washington, DC, 1965.

［3］　W. F. Like. Solubilities, vol. II, American Chemical Society, Washington, DC, 1965, pp. 618.

［4］　T. Sugama, L. E. Kukacka. Magnesium monophosphate cements derived from diammonium phosphate solutions, Cem. Concr. Res. 13 (1983) 407-416.

［5］　V. Snoeyink, D. Jenkins. Water Chemistry, Wiley, New York, 1980, pp. 243-315.

第 5 章

金属氧化物的溶解特性和胶凝材料反应动力学

化学结合磷酸盐胶凝材料（CBPC）通过酸碱反应形成，其不仅需要溶液中的磷酸盐阴离子，还需要氧化物或氧化物矿物溶解释放的阳离子，从而与磷酸盐反应形成中性物质。第 4 章中讨论了磷酸根阴离子的溶解，这里我们将讨论氧化物或氧化物矿物阳离子的溶解特性。

5.1 化学结合磷酸盐胶凝材料的形成基础——溶解特性

当金属氧化物粉末在溶剂（酸式磷酸盐溶液）中搅拌时，会在溶液中缓慢溶解，并在溶液中释放出阳离子，这些阳离子与溶液中的磷酸根阴离子反应形成磷酸盐分子的沉淀物。在适宜的条件下，这些分子形成有序结构并生长成晶体，反应产物的这种有序结晶固体就是 CBPC 的基体，因此 CBPC 可以通过以下步骤形成：

（1）酸式磷酸盐溶解于水中，释放出磷酸盐阴离子，形成低 pH 值的酸式磷酸盐溶液。

（2）氧化物逐渐溶解在低 pH 值的溶液中并释放出阳离子。

（3）磷酸根阴离子与新释放的阳离子反应形成金属磷酸盐的配位网络，并固化成 CBPC 基体。

CBPC 形成的适宜条件由反应速率所支配，反应速率控制着这三个步骤，由于用于合成 CBPC 所选用的酸式磷酸盐是易溶的，它们的溶解速率相对较高，因此是不可控制的。上述步骤（3）中描述的溶解生成的阳离子和阴离子之间的磷酸盐反应也是快速的、不可控的。因此，唯一可以控制的步骤是上述步骤（2）中所述的氧化物的溶解。通过选择合适的氧化物可以控制化学结合磷酸盐胶凝材料的形成速度，从而使得水溶液中的各个组分有足够的时间混合形成浆体并倒入模具中，或是用于喷洒浆料，或是以其他任何合适的方法来制备胶凝材料。另一方面，如果氧化物溶解的速率过快，将会导致反应速率也会过快，那么该反应只会产生沉淀而不会生成化学结合磷酸盐的网络结构。如果溶解的速率过低，那么溶液中将会残留大量未反应的氧化物粉末。这种情况下，缓慢反应产生的产物会在氧化物颗粒的表面形成一层薄膜，该薄膜的作用类似于某种屏蔽物，它会抑制反应物的进一步溶解，从而阻碍固化材料基体的形成。因此，可以认为选择具有合适的溶解度的氧化物，对于制备化学结合磷酸盐胶凝材料至关重要。氧化物的溶液速率是 CBPC 成型的关键，同时也是该章内容所讨论的主题。

酸式磷酸盐及其氧化物的溶解是吸热反应。因此，对上述的前两个步骤有一定的冷却作用。然而步骤（3）中所描述的酸碱反应是放热反应，也就是说在反应过程中放出热量。反应所产生的净热量及其反应产物的形成速率也是 CBPC 成型的关键因素。酸碱反应所放出的热量多于用来抵消在溶解步骤中吸收的热量，因此三个步骤所产生的总效果是加热了浆体。加热浆体的速率取决于固化材料形成过程中的散热量，该速率还取决于混合浆体的量、混合时的环境条件以及混合速度。当大批量生产 CBPC 的时候，比如说用体积为 55 加仑（208.2L）的桶来生产[1]，由于第（1）和第（2）步骤中氧化物的溶解，最开始在容器上会发生冷凝现象；而后是由于第（3）步骤中的酸碱反应放热效应，桶会被加热。但是当在小烧杯中混合时，就不会有如此剧烈冷却和加热的效果。由于这些原因，生产条件比如原料的体积、环境温度等是制备胶凝材料的重要因素。

像前文中所论述过的，除了生产条件以外，溶解度是胶凝材料成型的关键。在生产过程中，溶解度以及上述这三个步骤中的吸热或放热量的多少都取决于氧化物和酸式磷酸盐本身的热力学性质。因此对于氧化物和酸式磷酸盐的选择应该基于其本身的热力学性质。

本章主要讨论氧化物粉末在酸性溶液中的溶解特性、溶解后与阴离子的反应和中性 CBPC 的形成。考虑到各成分溶解所形成的中间产物，因此提出了胶凝材料形成动力学。因为溶解度与其组分的热力学性质相关，一旦确定了材料各个组分的溶解特性，那么通过对其各个组分热力学性质的分析就可得到反应过程中的吸热与放热的量。这部分将在第 6 章中详细介绍。

5.2　氧化物的溶解及溶液中阳离子的形成

正如前面所说的，氧化物与酸式磷酸盐溶液混合反应时，氧化物的溶解度控制着反应速率。除了碱金属的氧化物（元素周期表中的第 I 主族）外，所有其他的金属氧化物（或它们的氢氧化物）在水中的溶解度都非常低。低溶解度的氧化物是形成 CBPC 的最佳选择。它们在酸式磷酸盐溶液中溶解得足够缓慢，并允许反应原料缓慢混合而不会发生自发反应。缓慢混合有助于形成均匀的浆体，有利于将该浆体倒入模具中成型，即使是很大的模具（注：如果用大模具成型，则一次拌和的浆体量通常较大，这会导致浆体的快速凝固，不利于固化材料的形成）。低溶解度的氧化物被划分为难溶性固体。

这些固体的溶解度只是我们在第 4 章中所讨论的酸式磷酸盐的溶解度的几分之一。难溶性氧化物（或其氢氧化物）通过两个步骤溶解在酸性溶液中。第一步是电离或离解，在水中搅拌时，氧化物会分解成其阳离子和阴离子。这种分解是由于氧化物分子和极性分子之间的碰撞而发生的。第二步是个筛选步骤，在这个步骤中，前述所溶解出的两种带电离子被水分子分离开来。接下来详细说明该步骤。

例如，由符号 $MO_{x/2}$ 表示的 x 价金属的氧化物，那么这种氧化物的离解可表示为：

$$MO_{x/2} \Longrightarrow M^{x+}(aq) + (x/2)O^{2-}(aq) \tag{5.1}$$

符号"aq"代表被溶解后的液态组分。在本书中，我们在一开始时就用这种阳离子符号来将其与固体区分开来。阴离子也是处于溶液中的，大多数教科书都习惯用这种符号，为了简单起见，我们避免对阴离子使用这种明确的符号来表示。一旦读者充分意识到我们所指的所有阳离子和阴离子都是处于溶液中的这一事实，那么我们将把这个符号都除掉。因此，读者可能会发现，后续章节中不再使用此符号，尤其是在与 CBPC 的应用有关的章节。

在溶解过程中，离子的电荷通过极性水分子重组进行筛选，从而使离子保持彼此分离的状态以防止它们重新结合。在传统的溶胶-凝胶法制备陶瓷材料中，这些经过筛选后的稳定的离子称之为水溶胶[2]。该筛选过程将在 5.3 小节中详细论述。

第二步中，式（5.1）反应产生的氧离子与溶液中的酸释放的氢离子反应生成水。

$$O^{2-} + 2H^+ \Longrightarrow H_2O \tag{5.2}$$

将式（5.1）和式（5.2）结合可得

$$MO_{x/2} + xH^+ \Longrightarrow M^{x+}(aq) + (x/2)H_2O \tag{5.3}$$

类似的，对于金属氢氧化物的反应可以写成如下：

$$M(OH)_x + xH^+ \Longrightarrow M^{x+}(aq) + xH_2O \tag{5.4}$$

式（5.3）和式（5.4）分别代表的是金属氧化物及其氢氧化物的充分溶解反应。这些反应发生在具有充足氢离子的、强酸性的介质中。然而，实际上，式（5.2）中发生的中和反应使 pH 值增高。随着溶液 pH 值升高，仅部分氧化物发生电离。结果发生以下反应：

氧化物：$$MO_{x/2} + (x-n)H^+ \Longrightarrow M(OH)^{(x-n)+}(aq) + (x/2-n)H_2O \tag{5.5}$$

氢氧化物：$$M(OH)_x + (x-n)H^+ \Longrightarrow M(OH)^{(x-n)+}(aq) + (x-n)H_2O \tag{5.6}$$

式（5.5）和式（5.6）分别表示为 x 价金属的氧化物或其金属氢氧化物的溶解，它们构成了 CBPC 形成的基础。当式（5.5）和式（5.6）中的 $n=0$ 时，那么该反应就会变成式（5.3）和式（5.4），这些都发生在强酸条件下。随着介质的 pH 值升高，反应速率会随着 n 值增加而增加。例如

当 pH 值稍高时，我们可以得到 $n=1$ 时的化学反应式：

$$MO_{x/2} + (x-1)H^+ \Longrightarrow M(OH)^{(x-1)+}(aq) + (x/2-n)H_2O \tag{5.7}$$

当 $n=2$ 时，可以得到相应更高的 pH 值范围。

$$MO_{x/2} + (x-2)H^+ \rightleftharpoons [M(OH)_2]^{(x-2)+}(aq) + (x/2-2)H_2O \qquad (5.8)$$

对于 $x > n$ 时，在酸性介质中进行溶解反应。如果 $x = n$，则反应是在中性溶液中进行，而对于 $x < n$ 时，反应则在碱性溶液中进行。根据所需的反应类型和溶液的 pH 值，可以相应地选择在实际制备 CBPC 成型过程中所需的反应。两种最有用的氧化物最能说明合成 CBPC 所需氧化物的选择：一种是二价氧化物 MgO，另一种是三价氧化物 Al_2O_3。

对于 Mg，$x = 2$ 和 $n = 0$，式（5.8）变为：

$$MgO + 2H^+ \rightleftharpoons Mg^{2+}(aq) + H_2O \qquad (5.9a)$$

当 $x = 2$，$n = 1$ 时，式（5.8）变为

$$MgO + H^+ \rightleftharpoons Mg(OH)^+(aq) \qquad (5.9b)$$

当 $x = 2$，$n = 2$ 时，式（5.8）变为

$$MgO + H_2O \rightleftharpoons Mg^{2+}(aq) + 2(OH)^- \qquad (5.9c)$$

式（5.9a）、式（5.9b）和式（5.9c）分别在酸性、弱酸性和中性溶液中发生。

类似的，对于 Al_2O_3，$x = 3$，式（5.8）变为

当 $n = 0$ 时 $\quad AlO_{3/2}(aq) + 3H^+ \rightleftharpoons Al^{3+}(aq) + (3/2)H_2O \qquad (5.10a)$

当 $n = 1$ 时 $\quad AlO_{3/2}(aq) + 2H^+ \rightleftharpoons Al(OH)^{2+}(aq) + (1/2)H_2O \qquad (5.10b)$

当 $n = 2$ 时 $\quad AlO_{3/2}(aq) + H^+ + (3/2)H_2O \rightleftharpoons Al(OH)_2^+(aq) \qquad (5.10c)$

以及 $n = 3$ $\quad AlO_{3/2}(aq) + (3/2)H_2O \rightleftharpoons Al(OH)_3 \qquad (5.10d)$

同样，式（5.10a）~式（5.10c）均发生在酸性溶液中，式（5.10d）发生在中性溶液中。对于 $Al(OH)_3$，式（5.8）在碱性溶液中发生类似的溶解反应。

式（5.1）是形成 CBPC 过程中的氧化物发生溶解的基础。它表示金属氧化物的解离，在水溶液中形成阳离子和阴离子。通常，二价金属氧化物比三价氧化物更容易解离，而四价氧化物比三价氧化物更难溶，不过这种总体的趋势也有一些例外发生。当我们研究这种转化的热力学基础时，将详细讨论实际的溶解速率。在 CBPC 形成过程中，这种解离是必不可少的。通过解离形成的阳离子与存在于水溶液中的磷酸根阴离子反应，形成磷酸盐分子。这些磷酸盐分子彼此连接并形成网络，从而固结形成晶相的磷酸盐基体。因此，成功地制备 CBPC 主要在于是否能在酸溶液中成功地解离难溶氧化物，并且能够形成晶体沉淀物。我们将在接下来的几个章节中论述这种解离的基本原理，并介绍在磷酸盐溶液中分解各种氧化物以形成固化材料的方法。

5.3 CBPC 形成动力学

根据 Wagh 和 Jeong 报道[3]，一旦金属离子在富含磷酸根离子的酸性溶液中解离和筛选，其向 CBPC 转变的动力学非常类似于制造非硅酸盐陶瓷材料的传统溶胶-凝胶工艺[4]，然而主要区别是，形成 CBPC 是酸碱反应，该反应自始至终支撑着混合

物反应形成固化材料基体。而在溶胶-凝胶法中，溶胶最终通过烧结来形成陶瓷材料。图5.1说明了CBPC形成过程中每一步的动力学。下面给出了实际的形成步骤。

（1）通过解离形成水溶胶。当金属氧化物在酸性溶液搅拌后，缓慢溶解并释放阳离子以及含氧阴离子（图5.1a，溶解步骤），而后阳离子与水分子反应，通过水解形成带正电荷的水溶胶（图5.1b，水化步骤）。溶解和水解是形成CBPC的关键步骤，在第5.4节中会详细论述。

（2）酸碱反应并缩合成凝胶。如图5.1c所示，水溶胶随后与磷酸盐水溶液反应形成磷酸氢盐，同时氢离子和氧反应形成水。当氧化物粉末在水中搅拌时，溶液中形成更多的水溶胶，并开始彼此连接（图5.1c）。由此形成松散连接的磷酸盐分子凝胶（图5.1d）。

（3）磷酸盐凝胶饱和并结晶成固体材料。随着反应的进行，越来越多的反应产物被引入到凝胶中，使得凝胶变稠。在此之后，浆体变得难以搅拌。此时在每个未参加反应的金属氧化物颗粒的周围，形成连接良好的晶格，从而生长成一整块固体材料（图5.1e）。

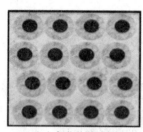
（a）氧化物的溶解

（b）形成水溶胶

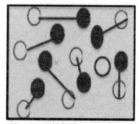
（c）酸碱反应和缩合

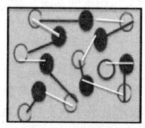
（d）渗流作用和凝胶形成

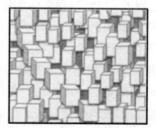
（e）饱和与结晶

图5.1　化学结合磷酸盐胶凝材料形成的图示

溶解过程是形成固体材料的控制性步骤。该步骤确定了哪种氧化物可以用于形成固化材料基体、哪种材料不可以，同时水化步骤决定了固体材料形成时所需的pH的范围。

是否形成结晶良好的固体材料还是结晶不良的沉淀物，取决于在酸性溶液中氧化物溶解的速度是快还是慢。如前所述，酸碱反应总体而言是放热的，并且放出的热量会加热反应浆体。为了避免浆体被过度加热，被溶解物质的反应速度应是缓慢的。以下是结晶良好的CBPC形成的两个必要条件：

（1）溶液中氧化物的溶解度应足够高以形成饱和凝胶，但同时又不能太高，以保证凝胶能够缓慢结晶。

（2）放热速率和氧化物的溶解速率应该适当低一些，从而使磷酸盐凝胶能够以较慢速度形成良好的结晶晶格，并成长为整块固体材料。

以上这两点要求决定了氧化物溶解度的上限和下限，这可以利用磷酸盐溶液中的氧化物的热力学性质进行定量描述，5.4 节中将讨论这些内容。

5.4 溶度积常数及其与 pH 值的相关性

在第 4 章中定义了弱酸和酸式磷酸盐的电离常数（即溶解反应常数）。在讨论酸碱反应中难溶氧化物的溶解时，电离常数的概念是非常普遍和有用的。我们用 K 表示这个常数。

接下来将讨论难溶氧化物在磷酸溶液中溶解时的电离常数。然后，可以将同样的论述推广到其他磷酸盐溶液。

当在磷酸中拌入的碱性氧化物如 MgO 时，由于酸的中和作用，溶液的 pH 值会缓慢升高。最初，磷酸的 pH 值为 0，但初始溶解的氧化物会与磷酸根阴离子反应沉淀析出磷酸盐，酸碱中和作用将会使该溶液的 pH > 2。即使是在该 pH 值范围内，酸也可以充分溶解并形成氢离子和 $H_2PO_4^-$ 阴离子（第 4.3 节），这些质子和阴离子与金属氧化物溶解出的离子发生反应。随后，沉淀物在中性溶液中进一步固结形成固体材料。

根据式（5.3）所给出的金属 M 的溶解反应，该反应的电离常数 K 定义为：

$$K_x = \frac{\langle M^{2x+}(aq) \rangle \langle H^+ \rangle^{2x}}{\langle H_2O \rangle^x \langle MO_x \rangle} \tag{5.11}$$

如前所述，角括号内表示每一种反应物质的摩尔浓度。在式（5.11）中，K_x 表示特定氧化物的溶解量的定量描述，也就是其电离程度。该定量值决定该氧化物是否满足缓慢溶解的条件，以及是否能在给定的 pH 值范围内形成 CBPC。第 6 章中我们将通过溶解反应的热力学来详细研究 K_x，此处我们主要研究其与 pH 的相关性。

为了确定 K_x 与 pH 的相关性，我们对式（5.11）两边取对数得到：

$$\log K_x = \log\left[\frac{\langle M^{2x+}(aq) \rangle}{\langle MO_x \rangle} + x\log \frac{\langle H^+ \rangle}{\langle H_2O \rangle} \right] \tag{5.12}$$

可以像之前得到电离常数一样，从 1mol 的氧化物开始，那么式（5.12）可以归一化为 $\langle MO_x \rangle = 1$，接下来有：

$$-\log\left[\langle H \rangle / \langle H_2O \rangle^{1/2} \right] = pH \tag{5.13}$$

因此，从式（5.12）和式（5.13）可以得到：

$$\log K_x = \log\langle M^{2x+} \rangle - 2x pH \tag{5.14}$$

对于给定的平衡反应，K_x 是常数。通常表达为式（5.15）的形式。

$$-\log\langle M^{2x+}\rangle = pK_{sp} - 2xpH \tag{5.15}$$

在式（5.15）中，$pK_{sp} = -\log K_x$，即为氧化物溶度积的负对数值。式（5.15）给出了氧化物溶解度对 pH 的依赖关系。

pK_{sp} 称为"溶度积常数"或简称为"溶度积"。它表示特定的物质在给定溶液中的溶解程度。附录 B 中给出了多种氧化物和矿物的 pK_{sp} 值。

许多氧化物如 MgO 的溶解度随着 pH 的增加而降低，最终在碱性区域其溶解度微乎其微。然而，另一部分氧化物如 Al_2O_3 在酸性和碱性区域都具有较大的溶解度。这种氧化物称为两性氧化物。对于这些氧化物而言，pK_{sp} 的定义需要进一步补充。例如 Al_2O_3 在高碱性环境下溶解生成 AlO_2^-：

$$AlO_{3/2} + 1/2H_2O \Longrightarrow AlO_2^- + H^+ \tag{5.16}$$

相应的电离常数：

$$K'' = \frac{\langle AlO_2^-\rangle\langle H^+\rangle}{\langle AlO_{3/2}\rangle\langle H_2O\rangle} \tag{5.17}$$

或

$$-\log\langle AlO_2^-\rangle = pK_{sp}' - pH \tag{5.18}$$

其中，$AlO_{3/2}$ 的浓度为 1mol。

在胶凝材料的酸碱反应中，我们并不关心碱性区域，因为形成固体材料的反应产物应该是中性的，所以其反应不会在碱性环境下进行。除了在第 17 章中讨论 CBPC 产物在废物管理应用中涉及到的在高碱性溶液中 CBPC 的稳定性，我们不会详细论述碱性环境下的反应。

表 5.1 显示了制备具有实际应用潜力的胶凝材料所需的氧化物和氢氧化物的溶解反应，还包括这些反应的有效 pH 值范围。pH 值范围可以通过上述方法得出，或者像第 4 章所说的，可以通过将处于转变边界的两个后续反应等值计算出来，这些方程在转变边界处也同样有效。该表仅显示了在酸性和中性 pH 下有效的溶出方程，对于覆盖全部 pH 值范围内的详细论述和一般性讨论，请读者见参考文献[4]。

表 5.1　氧化物的溶解反应和相关常数

氧化物	溶解方程	主要离子的 pH 值范围
MgO	$\log[Mg^{2+}(aq)] = 16.93 - 2pH$	碱性[a]
$Mg(OH)_2$	$\log[Mg^{2+}(aq)] = 21.68 - 2pH$	
CaO	$\log[Ca^{2+}(aq)] = 22.91 - 2pH$	高碱性[a]
$Ca(OH)_2$	$\log[Ca^{2+}(aq)] = 32.63 - 2pH$	
Al_2O_3（刚玉）	$\log[Al^{3+}(aq)] = 8.55 - 3pH$	pH < 5.055
$Al_2O_3 \cdot 3H_2O$（三水铝矿）	$\log[Al^{3+}(aq)] = 5.7 - 3pH$	pH < 5.055
$Al_2O_3 \cdot 3H_2O$（三羟铝石）	$\log[Al^{3+}(aq)] = 6.48 - 3pH$	pH < 5.055
$Al_2O_3 \cdot 3H_2O$（一水软铝石）	$\log[Al^{3+}(aq)] = 7.98 - 3pH$	pH < 5.055
$Al(OH)_3$	$\log[Al^{2+}(aq)] = 9.66 - 3pH$	pH < 5.055

续表

氧化物	溶解方程	主要离子的 pH 值范围
Al_2O_3(刚玉)	$\log[\,AlO_2^-\,(aq)\,] = -11.76 + pH$	$pH < 5.055$
$Al_2O_3 \cdot 3H_2O$(三水铝矿)	$\log[\,AlO_2^-\,(aq)\,] = -14.6 + pH$	$pH < 5.055$
$Al_2O_3 \cdot 3H_2O$(三羟铝石)	$\log[\,AlO_2^-\,(aq)\,] = -13.82 + pH$	$pH < 5.055$
$Al_2O_3 \cdot 3H_2O$(一水软铝石)	$\log[\,AlO_2^-\,(aq)\,] = -12.32 + pH$	$pH < 5.055$
$Al(OH)_3$	$\log[\,AlO_2^-\,(aq)\,] = -10.64 + pH$	$pH < 5.055$
FeO	$\log[\,Fe^{2+}\,(aq)\,] = 13.29 - 2pH$	$0 < pH < 10.53$
Fe_2O_3(赤铁矿)	$\log[\,Fe^{3+}\,(aq)\,] = -0.72 - 3pH$	$pH < 2.53$
$Fe(OH)_3$	$\log[\,Fe^{3+}\,(aq)\,] = 4.84 - 3pH$	
Fe_2O_3(赤铁矿)	$\log[\,FeOH^{2+}\,(aq)\,] = -3.15 - 2pH$	$2.53 < pH < 4.69$
$Fe(OH)_3$	$\log[\,FeOH^{2+}\,(aq)\,] = -2.41 - 2pH$	
Fe_2O_3(赤铁矿)	$\log Fe(OH)_2^+\,(aq) = -7.84 - pH$	$pH > 4.69$
$Fe(OH)_3$	$\log[\,Fe(OH)_2^+\,(aq)\,] = -2.88 - pH$	
ZnO	$\log[\,Ze^{2+}\,] = 10.96 - 2pH$	$pH < 9.21$
$Zn(OH)_2$	$\log[\,Ze^{2+}\,] = 12.26 - 2pH$	$pH < 9.21$

a 这些氧化物在酸性介质中的溶解是自发的。

　　参照在第 4 章中讨论的关于可溶性磷酸盐的电离常数的内容，可知表 5.1 对于指定氧化物的全范围 pH 值均有效，但是在指定的 pH 范围内，只有一种离子的浓度占主导地位。因此，不同浓度的不同离子通常可以在任何 pH 值下共存，而实际上，在给定的 pH 值范围内，离子浓度太低的话，在实际应用中可直接忽略掉它而只考虑占主要浓度的离子。

　　通过表 5.1 以及碱性环境下 FeO 和 ZnO 的溶解方程式，可以得到有实际意义的主要氧化物的离子浓度和 pH 值的相关函数，如图 5.2 所示。之所以选择这些氧化物（以及类似的氢氧化物），是因为它们是合成普通商用 CBPC 的原材料。从图 5.2 中可以得到以下观察结果：

　　（1）随着 pH 值的增加，MgO、CaO 和 Fe_2O_3 的溶解度降低，而其余的氧化物呈现两性性质，即它们的溶解度在整个 pH 值范围内有最小值，而且在低 pH 值和高 pH 值时溶解度均增加。

　　（2）氧化物比氢氧化物难溶一些，但氢氧化物的溶解度与其对应的氧化物相比，差异很小。

　　（3）三价氧化物远比二价氧化物难溶，四价氧化物的溶解度可以忽略不计。这个规则中也存在着例外，但它代表了一般趋势。

　　从式（5.15）、表 5.1 以及图 5.2 可以得出几个推论。例如，当 $pK_{sp} - (2n)$，$pH > 0$ 时，$\langle M^{2n+}(aq) \rangle$ 的值将会变得很大，这说明氧化物快速溶解。为了控制氧化物的溶解度以形成固体材料，此时的 $(2n)pH$ 必须 $> pK_{sp}$。因此为了便于制备磷酸盐胶凝材料，其最小的 pH 值应该是 $pH_{min} = pK_{sp}/2n$。注意，表 5.1 中第三个方程式中 CaO 在酸性环境中不满足该条件，因为 $pH_{min} = 11.45$，是在高碱性环境下。因此不可能通过酸碱反应形成钙质磷酸盐固体材料。由于以上原因，虽然已经有用 CaSiO₃ 来生产陶瓷材料的先例，但是目前还无法使用 CaO 来制备磷酸盐胶凝材料的。对于 MgO 而言，$pH_{min} = 8.46$，仍然是处于碱性环境，因此，MgO 通常来说不能用于制备胶凝材料的，至少是不能制造尺寸较大的固体材料。但是，煅烧 MgO 的溶解度更低，即使是在酸性环境下也是如此，因此煅烧 MgO 已经被用于制备磷酸盐胶凝材料。在第9章中详细讨论了关于煅烧氧化镁及其使用效果。对于 ZnO，$pH_{min} = 5.48$，处于弱酸性范围内。这种氧化物是制备磷酸盐胶凝陶瓷材料最合适的材料，可能正是由于这个原因，磷酸锌才成为了第一种牙科水泥。第10章详细论述了磷酸锌胶凝材料。

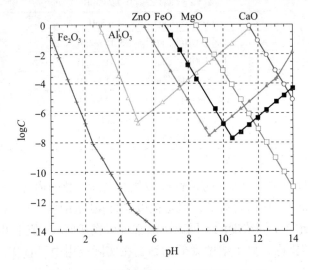

图 5.2　几种氧化物矿物的溶解度与 pH 值

三价氧化物如 Al_2O_3 和 Fe_2O_3 满足 $(2n)pH > pK_{sp}$，但 Al_2O_3 和 Fe_2O_3 的溶解度太低，无法用于制备磷酸盐胶凝材料。第11章和第12章中论述了提高氧化物溶解度的方法，通过适当的热处理或通过将氧化物部分还原为其较低的氧化态（例如 FeO），然后制备磷酸盐胶凝材料。

参考文献

[1]　J. Wescott, J. R. Nelson, R. A. Wagh, D. Singh. Low level and mixed radioactive Waste. indrum solidification, in: Practice Periodical of Hazardous, Toxic, and Radioactive Waste Management, American Society of Civil Engineers, Reston, VA, 1998, pp. 4-7.

[2]　C. J. Brinker, G. W. Schere, Sol-Gel Science. Academic Press, London, 1989 (Chapters1 and 4).

[3]　A. S. Wagh, S. Y. Jeong. Chemically bonded phosphate ceramics. I. A dissolution model of formation, J. Am. Ceram. Soc. 86 (2003) 1838-1844.

[4]　M. Pourbaix. Atlas of Electrochemical Equilibria in Aqueous Solutions, NACE/Cebelcor, Houston and Brussels, 1974.

第 6 章

⊞ CBPC 形成的热力学基础 ⊞

热力学是所有化学转变的基础[1]，包括化学成分在水溶液中的溶解，两种溶解物之间的反应以及由这些反应生成的新物质沉淀。热力学定律为这些反应的发生提供了条件，确定这些条件的方式之一就是使用热力学势能（如参与化学反应的单个成分的热焓、熵以及吉布斯自由能）运用于热力学定律。对于 CBPC，这个方法需要相关的可测量的与热力学相关的参数联系起来，比如反应中各个成分的溶解度。热力学模型不只是预测一个特殊的反应是否有可能发生，还提供了反应中形成胶凝固体的条件（如温度和压力这些可测量参数）。形成 CBPC 产品的大多数成分的基本热力学势能已在室温下测得（也常在高于室温的温度下测量），并且记录在标准数据手册中。因此，可以汇编这些反应物的热力学数据以及与其相关的溶解特性，然后用热力学模型来预测它们在水溶液中的溶解行为。热力学势能本身可用形成胶凝固体的各种成分的分子行为来表示，这是由统计力学方法决定的。但是这类研究超出了本书的范围。

本章给出了溶解度的热力学模型，该模型将溶度积常数与热力学势能以及可测参数（如溶液的温度和压力）之间建立了关系。该关系式允许我们推导出各种氧化物（或矿物）可能与磷酸盐溶液反应形成 CBPC 的条件，因此该模型可预测 CBPC 的形成。

6.1 基本热力学关系的回顾

假想某种 $1mol$ 化学物质的颗粒的集合完全与它周围的物质隔离（这显然是一种理想化的情况），并维持在绝对温度 T 和压力 P 的环境中。这些颗粒本身就像气体分子一样处于运动状态。在晶体固体的情况下，晶格点的各个粒子相对于平均晶格点振动，甚至绕某一个轴旋转。每一个直线运动、振动以及旋转运动都提高了各个颗粒的活化能，当然也提高了所有颗粒集合的总能量。能量总和是所指定颗粒集合的内热能，单位是 J/mol。如果把这样一个孤立的颗粒系统与其周围环境相接触，热量将会在该体系和周围环境之间交换。这种能量交换将会导致对体系做机械功。交换热量 Q、内能 U 和功 W 的关系由热力学第二定律给出：

$$dQ = dU - dW \tag{6.1}$$

对于气体，dW 是由于气体抵抗作用在体系上的压力（P）产生的体积（V）膨胀，因此可以写成 $dW = -PdV$。对于流体和固体，这种体积的变化是非常微小的，提供的大量能量将作为内能储存在物质中。根据储存在体系中的热量多少，其温度将会改变。绝对温度（T）为：

$$T = dQ/dS \tag{6.2}$$

式中，S 表示熵，是指一个体系和它相互作用的周围环境内无序程度的度量。化学反应如氧化物分解，要么把化学物质转化成它们的组成离子，要么是改变体系内某个特定物质（N）的摩尔数。为了将这种化学变化纳入热力学第二定律，方程式（6.1）可以概括为：

$$TdS = dU + PdV - \mu dN \tag{6.3}$$

在方程式（6.3）中，μ 是化学电位。这个方程是讨论溶解度和形成 CBPC 化学反应的基础。为了易于讨论，热力学势能定义如下，热焓为：

$$H = U + PV = TS + \mu N \tag{6.4}$$

另一个化学电位，吉布斯自由能（G）被定义为：

$$G = H - TS \tag{6.5}$$

这些定义必须与方程式（6.3）给出的热力学第二定律相一致，因此第二定律规定了方程式（6.4）和方程式（6.5）的条件。通过对方程式（6.4）两边求导，得到以下条件。

$$dH = dU + PdV + VdP = TdS + SdT + \mu dN + Nd\mu \tag{6.6}$$

将方程式（6.3）代入方程式（6.6），得到条件：

$$VdP - SdT - Nd\mu = 0 \tag{6.7}$$

方程式（6.7）是 Gibbs-Duhem 关系式之一。对方程式（6.5）两边微分，替代方程式（6.6）中的 dH，得到：

$$G = \mu N \tag{6.8}$$

因此，G 是参加反应的组分的摩尔浓度与其化学势的乘积。

热力学势能 G、H、S 和 U 由该体系可测得的性质进一步补充，这些性质如下：恒定压力 P 下的比热是

$$C_p(T) = \left(\frac{\partial H(T)}{\partial T} \right)_P \tag{6.9}$$

压缩系数是

$$k_T = -\frac{1}{\nu} \left(\frac{\partial V}{\partial P} \right)_P \tag{6.10}$$

热膨胀系数是

$$\alpha = \frac{1}{V} \left(\frac{\partial V}{\partial T} \right)_P \tag{6.11}$$

对 CBPC，所处理的固体和液体的 α 和 k_T 都非常小，因此这两个参数在大多数情况下中可以忽略不计。

现在有必要为这些热力学势能确定一个合理的范围。根据热力学第三定律，在绝对零度（$T=0$）下所有的热力学参数都为零，因此，上面的定义术语只有在测量到 $T=0$ 与体系的温度之间有变化发生时才有意义。实际上，我们关心的是化学反应前后体系状态的变化，因此需要确定吉（ΔG）、焓（ΔH）和内能（ΔU）的变化。在标准压力 P_0（1atm）和温度 T_0（25℃ 或 298K）下测定这些量是很方便的，数据手册中报道了在 T_0 和 P_0 条件下的热力学参数。那些对 CBPC 有用的重要的氧化物、磷酸盐和离子的 ΔG_0、ΔH_0 和 $C_P(T_0)$ 数据，在附录 B 已经给出。

上面给出的定义是针对单一物质。假设现在有个化学反应，如前面章节讨论过的任何反应，其中包括几种反应物和几种产物。整个反应的吉布斯自由能的净变化量（ΔG）是根据反应生成的所有产物的吉布斯自由能之和（ΔG_f）与所有反应物的吉布斯自由能之和（ΔG_i）的差值得到的，因此

$$\Delta G = \Delta G_f - \Delta G_i \tag{6.12}$$

用 ΔG 和代表单个物质的下标字母（f、i）来表示在化学反应中热力学参数的净变化。

6.2　溶解度的热力学

从方程式（6.8）看出，在描述化学反应中，吉布斯自由能 G 是最重要的热力学参数，因为它代表参与反应物质的摩尔数及化学反应如何改变这些摩尔数。化学反应与热力学参数的关系，比如温度和压力，可表示为溶解常数 K 的阿累尼乌斯方程：

$$K = \exp\beta(-\Delta G) \tag{6.13}$$

在这里 $\beta = (RT)^{-1}$。R 是气体常数，$R = 8.31 \mathrm{J/mol}$。根据第 5 章中溶度积的符号 pK_{sp}（方程式 5.18），可以写成

$$pK_{sp} = -\log K = \left(\frac{\beta}{2.301}\right)\Delta G \tag{6.14}$$

对于酸性介质，方程式（5.18）变成

$$-\log\langle M^{2+x}(aq)\rangle = \left(\frac{\beta}{2.301}\right)\Delta G - (2x)pH \tag{6.15}$$

用方程式（6.12）和方程式（6.5），写出

$$\Delta G = \Delta G_f - \Delta G_i = \Delta H - T\Delta S = \Delta H_f - \Delta H_i - T(\Delta S_f - \Delta S_i) \tag{6.16}$$

在方程式（6.16）中 ΔG 决定了化学反应的方向。例如，如果 ΔG 是负的，或者说反应产物的总吉布斯自由能比反应物的要小，反应会向前进行，即反应物会反应生成产物。另一方面，如果它更大，那么反应会朝相反的方向。在两边的吉布斯自由能相同，反应达到平衡，此时反应物和反应产物的量相等，反应的两边任何一

方都没有净增加或损失。数学上，我们可以把这些条件写成

$$\Delta G < 0 \quad \text{自发反应} \tag{6.17}$$

$$\Delta G > 0 \quad \text{非自发反应} \tag{6.18}$$

$$\Delta G = 0 \quad \text{化学平衡} \tag{6.19}$$

这些关系揭示了在 CBPC 的形成过程中所涉及到的化学反应的性质，其中包括氧化物和酸式磷酸盐的溶解和随后磷酸盐胶凝材料的酸碱反应。因此，吉布斯自由能在决定哪一种反应（由此得知哪些成分）最适合于形成胶凝固化材料的过程中起重要作用。

在上述关系中隐含了另一个重要的热力学参数，即热熵的净变量 ΔH。它是对化学反应中放热和吸热的估量。遵循方程式（6.12），我们可以把它写成

$$\Delta H = \Delta H_f - \Delta H_i \tag{6.20}$$

在大多数 CBPC 制造过程中，压力是恒定的，但是体系的温度随着放热和吸热而变化。对这样的情况，根据方程式（6.9），我们得到

$$\Delta C_p = \left(\frac{\partial \Delta H}{\partial T} \right)_P \tag{6.21}$$

在这里 ΔC_p 表示在恒定压力下给定化学反应中反应产物和反应物之间比热的净差。这个方程对于计算在 CBPC 形成过程中放热反应产生的热量很有用。

6.3　在 CBPC 形成过程中热力学参数的应用

因为形成 CBPC 的过程基于各成分的缓慢溶解，所以在胶凝材料反应固化的过程中，氧化物的自发溶解是不可取的。这就表明了方程式（6.18）是有利于胶凝固化的溶解反应的必要条件。例如，假设 MgO 在中性介质中溶解，方程式（5.9c）给出：

$$MgO + H_2O \Longrightarrow Mg^{2+}(aq) + 2(OH)^- \tag{6.22}$$

参与这些反应的单个成分的 ΔG 值可从附录 A 中得到，MgO、H_2O、$Mg^{2+}(aq)$ 和 OH^- 的值分别为 $-569.57kJ/mol$、$-236.7kJ/mol$、$-456.01kJ/mol$ 和 $-157.3kJ/mol$。由这些值得到的 $\Delta G = 37.55kJ/mol$，表示这个过程为非自发反应。基于此，在接近中性的介质中可直接利用 MgO 制备化学结合胶凝材料。但是，对于酸性介质，如果使用方程式（5.9a）同样的计算方法，$\Delta G = -125.03kJ/mol$，我们得知这是自发反应。由于这个原因，可判断没有中性化处理，MgO 就不能用磷酸来制备 CBPC 产品。对于大多数二价金属氧化物来说都是如此。

注意酸式磷酸盐的溶解是吸热反应，这可导致浆体的冷却，而在随后各溶解的离子之间的反应是放热反应。但是净酸碱反应是放热的，即放出热量。例如，在 $MgKPO_4 \cdot 6H_2O$ 形成过程中，材料的初始冷却很重要，这有助于减少在形成胶凝材料固化过程中产生的总热量。看一下在表 4.2 中给出的 KH_2PO_4 的溶解方程：

$$KH_2PO_4 \Longrightarrow K^+ + H_2PO_4^- \tag{6.23}$$

KH_2PO_4、K^+ 和 $H_2PO_4^-$ 的 ΔH 值分别是 $-1570.7kJ/mol$、$-252.4kJ/mol$ 和 $-1292.1kJ/mol$（见附录 A），使用这些值得到 $\Delta H = 26.2kJ/mol$，一个正数意味着在反应进行时是需要热量的，或者从周围吸收热量。相反，考虑这个完整的反应：

$$MgO + KH_2PO_4 + 6H_2O \Longrightarrow MgKPO_4 \cdot 6H_2O \tag{6.24}$$

MgO、KH_2PO_4、H_2O 和 $MgKPO_4 \cdot 6H_2O$ 的 ΔH 值分别是 $-601.6kJ/mol$、$-1570.7kJ/mol$、$-285.8kJ/mol$ 和 $-3724.3kJ/mol$，反应产生的 $\Delta H = -368.35kJ/mol$。因此，反应过程中产生热，表明这是一个放热反应过程。其总放热量比在溶解过程中吸收的热量要高得多，但是在这个过程中少量的冷却有助于延长工作时间，延长工作时间对快速凝结固化的材料十分重要。

为了评估在 KH_2PO_4 溶解过程中冷却的作用，监测了在 55 加仑（208L）的圆桶中 MgO、KH_2PO_4 和 H_2O 混合物的温度变化[2]。图 6.1 表明温度是浆体拌和时间的函数。最初，在 KH_2PO_4 溶解的 10min 内浆体冷却了 3℃，溶解使浆体呈弱酸性。弱酸性溶液使得 MgO 部分溶解，随之发生酸碱反应。如图 6.1 所显示，在这期间温度上升至近 82℃。然而，浆体在 55℃ 发生凝结，之后材料继续加热。因为这种凝结固化行为，可用该方法生产大型产品而不需要煮沸加热浆料。

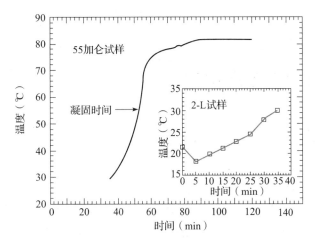

图 6.1　体积为 55 加仑（208L）并含 50%（质量分数）土壤的磷酸镁钾胶凝材料试样在凝结期间温度随时间的变化。
注：插图表示试样体积为 2-L 时温度的变化情况

ΔG 除了可以判断反应方向之外，也可用来判断给定氧化物的溶解度是否合适。例如氧化铝的溶解，在中性介质中，它的溶解反应如下：

$$AlO_{3/2}(aq) + \frac{3}{2}H_2O \Longrightarrow Al(OH)_2^+(aq) + (OH)^- \tag{6.25}$$

计算得到这个反应的 $\Delta G = 188.02J/mol$，这比 MgO 的溶解反应的 ΔG 大得多。这个结果意味着需要大量的热量来溶解氧化铝，也就是说，它不会自发溶解，所以在常温下不太可能用氧化铝来开发化学结合胶凝材料，除非通过外部加热来提高它的溶解度。第 11 章讨论了这种通过加热（温度 < 200℃）提高其溶解度的方法。

下面列出了自发反应的条件：

（1）$\Delta H < 0$，$\Delta S > 0$，在所有温度下都自发进行；

（2）$\Delta H > 0$，$\Delta S > 0$，在高温下自发进行，$\Delta G < 0$；否则非自发进行；

（3）$\Delta H < 0$，$\Delta S < 0$，在低温下自发进行，$\Delta G < 0$；否则非自发进行；

（4）$\Delta H > 0$，$\Delta S < 0$，所有温度下都非自发进行。

第一个条件意味着溶解反应很有必要，ΔH 不能为负，同时 ΔS 不能为正，而且应该满足第四个条件。

考虑方程式（6.22）给出的 MgO 溶解的情况，这里 ΔH 和 ΔS 分别为 -77.67kJ/mol 和 -272.2J/mol/K。这些值满足第三个条件，所以溶解将在低温下非自发进行，但是在更高的温度下是自发溶解。要大规模制造性能好的胶凝固化材料，就需要控制方程式（6.22）中的温度，这样它不仅能维持非自发的溶解反应，也能防止水的沸腾。如前所述，胶凝材料的浆体在 55℃ 凝结固化，因此这个条件很容易得到满足。

MgO 是大多数候选氧化物中的一个代表性实例，大部分氧化物的 ΔS_0 为负，并表现为放热溶解反应。例外的情况包括单价碱金属 Na、K 和 Cs 的氧化物，以及少量高化合价金属。因为羟基离子的 ΔS_0 也是负的，类似 MgO 氧化物的溶解反应，满足 $\Delta S < 0$，符合第三种条件；所以这些氧化物表现为低温非自发溶解，但高温下自发溶解。

6.4 溶度积常数与温度的相关性

在 CBPC 形成期间，因为酸碱反应的放热使得水溶液的温度上升。这会使更多的氧化物溶解到溶液中，从而影响固化材料的整个形成过程。在某些情况下，例如氧化铝，用热处理提高氧化物的溶解度（第 11 章）。另外，像第 15 章所描述的那样，当 CBPC 被用作钻井水泥，它们被泵送到温度最高可达 150℃，甚至更高温度的石油和天然气井。在地热井中，温度还更高。因此 CBPC 的一些特定应用需要在更高的温度下形成固化材料。为了了解这些反应配合比的内在规律，我们需要知道氧化物的溶度积常数与温度的关系。

首先考虑吉布斯自由能对温度的依赖关系，我们可以从方程式（6.5）得到：

$$\left(\frac{\partial \Delta G}{\partial T}\right)_P = -\Delta S = \frac{\Delta G - \Delta H}{T} \tag{6.26}$$

这个方程在热力学中被称为吉布斯-赫尔姆霍兹方程，它允许我们计算 pK_{sp} 与温度的关系。在方程式（6.13）中求 K 对 T 的微分，在恒压条件下得到：

$$\left(\frac{\partial K}{\partial T}\right)_P = \frac{K}{R}\left[-\frac{1}{T}\left(\frac{\partial \Delta G}{\partial T}\right)_P + \frac{\Delta G}{RT^2}\right] = \frac{K\Delta H}{RT^2} \tag{6.27}$$

方程式（6.27）表明，随着温度的变化，K 将会增加或减少，这取决于 ΔH 的符号。如果 $\Delta H > 0$（吸热溶解反应），K 将会增加，$\Delta H < 0$（放热溶解反应），K 将减少。

二价氧化物的溶解反应是放热的，因此当温度增加时 K 是减少的。接下来我们将会看到，在酸性介质中像 MgO 这样的氧化物符合这种行为。但是对于 Al_2O_3，其 K 值最初增加，然后减少；因此在特定温度范围中 K 有一个最大值。温度 T_m 计算如下：

$$\left(\frac{\partial K_{sp}}{\partial T}\right)_P = 0, \quad T = T_m \tag{6.28}$$

从方程式（6.27）得到，

$$\Delta H = 0, \quad T = T_m \tag{6.29}$$

方程式（6.28）意味着 pK_{sp} 在 $T = T_m$ 时最大，因此，如果反应浆体被加热到 T_m，则浆体中氧化物的溶解度达到最大值。我们将在第 11 章看到，一些像三价铝一样的金属氧化物胶凝材料，可以通过加热到反应温度 T_m 来制备胶凝固化材料。

因为比热 C_p 与 T 存在相关性，因此 pK_{sp} 与温度的真实关系是非常复杂的，该关系由德拜理论给出的反应氧化物比热和晶体固体对应的晶格动力学模型所得出。但是，可以对涉及到溶解反应成分的比热的净变化做简单假设，就可以避免这些复杂的问题[3]。

不受任何外部作用影响的体系的焓和熵的变化，例如没有受到电或磁力，没有发生任何明显的体积变化，用比热的形式给出：

$$\Delta H(T) = \int_0^T \Delta C_P(T)\,\mathrm{d}T \tag{6.30}$$

和

$$\Delta S(T) = \int_0^T \frac{\Delta C_P(T)}{T}\,\mathrm{d}T \tag{6.31}$$

因为大多数固体和离子在标准温度（$T_0 = 298K$）和压力（$P_0 = 1MPa$）下的热力学参数已列在数据手册中，因此用 T_0 和 P_0 表示方程式（6.30）和方程式（6.31）非常方便。对于 T_0：

$$\Delta H(T) = \Delta H_0 + \int_{T_0}^T \Delta C_P(T)\,\mathrm{d}T \tag{6.32}$$

和

$$\Delta S(T) = \Delta S_0 + \int_{T_0}^T \frac{\Delta C_P(T)}{T}\,\mathrm{d}T \tag{6.33}$$

这里的 ΔH_0 和 ΔS_0 分别是标准焓和熵的变化。对于在较高的温度范围下（代表性的温度的 $T < 200°C$ 或 473K）制备胶凝固化材料，我们可以假定：

$$\Delta C_p(T) \approx \Delta C_P(298) = 常数 \tag{6.34}$$

将方程式（6.32）和方程式（6.33）的右边积分，我们得到：

$$\Delta H(T) = \Delta H_0 + \Delta C_P(T - 298) \tag{6.35}$$

和

$$\Delta S(T) = \Delta S_0 - \Delta C_p \ln\left(\frac{T}{298}\right) \tag{6.36}$$

联合方程式（6.28）、方程式（6.29）和方程式（6.35），我们推断溶解度将在

$$\Delta H(T) = \Delta H_0 + \Delta C_P(T - 298) = 0 \tag{6.37}$$

或

$$T_m = 298 + \frac{\Delta H_0}{\Delta C_P(298)} \tag{6.38}$$

时达到最大。

这个方程可以用来确定最大溶解度的温度，在这个温度下，磷酸盐溶液中有可能溶解三价氧化物并形成胶凝固化材料。

将方程式（6.35）和方程式（6.36）中的 $\Delta H(T)$ 和 $\Delta S(T)$ 代入方程式（6.16），我们可将吉布斯自由能公式写为：

$$\Delta G = \Delta G_0 - 298\Delta C_P + \Delta C_P - \Delta C_P \ln\left(\frac{T}{298}\right) \tag{6.39}$$

该方程可以用来描述温度与溶度积常数 pK_{sp} 的关系。从数据手册中查到的 ΔH_0、ΔS_0 和比热可以用来计算热力学参数和溶度积常数。因此，通过调整 CBPC 体系的加热温度，就可以使原料氧化物溶解。

上面的讨论强调了金属氧化物及其阳离子的热力学参数对形成 CBPC 的重要性。一般来说，金属氧化物的热力学参数从数据手册容易得到，而溶剂化离子的数据则可以通过文献检索找到，与本书相关的数据列在附录 A。

某些金属的水溶液离子的比热在文献中不易得到，因此，这就很难确定温度与热力学参数的关系，以及这些金属氧化物的溶度积常数数据。这种关系大致是由一般的溶解方程决定：

$$MO^{n/2} = \frac{n}{2}H_2O = M^{n+}(aq) + nOH^-$$

和

$$\Delta C_P = nC_P(OH^-) - \frac{n}{2}C_P(H_2O) + C_P(M^{n+}) - C_P(MO^{n/2}) \tag{6.40}$$

由于氢氧根离子（OH^-）的比热和金属氧化物或其离子的比热比预计的要高，水的比热也相对较高，方程式（6.40）右侧的最后两项可以忽略；因此

$$\Delta C_P = nC_P(OH^-) - \frac{n}{2}C_P(H_2O) = -185.175n(J/mol/K) \tag{6.41}$$

当加热酸性介质中的三价（$n=3$）和四价（$n=4$）氧化物制备 CBPC 时，该方程很有效。将方程式（6.41）中的 ΔC_P 代入方程式（6.36）和方程式（6.37）中，得到：

$$\Delta H(T) = \Delta H_0 - 185.175n(T - 298) \tag{6.42}$$

$$\Delta S(T) = \Delta S_0 + 185.175n\ln\left(\frac{T}{298}\right) \tag{6.43}$$

因此，

$$\Delta G = \Delta G_0 + 55182n - 185.175nT + 185.175n\ln\left(\frac{T}{298}\right) \tag{6.44}$$

将方程式（6.44）代入到方程式（6.14），给出了 K 与温度的关系：

$$pK_{sp} = -\log K = -\frac{\Delta G_0}{19.12T} - 2883.14n + 9.68nT - \frac{9.68n}{T}\ln\left(\frac{T}{298}\right) \quad (6.45)$$

方程式（6.45）给出了在强酸性介质中三价和四价氧化物溶解反应的溶度积常数与温度的关系。

6.5　溶度积常数与压力的关系

溶度积常数与压力的关系应该从压力与焓的关系得到：

$$\Delta H = \Delta U + P\Delta V \quad (6.46)$$

因此，

$$\Delta G = \Delta H - T\Delta S = \Delta U + P\Delta V - T\Delta S \quad (6.47)$$

其中，ΔV 是溶解过程中浆体体积的变化。事实上，金属氧化物或者是磷酸盐的溶解并不显著增加浆体的体积；因此 ΔV 可忽略不计。有个例外是当酸碱反应伴随着气体逸出时，例如碳酸盐的分解。然而，这样的案例与讨论的 CBPC 形成过程无关，因为气体的溢出干扰了均质 CBPC 的形成。出于这个原因，我们可以得出结论，即压力对形成 CBPC 的影响可以忽略不计。关于压力的影响将在第 15 章详细讨论。

参考文献

［1］ D. W. Oxtoby, N. H. Nachtrieb, W. A. Freeman. Chemistry of Change, Saunders Publishers, London, 1990.

［2］ J. Wescott, R. Nelson, A. Wagh, D. Singh. Low-level and mixed radioactive waste in-drum solidification, Pract. Period. Hazard. Toxic Radioact. Waste Manage. 2 (1) (1998) 4-7.

［3］ A. S. Wagh, S. Grover, S. Jeong. Chemically bonded phosphate ceramics. II. warmtemperature process for alumina ceramics, J. Am. Ceram. Soc. 86 (11) (2003) 1845-1849.

第 7 章

▦ 氧化还原机理 ▦

根据第 5 章的内容可知，氧化物的价态升高，其溶解度通常会随之降低。单价碱金属氧化物易溶，但是大多数二价氧化物较难溶解。三价氧化物如氧化铝和氧化铁（Fe_2O_3）的溶解度很低，但比含有钛、镧系元素和锕系元素的四价氧化物更易溶。幸好，一些金属有一个以上的氧化态。例如，铁有二价的氧化亚铁（FeO），三价的氧化铁（Fe_2O_3），以及二价与三价氧化铁的组合物磁铁矿（Fe_3O_4）。氧化铀分别有三价（U_2O_3）以及四价（UO_2）状态的氧化物。同样地，铈分别有 Ce_2O_3 和 CeO_2 两种价态的氧化物。如果可以将高价态的氧化物还原成较低的价态，并将其溶解在酸性水溶液中，那么就可以利用这些氧化物来制造化学结合磷酸盐胶凝材料（CBPC）。

根据后面章节的内容可知，理解金属氧化物还原成其较低价态的重要性不仅仅是用于 CBPC 的制造。CBPC 形成过程中还原环境的相互作用是常见的。例如当在金属基底上涂刷防腐涂层时，金属基底将与涂层反应。第 15 章将利用该还原反应来开发钝化层以保护钢材免受环境腐蚀。此外，一些放射性废液中可能含有诸如铀的金属污染物，当用 CBPC 固化稳定时，其中的铀可能会与 CBPC 发生反应。以上这些实例表明，理解 CBPC 材料中发生的反应，以及这些反应对凝结时间和胶凝固化成品材料质量的影响是十分必要的。

在第 2 章中提到，早期文献中报道了用还原氧化物来制备磷酸盐胶凝材料的尝试。例如，Fedorov 等[1]利用氧化铜（CuO）和金属铜的混合物开发了一种磷酸盐金属胶凝材料，其中金属铜作为还原剂。它们还将 ZrO_2 和 $CaZrO_3$ 与 Ni、Cr 和 Ti 混合用于制作磷酸盐胶凝材料黏合剂。

与上述金属相比，一些有害金属如铬（Cr）和放射性裂变产物如锝（Tc）则表现出完全相反的溶解度特征。这些较高价态的金属，例如铬酸盐（Cr^{6+}）和高锝酸盐（Tc^{7+}），相比其对应的低价态氧化物，如氧化铬和氧化锝（Cr^{3+} 和 Tc^{5+}）更易溶。铬是一种有害金属，锝（99Tc）是放射性同位素。从第 17 章内容可知，降低它们分散性的一种方式是降低其在地下水中的溶解度，并将其降低到较低的价态，然后将其密封于磷酸盐固化材料中。因此，还原法也可用于高价态有害金属氧化物的稳定。所以，充分理解高价态氧化物的还原机理十分必要。本章讨论了氧化还原机制背后的热力学基础。

7.1　氧化和还原反应

第 5 章中提到，酸在溶解反应中通过释放氢离子 H^+（质子）使得水溶液呈酸性。通常来说，这种反应可能也涉及到释放电子（e^-），例如，金属材料如铁的溶解就伴随着溶液中的电子释放。其反应方程式如下：

$$Fe(固体) \longrightarrow Fe^{2+}(液体) + 2e^- \tag{7.1}$$

这种释放电子的反应称为氧化反应。这是在潮湿环境中控制铁发生锈蚀的反应之一。

还可以将较高价态的金属还原成较低的价态，该反应称为还原反应。以铁为例，其还原反应如下：

$$Fe^{3+}(aq) + e^- \longrightarrow Fe^{2+}(aq) \tag{7.2}$$

该反应是还原反应。涉及电子释放与吸收的反应总称为氧化还原反应。以下是一些其他的示例：

$$Mg(固) + H_2O \longrightarrow MgO(固) + 2H^+ + 2e^- \tag{7.3}$$

$$Ti_2O_3 + H_2O \longrightarrow TiO_2 + 2H^+ + 2e^- \tag{7.4}$$

在式（7.3）中，金属镁发生反应的同时释放氢离子以及电子，属于氧化还原反应。式（7.4）也是类似的，该反应表示的是将较低价态的 Ti_2O_3 氧化为高价态的 TiO_2。式（7.1）~式（7.4）中有中性分子、带电离子和自由电子。在没有电子的情况下，这些反应式可以表示为简单化学反应。另一方面，在有自由电子存在的情况下可以表示电化学反应，因为在电化学中这些自由电子是最重要的，电化学是讨论在电池等装置中产生电子电荷的化学。

化学反应中总是存在质量平衡，即方程左侧任何物质的原子数与方程式右侧物质的原子数相同。在电化学反应中，除了质量平衡之外，还存在电荷平衡，其中等式左侧的总电荷与右侧相同。因此，质量平衡和电荷平衡是电化学反应平衡的两个基本要求。

以同样的方式，我们可以在化学反应中使用热力学的基本概念预测新产物的形成以及反应的方向，对于电化学反应也同样适用。下面所示的 Pourbaix 方程式[2] 是电化学反应的通式：

$$\sum n_i M_i + ne^- = 0 \tag{7.5}$$

在式（7.5）中，n 表示电化学反应中释放或吸收的电子数。如果 $n = 0$，那么，该式表示在前面章节中所述的简单的化学反应，其中 n 表示化学计量系数，M 代表特定的化学物质，既可以是反应物也可以是反应产物。例如，在式（7.1）中 n_1 和 n_2

分别为 +1 和 -1，那么 M_1 和 M_2 分别是 Fe 和 $Fe^{2+}(aq)$，而 n 等于 -2。类似地，式 (7.4) 中的 n_1 到 n_4 分别为 1，1，-2 和 -2，那么 M_1 到 M_4 是 Ti_2O_3，H_2O，TiO_2 和 $2H^+$，$n = -2$。

当 $n < 0$ 时，释放电子。该反应是氧化反应，因为参与该反应的反应物失去电子并达到更高的价态。式 (7.1)、式 (7.3)、式 (7.4) 均代表 $n < 0$ 时的反应示例。另一方面，当 $n > 0$ 时，反应为还原反应，其中参与反应某个反应物会得到电子，其价态降低。式 (7.2) 就是这种还原反应的一个例子。

如果反应释放电子，这些电子并不会处于自由状态。在反应中它们会被吸附到某个地方。因此，在一个完整化学反应中，氧化和还原反应是成对的。在原电池的情况下，阳极释放电子，随后在阴极被吸收。这些成对反应被称为氧化还原反应。

这种氧化还原反应的一个很好的例子是铁（Fe）和赤铁矿（Fe_2O_3）混合物的完全反应。该混合物在酸性溶液中混合时，由式 (7.1) 可知，Fe 被氧化，释放出的电子被赤铁矿吸收。下式表示了电子被吸收的反应：

$$Fe_2O_3 + 2H^+ + 2e^- \Longrightarrow 2FeO + H_2O \tag{7.6}$$

$$3Fe_2O_3 + 2H^+ + 2e^- \Longrightarrow 2Fe_3O_4 + H_2O \tag{7.7}$$

在式 (7.6) 和式 (7.7) 中，氢离子是由酸溶解在水溶液中得到的。在强酸溶液中会发生式 (7.6)，而式 (7.7) 则更多地发生在弱酸性溶液。式 (7.1) 和式 (7.6) 或式 (7.7) 都代表着一个完整的氧化还原反应。

7.2　氧化还原电位

根据前文所述，通过氧化还原反应和溶解反应，可以将某些难溶氧化物还原成较易溶解的低价态以制备磷酸盐胶凝材料，或者将有害物转化为低价态并用磷酸盐稳定。例如，不溶性赤铁矿和铁元素的混合物在磷酸中混合，由式 (7.1) 和式 (7.6) 反应将赤铁矿转化为 FeO，所得的 FeO 溶解在酸性溶液中形成 Fe 的磷酸盐。类似地，锝与还原剂如氯化锡（$SnCl_2$）混合时，锝的价态从易溶的 +7 降至 +5。然后将其溶解在酸性磷酸盐溶液中并与磷酸盐反应，形成无法浸出的磷酸盐化合物。为了讨论氧化还原反应在 CBPC 形成中的应用，我们首先必须为这些反应建立合适的热力学基础。有了这样的知识，我们就可以利用类似于第 5 章和第 6 章中讨论溶解反应的方式来预测氧化还原反应中介质的 pH 值和温度的函数关系。

为实现这一目的，我们要认可在一完整化学反应中不会存在自由电荷，这意味着每个还原反应都对应着一个氧化反应。因此，式 (7.5) 也对应着另一个反应，如下所示：

$$\sum \nu_j M_j - ne^- = 0 \tag{7.8}$$

因此，式 (7.5) 和式 (7.8) 相结合可以得到一个完整的化学反应：

$$\sum \nu_i M_i + \sum n_j M_j = 0 \tag{7.9}$$

式（7.9）代表一个假定的原电池，式（7.5）给出的电化学反应代表一个电极的反应，而式（7.8）代表另一个电极的反应，整个电池的总的化学反应方程式由式（7.9）来表示。将电荷从一个电极转移到另一个电极会产生电动势差 f，以伏特计。这种电动势与吉布斯自由能的净变化量关系如下。

式（7.5）和式（7.8）中参与化学反应的各化学物质的化学势（μ）定义为每单位摩尔特定物质的吉布斯自由能：

$$\mu_i = \Delta G_i / \nu_i \tag{7.10}$$

下式给出了式（7.5）和式（7.8）中吉布斯自由能的净变化：

$$\Delta G_1 = \sum \nu_i \mu_i + \Phi_1 \quad \text{和} \quad \Delta G_2 = \sum \nu_j \mu_j + \Phi_2 \tag{7.11}$$

在式（7.11）中，Φ_1 和 Φ_2 分别表示由 n 个电子的释放和吸收所产生的吉布斯自由能，式（7.9）所给出的总反应引起吉布斯自由能的净变化量为：

$$\Delta G = \Delta G_1 + \Delta G_2 = \sum n_i \mu_i + \sum n_j \mu_j + (\Phi_1 - \Phi_2) \tag{7.12}$$

以伏特为单位测量出的电动势差（E_h）与所吉布斯自由能（$F_1 - F_2$）的相关贡献有关：

$$-nE_h = \frac{\Phi_1 - \Phi_2}{F} \tag{7.13}$$

式中，F 是法拉第常数，定义为 1 mol 电子所带的电荷（96485.3 C/mol）。利用式（7.12）和式（7.13）我们可以得到下式，即当 $\Delta G = 0$ 时：

$$E_0 = \frac{\sum \nu_i \mu_i + \sum \nu_j \mu_j}{nF} \tag{7.14}$$

这里的 E_0 是原电池的两个电极之间的平衡电极电位差。现在可以选用标准参比电极，如用氢电极时，在标准温度和压力下，其中 H^+ 和 H_2 之间的化学势 m_j 为零，那么式（7.14）变为如下：

$$E_0 = \frac{\sum \nu_i \mu_i}{nF} \tag{7.15}$$

式（7.15）表明，对于涉及氧化还原反应的电化学反应，存在一个电极电位，该电极电位与反应物和反应产物的化学势相关，其大小可以通过该方程式来计算。这种电化学电位称为"氧化还原电位"。在氧化反应中该电位是正值，表示其中参与反应的物质的化合价会升高；而对于还原反应而言该电位为负值，表示其中参与反应的物质的化合价会降低。在标准热力学状态下（即在标准温度和压力下每种物质均为 1 mol 的理想条件下），标准氧化还原电位为：

$$E_0^0 = \frac{\sum \nu_i \mu_{i0}}{nF} \tag{7.16}$$

式中，μ_{i0} 是指第 i 种物质的标准化学势。对于给定的反应，E_0 可以从数据表中查得，或者可以根据 μ_{i0} 的标准值来确定。

例如，考虑反应方程式（7.1），对于该反应，从式（7.15）中可以得到标准氧

化还原电位 E_0，如下：

$$E_0^0 = \frac{\mu(Fe^{2+}) - \mu(Fe(固态))}{nF} = -\frac{[-84854 - 0]}{96485.3} = -0.88 \qquad (7.17)$$

该结果为正数表明式（7.1）的反应为氧化反应。此外，由式（7.2）给出的还原反应，我们可以得到下式：

$$E_0^0 = \frac{\mu(Fe^{2+}) - \mu(Fe^{3+})}{nF} = -\frac{[-(84854) - (-10575.4)]}{96485.3} = -0.77$$

$$(7.18)$$

结果为负数。使用 E_0^0 作为 E 测定的零点，我们将氧化还原电位 E_h 定义为：

$$E_h = E - E_0^0 \qquad (7.19)$$

将式（7.16）带入到式（7.19）可得：

$$E_h = E - \frac{\sum \nu_i \mu_i}{nF} \qquad (7.20)$$

式（7.20）中 μ_i 是 pH 值和温度的函数，因此 E_h 的大小取决于介质的 pH 值和温度。这种相关关系将在接下来的两节中讨论。

7.3　E_h - pH 图

在第 5 章中，我们用浓度-pH 图讨论了溶解反应中离子浓度与 pH 值的相关性。按照类似方式，E_h 与 pH 之间的关系可用标准温度和压力下的 E_h-pH 图来表示。这些图提供了给定离子或氧化物的反应发生区域。对于指定的金属如 Fe，首先写出其在不同 pH 值下的所有反应的方程式，而后再绘制出给定离子浓度的 E_h-pH 图。

以氧化物的溶解为例，与式（7.3）类似，涉及氧化还原反应的溶解反应如下：

$$MO_x + 2xH^+ \Longrightarrow M^{2x+}(aq) + xH_2O + ne^- \qquad (7.21)$$

如前所述，此处，M 是 $2x$ 价的金属，（aq）表示特定的液态离子。另外，n 是在氧化还原反应中释放的电子数。$M^{2x+}(aq)$ 的离子浓度由下式给出：

$$\frac{\langle M^{2x+}(aq)\rangle}{\langle MO_x\rangle} = \frac{\langle H^+\rangle}{\langle H_2O\rangle}\exp[-\beta\Delta G] \qquad (7.22)$$

式中，$\beta = 1/RT$，R 为气体常数，T 为绝对温度。式（7.22）的两边分别取 10 的对数，我们可以得到：

$$\log\left[\frac{\langle M^{2x+}(aq)\rangle}{\langle MO_x\rangle}\right] = -xpH - \frac{\beta}{2.301}\Delta G \qquad (7.23)$$

根据 $\Delta G = -nF(E_h - E_0^0)$，可以得到：

$$E_h = E_0^0 + \frac{2.301RT}{nF}\left[xpH + \log\frac{\langle M^{2x+}(aq)\rangle}{\langle MO_x\rangle}\right] \qquad (7.24)$$

式（7.24）表示了在给定 pH 值的溶液中阳离子浓度与电极电位的函数关系。

这一关系可用于确定在何种条件下还原或氧化特定的氧化物以改变其溶解度，从而将其溶解，以便于与磷酸盐阴离子反应形成 CBPC。在室温下，代入全部常数的值，我们得到：

$$E_h = E_0^0 + \frac{0.0591}{n}\Big[x\mathrm{pH} + \log\frac{\langle \mathrm{M}^{2x+}(\mathrm{aq})\rangle}{\langle \mathrm{MO}_x\rangle}\Big] \tag{7.25}$$

利用式 (7.25)，通过绘制给定阳离子浓度的溶液中 E_h 和 pH 的函数图来得到 E_h-pH 图，也就是金属和氧化物的一般溶解条件。这些图表提供了给定热力学条件下阳离子种类出现的图形表达。

要画这些图，需要知道 E_0^0 值。该值在数据表中可查，或者可以利用式 (7.16) 由反应的每个组分的标准电位来确定。以适当的 x 价作为 pH 的函数，对所有可能的价态写出其溶解反应和化学反应方程式。利用不同的 $\langle \mathrm{M}^{2x+}(\mathrm{aq})\rangle/\langle \mathrm{MO}_x\rangle$ 比值可计算 E_h 并绘制出与 pH 值的关系图。

这种图广泛地用于电化学领域，可以从《电化学平衡图集》[2] 中查到。我们将在 CBPC 形成的氧化还原反应中使用这些图表，例如 Fe_2O_3 的反应（参考第 7.5 节和第 12 章），还用于稳定锝一类的污染物的氧化还原反应（见第 17 章）。此外，由于水稳定性的限制，这些图对于氧化还原反应的使用也有一定的限制，下面将讨论这一点。

7.4　水的 E_h-pH 图

由于 CBPC 是在水溶液中形成的，因此在不同的 E_h 和 pH 值下，水的稳定性是重要的考虑因素。E_h-pH 图提供了水的稳定范围，在此范围内可以合成 CBPC。下面将会看到，在这个稳定区域之外时，水分解产生氢气和氧气，这会使得形成多孔且强度低的 CBPC。释放的氢或氧也可以与溶解的阳离子或阴离子反应，并且会干扰磷酸盐的形成反应。由于这些原因，深入讨论水的氧化还原反应及其 E_h-pH 图是十分重要的。

与水的稳定性相关的方程式由下式给出：

$$\mathrm{H_2O} = \mathrm{OH^-} + \mathrm{H^+} \tag{7.26}$$

$$\mathrm{H_2} = 2\mathrm{H^+} + 2\mathrm{e^-} \tag{7.27}$$

$$2\mathrm{H_2O} = \mathrm{O_2} + 4\mathrm{H^+} + 4\mathrm{e^-} \tag{7.28}$$

由式 (7.26) 我们已经证明 [参见式 (4.6)]：

$$\log\langle \mathrm{OH^-}\rangle = -14.00 + \mathrm{pH} \tag{7.29}$$

对于式 (7.27) 和式 (7.28)，我们可以按照上一节中所描述的步骤得出 E_h-pH 关系，对于两个方程式中的组分，其标准吉布斯自由能为 $\Delta G_0(\mathrm{H_2O}) = -236.7$ (kJ/mol)，$\Delta G_0(\mathrm{OH^-}) = -157.3$ (kJ/mol)，$\Delta G_0(\mathrm{H_2})$、$\Delta G_0(\mathrm{O_2})$ 和 $\Delta G_0(\mathrm{e^-})$ 均为 0。由这些数值可得到式 (7.27) 的反应的 E_0，如下：

$$E_0^0 = \frac{2\Delta G_0(H^+) + 2\Delta G_0(e^-) - \Delta G_0(H_2)}{2 \times 96485.3} = 0 \qquad (7.30)$$

由于式（7.27）中的 $x = 2$ 和 $n = 2$，那么我们根据式（7.25）可以得到：

$$E_h = 0 - 0.0591pH - 0.0295\log p_{H_2} \qquad (7.31)$$

其中 p_{H_2} 表示氢的分压。对于式（7.28）的反应有：

$$E_0^0 = \frac{\Delta G_0(O_2) + 4\Delta G_0(H^+) + 4\Delta G_0(e^-) - 2\Delta G_0(H_2O)}{4 \times 96485.3}$$

$$= \frac{0 + 4 \times 0 + 4 \times 0 - 2 \times (-236700)}{4 \times 96285.3} = 1.227(V)$$

确认式（7.28）中 $x = 4$ 和 $n = 4$，根据式（7.25）我们可以得到该反应：

$$E_h = 1.228 - 0.0591pH - 0.0147\log p_{O_2} \qquad (7.32)$$

p_{O_2} 在式（7.32）中表示氧的分压。回顾第 4 章我们可以知道，式（7.29）定义了水的 pH 值为 7。我们用式（7.31）和式（7.32）绘制了图 7.1，垂直的 pH 线将整个区域划分为酸性区域和碱性区域。两条平行线 a 和 b 分别对应于式（7.31）和式（7.32），其斜率为 -0.0591。它们将该图划分为水的稳定区域和水分解区域。在线 a 和 b 之间是 CBPC 形成所需的水稳定区域。在 b 线以上，水被分解为氧气和氢气；而在 a 线下方，氢气将变成 H^+。类似于 pH 定义表示的是溶液的酸度和碱度，这里 r_H 和 r_O 的意义表示为溶液的还原态和氧化态，其中 r_H 和 r_O 由下式定义：

$$r_H = -\log p_{H_2} \quad 和 \quad r_O = -\log p_{O_2} \qquad (7.33)$$

该式由式（7.27）和式（7.28）合并，并消除方程式中的 e^- 而得到。我们得到水分解反应：

$$2H_2O \Longrightarrow 2H_2 + O_2 \qquad (7.34)$$

对于这种分解反应，当相应的分压相等时，$2H_2$ 和 O_2 将处于平衡状态。如下：

$$p_{H_2} = 2p_{O_2} \quad 或 \quad \log p_{H_2} = \log 2 + \log p_{O_2} \qquad (7.35)$$

由此产生的氧化还原电位为：

$$E_0 = 0.819 - 0.0591pH \qquad (7.36)$$

方程式（7.36）将图 7.1 中的整个 E_h-pH 图分解为氧化区和还原区。在方程式（7.36）所代表的线 c 的上方，是氧化区，而该线的下面是还原区。因此，方程式（7.32）和式（7.36）将整个图划分为四个区域：（1）碱性氧化区，（2）酸性氧化区，（3）酸性还原区，（4）碱性还原区。

对于形成 CBPC 的酸碱反应而言，由于反应浆料的 pH 主要是在酸性区域，所以第二和第三区域是最重要的。在这些象限内，CBPC 的形成区域为图 7.1 中所示的 c 线和 a 线之间的阴影区域。基于此，以后各章的大部分讨论将集中在这个区域。

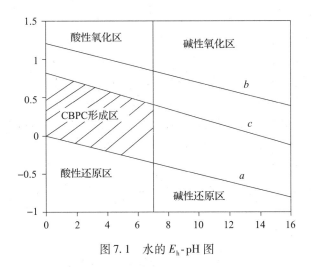

图 7.1　水的 E_h-pH 图

7.5　氧化铁的还原及制备 CBPC

在前面内容讨论的还原反应中所使用的重要氧化物是 Fe_2O_3。这种氧化物是制备 CBPC 最常见且低成本的原料之一。它非常稳定，用传统方法并不能使之完全溶解在酸溶液中产生 $Fe^{2+}(aq)$ 或 $Fe^{3+}(aq)$ 以形成 CBPC。然而，如果 Fe_2O_3 可以转化为更易溶的 FeO，或 FeO 与 Fe_2O_3 混合物 Fe_3O_4，那么氧化铁可以还原态溶解[3]。本节将要讨论的就是通过加入少量的元素铁来实现氧化铁的还原。我们现在讨论如何利用还原机理来制备含 Fe_2O_3 的 CBPC。

将 Fe_2O_3 和少量的 Fe 的混合物与磷酸溶液混合，这样的溶液初始 pH 值接近于零。在该溶液中，根据式（7.1），元素铁会在溶液中溶解释放出电子并形成阳离子铁。可以通过利用式（7.25）的反应，也可通过 Pourbaix 方法处理氧化铁[2]，得到其电化学电位：

$$E_1 = -0.44 + 0.0295\log\langle Fe^{2+}(aq)\rangle \tag{7.37}$$

符号 $\langle Fe^{2+}(aq)\rangle$ 代表 $Fe^{2+}(aq)$ 在溶液中的摩尔浓度值。

在该浆体的酸性及还原环境中，Fe_2O_3 的还原反应由下述反应表示：

$$Fe_2O_3 + 6H^+ + 2e^- \Longrightarrow 2Fe^{2+}(aq) + 3H_2O \tag{7.38}$$

相应的 E_h-pH 关系由下式给出：

$$E_2 = -0.728 + 0.1773pH + 0.0591\log\langle Fe^{2+}(aq)\rangle \tag{7.39}$$

式（7.37）和式（7.39）给出了在低 pH 下溶解 Fe_2O_3 的界限。

在更高 pH 下，发生类似反应形成磁铁矿（Fe_3O_4），见式（7.7）。

相应的电极电位如下：

$$E_2 = 0.221 - 0.0591pH \tag{7.40}$$

合并式（7.1）和式（7.38）并同时消去 e^-，可以得到：

$$Fe_2O_3 + 6H^+ + Fe =\!\!=\!\!= 3Fe^{2+}(aq) + 3H_2O \tag{7.41}$$

类似地，我们从式（7.1）和式（7.7）得到如下反应：

$$3Fe^{2+}(aq) + Fe + 2H^+ =\!\!=\!\!= 2Fe_3O_4 + Fe^{2+}(aq) + H_2O \tag{7.42}$$

式（7.41）和式（7.42）表明在酸性区域中（或在有氢离子存在的情况下）使用 Fe 作为 Fe_2O_3 的还原剂，可以产生 Fe^{2+} (aq)。Wagh 和 Jeong[3] 曾经使用这种方法来制作氧化铁基的磷酸盐胶凝材料，而且使用的是含有氧化铁的废弃物作为主要原料。制备这些胶凝材料的细节详见第 12 章。这里所介绍的处理方式说明了还原反应机理在制作 CBPC 材料中的优势。另外，此处所讨论的还原方法对于稳定处理更棘手的污染物也非常有用，比如用 CBPC 处理放射性锝。这将在第 17 章中详细讨论。

参考文献

[1] N. F. Fedorov, L. V. Kozhevnikova, N. M. Lunina, Current-conducting phosphate cements, UDC 666.767.

[2] M. Pourbaix. Atlas of Electrochemical Equilibria in Aqueous Solutions, National Association of Corrosion Engineers, Houston, TX, 1974.

[3] A. S. Wagh, S. Y. Jeong. Chemically bonded phosphate ceramics. Part III: Reduction mechanism and its application to iron phosphate ceramics, J. Am. Ceram. Soc. 86 (11) (2003) 1850-1855.

第 8 章

正磷酸盐的晶体结构与矿物学分析

第 4 章中已经讨论过,尽管磷酸盐存在正磷酸盐、焦磷酸盐和偏磷酸盐三种结构形式,但在自然界中发现的主要是正磷酸盐。用于制备 CBPC 的酸式磷酸盐以及构成 CBPC 的产物,也是正磷酸盐,因此这一章将着重介绍正磷酸盐矿物,对其他类型磷酸盐感兴趣的读者可以参考 Corbridge[1] 等的综述。

矿物的特定晶体结构形成的关键是该矿物中存在的金属、氧和磷以及任何其他原子或分子之间的键合。已知的这些用于构造矿物晶体结构的普遍原理,也同样用于合成正磷酸盐矿物的晶体结构。由于本书的重点是新型磷酸盐陶瓷和水泥的实际应用,所以对此只作简短讨论。对更多内容有兴趣的读者可以查阅 Corbridge[1] 和 Kanazawa[2] 的研究。

正磷酸盐的基本构件是 PO_4 单元,它是鉴定正磷酸盐矿物质和其固体材料晶体结构的基础,对晶体化学和结构的更多讨论请参阅文献[1-3]。

8.1 原子间化学键的性质

在磷酸盐晶体中,单独的原子或者磷与氧原子结合成的单元,如 PO_4 和 PO_3,可以假想是球体,其在各种构型中堆叠形成晶体结构。有五种化学键使得 PO_4 结合在一起,假想的球体之间的平衡距离和排列顺序决定了晶体的形成和矿物的性能。

构成晶体的原子之间有五种化学键分别是离子键、共价键、金属键、范德华力和氢键。下面简要介绍这些化学键和配位。

8.1.1 离子键

正如第 4 章和第 5 章所言,水中的阳离子、阴离子是由金属氧化物和酸式磷酸盐分解得到的。静电(库仑)力吸引彼此相反电荷的离子,并且将它堆积成周期性构型,由此产生离子晶体结构。离子键是酸碱反应产物形成的主要机制之一。

相比于其他的晶体结构,离子键形成的晶体不是很硬。离子键形成的晶体在水中的溶解性更高，而且在热处理时很不稳定，大多数酸式磷酸盐都属于这一类。

8.1.2 共价键

通常，两个原子之间共享一个或多个电子，这些电子同时被两者的原子核所吸引，这种共享在两个原子间形成共价键。共价键吸引力很强，由此形成的晶体坚硬、不溶、热稳定性高。

大多数磷酸盐矿物的键合机制是部分离子型和部分共价型，矿物性质的变化取决于哪种键占主导地位。所以共价键占主导地位的矿物比如无水磷酸盐在水中的溶解度更小，并具备热稳定性。

8.1.3 金属键

金属键主要存在于金属材料中，在酸碱反应的产物中不存在。金属结构可以认为是阳离子被镶嵌在电子云里。电子可以自由移动，产生导电性。CBPC 产品无一例外地都是导电性极弱，所显示出的微小导电性大多是由离子导电引起。

8.1.4 范德华力

原子或分子的假想硬球结构只是近似。当原子和分子相互接近时，电荷的分布不均匀，此时原子或分子可能表现得好像是一个偶极子，极少量的正电荷集中在一端，另一端是负电荷。原子或分子的正电荷会吸引附近的负电荷，这个力把它们连接在一起，负电荷也被其他的原子或分子的正电荷所吸引。这样形成配位，即原子和分子被它们之间产生的偶极效应吸引，从而形成一种结构。

因为偶极力是次生的，所以它们非常弱，它们对晶体性能的影响就比共价键和离子键小得多。因此，范德华力不会显著影响磷酸盐胶凝材料晶体的性能。

8.1.5 氢键

氢键是由带正电的氢离子和带负电的阴离子如 O^{2-} 或者 N^{2-} 之间的静电力引起的。氢原子会以相等的概率被相邻的负电子吸引，失去唯一的电子。这导致与其相邻的相反电荷形成氢键，并结合在一起。以 OH^- 为例，当 O^{2-} 的一个负电荷被氢的正电荷吸引就形成了 OH^-。该单元呈现为负电荷，它是形成磷酸盐晶体结构的组分。

氢键不如离子键和共价键强，但是强于范德华力。

8.2 晶体结构形成的规则

不同的化学键可以解释晶体是否坚固，是否可溶，是否具有热稳定性。把原子和分子看成是半径不同的硬球，就可以把晶体结构形象化。因此原子半径和离子半径是构建晶体结构重要的因素。一旦知道这些半径，可以把这些不同尺寸半径的硬球排列成层，建立物理模型。排列方式遵循以下原则：

8.2.1　平衡电荷和配位原理

通常，晶体结构是电中性的，这意味着晶体应具有相等数量的正电荷和负电荷。因此，当相反电荷的离子结合在一起以形成中性晶体结构时，若尺寸允许，每个离子与许多相反电荷的离子进行配位，这种配位原理决定了晶体结构的电中性和结构内原子的紧密堆积。

8.2.2　相对离子尺寸大小的影响

在给定晶体中，一个原子可以结合最近原子的数量称为"配位数"，由最近原子形成的壳层称为"第一配位层"。除了电荷平衡之外，配位数也取决于相邻原子尺寸的相对大小。简单地通过布置不同尺寸的实心球，可以确定配位数和晶体结构，表 8.1 展示了相邻原子的不同半径比。

表 8.1　相邻最近的原子半径比以及晶体结构

半径比范围	配位数	稳定的晶体结构
1	12	六方体密堆积或立方体密堆积
0.732 ~ 1	8	立方体
0.414 ~ 0.732	6	八面体
0.225 ~ 0.414	4	四面体
0.155 ~ 0.255	3	三角形
< 0.155	2	线性

8.2.3　离子取代规则

由上述规则形成的纯晶体是罕见的，在大多数晶体中，矿物呈现出宽域的组成变化。在这些矿物中，给定位置的离子可以被另一个相似的离子取代，因此矿物可由杂质的取代百分比或另一种金属的原子百分数进行表征，如此取代所得矿物形式称为固溶体。

离子取代同样受到一定的标准约束，即 Hume-Rothery 规则。原子的尺寸大小是这个规则中最重要的因素。当晶体结构中的一个原子被另一个原子取代时，其离子半径差异在 15% 以内时最有可能发生；当尺寸差异在 15% ~ 30% 时不太可能，并且不太可能超出该范围。注意，这些取代也必须保持总电荷平衡，因为晶体结构必须是中性的。

这些规则不仅使我们了解磷酸盐矿物结构，还有助于我们预测新型 CBPC 合成中的酸碱反应产物。以下的讨论集中在这些产物，这是 CBPC 中磷酸盐矿物的基础构件。

8.3 磷酸盐的主要分子结构

正磷酸盐晶体的主要结构单元是 PO_4 多面体，它是用作构建更为复杂正磷酸盐分子结构的主要单元。以这种方式构建的各种磷酸盐如图 8.1 所示。下面我们将深入了解其中每一个（多面体）的重要性，以及洞察该结构如何生产出材料。

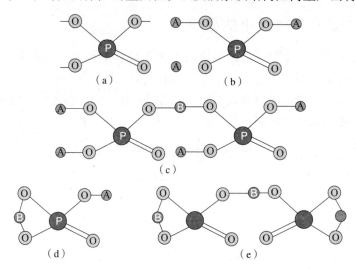

图 8.1 正磷酸盐分子的结构

8.3.1 磷酸、碱金属磷酸盐的结构

磷存在好几种氧化状态，但主要发现为 +5 和 +3 氧化态。因此，如第 4 章所述，它可以形成正磷酸盐。作为五价元素，以 PO_4^{3-} 形式形成正磷酸盐。该氧化态也产生以 $P_2O_7^{4-}$ 离子为基础的焦磷酸盐。另一方面，三价氧化态形成具有 PO_3^{3-} 离子的偏磷酸盐。只有正磷酸盐材料才能产出 CBPC，尽管也可能存在其他可能性。但是本章讨论的分子和晶体结构仅限于正磷酸盐，参与反应的离子是 PO_4^{3-}。P^{5+} 的半径为 0.035nm，而 O^{2-} 的半径为 0.14nm。因此，O^{2-} 的半径与 P^{5+} 的比值为 0.25，在表 8.1 中其配位数为 4，所以其结构为四面体。

图 8.1(a) 表示 PO_4^{3-} 四面体晶体结构。作为五价元素，P 需要四个氧离子的五个负电荷键合，因此，它与三个氧离子中的每一个氧离子形成单键，并与第四离子形成双键。前三个氧离子可以与可用的阳离子结合形成中性磷酸盐，如图 8.1(b) 所示。

如图 8.1(b) 所示，氧的自由键可以通过一价阳离子 A 来满足。A 可以是 H^+、Na^+、K^+、Cs^+ 或 NH_4^+。如果所有的位置都被 H^+ 占据，我们就会得到磷酸。如果两个位置被 H^+ 占据，剩下的第三个位置被上面给出的其他四种离子中的任何一个占据，我们就会得到酸式磷酸盐。如果 H^+ 只占一个位点，另外两个被碱金属离子占据，得到磷酸一氢化合物。如果 H^+ 不占据这三个位点中任何一个，而被碱性阳离子占据，就得到正磷酸盐。它们各自的例子分别是 KH_2PO_4、K_2HPO_4 和 K_3PO_4。

有趣的是，从磷酸即 H_3PO_4 开始，我们可以用其他离子代替每个氢原子，并获得一系列磷酸盐产物，而结构将保持不变。这些部分或完全中和的产物是通过将氧化物粉末逐渐加入到溶液中变成碱金属或 NH_4 或 H_3PO_4 溶液，并将其 pH 提高到第 4 章的式（4.7）~式（4.9）中给出的适当范围来制备的。对于所讨论 CBPC 的产物，酸式磷酸盐非常重要，因为它们是组成中主要的酸性物质。

在图 8.1（b）中，取代 A 的一个或多个位置可以产生磷酸二氢盐、磷酸一氢盐或完全反应的正磷酸盐。在图 8.1（c）中，二价 B 由两个磷酸根离子共享。再次，A 可以是 H，或任何一种碱金属或 NH_4。图 8.1（a）具有三个悬空负键的正磷酸根离子（PO_4^{3-}）。图 8.1（b）表示一价正磷酸盐，A 可以是 H、Na、K、Cs 或 NH_4 中的任何一种，不同的元素占据由 A 决定的不同位置。例如 H_3PO_4、KH_2PO_4、K_2HPO_4、K_3PO_4、Na_2KPO_4 等。图 8.1（c）表示为二价酸式磷酸盐，A 为 H、Na、K、Cs、NH_4 等，B 为 Mg、Zn、Pb 等，例如 $Mg(H_2PO_4)_2$、$Ca(H_2PO_4)_2$ 等。图 8.1（d）表示为具有一个碱金属原子的二价金属磷酸盐，例如 $MgKPO_4$、$ZnNaPO_4$、$MgCPO_4$ 等。图 8.1（e）表示二价金属正磷酸盐结构，B 为 Ca、Mg、Zn 等，例如 $Ca_3(PO_4)_2$、$Mg_3(PO_4)_2$ 等。

8.3.2　二价金属酸式磷酸盐的结构

图 8.1（c）表示二价磷酸盐如 $Mg(H_2PO_4)_2$ 的结构。二价金属必须分享来自相邻磷酸盐结构的两个电荷以形成这些产物，A 的剩余位置可能被 H^+ 或任何碱金属离子所占据。如果所有这些位置都被 H^+ 占据，它们仍然是酸式磷酸盐，并且可以通过与金属氧化物反应来生产 CBPC。例如：

$$MgO + Mg(H_2PO_4)_2 + 2H_2O \Longrightarrow 2MgHPO_4 \cdot 3H_2O \qquad (8.1)$$

8.3.3　主要酸碱反应产物的结构

相同磷酸盐结构的两个悬空键由二价碱金属氧化物（元素周期表中的 II 族的 MgO、CaO 等）或任何其他二价金属氧化物（如 PbO、CrO 等）来结合，第三个悬空键是与 H 或碱金属键合。例如 $MgHPO_4$、$PbNaPO_4$ 或 $MgKPO_4$、$MgCsPO_4$ 或 $Mg(NH_4)PO_4$ 等，这些形成了主要 CBPC 的结构[4-8]。

8.3.4　正磷酸盐结构

最后，如果图 8.1（d）中的所有悬空键都被二价金属离子所满足会是什么结果呢？这种情况已在图 8.1（e）中展示。这种情况导致形成正磷酸盐，例如 $Mg_3(PO_4)_2$。

这里提出的方法有助于建立其他更复杂的磷酸盐化合物的分子结构。然而，我们在讨论中使用的大多数化合物都被这些实例所涵盖，因此我们将不会介绍比这更为复杂的结构。

8.4　正磷酸盐的主要矿物

使用第 8.3 节和图 8.1 所示的分子结构，并对这些分子进行整理，研究由这些分子形成的矿物的晶体结构。用于此目的的分析工具有 X 射线衍射和精密扫描电子显微镜。在此我们将概述 CBPC 中发现的主要矿物结构（图 8.2）。

8.4.1　鸟粪石结构

如第 1 章所述，已经发现在肾结石[4]和在废水处理厂的垢屑[5]中的磷酸盐矿物具有鸟粪石矿物结构。这是由一价碱金属磷酸盐溶液与二价金属氧化物的酸碱反应形成的结构。一些经过广泛研究过的矿物是 $MgNH_4PO_4 \cdot 6H_2O$、$MgNaPO_4 \cdot 2H_2O$、$MgKPO_4 \cdot 6H_2O$ 和 $MgCsPO_4 \cdot 6H_2O^{[6\text{-}10]}$。8.3 节中讨论的分子结构可用于构建各种情况下的 CBPC 晶体结构模型。

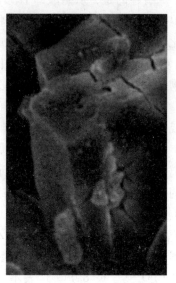

图 8.2　$MgKPO_4 \cdot 6H_2O$ 晶体的 SEM 图

鸟粪石的晶体结构是菱形的，即它具有棒状的细长立方体结构（图 8.2）。前述不同作者的 Mg 基磷酸盐产品已经展现了这种结构[6-9]。镁磷石（$MgHPO_4 \cdot 3H_2O$）也具有这种结构[10]。因此，我们可以放心地假设，当碱金属元素的磷酸二氢盐溶液与碱土金属氧化物反应时，我们就获得了具有这种结构的 CBPC，对于镁磷石也是如此。由于大多数 CBPC 产物都属于这一类，所以这种结构与 CBPC 产品最相关。

图 8.3[11]显示了其中的一种产物，即 $MgCsPO_4$ 晶体结构内的分子的示意图。从

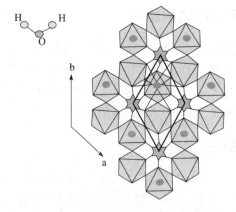

图 8.3　001 平面中 $MgCsPO_4 \cdot 6H_2O$ 的晶体结构投影。八面体代表 $Mg(OH_2)_6 \cdot PO_4$，四面体呈星形，Cs 原子是实心圆，表示八面体上的每个顶点都由 OH_2 连接，O 和 H 相互连接。[11]（由知识共享提供，2K：英格兰和威尔士）。

图中可以看出，在 001 平面中，Cs 位于 $Mg(OH_2)$ 八面体的中心，但是与八面体中的 "O" 原子相连。Graester[12] 对 $MgKPO_4 \cdot 6H_2O$ 提出了类似的结构，其中 K 位于图 8.3 所示的 Cs 位置。

这两个例子说明了通过 AH_2PO_4 和 MgO 的反应形成的 $MgAPO_4 \cdot nH_2O$ 结构的相似性，其中 A 是一价碱金属。目前研究的大多数 CBPC 产品都属于这一类，因此这种结构对于 CBPC 至关重要。

有趣的一点是磷酸盐可能生产出混合鸟粪石结构，其中 A 可以被两种碱金属替代。Wagh 等人[13] 最近表示，通过在 KH_2PO_4 溶液中引入 CsCl 并使混合溶液与 MgO 反应，可以制备稳定的化合物，如 $MgCs_xK_{(1-x)}PO_4 \cdot 6H_2O$。还需要更彻底的研究来确定可以引入的 Cs 的极限（即 x 的范围）。他们的实验研究表明，高度放射性的裂变产物 Cs 在常温条件下可由鸟粪结构轻松捕获，如此一来，Cs 的挥发性就不成问题了。有关这方面的更多讨论见第 18 章。

应当注意，碱金属的离子半径不同，晶格参数（晶胞尺寸）将发生变化，Wagh 等人[13] 列出了不同晶体的晶胞参数尺寸。例如，当 Cs 部分代替 K 形成 $MgCs_xK_{(1-x)}PO_4$ 时，每个晶胞尺寸增加 0.24% ~ 0.4%，这是因为 K^+ 的离子半径为 0.133nm，而 Cs^+ 的离子半径为 0.169nm，这意味着 Cs^+ 半径比 K^+ 大 21%，因此晶胞的尺寸也增加。如 8.3.3 节所述，这些离子间的取代仅限于离子半径不大于 30% 的情况。在这些限制之内，存在着合成不同 CBPC 产品的若干可能性。

8.4.2　$M_3(PO_4)_2$ 型二价碱土金属磷酸盐

磷酸三钙、磷酸三镁、磷酸三钡和磷酸三锶化合物是具有同构系列 $M_3(PO_4)_2$ 的成员，其中 M = Ca、Ba、Sr 等。由 Ca 形成的矿物在生物陶瓷中非常重要，Ba 和 Sr 是裂变产物（即在核反应中形成的副产物，见第 18 章）。然而，在这些共同结构中，磷酸钙在不同温度下经历若干个相变，这些相被标记为 b、a、a' 等。详细的解释请读者见参考文献[1,2]。

当碱土金属氧化物如 MgO、CaO 等的磷酸二氢盐与其氧化物反应时，形成这些磷酸盐。它们的晶体结构已被许多研究者研究过了，其中突出的是 Kongshaug 等[14] 和 Yashima 等人[15] 的工作。Kongshaug 等发现 $Mg_3(PO_4)_2$ 是正交结构，像矩形倾斜结构。Yashima 等发现 $Ca_2(PO_4)_2$ 的结构为菱形，类似于鸟粪石。

8.4.3　磷灰石矿物的结构

含钙的磷灰石是最常见的天然磷酸盐矿物。由于磷灰石存在于骨骼中，因此已被广泛研究[16]。

从式 $M_5(PO_4)_3Z$ 可以得到一系列磷灰石结构，其中 M 是二价金属，Z 是阴离子（OH^-、Cl^-、F^-，甚至 CO_3^{2-}）。磷灰石结构也与砷酸盐、铬酸盐、硅酸盐等共存，因为它们与磷灰石同构。本节我们将重点关注的是磷酸盐，特别是碱土金属磷灰石，因为它们是许多 CBPC 的一部分。

最常见的磷灰石是羟基磷灰石 [$Ca_5(PO_4)_3OH$]，其他形式包括氯磷灰石 [$Ca_5(PO_4)_3Cl$]、氟磷灰石 [$Ca_5(PO_4)_3F$] 和碳酸盐磷灰石 [$Ca_5(PO_4)_3CO_3$]，它们是纯矿物形式。但是也可以通过另外一种阴离子或者一种阳离子将阴离子部分置换而制备出来。例如，可以通过离子取代将 Ca 替代为 Pb，产生磷铅矿 [$Pb_5(PO_4)_3$(OH，Cl，F)]。正如我们将在第 18 章中看到的那样，这种矿物在稳定有害金属 Pb 方面非常重要。另外，如第 2 章所述，后续章节也会介绍，基于 Mg 的 CBPC 有很多应用，因此 $Mg_5(PO_4)_3$(OH，Cl，F) 等矿物也很常见。

图 8.4 表示了六方磷灰石结构。一组钙离子与属于 PO_4 四面体的氧原子呈六配位。因此，如图 8.4 所示，对于每两层氧，存在一层钙。阴离子（OH、Cl、F 等）位于三个钙原子以及氧形成的通道中，其布局位置如图 8.4 所示。在氟磷灰石中，F 原子处于三个 Ca 离子之间；羟基磷灰石中，OH 离子处在 Ca 和氧层之间；氯代磷灰石中，Cl 离子在三个氧离子之间。因此，整个结构是六方密堆积或层状结构。

8.4.4　二氧化硅型共价键磷酸盐结构

$AlPO_4$ 是 SiO_2 型共价磷酸盐结构的典型实例。在这种结构中，Al 和 P 原子与每个氧原子共享一个键，并且它们各自形成四面体。通过公共氧原子，四面体彼此连接并形成三维共价结构，类似于二氧化硅结构。二氧化硅结构中的 SiO_2 基本单元在 Si 的交替位置处容纳其他原子并形成各种硅酸盐。因此，$AlPO_4$ 具有许多二氧化硅的化学和物理性能，尽管 CBPC 的合成温度要低得多（第 12 章）。

二氧化硅型共价磷酸盐结构中的化学键合如图 8.5 所示。因为这种化学键合是共价键，所得到的矿物非常坚硬并且它们的水溶解度非常小。这些性质使它们在处理核反应过程中形成的放射性 Ba 和 Sr 同位素时具有吸引力。这两种同位素可转化成 $Sr_3(PO_4)_2$ 和 $Ba_3(PO_4)_2$ 的共价磷酸盐结构，并可安全地处理或存储存仓库中。

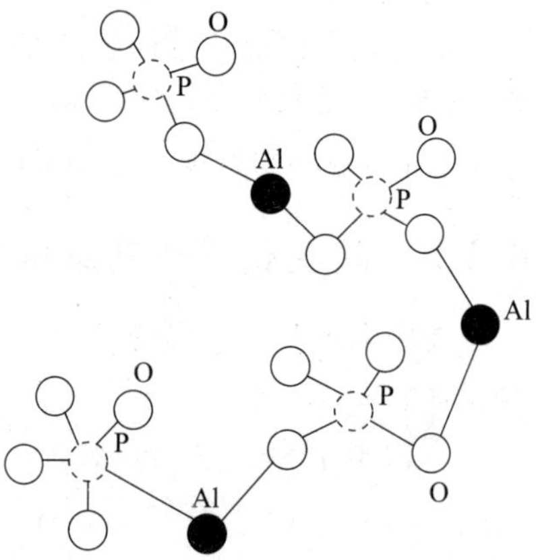

8.4.5　重金属正磷酸盐

自然界中许多镧系和锕系矿物是磷酸盐。例如独居石（$CePO_4$）、$LaPO_4$、$NdPO_4$ 和 $ThPO_4$。

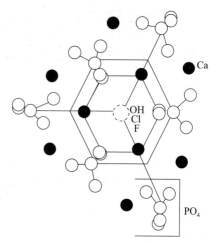

图 8.4　磷灰石结构。实心圆是 Ca，虚线圆代表羟基、氯和氟磷灰石中的 OH、Cl 与 F。四面体由 PO_4 形成。

图 8.5　$AlPO_4$ 结构中的化学键合

在独居石中，可能发生放射性元素的取代，例如，Ce 可以被 Th 部分地替代，这使得材料具有放射性，其他锕系磷酸盐如磷酸钚（$PuPO_4$）属于同一类别。

这些磷酸盐的晶体结构由金属离子与八个磷氧四面体配位组成，如图 8.6 所示。可以想象金属离子位于立方体的一条边的中心。如图所示，该离子与放置在四个相邻平面上的两个金属离子配合。因此，金属离子与八个磷氧四面体配位。

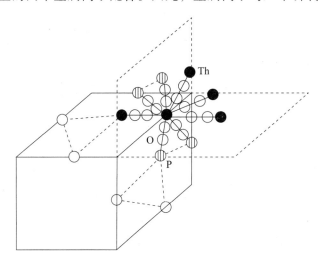

图 8.6   重金属磷酸盐矿物中的磷氧四面体与邻近金属离子配位

8.5   与 CBPC 相关的矿物组成

附录 C 包含了本书中所使用矿物的化学式，很少有矿物具有上述理想的晶体结构。由于矿物中存在很多的杂质替代、晶体缺陷和晶格畸变，使 CBPC 结构与上述模型明显不同。已经得到确认的若干矿物具有这些特征，附录 C 中列举了许多具备这种特征的矿物。例如，$Ca(UO_2)_2(PO_4)_2 \cdot 10H_2O$ 是通过用铀（UO_2）离子取代 Ca 而形成，使得该矿物成为放射性铀矿物。类似地，$(Ce, Th)PO_4$ 是通过将独居石中的 Ce 置换为 Th 而形成的。通过替代可以形成许多矿物质，为研究人员提供足够的自由来合成非常复杂的矿物，以产生有用的 CBPC。

CBPC 结构是结晶和非结晶材料的混合物。结晶相可通过 X 射线衍射检测，但非晶相难以鉴定，即使它们在 X 射线衍射图中显示的是宽驼峰。在后续章节中，我们将在几乎所有 CBPC 产物中看到这样复杂的结构。

事实上，通过取代改变矿物的结构，可以在 CBPC 结构中捕获放射性物质和有害污染物，在结晶基质内可以捕获废料中含有的少量有害污染物（Pb、Cd、Cr 等）或放射性污染物（Tc、Cs、Th 等）。这种能力使 CBPC 成为一种用于固定放射性和有害污染物的多用途材料。第 18 章将对这一主题展开更多的探讨。

8.6 结论

本章分析表明，CBPC产品的晶体结构不会相差很大。最重要的酸碱反应涉及二价碱土金属（Mg、Ca等）和磷酸二氢盐的反应，其产生一种菱形晶体结构，和哪一种二价金属氧化物与哪一种碱金属的磷酸二氢盐反应无关。显然，当我们选择其他组分并进行组合时，会发现自然存在的或合成的CBPC中有更为复杂的结构。当选择三价和四价金属氧化物时，结构也变得更加复杂。由于目前开发的CBPC主要局限于前一类，其分子和晶体结构的简单性导致了这些CBPC的快速发展。

参考文献

[1]　D. Corbridge, M. Pearson, C. Walling. Topics in Phosphorus Chemistry, vol. 3, Interscience, New York, 1966, pp. 437.

[2]　T. Kanazawa ,Ed. Inorganic Phosphate Materials, Elsevier, New York, 1989, pp. 1-8.

[3]　C. Klein, C. Hurlbut Jr ,Ed. Manual of Mineralogy, 20th ed. , Wiley, New York,1977, pp. 596.

[4]　F. Grases, O. Sohnei, A. I. Vilacampa, J. G. March. Phosphates precipitating from artificial urine and fine structure of phosphate renal calculi, Clin. Chim. Acta 244 (1)(2002) 45-57.

[5]　J. D. Doyle, A. A. Parsons. Struvite formation, control and secovery, Water Res. 36 (16) (2002) 3925-3940.

[6]　M. Mathew, P. Kinsbury, S. Takagi, W. E. Weston. A new utruvite type compound, magnesium sodium phosphate heptahydrate, Acta Cryst. B38 (1982) 40-44.

[7]　B. E. I. Abdelrazig, J. H. Sharp. Phase changes on heating ammonium magnesiumphosphate hydrates, Thermochim. Acta 129 (1988) 197-215.

[8]　F. G. Sherif, E. S. Michaels. Fast- Setting Cements From Solid Phosphorus PentoxideContaining Materials, US Patent 4,505,752, 1985.

[9]　A. S. Wagh, S. Y. Jeong. Chemically bonded phosphate ceramics: I. A dissolutionmodel of formation, J. Am. Ceram. Soc. 86 (11) (2003) 1838-1844.

[10]　D. J. Sutor. The crystal and molecular structure of newberyite, Acta Cryst. 23 (1967)418-422.

[11]　M. Weil. Redetermination of the hexagonal struvite analogue $CsMg(OH_2)PO_4 \cdot 6H_2O$, Acta Cryst. E Struct Rep Online 64 (8) (2008) 150.

[12]　S. Graeser, W. Postl, H. P. Bajar, P. Berlepsch, T. Armbruster, T. Raber, K. Ettinger, F. Walter. Structure-K, $KMgPO_4 \cdot 6H_2O$, the Potassium equivalent of struvite, a newmaterial, Eur. J. Mineral. 20 (2008) 629-633.

[13]　A. S. Wagh, S. Y. Sayenko, V. A. Shkuropatenko, R. V. Tarasov, M. P. Dykiy, Y. O. Svitlychniy, V. D. Virych, E. A. Ulybkina. Experimental Study on Cesium Immobilization in Struvite Structures, J. Haz. Mat. 302 (2006) 241-249.

［14］ K. O. Kongshaug, H. Fjellväg, K. P. Lillerud. The Synthesis and Crystal Sructure of Ahydrated Magnesium Phosphate, $Mg_3(PO_4)_2 \cdot 4H_2O$, Solid State Sci. 3 (3) (2001)353-359.

［15］ M. Yashima, A. Sakai, T. Kamiyama, A. Hoshikawa. Crystal structure analysis of β-tricalcium phosphate, $Ca_3(PO_4)_2$, by neutron powder diffraction, Solid State Chem. 175 (2003) 272-277.

［16］ R. B. Martin, J. F. Shackleford. Bone as a ceramic composite material, in: J. F. Shackleford (Ed.), Bioceramics, Trans Tech Publications', Brandrain, 1999, 9.

第 9 章

化学结合磷酸镁胶凝材料

正如第 2 章的综述，磷酸镁水泥是研发得最成熟的化学结合磷酸盐胶凝材料（CBPC），近年来已有若干商业应用。

在 CBPC 发展的早期阶段[1]，曾经尝试将 MgO 与 H_3PO_4 反应制备胶凝材料。如我们现在所知，倘若将氧化镁置于 pH 为零的溶液中，反应将会快速进行，并且放出大量的热，所形成的材料是非匀质的。在该快速反应中形成的相包括磷酸二氢镁 $[Mg(H_2PO_4)_2 \cdot nH_2O]$ 的沉淀物，该产物与第 4 章中介绍的溶解度分析一致。该化合物可溶于水，因此产品在水中不稳定。Sherif 等人已经取得其中一些产品的专利权[2-6]。由于这些产物中形成的相的溶解度高，所以后来人们尝试使用较弱的酸性成分，如磷酸一铵和磷酸二铵[7,8]、三聚磷酸钠[9,10]、磷酸二氢钾[11,12]、磷酸氢钠[13]，甚至磷酸二氢镁 $[Mg(H_2PO_4)_2]$ 本身[14]，通过与 MgO 反应制备胶凝材料。MgO 与这些磷酸盐的反应相对较慢，产生的热量较少，可制备出溶解度非常低的胶凝固化产品。业内已经充分地研究了这些胶凝材料的大部分矿物组成[1,15-17]。一些论文给出了这些胶凝固化产品的微观结构、力学性能和化学成分[11,18,19]。虽然这些材料在近二十年中才得以发展起来，但它们的应用已超过了 20 世纪初开发的磷酸锌牙科水泥。目前，基于磷酸镁的胶凝材料已经作为快速硬化水泥用于道路[20]、工业地板以及机场跑道的修复[20,21]，应用于低放射性和危险废弃物的稳定和固化[22]，同样也应用于屏蔽核辐射和安全储存核材料[23,24]。

9.1 MgO 的溶解特性及其与酸式磷酸盐的反应

如第 3 章（参见参考文献 [25]）所说，MgO 和 $Mg(OH)_2$ 是微溶的，它们的溶解反应如下所示：

$$MgO + 2H^+ \Longrightarrow Mg^{2+}(aq) + H_2O \tag{9.1}$$

$$Mg(OH)_2 + 2H^+ \Longrightarrow Mg^{2+}(aq) + 2H_2O \tag{9.2}$$

相应地，如表 5.1 所示，在酸性溶液中 Mg^{2+} 离子浓度与 pH 值的相关，即

$\langle Mg^{2+}(aq)\rangle$ 由下式给出：

对于 MgO　　　　　　$\log\langle Mg^{2+}(aq)\rangle = 16.95 - 2pH$　　　　　（9.3）

对于 Mg(OH)　　　　$\log\langle Mg^{2+}(aq)\rangle = 21.68 - 2pH$　　　　　（9.4）

将上述方程式用于绘制 pH 与 $\log\langle Mg^{2+}(aq)\rangle$ 的关系，如图 5.2 所示。

图 5.2 显示，随着 pH 值的增加，$\log\langle Mg^{2+}(aq)\rangle$ 呈线性降低。因此，其在 H_3PO_4 溶液中的溶解度较高，但在较高 pH 的酸式磷酸盐溶液中的溶解度显著降低，可以制备胶凝材料。因此，如上所述，几乎所有的磷酸镁胶凝材料的制造都使用酸式磷酸盐。

9.2　磷酸镁胶凝材料凝结硬化过程中反应速率的控制

由于上述原因，在制作几立方厘米的小尺寸水泥（如牙科用水泥）时使用酸式磷酸盐，可以充分发挥其作用。然而，为了制造大尺寸固化制品，即使在酸式磷酸盐溶液中 MgO 的溶解速度降低，但其溶解度仍不够低。酸碱反应中产生的热量在大尺寸制品中不会充分地扩散，导致硬化产品形成期间反应浆料被加热。因此，为了形成实用的硬化制品，必须通过预处理 MgO 进一步降低其溶解速率，或通过其他化学方法降低溶解度速率。MgO 的标准预处理方法包括高温煅烧和化学方法，后者是在 MgO 和酸式磷酸盐的混合物中加入少量的硼酸。下面将讨论这两种方法。

9.2.1　煅烧对 MgO 溶解度的影响

Eubank[26] 表明在 1300℃煅烧得到的 MgO 降低了颗粒的孔隙率，还增加了颗粒尺寸。为了证实他的发现，Wagh 和 Jeong[27] 探讨了 MgO 工业级原料的煅烧效果。

如图 9.1 所示，当在电子显微镜下观察时，工业级 MgO 颗粒具有多孔结构。在 1300℃煅烧 3h 后，粉末凝聚成硬块。通过轻度破碎将其粉碎至原始粒度（平均 10μm），扫描电子显微镜照片如图 9.1（b）所示，与图 9.1（a）所示的未煅烧粉末进行比较，未煅烧粉末的晶粒表面看起来被粉状或微晶物质覆盖，而煅烧粉末的颗

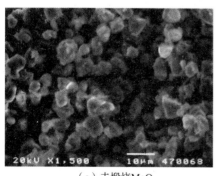

（a）未煅烧MgO　　　　　　　　　　　（b）煅烧MgO

图 9.1　SEM 图样

粒表面是光滑的，表明由结晶引起的单个晶粒上的无定形膜层减少了，单个颗粒上的孔隙消失。在高分辨率下，在煅烧粉末的各个晶粒的表面上可观察到一些条纹。煅烧粉末的颗粒在图9.1(b) 中也显得粒径更大，表明在煅烧过程中发生了晶粒生长。粉末的密度从 $3.36g/cm^3$ 升高到 $3.57g/cm^3$，比表面积从 $33.73m^2/g$ 降低到 $0.34m^2/g$。比表面积显著减小可能是煅烧 MgO 粉末溶解度减小的主要原因。

未煅烧和煅烧 MgO 粉末的 X 射线衍射图如图9.2所示。煅烧后，MgO 的衍射峰更高更尖锐，表明粉末的结晶度提高了。

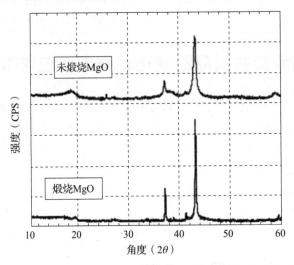

图9.2　未煅烧和煅烧 MgO 的 XRD 图样

以上观察表明，煅烧降低了 MgO 的孔隙率，减少了比表面积，使单个颗粒表面上的无定形膜层转化为结晶膜层，从而降低了 MgO 粉末的溶解度。

Wagh 和 Jeong[27] 比较了煅烧前后 MgO 在 H_3PO_4 溶液中的溶解速率。它们在质量分数为50%的浓 H_3PO_4 溶液中滴定少量 MgO，定期监测酸溶液中和产生的 pH 变化。观察到的 pH 值作为时间的函数绘制在图9.3中。

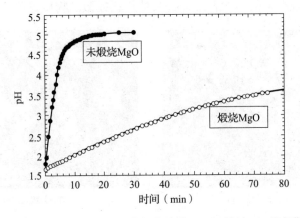

图9.3　未煅烧和煅烧 MgO 的溶解含量随 H_3PO_4 溶液 pH 的变化规律

图 9.3 中曲线显示，未煅烧粉末在 H_3PO_4 中溶解时，pH 上升非常陡峭，但在 pH 约为 5① 时逐渐停止上升。相比之下，煅烧粉末的 pH 以恒定速率非常缓慢地增加。这种恒定的 pH 增加有助于生产大尺寸的、实用化的磷酸镁胶凝材料制品。大多数市售的 MgO 在酸溶液中表现出非常高的溶解速率，而商业上大规模生产固化材料时，必须要对其煅烧。本滴定测试的结果表明，这是一种检测氧化镁粉末制备 CBPC 适应性的好方法。

9.2.2　用硼酸降低 MgO 的溶解度

预煅烧大大降低了 MgO 的溶解速率，正如我们在本章稍后将看到的那样，MgO 和 H_3PO_4 或酸式磷酸盐的浆料可以在放热酸碱反应开始之前混合数分钟。通常，制备大宗胶凝材料如油井水泥，需要几个小时的泵送时间（第 16 章）或长的凝结时间。又如，在耐火材料生产线上，用来作为质量均匀的浇注料，浆料反应的时间也必须满足几个小时。在这种情况下，需要加入化学物质以延缓浆料的反应。

在关于制备磷酸镁钾水泥和磷酸铵镁水泥的文献中报道了添加几种缓凝剂，如硼酸和硼酸盐[15,27]。Sarkar[15] 研究了 MgO 和磷酸铵以及硼酸的缓凝动力学，他认为硼酸可以在 MgO 颗粒上形成聚合物膜层，因此延缓了凝结速度。在 MgO 和 KH_2PO_4 的粉末混合物中仅加入 1% 的硼酸可以将浆料的混合与凝结时间延迟 1.5～4.5h（对照试验参见第 16 章），但往往以牺牲水泥的强度作为代价。

图 9.4 为添加硼酸作为缓凝剂的磷酸氢镁（镁磷石）水泥的 X 射线衍射图样。在粉末混合物中，硼酸的量为 MgO 质量分数的 1%。通过 X 射线衍射图研究表明，MgO 颗粒上的聚合物膜层是低溶解度的镁-硼-磷酸盐化合物，称为磷硼镁石，化学式为：$Mg_3B_2(PO_4)_2(OH)_6 \cdot 6H_2O$。

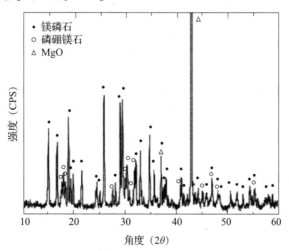

图 9.4　含有硼酸的镁磷石胶凝材料 XRD 图样

---

① 原著中为 pH≈10。——译者注

Sengupta 等人[28]分析了这种矿物的晶体结构，并确定了这种矿物的 X 射线衍射图谱。

图 9.5 显示了该水泥的差热分析（DTA）图样。吸热峰表明磷酸氢镁以及磷硼镁石的形成。磷硼镁石是由下述反应形成的：

$$3MgO + 2H_3BO_3 + 2H_3PO_4 + 3H_2O \Longrightarrow Mg_3B_2(PO_4)_2(OH)_6 \cdot 6H_2O \quad (9.5)$$

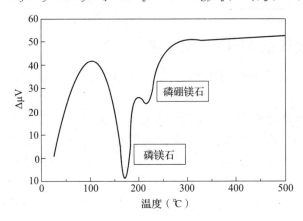

图 9.5   含硼酸的 $MgKPO_4 \cdot 6H_2O$ 陶瓷的 DTA 分析图

该反应的动力学过程解释如下，当含有 H_3BO_3 的 MgO 在磷酸盐溶液中混合时，在 MgO 的各个晶粒的表面上形成磷硼镁石，该化合物包覆了 MgO 颗粒。这种微溶的化合物可防止 MgO 晶粒快速溶解在酸性溶液中。随后当溶液的 pH 升高时，该化合物涂层再缓慢地溶解到溶液中，使 MgO 晶粒暴露于酸溶液中。由于 MgO 的溶解延迟，所以导致溶解速度和酸碱反应速率降低。

煅烧 MgO 是制备实用磷酸镁水泥的必备条件，而添加硼酸对于形成如 $MgKPO_4 \cdot 6H_2O$ 多元化合物则不是必需的，除非浆料的混合和泵送时间需要延长至数小时。下面我们将讨论使用这些方法开发的各种镁基磷酸盐水泥。

9.3   磷酸镁基水泥的制备及性能

如第 2 章第 2.3 节所述，所形成的主要磷酸镁水泥产物可以用 $Mg(X_2PO_4)_2 \cdot nH_2O$ 或 $MgXPO_4 \cdot nH_2O$ 表示，其中 X 是氢（H）、铵（NH_4）或碱金属，如 Na、K 或 Cs。由 $Mg(X_2PO_4)_2 \cdot nH_2O$ 表示的化合物是中间产物，可溶于水。在 MgO 过量的情况下，它们之间可发生反应并形成更稳定的 $MgXPO_4 \cdot nH_2O$。例如，使用 H_3PO_4 可产生含有可溶性 $Mg(H_2PO_4)_2 \cdot 2H_2O$ 的产物。该中间产物本身可与额外的 MgO 反应以制备不溶性磷酸氢镁（$MgHPO_4 \cdot 3H_2O$）水泥。类似地，可以使用 NH_4、Al 和 K 的二氢磷酸盐来生产相应的水泥。

表 9.1 总结了用 H_3PO_4 或酸式磷酸盐制备的各种磷酸镁水泥。这些酸式磷酸盐是通过部分用 NH_4、Al 或 K 离子中和 H_3PO_4 来制备的。这些酸式磷酸盐一般被用作

肥料，尤其是含有 NH_4 和 K 的肥料。在过去十多年中，一些厂商已经制造了这些酸式磷酸盐，将其作为 CBPC 的原材料供应给市场。

表 9.1　使用磷酸或酸式磷酸盐生产的磷酸镁水泥

主要反应式	公式序号	初始 pH（大小）	产物	参考文献
$MgO + Mg(H_2PO_4)_2 + 2H_2O = 2MgHPO_4 \cdot 3H_2O$	(9.6)	2.3（小）	镁磷石	[14]
$MgO + (NH_4)H_2PO_4 + 5H_2O = Mg(NH_4)PO_4 \cdot 6H_2O$	(9.7)	3.8（加仑）*	鸟粪石	[17]
$MgO + 2(NH_4)H_2PO_4 + 3H_2O = Mg(NH_4)_2(HPO_4)_2 \cdot 4H_2O$	(9.8)	3.8（小）	鸟粪石	[7]
$MgO + (NH_4)HPO_4 + 5H_2O = Mg(NH_4)PO_4 \cdot 6H_2O + NH_3\uparrow$	(9.9)	7.2（加仑）	鸟粪石	[8]
$2MgO + Al(H_2PO_4)_3 + (n+1)H_2O = 2MgHPO_4 \cdot 3H_2O + AlPO_4 \cdot nH_2O$	(9.10)	<1	磷镁石和块磷铝石	[13]
$MgO + KH_2PO_4 + 5H_2O = MgKPO_4 \cdot 6H_2O$	(9.11)	4.3~8（任意大小）	鸟粪石[a]	[11, 12]

[a] 在晶体结构中 NH_4 由 K 代替，因此记为 K-鸟粪石。见第 8 章。

*1 加仑（美）= 3.785L。

虽然用含有 NH_4^+ 和 Al 的磷酸氢盐仅能制备少量的磷酸盐胶凝材料（通常小于 1 加仑），但是含有 Mg 和 K 的磷酸氢盐可以制备任意尺寸的水泥制品。这是因为在酸性磷酸盐中 KH_2PO_4 在酸性范围内的 pH 值最高，其形成过程中产生的热量最少（表 4.2）。

这些水泥的一个共同特征是其中大量的 MgO 未参与反应，并保留在最终产品中。因此，除了表 9.1 中给出的相外，在水泥制品中存在着大量的 MgO 和少量的水镁石 $[Mg(OH)_2]$。

9.3.1　磷酸镁水泥

即使煅烧良好的 MgO 和 H_3PO_4 溶液之间的反应放热量仍然很高，但通过该反应只能形成小尺寸的硬化材料。快速反应产生可溶性 $Mg(H_2PO_4)_2$ 产物，但在硼酸存在下，该反应将会变慢，形成磷酸氢镁：

$$MgO + H_3PO_4 + 2H_2O = MgHPO_4 \cdot 3H_2O \tag{9.12}$$

虽然磷酸氢镁是非常有用的产物，并且出现在几种快凝的商用水泥中，但一次混合的水泥量很小。所以，该产品尚未广泛应用。

Wagh 和 Jeong[14] 使 MgO 与 H_3PO_4 溶液反应形成富 Mg $(H_2PO_4)_2$ 的粉末，再与 MgO 反应并将混合物压制成型。反应如公式（9.6）所示。压制成型适用于快凝的高放热反应的材料。从图 9.6 中的 X 射线衍射图可以看出，主要反应产物是磷酸氢镁，照例，其中的 MgO 未完全参与化学反应，这种产品的强度适中。例如，在等摩尔产品中加入质量分数为 60% 的 F 类粉煤灰的成型样品，其抗压强度为 14MPa（2000psi）[14]。该方法可能最适用于耐火材料的样品成型，其中粉煤灰可以由诸如氧化铝等耐火材料代替。

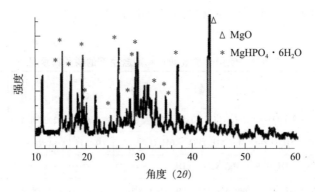

图9.6　通过 MgO 和 Mg(H₂PO₄)₂·2H₂O 之间的反应形成的磷酸盐陶瓷的 XRD 图样

9.3.2　磷酸镁铵水泥

磷酸镁铵是由煅烧的 MgO 与磷酸氢二铵 $[(NH_4)_2HPO_4]$[7]或磷酸二氢铵 $(NH_4H_2PO_4)$[8]反应形成的,这两者都是常见肥料的原料,所得产品已广泛用作砂浆材料。这些砂浆的主要问题是在成型过程中甚至以后都会释放出氨。因此,尽管它们相对便宜,但仅限于户外应用。

9.3.2.1　磷酸二氢铵砂浆

研究人员研究了用磷酸二氢铵制备的砂浆和陶瓷材料[17,19,21,29,30]。如表9.1所示,煅烧 MgO 与磷酸二氢铵反应的主要产物是鸟粪石 $[Mg(NH_4)PO_4·6H_2O]$ 和磷酸镁铵石 $[Mg(NH_4)_2(HPO_4)_2·4H_2O]$。在有足够水的情况下,后者通过以下反应转化成鸟粪石:

$$Mg(NH_4)_2(HPO_4)_2·4H_2O + MgO + 7H_2O \Longrightarrow 2Mg(NH_4)PO_4·6H_2O$$

$$(9.13)$$

除了这两个相以外,还生成一水磷酸镁铵 $[Mg(NH_4)PO_4·H_2O]$ 和四水磷酸镁铵 $[Mg(NH_4)PO_4·4H_2O]$,其组成中的水含量与鸟粪石中不同。从这些中间相形成鸟粪石取决于完全反应可获得的水量[17-19],但是鸟粪石似乎是最终的稳定产物相。

Abdelrazig 等[19]提供了磷酸镁铵水泥在固化时的微观结构照片。最初,从结晶度很差的颗粒开始发展成含有板状结晶的晶体结构,鉴定结果为一水磷酸镁铵和鸟粪石。随着对胶凝物质进一步养护,生长出棒状鸟粪石晶体,表明鸟粪石是该水泥中最终的晶体产物。Abdelrazig 等人的详细研究[18]揭示了这些快凝水泥的几个典型特征:

(1)抗压强度取决于用水量和固化时间。用水量较少的砂浆表现出较高的强度。例如,水固比为0.125,养护龄期为24h 的样品抗压强度为19.5MPa(2790psi),而水固比为0.0625 时制得的砂浆抗压强度为27.4MPa(3910psi)。

(2)最初强度随着固化时间的增加而迅速增加,然后在较长的龄期中强度发展会变慢。代表性样品的抗压强度在 1h 后为 20MPa（29006psi），3h 后为 30MPa（428psi），24h 后达到 50MPa（7143psi）。样品的断裂模量，1h 大于 6MPa（857psi），到达 24h 后为 9MPa（1286psi）。而 1d 后，这些值变化很小。

（3）总孔体积随着时间的推移从 1h 的 27.4mm^3/g 减少到 28d 的 20.3mm^3/g。

这些特性表明，用磷酸二氢铵制备的快速凝固料浆可以应用于户外。一个很好的例子是在寒冷的国家作为冬季修路材料，由于寒冷天气延缓了初始凝结时间，而且在空旷的环境中释放氨，并不会影响到工作人员和用户，其高强度使这些水泥优于传统的硅酸盐水泥。基于此材料的产品已经在市场上销售（参见例如 BASF MS-DS，产品 Set® 45，http://www.anchsand.com/Portals/3/set45_msds.pdf）。

9.3.2.2　磷酸二铵水泥

Sugama 和 Kukacka[7]发现磷酸二氢铵溶液与煅烧氧化镁反应形成富含鸟粪石的水泥。他们报道了这些水泥中的磷酸镁相 [Mg$_3$(PO$_4$)$_2$·4H$_2$O]。然而，Abdelrazig 和 Sharp[17]以及 Wilson 和 Nicholson[1]并不认为这些水泥中可能存在这样一个相。我们通常会同意后者的观点；但是，Abdelrazig 和 Sharp[17]制备的 CBPC 体积量大于 Wilson 和 Nicholson 的产品，后两者只生产了少量牙科水泥。较大体积的 CBPC 制备会产生大量的热，这会影响化学反应并生成额外的矿物质。这发生在大多数 CBPC 产品中，其组成取决于生产量的大小，在产品质量控制中这是需要考虑的重要因素。因此，为了说明这一点，我们将对这种情况作更详细的分析。

磷酸二铵的初始 pH 为 3.8，形成水泥时的 pH 接近 8。在该 pH 值范围内，根据第 4 章中的讨论，(NH$_4$)$_2$HPO$_4$ 的溶解过程由下式给出：

$$(NH_4)_2HPO_4 \Longrightarrow 2H^+ + (NH_4)PO_4^{2-} + NH_3\uparrow（主要相）\tag{9.14}$$

$$(NH_4)_2HPO_4 \Longrightarrow H^+ + (NH_4)HPO_4^- + NH_3\uparrow（次生相）\tag{9.15}$$

溶解的 MgO 会产生 Mg^{2+} 和 OH$^-$，它们会与磷酸二铵离子反应，形成鸟粪石：

$$Mg^{2+} + OH^- + (NH_4)PO_4^{2-} + H^+ + 5H_2O \Longrightarrow Mg(NH_4)PO_4·6H_2O\tag{9.16}$$

为生成 Mg$_3$(PO$_4$)$_2$·4H$_2$O，(NH$_4$)$_2$HPO$_4$ 的离子化将产生 PO$_4^{3-}$，但这在 pH 为 3.8～8 的范围内不会发生，这正是形成水泥的 pH 值范围。其他水化相如一水磷酸镁铵石或磷镁氢铵石可以通过式（9.8）和式（9.17）的溶解反应得到：

$$MgO + (NH_4)_2HPO_4 \Longrightarrow Mg(NH_4)PO_4·H_2O + NH_3\uparrow\tag{9.17}$$

如果不考虑放热的影响，这些指导性方程是适用的。实际上，一旦浆体开始发热，在较高的温度下，Mg$_3$(PO$_4$)$_2$·4H$_2$O 就可能通过以下反应形成：

$$2Mg(NH_4)PO_4·H_2O + MgO + 2H_2O \Longrightarrow Mg_3(PO_4)_2·4H_2O + 2NH_3\uparrow\tag{9.18}$$

我们将在本书的其余部分中看到在 CBPC 产品中形成这些更稳定的相。

在浆体硬化期间发生的式（9.14）、式（9.15）、式（9.17）和式（9.18）的反应，解释了在最初凝固之后几个月氨释放的原因。其中有一些反应较为缓慢，因此该产品仅适用于户外应用。

这些反应形成的产物均表现出快凝水泥的所有特征。30min 和 60min 后的强度分别为 5.65MPa（820psi）和 6.75MPa（980psi）。15h 后，强度似乎稳定在 19.3MPa（2800psi）的水平。这些强度不如同时期磷酸一铵材料的强度高，但它们快速凝固特性是相似的。这些水泥的浆体也有可能表现出更高的强度。

像磷酸二氢铵制成的水泥一样，这些水泥的硬化材料也是多孔的（孔隙率为52%）。高孔隙率是由于水泥形成过程中氨的释放而导致的。

Sugama 和 Kukacka 的研究[7]发现了一个有趣的特性，当他们将这种水泥加热到1300℃时，强度一直在上升，可达到 48.23MPa（7000psi）。鸟粪石看起来非常稳定，即使在高温下只有当温度达到 930℃时才会分解。这些磷酸盐水泥在高温下的稳定性是十分重要的特性，因为常见的硅酸盐水泥在高温下不稳定，因此不能用于耐火材料。磷酸盐水泥在这方面非常有用，因为它们可以在室温下浇筑成所需的形状并可耐高温。

9.3.3　酸式磷酸铝水泥

Abdelrazig[31]与 Ando[32]等人首先研究了酸式磷酸铝［$Al(H_2PO_4)_3$］水泥。随后，Finch 和 Sharp 进行了详细的研究[13]。表 9.1 中的式（9.10）提供了使用酸式磷酸铝形成水泥的基本反应。式（9.10）右侧第一项是一种结晶产物——磷酸氢镁，第二项表示水化正磷酸铝盐，是一种无定形产物。Finch 和 Sharp[13]基于化学计量学和能量色散 X 射线等方法，对这些水泥的断裂表面进行分析，认为后者并不是纯的水化正磷酸铝盐，并且必定含有一些 MgO，从而形成 $Al_2O_3 - MgO - P_2O_5 - H_2O$ 无定形相。

由于 $Al(H_2PO_4)_3$ 的 pH 值较低，式（9.10）的反应放热量高，因此只能小批量的生产这种水泥。在这方面，该反应与 MgO 与 H_3PO_4 溶液的反应相似，其中在非常低的 pH 下形成磷酸氢镁，且仅小批量制备。Finch 和 Sharp[13]发现，按式（9.10）给出的摩尔比产生的水泥凝结缓慢，但当 MgO 与 $Al(H_2PO_4)_3$ 的摩尔比提高到 4:1时，水泥凝固后含有大量的磷酸氢镁。水泥的总体结构可以认为是磷酸氢镁晶体与无定形相 $Al_2O_3 - MgO - P_2O_5 - H_2O$ 结合在一起的。

9.3.4　磷酸镁钾胶凝材料

在为放射性以及危险废弃物开发大尺寸、更坚固和更致密的固化材料的努力过程中，Wagh 及其团队[11,12,27]用煅烧氧化镁、磷酸二氢钾与水溶液反应开发出了磷酸镁钾胶凝材料。这两个组分之间的反应见表 9.1 中的反应式（9.11），其反应产物结晶度高。因为这种材料可在室温下能像混凝土一样凝结，被命名为 Ceramicrete，意思是一种像混凝土一样凝固而成的陶瓷材料。由 MgO 和 KH_2PO_4 各自为 1mol 的粉末混合物与 5mol 水反应而形成产物。若拌和物的体积较小（体积按 L 计量），把浆料混合约 25min，形成黏稠但可浇注的浆体。然后开始凝固。凝结时间约为 1h。若拌和物的体积较大，通过加入质量分数 <1% 的硼酸和填料如粉煤灰、硅灰等，拌和的时间显著缩短。详细情况将在第 14 章中讨论。当与这些填料混合使用时，所得到

的产品具有优异的性能[11,33]。使用这些填料可获得 $55 \sim 83 MPa(8000 \sim 12000 psi)$ 的抗压强度。

这种复合胶凝材料除了有高强度以外，其主要优点在于可生产大型构件（第 14 章和第 18 章）。我们将在若干用途中看到，其可浇注成像鼓那样大小，如果与合适的泵送系统一起使用，将其中的酸和碱组分分别混合，然后通过泵送至静态混合器中混合，整个操作可以运行数小时之久（第 15 章）。

Ceramicrete 材料生产过程反应较慢的原因主要是放热较少，如反应式（9.11）所示。KH_2PO_4 的溶解度小于磷酸铵（第 3 章），因此溶解缓慢，这有助于降低反应速率以及反应放热。本材料的批量应用将在后续章节中讨论。

该水泥的 X 射线衍射图样及其微观结构如图 9.7 和图 9.8 所示。X 射线衍射图样显示，除了磷酸镁钾和未反应的 MgO 之外不含任何其他物质的衍射峰。同样，扫描电子显微图显示只有磷酸镁钾晶体。因此，与其他水泥不同，例如由磷酸铵形成的水泥反应产物中含有多个相，而该产物相对来说是纯相的。

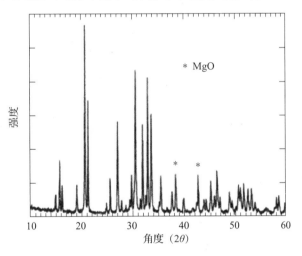

图 9.7　Ceramicrete 硬化体的 XRD 图样

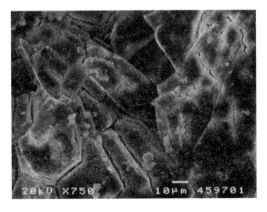

图 9.8　Ceramicrete 硬化体的 SEM 图样

正如我们在第 8 章中所看到的,本章中讨论的磷酸镁胶凝材料的所有产物均为鸟粪石结晶结构[34]。因此,我们可以从讨论中得出结论,无论是以砂浆还是混凝土形式的 Ceramicrete 产品,都含有 K- 鸟粪石作为胶结剂。DTA 和热重分析(TGA)表明,在加热到 120℃时,晶体中结合较弱的 6mol 水会逸出(图 9.9),然后形成无水 MKP,即 $MgKPO_4$。

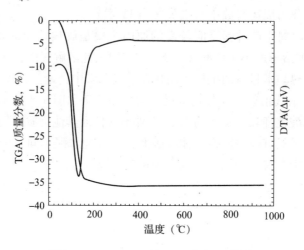

图 9.9 Ceramicrete 的 DTA 和 TGA 分析

9.3.5 其他磷酸镁水泥

文献中还列举了用不同酸式磷酸盐或镁盐制备的其他几种 Mg 基磷酸盐胶凝材料。Connaway Wagner 等人[9]用三聚磷酸铵与煅烧 MgO 反应,制成了强度为 90MPa(13000psi)的高强水泥。当小批量制备时,反应产物是三聚磷酸镁铵的无定形相,而大批量生产时则形成正磷酸盐和焦磷酸盐。

有人用钛酸镁来制备这种水泥。Sychev[35] 和 Sudakas 等人[36]用 Mg_2TiO_4、$MgTiO_3$ 和 $Mg_2Ti_2O_5$ 与磷酸反应。当使用 Mg_3TiO_4 时,可以形成磷酸氢镁,但在其他情况下,反应产物则是难以识别的非晶相。

9.4 结论

通过煅烧 MgO 与酸式磷酸盐的酸碱反应合成了一系列磷酸镁 CBPC,这些酸式磷酸盐中表现最为良好的有磷酸氢二铵、磷酸二氢铵和磷酸二氢钾。然而,磷酸铵在固化过程中释放氨气,在材料中产生孔隙,只能生产小尺寸的产品。另一方面,当 MgO 与磷酸二氢钾反应时,可以通过添加填料和硼酸来延缓反应速度,实现大规模生产。这种名为 Ceramicrete 的产品已经有了一系列应用。本书后面的章节将介绍这些应用。

参考文献

［1］ A. D. Wilson, J. W. Nicholson, Acid-Base Cements, Cambridge University Press, Cambridge, 1993.

［2］ F. G. Sherif, E. S. Michaels, Fast-Setting Cements from Liquid Waste Phosphorous Pentoxide Containing Materials, U. S. Patent No. 4,487,632, 1984.

［3］ F. G. Sherif, E. S. Michaels, Fast-Setting Cements from Solid Phosphorus Pentoxide Containing Materials, U. S. Patent No. 4,505,752, 1985.

［4］ F. G. Sherif, A. G. Ciamei, Fast-Setting Cements from Superphosphoric Acid, U. S. Patent No. 4,734,133, 1988.

［5］ F. G. Sherif, F. A. Via, Production of Solid Phosphorous Pentoxide Containing Materials for Fast Setting Cements, U. S. Patent No. 4,755,227, 1988.

［6］ F. G. Sherif, F. A. Via, L. B. Post, A. D. F. Toy, Improved Fast Setting Cements from Ammonium Phosphate Fertilizer Solution, EP Patent No. EP0203485, 1986.

［7］ T. Sugama, L. E. Kukacka, Characteristics of magnesium polyphosphate cementsderived from ammonium polyphosphate solutions, Cem. Concr. Res. 13 (1983)499-506.

［8］ T. Sugama, L. E. Kukacka, Characteristics of magnesium polyphosphate cementsderived from diammonium phosphate solutions, Cem. Concr. Res. 13 (1983)499-506.

［9］ M. C. Connaway-Wagner, W. G. Klemperer, J. F. Young, A comparative study of magnesia-orthophosphate and magnesia tripolyphosphate cements, Ceram. Trans. 16 (1991) 679-688.

［10］ E. D. Demotakis, W. G. Klemperer, J. F. Young, Polyphosphate chain stability in magnesia-polyphosphate cements, Mater. Res. Symp. Proc. 45 (1992) 205-210.

［11］ A. S. Wagh, S. Y. Jeong, D. Singh, High-strength phosphate ceramic (cement) usingindustrial by-product ash and slag, in: Proc. Int. Conf. on High-Strength Concrete, Kona, HI, July 1997.

［12］ A. S. Wagh, D. Singh, S. Y. Jeong, Method of Waste Stabilization via Chemically Bonded Phosphate Ceramics, U. S. Patent No. 5,830,815, 1998.

［13］ T. Finch, J. H. Sharp, Chemical reactions between magnesia and aluminium orthophosphate to form magnesia-phosphate cements, J. Mater. Sci. 24 (1989) 4379-4386.

［14］ A. S. Wagh, S. Y. Jeong, Formation of Chemically Bonded Ceramics with Magnesium Dihydrogen Phosphate Binder, U. S. Patent 6,776,837, 2004.

［15］ A. K. Sarkar, Hydration/dehydration characteristics of struvite and dittmarite pertaining to magnesium ammonium phosphate cement system, J. Mater. Sci. 26 (1991)2514-2518.

［16］ O. S. Krylov, I. N. Medvedeva, G. N. Kas'yanova, Yu. P. Tarlakov, S. A. Mertsalova, Characteristics of magnesium phosphates formed during hardening of magnesiumphosphate cements, UDC 546. 46'185 (Translated from IsvestiaAkademi NaukSSSR), Neorganicheskie Materialy 12 (3) (1976) 566-568.

［17］ B. E. I. Abdelrazig, J. H. Sharp, Phase changes on heating ammonium magnesiumphosphate hydrates, Thermochim. Acta 129 (1988) 197-215.

［18］ B. E. I. Abdelrazig, J. H. Sharp, B. El-Jazairi, The microstructure and mechanicalproperties of mortars made from magnesia-phosphate cement, Cem. Concr. Res. 19 (1989) 247-328.

［19］ B. E. I. Abdelrazig, J. H. Sharp, B. El-Jazairi, The chemical composition of mortarsmade from magnesia-phosphate cement, Cem. Concr. Res. 18 (1988) 415-425.

[20] B. El-Jazairi, Rapid repair of concrete pavings, Concrete 16 (9) (1982) 12-15.

[21] S. Popovics, N. Rajendran, M. Penko, Rapid hardening cements for repair of concrete, ACI Mater. J. 84 (1987) 64-73.

[22] A. S. Wagh, S. Y. Jeong, Chemically bonded phosphate ceramics for stabilization and solidification of mixed waste, in: Handbook of Mixed Waste Management Technology, CRC Press, Boca Raton, FL, 2000 (Chapter 6.3).

[23] A. S. Wagh, S. Yu. Sayenko, A. N. Dovbnya, V. A. Shkuropatenko, R. V. Tarasov, A. V. Rybka, A. A. Zakharchenko, Durability and shielding performance of borated Cermicrete coatings in beta and gamma radiation fields, J. Mater. Sci. 462 (2015) 165-172.

[24] J. S. Neal, S. Pozzi, J. Edwards, J. Mihalczo, Measurement of water and B4C content of rackable can storage boxes for HEU storage at the HEUMH at the Y-12 securitycomplex, Oak Ridge National Laboratory report no. ORNL/TM-2002/254, 2002.

[25] M. Pourbaix, Atlas of Electrochemical Equilibria in Aqueous Solutions, second English ed., NACE, Houston, TX, 1974. pp. 139-145.

[26] W. R. Eubank, Calcination studies of Mg oxide, J. Am. Ceram. Soc. 34 (8) (1951) 225-229.

[27] A. S. Wagh, S. Y. Jeong, Chemically bonded phosphate ceramics: I. A dissolutionmodel of formation, J. Ceram. Soc. 86 (11) (2003) 1838-1844.

[28] P. Sengupta, G. Swihart, R. Dimitrijevic, M. Hossain, The crystal structure of lunebergite, Am. Mineral. 76 (1991) 1400-1407.

[29] K. Kato, M. Shiba, M. Nakamura, T. Ariyoshi, in: Report of the Institute of Medicaland Dental Engineering, vol. 10, Tokyo Medical and Dental University, Byunkyo-Ku, Tokyo, Japan, 1976, pp. 45-61.

[30] S. Takeda, S. Kawahara, M. Nakamura, K. Sogawa, S. Machara, H. Mori, M. Yokoyama, H. Takahashi, A. Yata, Thermal changes of binder in phosphatebonded investment, Shika Igaku 42 (1979) 429-436.

[31] B. E. I. Abdelrazig, J. B. Sharp, P. A. Siddy, B. El-Jazairi, Chemical reactions in magnesia-phosphate cement, Proc. Br. Ceram. Soc. 35 (1984) 141-154.

[32] J. Ando, T. Shinada, G. Hiraoka, Reactions of monoaluminum phosphate with alumina and magnesia, Yogyo-Kyokai-Shi 82 (1974) 644-649.

[33] A. S. Wagh, S. Y. Jeong, Chemically Bonded Phospho-Silicate Ceramics, U. S. Patent, 6,518, 212, 2003.

[34] S. Sivaprasad, K. Ramesh, Y. P. Reddy, Optical absorption spectrum of nickel doped $MgKPQ \cdot 6H_2O$, Solid State Commun. 73 (3) (1990) 239-241.

[35] M. M. Sychev, I. N. Medvedeva, V. A. Biokov, O. S. Krylov, Effect of reaction kinetics and morphology of neoformation on the properties of phosphate cements based on magnesiumtitanates, Chem. Abstr. 96 (1982) 222252e.

[36] G. L. Sudakas, L. I. Turkina, A. A. Chernikova, Properties of phosphate binders, Chem. Abstr. 96 (1982) 202,472.

第 10 章

▦ 化学结合磷酸锌胶凝材料 ▦

如之前的第 2 章所述，一个世纪以前发现了磷酸锌牙用水泥，从此便不断发展[1-9]。本章我们将给出这一发展过程的简史。读者可以参阅 Wilson 和 Nicholson 的著作[10]，以便了解这些水泥的详细历史，以及现代材料的性能特点。由于这些水泥的形成动力学尚未在以前的出版物中讨论，因此我们在本章中着重强调这一方面，并根据氧化锌及其产物在酸式磷酸盐溶液中的溶解度特征，介绍早期的研究工作。

在 19 世纪后期出版的 Roastaing 的专利文献[1]和 Rollins[2]的论文，是第一批关于氧化锌与磷酸反应生产牙用水泥的配方文献。之后大量跟进研究的目的是为了找出能够抑制其各组分之间剧烈反应的方法，以便开发出实用的水泥。该目的可通过如下方式达到，即将焙烧过的氧化锌与用锌和（或）氢氧化铝部分中和的磷酸相互反应。这两种方法的结合产生了性能良好的牙用水泥[11,12]，使牙医有足够的时间进行搅拌混合并加以利用。在这些水泥中产生的新相是晶体产物。这些相的形成主要取决于养护时间和养护过程中水的存在。这些相也受混合物中其他组分如氧化铝的影响。然而研究表明，在简单的氧化锌和磷酸体系中，首先形成了水化磷酸锌 $[Zn(H_2PO_4)_2 \cdot 2H_2O$ 和 $ZnHPO_4 \cdot 3H_2O]$，这些部分可溶的磷酸氢盐逐渐转化为磷锌矿，之后形成了水泥的最终产物 $Zn_3(PO_4)_2 \cdot 4H_2O$[7,9,13-17]。

铝在磷酸锌水泥中具有非常重要的作用。氧化铝极大地缓和了氧化锌和磷酸的反应，主要是由于在氧化锌颗粒上形成了磷酸铝凝胶状膜层。事实上，Wilson 和 Nicholson[10]认为该凝胶状物质可能是磷酸铝锌相，随后结晶成为磷锌矿并形成磷酸铝无定形凝胶（$AlPO_4 \cdot nH_2O$）。

最终得到的水泥是不透明固体，其组成中含有磷酸铝和磷酸锌凝胶包覆并结合在一起的过量氧化锌。该水泥多孔，染料可渗透到其中[10]。

磷酸锌水泥的另一项主要进展是硅磷酸锌[18]。将铝硅酸盐玻璃和氧化锌混合，然后使该混合物与磷酸反应，便可以生产这种水泥。其性质介于磷酸锌和硅酸盐水泥之间。例如，其抗压强度为 99~168.9MPa（14300~24400psi）[19]，低于硅酸盐牙用水泥，但高于磷酸锌水泥。可以将氟化物添加到这些水泥中，因此这些水泥的主要优点是可以持续释放出氟，这在牙科中的作用是不可估量的[20]。当牙釉质吸收了氟以后，这些氟能保护牙齿避免因龋齿而产生牙垢与牙菌斑的伤害。

10.1 氧化锌的溶解性能

像氧化钙一样，氧化锌容易在水中形成氢氧化锌。因此，在水溶液中，磷酸锌胶凝材料的形成与氢氧化锌的溶解度密切相关。

已经确认了有五种不同的氢氧化锌相[21]。无定形 $Zn(OH)_2$ 相的溶解度最大，而溶解度较小的相以希腊字母 α、β、γ、δ 和 ε 表示，$\varepsilon - Zn(OH)_2$ 是溶解度最小的相。相应的溶解度方程可以从第5章中讨论的基本原理得出，或者可以参考文献 [21]：

$$Zn(OH)_2 + 2H^+ \Longrightarrow Zn^{2+}(aq) + 2H_2O \tag{10.1}$$

$$Zn(OH)_2 \Longrightarrow HZnO_2^-(aq) + H^+ \tag{10.2}$$

$$Zn(OH)_2 \Longrightarrow ZnO_2^{2-}(aq) + 2H^+ \tag{10.3}$$

与这三个溶解度方程相对应，溶解后的离子浓度通过下式得到：

$$\log\langle Zn^{2+}(aq)\rangle = 10.96 - 2pH \tag{10.1a}$$

$$\log\langle Zn^{2+}(aq)\rangle = 12.26 - 2pH \tag{10.1b}$$

$$\log\langle HZnO_2^-(aq)\rangle = -16.68 + pH \tag{10.2a}$$

$$\log\langle HZnO_2^-(aq)\rangle = -15.37 + pH \tag{10.2b}$$

$$\log\langle ZnO_2^{2-}(aq)\rangle = -29.78 + 2pH \tag{10.3a}$$

$$\log\langle ZnO_2^{2-}(aq)\rangle = -28.48 + 2pH \tag{10.3b}$$

在上面给出的等式中，等式编号中的后缀"a"表示最稳定的相 $\varepsilon - Zn(OH)_2$，而"b"表示溶解度最高的非晶相。

图10.1是来自于式（10.1a）～式（10.3b）的结果，显示了这两个最常见的氢氧化锌相的溶解度曲线。通过这些曲线可以看出，$Zn(OH)_2$ 是两性的，并且在 pH =9.3 的时候溶解度达到最小值。由于化学键合的磷酸盐胶凝材料（CBPC）是在酸性 pH 的范围内形成，所以在此时，$Zn(OH)_2$ 的两性性质影响不大。但是，一旦形成了硬化材料，并且 pH 达到了7，剩余的过量氧化物将几乎无法溶解，这种情况使固化材料不可浸出，因此在水环境中应用更耐久。此外，与 $Ca(OH)_2$、MgO 和 Al_2O_3 相比，$Zn(OH)_2$ 的溶解度要低于 MgO 和 $Ca(OH)_2$，但高于 Al_2O_3（图5.2）。因此，$Zn(OH)_2$ 的溶解度处在制备胶凝材料的理想范围内。由于其溶解度小于 MgO 和 $Ca(OH)_2$ 的溶解度，所以不像 MgO 和 $Ca(OH)_2$ 那样形成硬化材料时凝结速度过快；另一方面其溶解度又不是太小，因此并不会像 Al_2O_3 一样在室温下难以形成硬化材料，这个特点可能是磷酸锌成为第一种成功的磷酸盐水泥的原因。

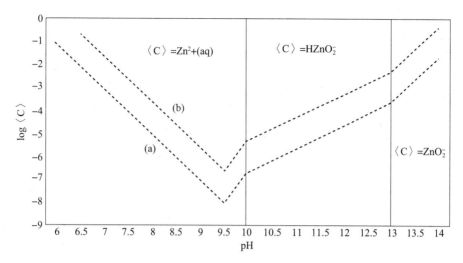

图 10.1　各种氧化锌的溶解度与 pH 之间函数关系

10.2　磷酸锌胶凝材料的凝结硬化

前面第 2 章中的文献综述以及参考文献[10]表明了磷酸锌胶凝材料仅用于制备小尺寸的试块，例如用作牙用水泥，之后也没有太多尝试去制造更大体积的试块。尽管如此，人们已经全面研究了其整个形成过程，性能也得到了优化。

磷酸锌水泥的制造方法与磷酸镁胶凝材料非常相似，与磷酸直接发生的反应非常剧烈，需要对其进行缓和。缓和的方法主要有以下几种。

10.2.1　对磷酸的中和

与氧化镁不同的是，其很少直接使用纯氧化锌。它与 MgO、更多的是与 Al_2O_3 混合在一起对磷酸进行部分中和[10]。MgO 将形成其磷酸二氢盐，如第 11 章所示，Al_2O_3 也将形成其磷酸氢盐。对磷酸的这种部分中和有助于缓和碱性 ZnO 和磷酸之间的剧烈反应。通常，配制过程使用质量分数为 3% ~ 10% 的 MgO 和质量分数 <1% 的 Al_2O_3。

10.2.2　预煅烧

就像 MgO 的例子一样，需要对粉末在 1000 ~ 1350℃ 的温度下进行预煅烧，以减小颗粒的比表面积[22]。比表面积减小的原因主要是因为消除了单个颗粒中部分孔隙以及由无定形物质固结所导致的晶粒的生长。MgO 和二氧化硅在氧化锌中的存在，与 ZnO 形成固溶体，提高了致密度[7,23]。除了这种致密度外，形成的固溶体还降低了化合物的溶解度，诸如硅酸锌，也可能会降低氧化锌的整体溶解度。

如参考文献［10］中所述，尽管采取了对酸的部分中和与对粉末煅烧的措施，胶凝材料的硬化速度仍然相当快。于是，这些水泥在前 10min 内便达到其强度的一半，在 1h 内达到了 80% 的强度[24,25]。因此，该产品最适合牙科应用，牙科医生将在几分钟内配制小体积浆体，将其应用于患者，其可在合理的等待时间范围内固化。

这些水泥在形成过程中的反应放热量很高。根据附录 A 中列出的生成焓，可知反应过程中的能量释放的程度。

$$3ZnO + 2H_3PO_4 + H_2O \Longrightarrow Zn_3(PO_4)_2 \cdot 4H_2O \qquad (10.4)$$

产物的生成焓 $\Delta H = -241.17kJ/mol$①。这个能量在短时间内消耗，会加热浆体。故在形成硬化材料的过程中必须散热。当牙医只准备几克样品时，散热容易，但是如果要制备大样品，尽管采取了中和磷酸与预烧粉体原料这样的措施，反应放热量依旧很高，会使浆体沸腾。因此，只能制造体积较小的磷酸锌胶凝材料。

10.3　磷酸锌硬化体中相的形成及其微观结构

当氧化锌与磷酸反应时，ZnO 将首先形成氢氧化物，然后酸碱反应经历几步后，形成中间产物酸式磷酸盐。

$$ZnO \rightarrow Zn(OH)_2 \rightarrow Zn(H_2PO_4)_2 \rightarrow ZnHPO_4 \rightarrow Zn_3(PO_4)_2 \cdot 4H_2O \quad (10.5)$$

ZnO 逐渐中和的过程与其他酸碱水泥如含 MgO 的水泥（陶瓷材料）类似。但含 MgO 和 ZnO 的水泥凝结硬化过程有一个区别。如第 9 章所述，在含 MgO 的情况下，当形成磷酸一氢盐（$MgHPO_4 \cdot 3H_2O$，镁磷石）后，反应便会停止，而对于磷酸锌水泥，其最终的磷酸盐产物是中性正磷酸盐，$Zn_3(PO_4)_2 \cdot 4H_2O$（磷锌矿）[10]。这种差异的原因是 $ZnHPO_4$ 与镁磷石相比，其溶解度更高。根据第 5.4 章节中所述的步骤计算所得的溶解度，$ZnHPO_4$ 为 $9.93g/L$，$MgHPO_4$ 为 $0.0026g/L$。由于 $ZnHPO_4$ 的溶解度更高，其在养护固化过程中会继续发生溶解，与过量的 ZnO 反应后形成磷锌矿。相对而言，溶解度很低的 $MgHPO_4$ 便可以保留下来，成为固化材料的最终相。

像以前讨论过的镁基磷酸盐水泥一样，所有的 ZnO 都不会完全反应并形成其相应的磷酸盐。ZnO 与磷酸的反应以及随后与酸性磷酸盐［如 $Zn(H_2PO_4)_2$ 和 $ZnHPO_4$］的反应仅发生在单个颗粒的表面上，而颗粒的内核，至少是那些大颗粒，仍未反应并充当磷酸盐微晶的生长核心。首先，ZnO 颗粒由锌和铝的磷酸氢盐所组成的无定形磷酸盐凝胶黏结起来。经过较长的养护时间，这些无定形相进一步与 ZnO 反应并形成最终结晶相。因此，与其他磷酸盐结合的陶瓷和水泥一样，磷酸锌水泥也可以被认为是两相材料，其内部随机分布着未反应的 ZnO 颗粒，且 ZnO 与无定形磷酸盐相或者结晶相结合起来，或者同时与两者相结合。

10.4　磷酸锌水泥的性质

Wilson 和 Nicholson[10]对含有氧化镁或氧化铝的商业化磷酸锌水泥的性能进行了

---

① 附录中提供的是一水磷酸锌的热焓为 $4077.7kJ/mol$；又查阅了其他文献，四水磷酸锌有三种构型，其中 Para 构型为 4077.75，根据该值算出的该反应焓等于 $-197kJ/mol$。根据后面两种构型 α、β 的热焓数值计算得到的反应焓均不等于 $-241.17kJ/mol$，而是分别为 $-221.3kJ/mol$、$-210.8kJ/mol$。

全面的讨论。水泥的抗压强度和抗拉强度分别在 $69 \sim 127 MPa$（$10000 \sim 18500 psi$）和 $4.1 \sim 8.3 MPa$（$600 \sim 1200 psi$）的范围内，比普通硅酸盐水泥（OPC）的强度高出几倍，硅酸盐水泥的抗压强度和抗拉强度分别为 $28 MPa$（$4000 psi$）和 $1 MPa$（$140 psi$）。不像磷酸镁水泥需要很长时间才能发挥出全部强度，这些磷酸锌水泥在 24h 内便可达到其全部强度。快速增长到最终强度的原因是因为有溶解度较高的中间产物 $ZnHPO_4 \cdot 3H_2O$ 存在。磷酸镁水泥中不会发生类似的强度快速增长的情况，因为其中间产物 $MgHPO_4 \cdot 3H_2O$ 的溶解度较低。

磷酸锌水泥的极限抗压强度高于磷酸镁水泥的极限抗压强度。存在这种差异的原因并不是因为磷酸镁水泥比磷酸锌水泥脆弱，而可能是因为尺寸效应。正如我们之前讨论过的，磷酸锌水泥常用于制造尺寸非常小的样品，如牙用水泥，而磷酸镁水泥则经常以大尺寸制品的形式使用。因为大尺寸陶瓷和水泥试件成型时有更多缺陷，所以其强度的预期较低。正如第 19 章所述，其他磷酸盐基牙用水泥也表现出较高的强度，这也是因为它们所制作的试件为小尺寸试件。

10.5　结论

磷酸锌是最早开发和应用于牙科领域的 CBPC，与其他 CBPC 材料遵循相同的溶解化学原理。氧化锌作为二价金属氧化物，溶解度很低，其反应行为与氧化镁非常相似。这有助于理解氧化锌水泥的形成动力学，并有助于进行改善以实现其各种应用。但是由于其反应期间会大量放热，因此只局限于小规模的制备应用。

参考文献

[1] German Patent 6015（Berlin），1878. Granted to C. S. Roastaing di Rostagni, Verfahrung zür Darstellung von Kitten für zahnarztliche und ahnliche Zwecke, bestehend von Gemischen von Pyrophosphaten des Calciums oder Bariums mit den Pyrophospheten des Zinks oder magneiums, Also in Correspondenz-Blatt fur Zahnartze, 10（1881）67-69.

[2] W. H. Rollins. A Contribution to the Knowledge of Cements, Dent. Cosmos 21（1879）574-576.

[3] E. S. Gaylord. Oxyphosphates of Zinc, Arch. Dent. 33（1989）364-380.

[4] W. B. Ames. Oxyphosphates, Dent. Cosmos 35（1893）869-875.

[5] H. Fleck. Chemistry of Oxyphosphates, Dent. Items Interest 24（1902）906.

[6] W. Souder, G. C. Paffenbarger. Physical properties of dental materials, Natl. Bur. Standards（US）Circ. No. C433, 1942.

[7] W. S. Crowell. Physical chemistry of dental cements, J. Am. Dent. Assoc. 14（1927）1030-1048.

[8] E. W. Skinner. Science of Dental Materials, third ed. , Saunders, Philadelphia, 1947.

[9] N. E. Eberly, C. V. Gross, W. S. Crowell. System zinc oxide, phosphorus pentoxide, and water at 25 degrees and 37 degrees, J. Am. Chem. Soc. 42（1920）1433.

[10] A. D. Wilson, J. W. Nicholson. Acid-Base Cements, Cambridge University Press, Cambridge, UK, 1993.

[11] G. C. Paffenbarger, S. J. Sweeney, A. Isaacs. A preliminary report on zinc phosphate cements, J. Am. Dent. Assoc. 20 (1933) 1960-1982.

[12] A. B. Wilson, G. Abel, B. G. Lewis. The Solubility and disintegration test for zinc phosphate dental cements, Br. Dent. J. 137 (1974) 313-317.

[13] B. W. Darwell. Aspects of chemistry of zinc phosphate cements, Aust. Dent. J. 29 (1984) 242-244.

[14] F. Halla, A. Kutzeilnigg. Zür Kennetnis des Zinkphosphatzements, Z. Stomatol. (1921) 31 (1933) 177-181.

[15] D. F. Vieira, P. A. De Arujo. Estudo a Cristizacao de Cemento de Fostato de Zinco, Revista da Faculdade Odontologia da Universidade de São Paolo 1 (1963) 127-131.

[16] J. Komarska, V. Satava. Die Chemischen Prozassebei der Abbindung von Zinkphosphatzementen, Deutsche Zähnartzliche Zeitschrift 25 (1970) 914-921.

[17] A. D. Wilson. Zinc oxide dental cements, in: J. A. von Fraunhofer (Ed.), Scientific Aspects of Dental Materials, Butterworths, Boston, 1975 (Chapter 5).

[18] P. J. Wisth. The ability of zinc phosphate and hydrophosphate cements to seal space bands, angle orthodont. 42 (1972) 395-398.

[19] A. D. Wilson, S. Crisp, B. G. Lewis. The aqueous erosion of silico-phosphate cements, J. Dent. 10 (1982) 187-197.

[20] K. R. Anderson, P. R. Paffenbarger. Properties of silicophosphate cements, Dent. Prog. 2 (1962) 72-75.

[21] M. Pourbaix. Atlas of Electrochemical Equilibria in Aqueous Solutions, National Association of Corrosion Engineers, Houston, 1974.

[22] D. Dollimore, P. Spooner. Sintering studies on zinc oxide, Trans. Faraday Soc. 67 (1971) 2750-2759.

[23] V. F. Zuravlev, S. L. Volfson, B. I. Sheveleva. The Processes that Take Place in the roasting of zinc-phosphate dental cement, J. Appl. Chem. (USSR) 23 (1950) 121-128.

[24] C. G. Plant, H. J. Wilson. Early strength of lining materials, Br. Dent. J. 129 (1970) 269-274.

[25] P. D. Williams, D. C. Smith. Measurement of the tensile strength of dental restorative materials by use of a diametral compressive strength test, J. Dent. Res. 50 (1971) 436-442.

第 11 章

化学结合磷酸铝胶凝材料

高铝陶瓷成为优选材料有许多原因，其强度对于高荷载的应用意义很大，它们能够抵抗高温环境，例如高温蒸汽或者一氧化碳气体（还原气氛）[1,2]。氧化铝陶瓷材料也因其低导电性和低导热性而闻名。因此，它是制备耐火砖和电绝缘部件的最适宜的材料。由于其在技术上的重要性，所以，在低温下将其进行化学键合的加工方法具有重要的意义。

正如第 2 章讨论的，氧化铝在化学结合磷酸盐胶凝材料（CBPC）中的应用有着悠久的历史。医疗行业已经将氧化铝和硅酸盐作为补牙水泥中酸碱反应的调节剂。如第 2 章所述，Van Dalen[3] 使用氧化铝减缓了氧化锌和磷酸的反应，并将其调节机理归因于在氧化锌颗粒上形成磷酸铝凝胶状膜层。Wilson 和 Nicholson[4] 推测凝胶状物质可能是磷酸铝锌，该生成相随后结晶形成磷锌 $[Zn_3(PO4)_2 \cdot 4H_2O]$，并生成无定形磷酸铝凝胶（$AlPO_4 \cdot nH_2O$），所得到的水泥硬化体尽管有一些孔隙，但其抗压强度和拉伸强度分别可达到 70 ~ 31MPa(10000 ~ 18600psi) 和 4.3 ~ 8.3MPa(600 ~ 1186psi)[5]，如此高的强度是磷酸铝制品特有的。

Steenbock[6] 开发了牙用水泥，他用质量分数为 50% 的浓磷酸溶液和铝硅酸盐玻璃制备出了磷硅酸盐牙用材料。Wilson 等人[7] 表明各种品牌的商业牙用水泥是由氧化铝-石灰-二氧化硅玻璃粉体混合而成，会形成硬质半透明产品。这些水泥中使用的磷酸由氧化铝进行了部分中和。

与磷酸镁胶凝材料不同，磷酸盐结合的氧化铝胶凝材料的组成颗粒，表面覆盖有磷酸铝（$AlPO_4$），这是正磷酸盐晶体。通过磷酸和氧化铝之间的化学反应形成键合相 $AlPO_4$[8]。该相是通过桥氧交替链接 PO_4 四面体和 $AlPO_4$ 四面体组成的共价固体网络[9]。这种结构与各种形式的二氧化硅同形。因此，磷酸铝具有许多与二氧化硅相类似的化学、物理性质，但 $AlPO_4$ 可在低得多的温度下形成[10]。与其对应的烧结产物相比，较低温度形成的 $AlPO_4$ 可能有较少的内应力，这是用低加工成本生产高温陶瓷在经济上的优势。

在早期，Kingery[11]对磷酸盐键合的研究涉及到氧化物（包括氧化铝）-磷酸混合物在室温下的结合。后来他又对磷酸或磷酸—铝盐溶液形成磷酸铝的动力学进行了研究[12-14]。Bothe 和 Brown[12] 以及 Lukasiewicz 和 Reed[13]研究了低温下 $AlPO_4$ 形成的动力学。O'Hara 等人[14]确定了用磷酸水热处理氧化铝过程中形成的中间相。他们观察到在 100 ~ 150℃ 下形成了磷酸—铝盐 $[AlH_3(PO_4)_2 \cdot H_2O]$，并且在高于150℃后其转化为磷酸铝。该中间相形成的确切温度可能取决于氧化铝的形态，其中活性最高的形态可在较低温度下进行反应[15]。Singh 等人[16]通过煮沸氧化铝和磷酸的混合物，然后压制干燥后的粉末，制备氧化铝陶瓷材料。当煮沸混合物时，氧化铝发生反应，产生了中间相磷酸一铝，其在养护后转变成磷酸铝结合相。Wagh 等人[17]进行了详细的研究，以了解磷酸盐结合的氧化铝陶瓷材料形成的动力学，从而用适宜的技术方法来制备这种陶瓷材料。

回顾第 9 章可以看到，在 MgO 和 $Al(H_2PO_4)_3$ 反应形成的固化材料中也发现了镁磷石。Finch 和 Sharp[18]的详细研究表明，当 $MgO/Al(H_2PO_4)_3$ 的比例为 4:1 时，硬化基体中的镁磷石含量最大。此外，他们还在固化材料中发现了 $AlPO_4$ 和疑似 Al - Mg - PO_4 的凝胶相。

与其他二价金属氧化物不同，氧化铝的溶解度较低，因此需要加热处理。此外，不使用较低溶解度的磷酸盐溶液如磷酸铵和磷酸钾溶液，而是直接使用磷酸溶液。Wagh 等人[17]采用热力学分析研究了热处理中温度对各种形态的氧化铝的溶解度形成磷酸盐相的影响，其中水合氧化铝（即水铝石（$Al_2O_3 \cdot 3H_2O$））的溶解度增强，可促进磷酸盐相的形成。他们通过对加热到 118℃ 以上的样品进行的差热分析（DTA）和 X 射线衍射（XRD）分析，证实了这一点。

在溶胶-凝胶学中已经充分研究了用氧化铝生产氧化铝水溶胶[19]。Yoldas[20]最先表明可以通过铝醇盐的水解和缩合形成大尺寸氧化铝凝胶制品。如第 5 章所述，水溶胶及其凝胶的形成是制备 CBPC 的中间步骤。水合氧化铝溶胶的凝结是通过与磷酸反应形成 $Al(H_2PO_4)_3 \cdot H_2O$ 凝胶，这是合成磷酸盐键合氧化铝陶瓷材料的第一步。当加热该凝胶到 150℃，它与额外的氧化铝反应并释放出水，产生磷酸盐结晶体。本章详细讨论了通过这些中间产物转化为铝基陶瓷材料的形成动力学，并提供了这些材料的基本物理和力学性质。

11.1　溶解度随温度升高并形成磷酸盐相

氧化铝在高 pH 值下的溶解，已经从拜耳法生产氧化铝的生产工艺上得到广泛认识，该方法用于从铝土矿中提取氧化铝。将铝土矿在 150 ~ 250℃ 和 20atm（大气压）下溶解于高 pH（>13）的氢氧化钠溶液中，将可溶解的氧化铝与其余的不溶性铝土矿矿物分离。氧化铝的水热溶解特性也用于通过部分溶解氧化铝和氧化钙来制备铝酸钙水泥[21]。这些实例表明，该方法也许可以用于将氧化铝溶解在磷酸溶液中形成化学结合磷酸铝陶瓷材料。上述两个实例和用氧化铝制备化学结合磷酸铝之间的差异是，在后一种情况下氧化铝是溶解在酸性介质中，而在前两种情况下其是溶解在碱性介质中。因为氧化铝是两性的，并且在酸碱两端都表现出较高的溶解度。其可以在低 pH 值的溶液中溶解，同样也可以溶解在高 pH 值的溶液中。关于氧化铝溶解度的讨论已经在第 5 章中叙述过了。在第 6 章中给出的热力学工具可用于预测在比室温稍高的温度下各种氧化铝相溶解度的升高。溶解的氧化铝随后与磷酸盐离子反应形成磷酸铝相。

　　氧化铝以多种形式存在，氧化铝（刚玉，Al_2O_3）、三水铝矿（$Al_2O_3 \cdot 3H_2O$）和勃姆石（AlOOH）是最重要的晶体形式。此外，氢氧化铝 $[Al(OH)_3]$ 也可以是以无定形状态存在。根据用于制备胶凝材料的氧化物形式的不同，其溶解度不同，它们溶解的条件也不同，这种现象类似于从铝土矿中的溶出氧化铝类似。由于铝土矿的成分不同（是三水铝矿还是勃姆石），在氢氧化钠溶液中就会使用不同的温度来使铝土矿溶解。

　　Roy 等人[8]报道了受超声信号作用时，不同状态的氧化铝和磷酸的混合物之间的胶凝反应。尽管该方法本身不产生固体磷酸盐硬化材料，但是这些反应本身是形成固化材料的重要步骤。这表明当溶液受外部能量作用时，它能引发凝胶固化反应。低温热处理是制备陶瓷的一种实用方法。

　　以下的反应给出了各种状态的氧化铝在酸性、中性和碱性条件下的溶解。

（1）在酸性条件下的反应：

刚玉：　　　　　$AlO_{3/2} + 3H^+ \longrightarrow Al^{3+}(aq) + (3/2)H_2O$　　　　　(11.1)

三水铝矿：　$AlO_{3/2} \cdot (3/2)H_2O + 3H^+ \longrightarrow Al^{3+}(aq) + 3H_2O$　　　(11.2)

勃姆石：　　　$AlOOH + 3H^+ \longrightarrow Al^{3+}(aq) + 2H_2O$　　　　　(11.3)

（2）在中性条件下的反应：

刚玉：　　$AlO_{3/2} + (3/2)H_2O \longrightarrow Al(OH)_3 \longrightarrow Al^{3+}(aq) + 3(OH^-)$　(11.4)

三水铝矿：$AlO_{3/2} \cdot (3/2)H_2O \longrightarrow Al(OH)_3 \longrightarrow Al^{3+}(aq) + 3(OH^-)$　(11.5)

勃姆石：　$AlOOH + H_2O \longrightarrow Al(OH)_3 \longrightarrow Al^{3+}(aq) + 3(OH^-)$　(11.6)

　　在所有这些情况下，中间反应产物都是 $Al(OH)_3$，因为在水中它与氧化铝接近于热力学平衡状态。

（3）在碱性条件下的反应：

刚玉：　　　　　$AlO_{3/2} + (1/2)H_2O \longrightarrow AlO_2^-(aq) + H^+$　　　　　(11.7)

三水铝矿：　$AlO_{3/2} \cdot (3/2)H_2O \longrightarrow AlO_2^-(aq) + H^+ + H_2O$　　　(11.8)

勃姆石：　　　$AlOOH \longrightarrow AlO_2^-(aq) + H^+$　　　　　(11.9)

　　表 11.1 中给出了前面所说的各种形态的氧化铝反应对应的溶解度方程式（11.10）~方程式（11.17）。已使用第 5 章中讨论的步骤和附录 A 中给出的吉布斯自由能计算了这些方程中的值（详见参考文献[21]）。

表11.1 各种形态氧化铝的溶解度方程

氧化铝形态	溶解度方程		范围
刚玉	$\log\langle Al^{3+}(aq)\rangle = 8.55 - 3pH$	(11.10)	酸性，中性[a]
	$\log\langle Al^{3+}(aq)\rangle = -11.76 + pH$	(11.11)	碱性
三水铝石（$Al_2O_3 \cdot 3H_2O$）	$\log\langle Al^{3+}(aq)\rangle = 5.7 - 3pH$	(11.12)	酸性，中性[a]
	$\log\langle AlO_2^-\rangle = -13.2 + pH$	(11.13)	碱性
勃姆石（$Al_2O_3 \cdot H_2O$）	$\log\langle Al^{3+}(aq)\rangle = 7.98 - 3pH$	(11.14)	酸性，中性[a]
	$\log\langle AlO_2^-\rangle = -12.32 + pH$	(11.15)	碱性
氢氧化铝［$Al(OH)_3$］	$\log\langle Al^{3+}(aq)\rangle = 9.66 - 3pH$	(11.16)	酸性，中性[a]
	$\log\langle AlO_2^-\rangle = -10.64 + pH$	(11.17)	碱性

[a] 中性范围的一般惯例是从方程式（11.4）~方程式（11.6）开始，得到溶解度方程式 $\log(Al^{3+}(aq)) = K_0 - 3pH$，在此，$K_0$ 对上述四种相表示为 $K_{sp} - 3 \times 14$，因为14是最大的pH。这是源于 $\log\langle OH^-\rangle\langle H^+\rangle = 14$ 以及常规溶度积常数 K_0 的定义 $\log\langle Al^{3+}(aq)\rangle\langle OH^-\rangle^3$，所以这里 $\langle OH^-\rangle$ 的溶解度给出的是 $K_0 = K_{sp} - 3 \times 14$。

　　图11.1表明了各种形式的氧化铝的离子浓度 $\langle Al^{3+}(aq)\rangle$ 和 $\langle AlO_2^-(aq)\rangle$ 作为pH的函数。该图是使用表11.1中的方程绘制而成。该图中的曲线表明溶解度在pH为5时有最小值，其在酸性和碱性区域都会增加，这表现出氧化铝的两性行为。

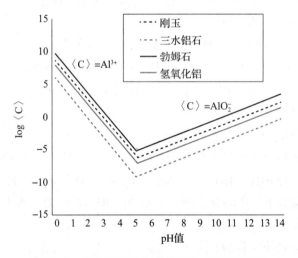

图11.1 氧化铝矿物的溶解度是pH值的函数

　　形成化学结合磷酸铝的pH值范围为2~8，因为在该区域中存在大量溶解的磷酸盐物质，例如 $H_2PO_4^-$ 和 HPO_4^{2-}。在pH为2的酸性范围内的阳离子 $\langle Al^{3+}(aq)\rangle$ 的浓度很高，但随着pH值的增加而迅速降低（图11.1）。酸在这个范围内的中和是由于以下反应：

$$Al^{3+}(aq) + H_2PO_4^- + HPO_4^{2-} + H_2O \Longrightarrow AlH_3(PO_4)_2 \cdot H_2O \qquad (11.18)$$

由于中和反应，氧化铝的溶解度降低，直到溶液达到中性pH值为止，如Pourbaix[22]所述，其中存在大量溶解度非常低的 $Al_2O_3 \cdot 3H_2O$。在 $Al_2O_3 \cdot 3H_2O$ 单个颗粒的表面上形成惰性保护层，进一步的溶解会受到惰性层的阻隔，因此陶瓷材料的形成也被阻碍。此时，需要通过其他方式提高 $Al_2O_3 \cdot 3H_2O$ 的溶解度。

为了达到所需的溶解度，对 $Al_2O_3 \cdot 3H_2O$ 进行温和的热处理以提高该惰性层的溶解度。$Al_2O_3 \cdot 3H_2O$ 达到最大溶解度的温度可以用热力学方法确定。

正如我们在第 6 章中所看到的，溶度积与温度有关：

$$K_{sp}(T) = -\frac{\beta}{2.301}(\Delta G)$$

$$= -\frac{\beta}{2.301}\Big[\Delta G_0 - T_0\Delta C_p + \Delta C_p - \frac{\Delta T}{T_0}(\Delta H_0 - \Delta G_0) + \Delta C_p T\ln\Big(\frac{T}{298}\Big)\Big]$$

$$(11.19)$$

可以通过对 K 进行微分，比较容易地计算出 $Al_2O_3 \cdot 3H_2O$ 在最大溶解度时的温度，将 K 赋值 $K = \exp\beta[-\Delta G]$，即获得：

$$d(K_{max})/dT = 0 = (-1/kT^2)\Delta G + (1/kT)d/dT(\Delta G) \qquad (11.20)$$

引用第 6 章中第二个 Gibbs-Helmholtz 方程式 (6.26)，即

$$d/dT(\Delta G) = -\Delta S = (\Delta G - \Delta H)/T \qquad (11.21)$$

通过方程式 (11.20)，即得到：

$$K_{max}\Big(\frac{\Delta H}{RT^2}\Big) = 0 \qquad (11.22)$$

这意味着当温度 $T = T_{max}$ 时，溶解度积常数最大，给出：

$$\Delta H(T_{max}) = 0 \qquad (11.23)$$

方程式 (11.23) 可用于使 Al_2O_3 达到最大溶解度。然而，当处于酸性和碱性区域时，T_{max} 非常大，在中性区域，其提供的温度仅仅比室温高一些。因此，如果假设在方程式 (11.23) 中的各物质的比热在 T_0 到 T_{max} 温度范围内并不随温度而变化，可以把方程式 (11.23) 写为：

$$\Delta H(T_{max}) = \Delta H(T_0) + \Delta C_P(T_{max} - T_0) = 0 \qquad (11.24)$$

其中，ΔC_P 是溶解度反应中 C_p 的净变化量。因此，K_{sp} 最大化的条件变为：

$$T_{max} = T_0 - \Delta H(T_0)/\Delta C_P \qquad (11.25)$$

将附录 A 表格中的 ΔH_0 和 C_P 值带入方程式 (11.4) ~ 方程式 (11.6) 中，得到净变化值 ΔH_0 和 ΔC_P，并将其代入方程式 (11.25)，以获得每个氧化铝相的 T_{max}。然后用第 5.4 节中导出的等式计算相应的 $\log\langle Al^{3+}(aq)_{max}\rangle$ 值：

$$\log\langle Al^{3+}(aq)_{max}\rangle = pK_{sp,max} - 3pH \qquad (11.26)$$

表 11.2 给出了不同氧化铝相在中性区间中的 T_{max} 和 $\log\langle Al^{3+}(aq)_{max}\rangle$ 值。表 11.2 中的值表明，对于每个相来说，达到最大溶解度的温度不同，并且每种物质的溶解度增加程度也不同。虽然在开始时三水铝矿的溶解度较低，但其溶解度随温度升高而不断增加。

表 11.2 最大溶解度下的温度 (T_{max}) 和此时的 $\langle Al^{3+}(aq)\rangle$

参数	刚玉	三水铝石	勃姆石	氢氧化铝
T_{max} (℃)	106.36	169.8	125.68	132.5
$\langle Al^{3+}(aq)\rangle$	4.47×10^{-13}	5.16×10^{-16}	2.51×10^{-13}	1.78×10^{-13}
$Al^{3+}(aq)_{max}\langle Al^{3+}(aq)\rangle$	8.3	13.8	22.9	22.39

可以从这些计算中得出几个结论。为了制得 CBPC，必须有未溶解的核，磷酸盐相在其周围生长并相互连接起来。非晶态氧化铝不是合适的材料，它不能提供这样的核，因为它的溶解度较高并且非晶态物质具有很大的比表面积，当与其他相混合时，它是易溶解的材料。三水铝矿是唯一 $T_{max} > 150℃$ 的材料。在 150℃ 时形成磷酸铝，这意味着在转化为磷酸盐和形成陶瓷材料之前，三水铝矿的溶解度没有达到最大值。因此，在优先形成 CBPC 的那些材料中，粉末材料首先溶解，然后发生磷酸盐反应。

图 11.2 显示了 $\langle Al^{3+}(aq)\rangle$ 与温度的函数关系。较宽的最大值范围表示最大溶解度发生在一个比较宽泛的温度范围内。从实际角度来考虑这一点很重要。因为高温炉中的温度通常不恒定，而且在炉子中的不同部位，温度也不同。

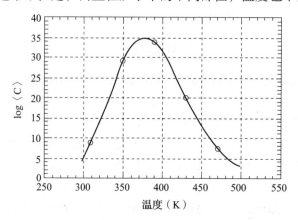

图 11.2 在中性区氧化铝的溶度积常数与温度的关系

总体来说，一旦氧化铝相溶解，它会形成 $AlH_3(PO_4)_2 \cdot H_2O$，其随后与晶粒表面上的剩余氧化铝反应形成磷酸铝，并和它们结合在一起。例如，在刚玉的情况下，反应可以写为：

$$Al_2O_3 + 2AlH_3(PO_4)_2 \cdot H_2O \longrightarrow AlPO_4 + 4H_2O \qquad (11.27)$$

磷酸铝可与众多的单个矿物颗粒结合并形成胶凝材料。

11.2 化学结合磷酸铝水泥的制备

为证实化学结合磷酸铝陶瓷的形成动力学理论的正确性，Wagh 等人[17] 对氧化铝和磷酸浆料之间的反应进行了试验研究。他们将较粗的和较细的 α-氧化铝混合在一起以获得良好的密实级配。较粗的氧化铝由 Reynolds 化学公司提供，其平均粒径为 0.96mm。来自 Fisher Scientific 公司的氧化铝，过筛至平均颗粒大小为 0.08mm，然后将两种粉末混合。粉末混合料溶解在 50% 质量分数的磷酸溶液中，制备 Al_2O_3 和 H_3PO_4 混合物（Al_2O_3 和 H_3PO_4 的质量比为 5）。

为测试温度对反应动力学的影响，采用了热重分析（DTA）方法，以 50℃/h 的速率升温至 400℃，并且在不同温度下观察相变情况。图 11.3 给出的试验结果，略高于 100℃ 的吸热谷表示的水蒸发，但 118℃ 附近的吸热谷表示发生了相变。

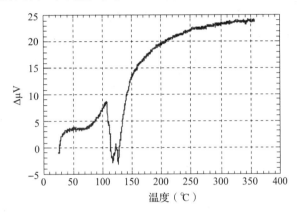

图 11.3　未固化的氧化铝浆料的 DTA 曲线

为了确定达到 T_{max} 以后形成的相，将浆料在 130℃ 的烘箱中加热，并在该温度下的密闭容器中养护 1d、2d 和 4d 以避免水分蒸发。大部分水似乎与氧化铝发生了反应，因为容器中的产品是黏稠的胶体。将其在环境温度下保持一周，以使凝胶中生长出晶体。然后使用 X 射线衍射（XRD）分析鉴定凝胶中的结晶相，结果如图 11.4 所示。

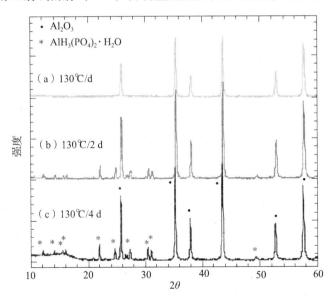

图 11.4　在不同温度下固化的干燥浆料的 X 射线衍射图谱

图11.4中的XRD结果清楚地显示了未反应的Al_2O_3和反应产物$AlH_3(PO_4)_2 \cdot H_2O$的衍射峰。这种反应产物的形成与早期研究者的观察结果相一致[14]。较长养护时间的样品的X射线衍射峰更尖锐、更高，这表明反应产物在凝胶中的浓度与时间长短有关。这意味着，为了形成化学键合陶瓷材料，需要足够的水热养护来使水-氧化铝发生反应，即溶解氧化铝。这证实了如Bothe和Brown[12]所指出的那样，水在这些反应中有重要作用。

将样品在130℃下养护，其干燥硬化成整块材料，这说明$AlH_3(PO_4)_2 \cdot H_2O$成为氧化铝颗粒之间的结合相。然而这些样品放入水中会离解。表明没有大量形成耐久的、不溶相如磷酸铝。另一方面，在150℃及以上温度养护的相同样品在水浸试验时则是耐久的。这个观察结果与Gonzalez和Halloran[15]的研究结果一致，他们指出磷酸铝相在大约150℃时形成，这与之前讨论过的方程式（11.27）的含义一致。这些整块材料有较大的孔隙率，表明反应中生成了水并释放出来，所得固化材料的XRD图谱如图11.5所示。

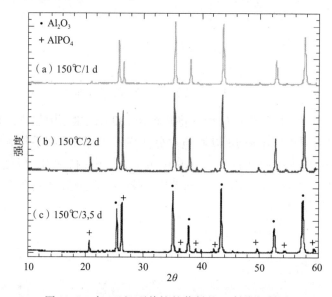

图11.5　在150℃下养护的浆料的X射线衍射图

在150℃下不同加热时间的样品的X射线图谱中，都发现有磷酸铝衍射峰的出现。在加热2d和3d的样品中，这些峰的高度更高，没有发现$AlH_3(PO_4)_2 \cdot H_2O$衍射峰的存在。这表明方程式（11.27）中的$AlH_3(PO_4)_2 \cdot H_2O$已经转化为了磷酸铝。

每种情况下的凝胶产物看起来都是非常坚硬的块体，在致密的相中分布着较大的孔隙，在整块料的表面覆盖着加热期间形成的酸性沉淀物软层，用金刚石锯切覆盖层后，硬化样品不溶于水，当在水中浸泡数天时也不会有任何明显的损失量。此外，水的pH保持接近中性，表明不存在可溶性的酸性磷酸盐。

硬化体典型断裂面的扫描电子显微镜（SEM）照片如图11.6所示，表明单个颗粒可能是通过磷酸铝的结合相胶合在一起了。由于单个颗粒的粒径太小，能量色散

X 射线分析（EDX）无法区分 Al_2O_3 和 $AlPO_4$ 相。然而，EDX 图谱清楚地显示了 $AlPO_4$ 的均匀分布，因为这可以通过在整个样品表面上的铝和磷含量的恒定比值得到，这表明所有的颗粒都覆盖有 $AlPO_4$。

图 11.6 CBPC 形成的固结模型

Wagh 等人[17] 已经报道了开口孔隙率为 20.9%（体积百分比）的样品的平均强度为 47.05MPa(6824psi)，不考虑磷酸铝相并取氧化铝的密度（$3.97g/cm^3$），计算样品中的总孔隙率为 37.3%（体积百分比），减去测得的开口孔隙率，得出闭口孔隙率为 16.4%（体积百分比）。尽管孔隙率较大，但这些材料的强度很高。所以如果能找到生产致密样品的方法，其强度也必定非常高。因此需要研究更好的生产磷酸铝陶瓷材料的方法。

11.3 CBPC 形成时的固结模型

正如我们之前讨论的那样，CBPC 由通过氧化铝的各个颗粒之间的化学反应形成的磷酸铝键合而成。首先，将氧化物颗粒装填至最大粉末填充密度，并且颗粒之间的空隙被磷酸盐溶液填充。该磷酸盐溶液与颗粒之间产生表面反应，形成结晶相或玻璃相产物并连接成颗粒。就像一般陶瓷加工过程中普遍使用的工艺一样，通过选择合适的粉末粒度分布来实现最大固结密度。然而，如果反应产物具有比原始氧化物更低的密度，那么它还会具备额外的优势。这是因为反应产物将占据较大的体积，产物将填充空隙并产生更致密的 CBPC。如果反应后的体积膨胀大于总的孔隙体积，那么陶瓷的体积将大于原来的紧密堆积的粉末体积。如果两者相等，陶瓷将完全密实，无体积变化。另一方面，如果反应产物比氧化物更致密，则会留下一些空隙，结果会产生多孔陶瓷。这些论点在 Wagh 等人给出的固结模型中得到了证实[17]。

首先，为了简单起见，我们假设这种陶瓷材料是典型的圆球填充模型。在此，所有氧化物粉末颗粒被认为具有相同的半径 r，并且沿着每个维度存在 n 个这样的球，立方体中的颗粒总数为 n^3。立方体的每个边长为 $2rn$，并且立方体总体积即为 $8r^3n^3$。颗粒所占的实际体积为 $4/3\pi n^3 r^3$，因此颗粒之间的孔隙体积为 $8r^3n^3 \sim 4/3\pi n^3 r^3$。净孔隙率是该差值与立方体体积的比值，为 $1 - \pi/6$ 或 47%。因此，如果由于磷酸盐形成而导致的体积增加大于该量，则陶瓷材料的体积将比最初填充的粉末多。一般来说，47% 的孔隙体积率非常大，不可能被反应产物超过，因此如果氧化物颗粒都是同一个尺寸大小，则整块陶瓷材料将不太可能显著膨胀。以下这种情况是可能的，即当颗粒的粒径分布至少是双峰值时，尺寸较小的颗粒占据了尺寸较大颗粒之间的空隙，总粉末体积是致密堆积的。

形成的反应产物的净产量是由特定的反应成分的溶解度来决定的。正如我们之前所指出的，起到黏合作用的反应产物是在 pH 值为 2~8 之间形成的。在给定的 pH 值中，氧化物溶解的部分由下式给出：

在酸性区域：
$$\langle M(aq) \rangle = 10^{pK_{sp}(T) - npH} \tag{11.28}$$

以刚玉为例，首先在 pH 为 5 的情况下会形成三水铝石（$Al_2O_3 \cdot 3H_2O$），然后转化为磷酸铝键合相。因此，pH 值在 5~8 时，氧化物溶解的净产量可以由以下数学式给出：

$$\langle M(aq) \rangle = \int_5^8 (10^{pK_{sp}(T) - npH}) dpH \tag{11.29}$$

将方程式（11.29）右边积分，得到：

$$\langle M(aq) \rangle = \frac{10^{pK_{sp}(T)}}{n\ln 10}(10 - 2^n - 10^{-8n}) \tag{11.30}$$

因此有：

$$\langle M(aq) \rangle = \frac{10^{K_0(T)}}{6.9}(10^{-15} - 10^{-24}) = \frac{10^{K_0(T)}}{6.9}10^{-15} \tag{11.31}$$

在此，我们使用 K_0 而不是 pK_{sp} 来表示的原因由表 11.1 的注中给出。计算得到：

$$\langle M(aq) \rangle = 4 \times 10^{-7} \tag{11.32}$$

方程式（11.32）表明极小部分氧化铝转化为磷酸铝。对于每 1mol 刚玉，我们只需 7.7×10^{-7}g 的磷酸来反应形成键合相。

从方程式（11.32）也可以计算形成的 $AlPO_4$ 的量。每 1g 氧化铝可以得到 1.87×10^{-8}g 的 $AlPO_4$。它的生成量很小，在每个氧化铝颗粒上形成膜层，并将相邻的颗粒固结在一起。因此，形成磷酸铝结合陶瓷材料所需的氧化铝的转化量非常小，即使氧化铝的溶解度非常低，也可以形成磷酸铝结合。这也意味着可以使用大量的粒径非常小的氧化铝颗粒，以允许一定量的磷酸在细颗粒的较大表面上反应形成结合层。使用较细的氧化铝或氢氧化铝同样也可以生产均匀的浆料，其在储存过程中不容易产生沉淀，并可以在大规模生产陶瓷材料过程中容易于泵送。

11.4　结论

本章综述了氧化铝基牙用黏合剂的早期发展以及磷酸铝结合陶瓷材料形成的动

力学，表明这些陶瓷材料可以通过使用强酸性磷酸溶液在高于室温的温度下来制备；这两种方法在现场实际操作中都不实用。然而，在工厂利用该方法生产这种材料是可行的，因为在酸性溶液以及在温热条件下的养护容易控制。这样所得到的产品性能优于大多数其他 CBPC 产品，也包括 Ceramicrete。因此，磷酸铝陶瓷显然值得进一步探索和开发。

参考文献

［1］ W. V. Ballard, D. E. Day. Stability of the refractory-bond phases in high alumina refractories in steam-CO atmospheres, Ceram. Bull. 57（7）（1978）660-666.

［2］ W. V. Ballard, D. E. Day. Corrosion resistance of refractory bond phases to steam-CO at 199℃, Ceram. Bull. 57（4）（1978）438-439. 443.

［3］ E. Van Dalen. Orie¨nteerendeOnderzoekingen over Tandcementen, Thesis, Delft University, Netherlands, 1933.

［4］ A. D. Wilson, J. W. Nicholson. Acid-Base Cements, Cambridge University Press, Cambridge, 1993. 398 pp.

［5］ P. J. Wisth. The ability of zinc phosphate and hydrophosphate cements to seal spacebands, Angle Orthodont. 42（1972）395-398.

［6］ P. Steenbock. Improvements in and Relating to the Manufacture of a Material Designed to the Production of Cement, British Patent 15,181, 1904.

［7］ A. D. Wilson, B. E. Kent, D. Clinton, R. P. Miller. The formation and microstructure of the dental silicate cement, J. Mater. Sci. 7（1972）220-228.

［8］ R. Roy, D. K. Agrawal, V. Srikanth. Acoustic wave stimulation of low temperatureceramic reactions. The system Al_2O_3-P_2O_5-H_2O, J. Mater. Res. 6（11）（1991）2412-2416.

［9］ J. E. Cassidy. Phosphate bonding then and Now, Ceram. Bull. 56（7）（1977）640-643.

［10］ K. B. Babb, D. A. Lindquist, S. S. Rooke, W. E. Young, M. G. Kleeve. Porous Solids of boronphosphate, aluminum phosphate, and silicon phosphate, in: S. Komarneni, D. M. Smith, J. S. Beck（Eds.）, in: Advances in Porous Materials, vol. 371, MaterialsResearch Society, Pittsburgh, PA, 1995, pp. 279-290.

［11］ W. D. Kingery. Fundamental study of phosphate bonding in refractories: I-III, J. Am. Ceram. Soc 33（8）（1950）239-250.

［12］ J. V. Bothe Jr., P. W. Brown. Low temperature synthesis of $AlPO_4$, Ceram. Trans. 16（1991）689-699.

［13］ S. J. Lukasiewicz, J. S. Reed. Phase development on reacting phosphoric acid withvarious Bayerprocess aluminas, Ceram. Bull. 66（7）（1987）1134-1138.

［14］ M. J. O'Hara, J. J. Duga, H. D. Sheets Jr. Studies in phosphate bonding, Am. Ceram. Soc. Bull. 51（7）（1972）590-595.

［15］ F. J. Gonzalez, J. W. Halloran. Reaction of orthophosphoric acid with several forms of aluminumoxide, ceram. Bull. 59（7）（1980）727-731.

［16］ D. Singh, A. S. Wagh, L. Knox. Low-temperature setting phosphate ceramics for stabilizing Doe problem low-level mixed waste, in: M. Wacks, R. Post (Eds.), Proc. WM94, WM Conferences, Tucson, AZ, 1994, pp. 1853-1857.

[17]　A. S. Wagh, S. Grover, S. Y. Jeong. Chemically bonded phosphate ceramics. Part II. Warm temperature process for alumina ceramics, J. Am. Ceram. Soc. 86 (11) (2003)1845-1849.

[18]　T. Finch, J. H. Sharp. Chemical reactions between magnesia and aluminum orthophosphateto form magnesia-phosphate cements, J. Mater. Sci. 24 (1989) 4379-4386.

[19]　C. J. Brinker, G. W. Scherer, Sol-Gel Science. Academic Press, London, 1989. pp. 59-78.

[20]　B. E. Yoldas, Am. Ceram. Soc. Bull. 54 (1975) 286-290.

[21]　T. Sugama, N. Carciello. Hydrothermally synthesized aluminum phosphate cements, Adv. Cem. Res. 5 (17) (1993) 31-40.

[22]　M. Pourbaix, Atlas of Electrochemical Equilibria in Aqueous Solutions, PergamonPress, New York, 1974. 644 pp.

第12章

化学结合磷酸铁胶凝材料

在地壳中氧化铁是除氧化硅和氧化铝之外最丰富的矿物，它主要以三种形式存在：方铁矿（FeO）、赤铁矿（Fe_2O_3）和磁铁矿（Fe_3O_4）。在这些氧化物中，赤铁矿是最普遍也是最稳定的，它是一种亮红色矿物；磁铁矿通常是黑色的并且表现出磁性；而方铁矿在自然界中不容易获得，因为它具有腐蚀并形成其他两种氧化物的倾向。由于氧化铁含量丰富，利用它们来开发制备化学结合磷酸盐胶凝材料（CBPC）的方法值得探索。

方铁矿和赤铁矿分别对应铁的 +2 价和 +3 价氧化态，而磁铁矿是两者等摩尔的组合物。赤铁矿是红土（富含氧化铝和氧化铁的热带土壤），红土在热带是非常普遍的建筑材料，这种矿物使土壤呈红色。铁尾矿是产量巨大的废料，富含氧化铁。除了氧化铝，赤铁矿是铝质土中的主要成分，同时也是被称为"赤泥"的高碱度废弃物的主要成分，这种"赤泥"是用拜耳法从红土中分离出铝后而形成的[1]。由于赤泥是高碱性的，所以它对环境有害，应该对其进行恰当的处理和回收利用。大规模的钢铁工业在加工中产生了大量的废弃物（金属切销屑）[2,3]。铁屑中含有细小的铁粉，可氧化成赤铁矿或磁铁矿。因为金属切削屑也含有残留的机油，当这些废物大量堆积储存时，氧化作用会使它们自燃从而引起火灾。

利用铁制备磷酸铁化学结合胶凝材料（CBPC）的技术可以提供经济的方法来回收利用这些废弃物。铁矿尾矿和赤泥在室温温度下可制备胶凝材料，实现循环利用。如果能找到一种方法把金属屑粉末固化成小球，然后把它们送回炼铁高炉，那么这些富含铁的金属屑就可以回收利用。因此基于磷酸铁的 CBPC 可实现富含铁废弃物的固化以及回收利用。Kingery[4] 和 Turkina 等[5]各自发现磁铁矿在室温下可以与 H_3PO_4 通过放热反应固化。Kingery 还发现磁铁矿可以直接和磷酸反应生成固化材料。因为磁铁矿微溶，因此可以实现用磁铁矿制造坚硬材料。通过利用吉布斯自由能公式计算磁铁矿的 pK_{sp} 可以看出，赤铁矿需要大约 72h 才能形成胶凝性产物。Golynko-Wolfson 等[6]报道可以在 600℃ 下煅烧赤铁矿，然后和 H_3PO_4 反应生成固化材料。Wagh 等[7]整理了这些溶解产物的溶度积（附录 B），其与水溶液反应的方程式如下：

$$Fe_3O_4 + 4H_2O \Longrightarrow 3Fe^{3+}(aq) + 8(OH^-) \tag{12.1}$$

计算得到磁铁矿的 $\Delta G_{as} = -107.71 kJ/mol$ 和 $pK_{sp} = 18.8$。赤铁矿的 pK_{sp} 用下面的溶解度方程计算

$$Fe_2O_3 + 3H_2O \Longrightarrow 2Fe^{3+}(aq) + 6(OH^-) \tag{12.2}$$

计算结果为 $pK_{sp} = 43.9$，因此赤铁矿远比磁铁矿难溶，也就理解了 Kingery[4] 提出的不能用该氧化物制成硬化材料的判断，其只生成一种黏性产物。但是，如在第7章所讨论的赤铁矿能在酸性溶液中溶解是由于其部分还原为磁铁矿，这导致了材料的硬化反应。Golynko-Wolfson[6] 等在炉中加热赤铁矿时实现了部分赤铁矿的还原；可能是熔炉中由于氧气不足而存在轻微的还原气氛，因此在熔炉中加热赤铁矿会产生一些磁铁矿。随后，当这些部分还原的赤铁矿和磷酸反应时[1]，必定会反应成硬化材料。下面将详细探究还原赤铁矿制备胶凝材料的方法。

12.1 还原反应是提高溶解度的基础

在7.6节我们讨论了赤铁矿的还原，这里我们将用该结果描述形成硬化材料的方法。FeO、Fe_2O_3 和 Fe_3O_4 在酸性溶液中的溶解方程和对应的电位-pH关系概括在表12.1（参考文献［8］）。方程式（12.3）～方程式（12.14）支配着氧化物的分解，进而也支配着磷酸盐固化材料的形成。方程式（12.3）和方程式（12.4）表明了在这个过程中铁本身作为还原剂，方程式（12.7）和方程式（12.8）表明 FeO 能在酸性溶液中充分溶解，因此可以在磷酸盐中直接溶解形成固化材料。相反，Fe_2O_3 不溶于水，所以还需要还原，方程式（12.9）和方程式（12.10）或方程式（12.11）和方程式（12.12）提供了将该氧化物还原成 Fe^{2+} 的方法。事实上把方程式（12.3）和方程式（12.9）两端加到一起，就会得到：

表 12.1 溶解度方程和电位-pH 关系

氧化物、金属	溶解方程		电位-pH 关系	
Fe	$Fe \Longrightarrow Fe^{2+}(aq) + 2e^-$	(12.3)	$E = -0.44 + 0.0295\log\langle Fe^{2+}(aq)\rangle$	(12.4)
	$2Fe + 3H_2O \Longrightarrow Fe_2O_3 + 6H^+ + 6e^-$	(12.5)	$E = -0.051 - 0.0591pH$	(12.6)
FeO	$FeO + 2H^+ \Longrightarrow Fe^{2+}(aq) + H_2O$	(12.7)	$\log\langle Fe^{2+}(aq)\rangle = 13.29 - 2pH$	(12.8)
Fe₂O₃	$Fe_2O_3 + 6H^+ + 2e^- \Longrightarrow 2Fe^{2+}(aq) + 3H_2O$ (12.9)		$E = -0.728 + 0.1773pH + 0.0591\log\langle Fe^{2+}(aq)\rangle$ (12.10)	
	$3Fe_2O_3 + 2H^+ + 2e^- \Longrightarrow 2Fe_3O_4 + H_2O$ (12.11)		$E = 0.221 - 0.0591pH$ (12.12)	
Fe₃O₄	$Fe_3O_4 + 8H^+ + 2e^- \Longrightarrow 3Fe^{2+}(aq) + 4H_2O$ (12.13)		$E = -0.98 - 0.2364pH - 0.0886\log\langle Fe^{2+}(aq)\rangle$ (12.14)	

$$Fe_2O_3 + Fe + 6H^+ \Longrightarrow 3Fe^{2+}(aq) + 3H_2O \qquad (12.15)$$

类似的，从方程式（12.3）和方程式（12.11），得到：

$$3Fe_2O_3 + Fe + 2H^+ \Longrightarrow 2Fe_3O_4 + Fe^{2+}(aq) + H_2O \qquad (12.16)$$

方程式（12.15）和方程式（12.16）表明化学计量上需要在酸性环境中用铁作为还原剂产生 $Fe^{2+}(aq)$ 水溶胶。这些溶胶随后将会和磷酸阴离子 $H_2PO_4^-$ 或者 HPO_4^{2-} 反应并且形成磷酸氢盐相 $Fe(H_2PO_4)_2$ 和 $FeHPO_4$。完整的反应式如下：

$$Fe_2O_3 + Fe + 3H_3PO_4 \Longrightarrow 3FeHPO_4 + 3H_2O \qquad (12.17)$$

或

$$Fe_2O_3 + Fe + 6H_3PO_4 \Longrightarrow 3Fe(H_2PO_4)_2 + 3H_2O \qquad (12.18)$$

因为 $Fc(H_2PO_4)_2$ 比 $FeHPO_4$ 的溶解度高，在养护后期很有可能最终转化为后者，最后的胶凝产物将会是 $FeHPO_4$。从方程式（12.3）和方程式（12.9），可得：

$$4Fe_2O_3 + Fe + H_2O \Longrightarrow Fe_3O_4 \qquad (12.19)$$

根据方程式（12.16），利用元素铁也能将赤铁矿还原为磁铁矿和 $Fe^{2+}(aq)$ 水溶胶。用这种方式产生的 Fe_3O_4 将会再次产生 $Fe^{2+}(aq)$ 水溶胶［方程式（12.13）］。无论如何，元素铁有助于溶液中 $Fe^{2+}(aq)$ 水溶胶的产生。

图 12.1 为铁的 E-pH 简图，从这个图和表 12.1 中的方程式可得出几个推论。式（12.15）表示 1mol 的 Fe 将会还原 1mol 的 Fe_2O_3 并产生 3mol 的 $Fe^{2+}(aq)$。随后 $Fe^{2+}(aq)$ 和磷酸阴离子如 HPO_4^{2-} 反应，将产生 3mol 的 $FeHPO_4$ 固化材料的胶凝相。以质量表示，这意味着 1g 的 Fe 将会转变成 8~13.5g 的胶凝物质，这取决于它是否形成 $FeHPO_4$ 还是 $Fe(H_2PO_4)_2$。与此类似，方程式（12.16）表示 1molFe 与 3molFe_2O_3 形成 2molFe_3O_4。用质量表示，1gFe 与 8.58g 的 Fe_2O_3 反应产生 8.29g 的 Fe_3O_4。每种情况下，用少量的铁来产生大量的胶凝物质。当原料粉末加到 H_3PO_4 溶液中时，由于 Fe_2O_3 的还原，最初的 Fe_2O_3 部分转换为胶凝物质的反应发生在图

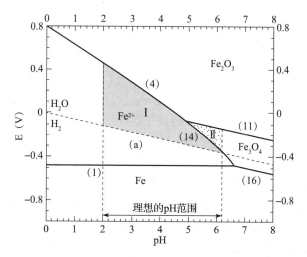

图 12.1　在 E-pH 图中氧化铁基 CBPC 的形成范围（详见参考文献［9］）

中的I区［见方程式（12.15）］。由于Fe_2O_3还原为Fe_3O_4［见方程式（12.16）］，浆体的pH值升高，Fe_2O_3进一步转化为胶凝物质的反应将会发生在图中的II区。I区内，在低pH时主要的胶凝物质可能是$Fe(H_2PO_4)_2$，因为HPO_4^{2-}是磷酸分解出的主要阴离子。随着pH值的提高，$Fe(H_2PO_4)_2$将会由以下反应转化为$FeHPO_4$：

$$3Fe(H_2PO_4)_2 + Fe_2O_3 + Fe = 6FeHPO_4 + 3H_2O \qquad (12.20)$$

因此，假如一直保持还原环境，充分养护固化的固化材料将以$FeHPO_4$作为最终的凝结相。

12.2　氧化铁胶凝材料的制备

在图12.1的三角阴影部分是与还原赤铁矿形成固化材料最相关的区域，它是由左边pH为2的垂直线围成的。低于这个pH值，磷酸不会溶解，因此反应中就不会有磷酸阴离子。直线（a）确保还原反应不低于水的稳定区域。第三条边确保Fe_2O_3的分解。在这个三角区域内，可以选取成分中允许有最大的Fe_2O_3含量（质量分数75%～80%固体）。

Wagh和Jeong[9]研究了在这个区域的三个组分，列于表12.2。用K_2CO_3将pH提高到2，然后将粉末混合到溶液中，这个反应是自发放热反应，浆体固化良好。在固化过程中有大量的水从试样中排出，并在试样表面上凝结。

试样养护3周后，用浸水法测试它们的开孔孔隙率。水的pH约为6，表明在试样中没有大量未反应的酸。表12.2显示，这种固化材料的抗压强度和开孔孔隙率与用于建筑行业的硅酸盐水泥混凝土很相似[9]。高孔隙率可能是因为固化速度快和反应放热量高引起的。由于反应放热，水将会蒸发而形成开口孔。有必要在制备固化材料时降低反应速率。这些固化材料的断裂表面存在有闭口孔隙。同样地，这些气孔想必是水快速蒸发来不及排除而形成的。

表12.2　含质量分数50%粉煤灰的赤铁矿胶凝材料的组成和特征

组成（质量分数%）	密度（g/cm³）	开孔孔隙率（体积分数%）	抗压强度	
			MPa	Psi
Fe_2O_3:Fe = 49:1	1.7	19.9	25±4	3699±524
Fe_2O_3:Fe = 48:2	1.7	18.6	22±3	3237±460
Fe_2O_3:Fe = 47:3	1.52	21.2	22±4	3263±517
硅酸盐水泥[a]	2.4	≈15	21	3000

[a]作为对比样。硅酸盐水泥、普通水泥的密度为3.0～3.15g/cm³。

对试样外观的观察表明，试样中包含大量的玻璃相。由于缺少晶体相，所以不能用X射线衍射方法确定相的组成。图12.2显示了用表12.2中第一种组分制备的硬化凝胶材料的X射线衍射图。就像预期的一样，衍射峰显示有残留的Fe_2O_3存在，图谱中部的宽驼峰表明玻璃相的存在。正如理论预测所显示的，无定形相一

定是 $Fe(H_2PO_4)_2$ 和 $FeHPO_4$ 形成的结果，后者的形成是随着试样养护时间的推移由前者转化而来。

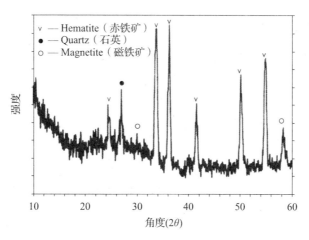

图 12.2 磷酸铁陶瓷材料的 X 射线衍射图谱

图 12.3 显示了试样断裂表面的电镜扫描显微图像。注意，有个较大的无特征的区域可能是试样中的玻璃相，这证明了对 X 射线衍射图中的观察。

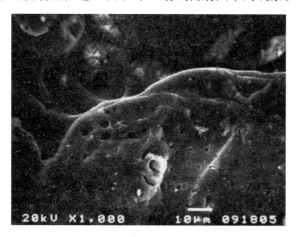

图 12.3 磷酸铁胶凝材料固化后的扫描电镜显微照片

注意，表 12.2 给出的三个 $Fe_2O_3 : Fe$ 的比值产生的 $\langle Fe^{2+}(aq) \rangle = 0.1$、0.2 和 0.3，这些值和理论预测的范围值 0 ~ 0.15（第 12.2 节）接近。当使用较多的铁时，由于铁的反应放热，所以其混合物也是热的，但是并没有形成硬化材料。这意味着只有 Fe 含量达到或接近理论预测范围时才会硬化。

12.3 结论

磷酸铁形成的例子验证了还原机理在高价态氧化物形成固化材料中的应用。在

E-pH 图中只有在一个很窄的区域范围内适用该方法。超过这个范围，要么是水的分解，要么是氧化物不能还原为适合的低价态。因此，要推广这个方法来制备化学结合胶凝材料非常困难。然而该方法的普遍意义在于它不只局限于铁，也可以用于锰、钴和其他金属氧化物，这些氧化物也存在一种以上的价态，而且在某些价态下难溶。

本章中所描述的方法很实用，因为它提供了一种用一些最普通最廉价的氧化物来制备胶凝材料的方法。如前所述，氧化铁是赤泥、铁矿尾渣、加工金属屑的成分。氧化锰的情况也很类似，所以，用本章讨论的方法可将这几种矿物废料生产有价值的产品。第 14 章将讨论用赤泥和铁屑开发制备胶凝材料。

参考文献

[1] A. S. Wagh, V. Douse. Silicate bonded unsintered ceramics of bayer process waste, J. Mater. Res. 6 (9) (1991) 1094-1102.

[2] M. J. Hess, S. K. Kawatra. Environmental beneficiation of machining wastes. Part I. Materials characterization of machining swarf, J. Air Waste Mgmt. 49 (1999) 207-212.

[3] S. K. Kawatra, M. J. Hess. Environmental beneficiation of machining wastes. Part II. Measurement of the effects of moisture on the spontaneous heating of machining swarf, J. Air Waste Mgmt. 49 (1999) 477-481.

[4] W. D. Kingery, Fundamental study of phosphate bonding in refractories. II. Cold setting properties, J. Am. Ceram. Soc. 33 (5) (1950) 242-250.

[5] L. I. Turkina, L. G. Sudakas, V. A. Paramonova, A. A. Chernikova. Inorganic Materials, vol. 26, Plenum Press, New York, 1990, pp. 1680-1685; Translated from Russian original.

[6] S. L. Golynko-Wolfson, M. M. Sychev, L. G. Sudakas, L. I. Skoblo. Chemical Basis of Fabrications and Applications of Phosphate Binders and Coatings, Khimiya, Leningrad, 1968.

[7] A. Wagh, S. Jeong, D. Singh, A. Aloy, T. Kolytcheva, Y. Macheret. Iron-phosphate based chemically bonded phosphate ceramics for mixed waste stabilization, in: Proc. Waste Management Annual Meeting, Session 29, Tuscon, March 2-6, 1997.

[8] M. Pourbaix. Atlas of Electrochemical Equilibria in Aqueous Solutions, Pergamon Press, New York, 1974.

[9] A. S. Wagh, S. Y. Jeong. Chemically bonded phosphate ceramics. Part III. Reduction mechanism and its application to iron phosphate ceramics, J. Am. Ceram. Soc. 86 (11) (2003) 1850-1855.

第 13 章

化学结合磷酸钙胶凝材料

钙的磷酸盐化学反应相当复杂，因为钙可以形成一系列磷酸盐产物，而且通常很难鉴定这些反应物。Dorozhkin 已经发表了一篇关于磷酸钙水泥的优秀综述论文[1]。鉴于此，本章重点介绍了这些水泥的合成化学。第 14 章将讨论结构材料应用，第 19 章将讨论生物活性水泥。

从历史上看，氧化钙在氧化锌牙科产品中已经用为作添加剂。Wilson 等人[2]报道了含有钙的各种品牌的商业水泥。这些水泥的粉体是由氧化铝-石灰-二氧化硅玻璃粉混合而成，与磷酸反应形成一种坚硬而晶莹剔透的产品。原材料玻璃粉末中含有质量分数为 7.7%~9.0% 的氧化钙。Wilson 和 Kent[3]表明在混合形成浆体的 5min 之内，钙离子迅速沉淀形成化合物，为水泥提供早期强度。钙的最终产物可能是一种磷硅酸钙玻璃。

天然存在的磷酸盐水泥已为人所知。Krajewski[4]例举了在西喀尔巴阡山脉的 Tatra 山的阿尔卑斯浓缩冰晶石灰岩中存在着钙基磷酸盐胶结物。近年来，已开发了利用钙化合物与磷酸或酸式磷酸盐直接反应来制造磷酸钙胶凝材料的方法，也研究了产物的矿物学特征。如前所述，大多数研究工作旨在开发含有磷酸钙化合物的钙基生物水泥材料，例如羟基磷灰石，它是骨骼的关键组分。

13.1　磷酸钙水泥化学

由于氧化钙的溶解度不高，而且它与磷酸或可溶性磷酸盐反应放出大量的热，因此研究人员利用难溶钙盐来与磷酸盐反应制备磷酸盐胶凝材料[5-13]。在酸性磷酸盐溶液介质中，钙盐缓慢溶解并释放 Ca^{2+}（aq）到溶液中，随后与磷酸盐阴离子反应形成磷酸钙。形成 CBPC 最合适的含钙矿物质是由钙的氧化物和不可溶的氧化物如二氧化硅或氧化铝组成的。例如偏硅酸钙（$CaSiO_3$）和铝酸钙（$CaAl_2O_4$），甚至是磷酸钙如磷酸四钙 $[Ca_4(PO_4)_2 \cdot O]$，这些矿物质与酸式磷酸盐反应可制备磷酸盐水泥。

例如，$CaSiO_3$ 是 CaO 和 SiO_2 的组合物，$CaAl_2O_4$ 是 CaO 和 Al_2O_3 的组合物。我们在前几章中已经讨论过 CaO 和 Al_2O_3 的溶解度特性。Pourbaix[14] 还提供了二氧化硅的溶解度特性，其在整个 pH 值范围内几乎是不溶的，除非是在强碱性介质中。之前讨论过的利用热力学方法来研究溶解特性的方法，也可用来绘制出与硅酸钙和铝酸钙溶解有关的各种离子化合物的稳定区域。这些区域如图 13.1 所示。该图是通过假定硅酸钙和铝酸钙与它们各自的组分 CaO 和 SiO_2 或 Al_2O_3 处于接近平衡来构建的。可以通过计算氧化物的总吉布斯自由能（ΔG）并将其与各矿物质进行对比来验证该假设。

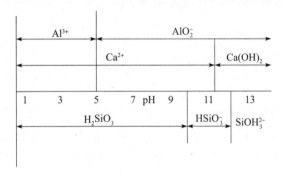

图 13.1　硅酸钙和铝酸钙的离子化合物的稳定区域

在四个稳定区域（表 13.1）中，我们感兴趣的是形成 CBPC 的第一和第二区域，因为它们的稳定性在酸性区域中下降。在这些区域，$H_2PO_4^-$ 和 HPO_4^{2-} 容易发生酸碱反应（第 4 章）。如式（13.1a）和式（13.2a）的溶解反应适用于形成 $CaSiO_3$ 的胶凝材料。对于这些，我们可以通过第 5 章和第 6 章中描述的方法确定出溶解度与 pH 值的相关关系。

表 13.1　CaO 和 SiO_2 的稳定区

溶解相	溶解反应与离子浓度		pH 值范围
Ca^{2+}（aq）和 $HSiO_3$	$CaSiO_3 + 2H^+ \Longrightarrow Ca^{2+}(aq) + H_2SiO_3$	（13.1a）	0～10
	$\log\langle Ca^{2+}(aq)\rangle = 1.315 - pH$	（13.1b）	
Ca^{2+}（aq）和 $HSiO_3^-$	$CaSiO_3 + 2H^+ \Longrightarrow Ca^{2+}(aq) + HSiO_3^-$	（13.2a）	10～11.45
	$\log\langle Ca^{2+}(aq)\rangle = -3.61 - 0.5pH$	（13.2b）	
Ca^{2+}（aq）和 Al^{3+}（aq）	$CaAl_2O_4 + 8H^+ \Longrightarrow Ca^{2+}(aq) + 2Al^{3+}(aq) + 4H_2O$	（13.3a）	0～5
	$\log\langle Ca^{2+}(aq)\rangle = 9.24 - 4pH$	（13.3b）	
Ca^{2+}（aq）和 AlO_2^-	$CaAl_2O_4 \Longrightarrow Ca^{2+}(aq) + 2AlO_2^-$　稳定的	（13.4a）	5～11.45
	$\log\langle Ca^{2+}(aq)\rangle = -11.13$	（13.4b）	

例如式（13.1a），按照第 4 章和第 5 章的解释，我们用下面的关系式把反应过程中各组分的浓度和吉布斯自由能的净变化联系起来。从式（13.1a）可得：

$$-\log\left[\frac{\langle Ca^{2+}(aq)\rangle\langle H_2SiO_3\rangle}{\langle H^+\rangle^2}\right] = pK_{sp} = \frac{\Delta G}{2.301RT_0} \tag{13.5}$$

为了计算式（13.5）的最后一项中的 ΔG，使

$$\langle Ca^{2+}(aq)\rangle = \langle H_2SiO_3\rangle \tag{13.6}$$

而 $-\log\langle H^+\rangle^2 = 2pH$。给定 $\Delta G = 14980kJ/mol$。因此，式（13.5）为

$$\log\langle Ca^{2+}(aq)\rangle = 1.315 - pH \quad 0 < pH < 10 \tag{13.7}$$

式（13.7）提供了 pH 值范围为 0～10 的 $\langle Ca^{2+}(aq)\rangle$ 离子浓度。我们可以采取类似的方法来导出 $\langle Ca^{2+}(aq)\rangle$ 与其他 pH 区域的相关关系。

式（13.1b）和式（13.2b）表示 $\log\langle Ca^{2+}(aq)\rangle$ 是 pH 值的单调递减函数。在强酸性区域中，$\langle Ca^{2+}(aq)\rangle$ 离子浓度高，但在形成 CBPC 的区域中变得较低，特别是在磷酸盐如 KH_2PO_4 的 pH 值区域中。

通过上述过程，还可以计算出铝酸钙 $\langle Ca^{2+}(aq)\rangle$ 的溶解度与 pH 值的相关关系。表 13.1 总结了计算结果。

图 13.2 显示了硅酸盐和铝酸盐的 $\langle Ca^{2+}(aq)\rangle$ 的溶解度与 pH 值的函数关系图，它们由表 13.1 给出的方程式绘制而成。如 Pourbaix[14] 所述，pH 超过 7 时，Al_2O_3 的溶解将产生 $Al(OH)_3$ 凝胶（铝酸盐也是如此）。因此，Al_2O_3 的溶解不能导致形成磷酸盐硬化材料。

在图 13.2 中，当 pH > 3 时，硅酸一钙的溶解度高于其对应的铝酸盐的溶解度。在有利于形成 CBPC 的酸性区域中，两者都可以认为是难溶的，如果它们能与磷酸盐反应，则可形成硬化材料。因此，硅酸一钙和铝酸一钙是制备磷酸钙胶凝的起始矿物质。

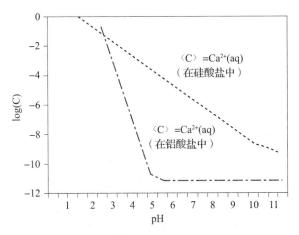

图 13.2　硅酸盐和铝酸盐中的 $\langle Ca^{2+}(aq)\rangle$ 的溶解度与 pH 的函数关系

还有其他钙的化合物存在形式，如硅酸二钙、硅酸三钙和铝酸盐以及二硅酸一钙或二铝酸一钙。为了用简单的符号来表示这些矿物，以后我们将用水泥化学符号来表示硅酸钙和铝酸钙。在这些符号中，CaO 表示为 C，Al_2O_3 表示为 A，SiO_2 表示为 S，H_2O 表示为 H。因此，$CaSiO_4$（CaO，SiO_2）将变为 C·S，Ca_2SiO_4（2CaO·SiO_2）将由 C_2·S 表示。通常，上述用于计算 $\langle Ca^{2+}(aq)\rangle$ 的方法可以推广至具有

矿物形式 $C_m \cdot S_n$ 或 $C_m \cdot A_n$ 的 C、A 和 S 的任何组合中进行相同的计算。在这些情况下，C 的溶解度比 S 或 A 高得多。因此，随着矿物中 CaO 的含量相对于第二成分含量降低（即，随着比率 m/n 值减小），溶解度减少，反之亦然。例如，$C_2 \cdot S$ 和 $C_3 \cdot S$ 在 $0 < pH < 10$ 内由于溶解而形成 $\langle Ca^{2+}(aq) \rangle$，分别给出如下方程式：

$$\log \langle Ca^{2+}(aq) \rangle = 1.66 - 0.67pH \tag{13.8}$$

$$\log \langle Ca^{2+}(aq) \rangle = 11.42 - 2pH \tag{13.9}$$

分别将式（13.8）和式（13.9）与式（13.1a）和式（13.2a）进行比较，我们发现 $C_2 \cdot S$ 和 $C_3 \cdot S$ 的溶解度远高于 $C \cdot S$。另一方面，通过类似地计算，还可以得知 $C_m \cdot S_n$（此处 $m < n$）这样的矿物质的溶解度低于 $C \cdot S$ 的溶解度。事实上，在室温下，$C \cdot S$ 和 $C \cdot A$ 的恰当组合可以形成硬化材料，而其余的矿物质要么难溶要么不溶。

13.2　硅酸钙和铝酸钙组成的磷酸盐水泥

表 13.2 列出了使用 $C \cdot S$ 和 $C \cdot A$ 为原料粉而开发的磷酸盐水泥。Semler[5] 使用天然存在的矿物硅灰石（$C \cdot S$）作为 $Ca^{2+}(aq)$ 的来源，并与用 Al 和 Zn 缓冲的 H_3PO_4 溶液进行反应，生成磷酸钙快凝水泥，$3 \sim 8min$ 硬化，抗压强度高达 $60 \sim 73MPa$（8650 和 10645psi）。冻融循环和热循环的强度 $>52MPa$（$>7500psi$）。热膨胀系数是 $8.2 \times 10^{-6}℃^{-1}$，抗拉强度为 $3MPa$（450psi），X 射线衍射图中仅显示了未反应的 $C \cdot S$ 晶体的存在，这意味着反应产物为无定形，因此不能通过 X 射线衍射方法鉴定其反应产物。

Sugama 和 Allan[6] 使用铝酸钙（铝酸三钙，$C_3 \cdot A$，铝酸一钙，$C \cdot A$ 或二铝酸一钙，$C \cdot A_2$）作为阳离子供体，与聚磷酸铵肥料溶液反应形成快速凝固水泥。他们的研究目的是开发不受 CO_2 环境影响的水泥，可用作地热井的井下水泥使用（第 14 章）。该磷酸铵肥料的组成为，11.1% 质量分数的 N，37.0% 质量分数的 P_2O_3，50.79% 质量分数的水，剩余的为微量元素。差热法扫描（DSC）显示，三种矿物的反应速率按降序排列：$C \cdot A > C_3 \cdot A > C \cdot A_2$。

Sugama 和 Allan 的这一观察结果与第 13.1 节讨论的对溶解度分析的结论是相反的。根据该分析，随着 C 的相对含量增加，物质的溶解度增加，然而 Sugama 和 Allan 观察到硅酸三钙比硅酸钙具有更低的溶解度。事实上，他们使用 X 射线光电子能谱（XPS）的分析似乎证实了对溶解度分析的结论。他们发现，在硅酸钙和聚磷酸铵溶液之间的界面区域内，Ca/Al 的摩尔比越高对 Ca 的吸收量越高。此外，他们还分析了聚磷酸铵溶液中三种铝酸钙的过滤溶液，发现 $C_3 \cdot A$ 溶液中 Ca^{2+} 的离子浓度高于 $C_2 \cdot A$ 溶液。因此，他们的 DSC 和 XPS 分析之间似乎存在差异，但是我们的溶解度分析与后者相符合。

上述溶解度分析似乎支持 Sugama 等[7] 对商业铝酸钙水泥的研究结果，见表 13.2。作者使用了两种商业水泥，一种含有更多的钙，另一种含有较多氧化铝

（或低钙）。在 125℃ 下通过测量稠度（第 15 章）确定稠化时间，结果表明，高钙和低钙水泥分别在 40min 和 120min 后开始凝结。

表 13.2　由硅酸钙和铝酸钙制成的磷酸钙水泥性质

原料	组成和物理性质	参考文献
硅灰石、Zn 和 Al 缓冲的 H_3PO_4	50% P_2O_5、6% Zn、1% Al 的溶液与粉料的比为 0.4，凝结时间 8min，抗压强度为 73MPa（10645psi），45 次冻融循环或 43 次热循环之后 >52MPa（7500psi），热膨胀系数 $4.6 \times 10^{-6} in^2/°F$，抗拉强度 3MPa（450psi）	[5]
$C \cdot A$、$C_3 \cdot A$、$C \cdot A_2$ 与聚磷酸铵溶液反应	酸性溶液含量（以质量分计）：来自氨的 11.1% N、37% P_2O_3、0.16% Fe、0.11% MgO、Al_2O_3 和 F 各为 0.12%、0.6% S 和 50.79% 的水	[6]
商业铝酸钙水泥与聚合碱式磷酸钠试剂反应	试剂溶液含有 30% 质量分数的 $(—NaPO_3—)_n$。其中一种铝酸盐水泥含有 $C \cdot A$、$C_2 \cdot A \cdot S$（钙铝黄长石）和 $C \cdot A_2$。第二种水泥具有 $C \cdot A$、$C \cdot A_2$、刚玉和少量的 $C_2 \cdot A \cdot S$	[7]
$MgKPO_4$（Cermicrete）中的硅灰石	MgO、$C \cdot S$ 和 KH_2PO_4 的混合物与水反应	[13]

表 13.3 的数据表明，随着 C 的相对含量降低，三种矿物的起始反应温度升高。从表 13.3 的第三列可以看出，这一趋势由溶解度分析出的 T_{max} 结果给予支持。第二列给出了试验观察到的温度，此时溶解度足够大到启动酸碱反应的发生。因此，第二列中的值应稍低于第三列，但应在同一范围内。$C_2 \cdot S$ 是个例外，其中计算的 T_{max} 低于反应开始的试验观察值。这种异常可能是因为测量是从室温开始，如果在 0℃ 开始测量，则可以获得更接近于理论计算的温度。

表 13.3　硅酸钙和铝酸盐反应的大概温度

矿物	起始反应温度（℃）	由溶解度分析出的 T_{max}（℃）	最大放热速率（mcal/s）
$C_2 \cdot S$	23	0	4.5
$C \cdot A$	30	42.66	5
$C \cdot A_2$	70	98.2	4.5

Sugama 和 Carciello[12] 使用 DSC 研究了聚磷酸铵溶液中 $C_2 \cdot S$、$C \cdot A$ 和 $C \cdot A_2$ 的反应程度与温度的关系。它们的反应开始温度和最大反应温度见表 13.3。

如前所述，Semler[5] 表明硅灰石基磷酸盐水泥具有非常高的抗压强度，达到 69MPa（10000psi）。但是，这是对制作小尺寸的样品而言，制备大的样品非常困难，即使是使用部分中和的磷酸，因为在样品制备过程中产生了大量的热。Sugama 和 Allan[6] 以及 Sugama 等人[7] 使用磷酸铵盐代替磷酸作为酸组分，克服了放热过多的难题。即便如此，他们用这种方法生产的水泥抗压强度相对较低，为 7~20MPa（1000~3000psi）。可能是因为其中氨的逸出，导致水泥制品的孔隙率很高，强度降低。此外，即使使用磷酸铵，也不可能生产大尺寸的产品。

最近，Wagh 等[13] 将硅灰石添加到磷酸镁钾（Ceramicrete）中，以生产复合胶凝材料。他们称之为"磷硅酸盐 Ceramicrete"。使用 Ceramicrete 作为硅灰石基材的优点是，即使硅灰石掺量很高，放热反应速率也很小，这样就可以制成大型构件。表13.4列出了这种 Ceramicrete 在21d 和15d 固化后的性能。

表13.4　硅灰石填充的 Ceramicrete 的物理和力学性能

荷载和性能	测试值	
养护天数（d）	21	15
硅灰石掺量（质量分数,%）	50	60
抗压强度（MPa）	53（7755psi）	58（8426psi）
抗折强度（MPa）	8.5（1236psi）	10（1474psi）
断裂韧性（MPa·$\sqrt{m}$）	0.63	0.66
吸水率（质量分数,%）	2	2

如表13.4所示，硅灰石的掺量非常高。通常，普通硅酸盐水泥的抗压强度和抗弯强度分别为约27MPa 和5MPa（约4000psi 和700psi）。硅灰石基的 Ceramicrete 材料的性能几乎是普通硅酸盐水泥的两倍，同时断裂韧性也很高。优越的力学性能与制造大型材料的能力相结合，使得该产品实质上是优质水泥。

磷硅酸盐 Ceramicrete 材料优越的力学性能可归功于硅灰石颗粒晶须，这使得该复合材料成为晶须增强复合材料。图13.3显示了该 Ceramicrete 材料断裂面的扫描电子显微镜照片。每个晶须长度约为200μm。这些晶须在磷硅酸盐 Ceramicrete 材料中是第二相，并在陶瓷断裂过程中使裂纹发生转向，从而提高断裂能。在图中可看出裂纹的偏转，结果使断裂韧性和抗弯强度有所增强。

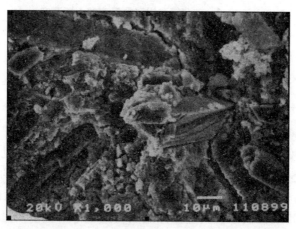

图13.3　磷硅酸盐 Ceramicrete 断裂表面的扫描电子显微镜照片

由本节的溶解度分析表明，硅灰石在磷酸盐溶液中是有活性的。因此，即使其晶须结构保留在胶凝材料中，在晶须表面和基体之间也发生了反应。非常细的硅灰石粉末可完全反应，失去其形状。该反应的产物之一是磷酸氢钙。图13.4显示了以

50% 质量分数的硅灰石掺量形成的 Ceramicrete 的 X 射线衍射图。它显示了硅灰石和磷酸镁钾独有的衍射峰以及磷酸氢钙（CaHPO₄）小峰。最后这种矿物想必是由硅灰石和 KH₂PO₄ 的反应形成。如果这是真的，相同的反应也将产生亚稳态的副产物硅酸（H₂SiO₃），其将产生诸如 K₂SiO₃ 的硅酸盐。我们看不到与这些硅酸盐相对应的衍射峰，但是在图谱中间有一个大的驼峰。这个驼峰可能是由于无定形或玻璃体硅酸盐的特性引起的。玻璃体产物的形成对于这种反应有积极作用，因为玻璃相填充了连通孔隙使该材料更加致密。如表 13.4 所示，其结果是产生了更高的抗压强度。

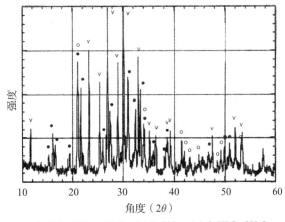

（●）MgKPO₄·6H₂O；（v）CaSiO₃；（○）CaHPO₄·2H₂O

图 13.4　磷酸钙陶瓷的 X 射线衍射图

13.3　硅酸盐水泥与 CBPC 之间的黏合

在诸多 CBPC 的应用中，有一种需要是用 CBPC 黏合硬化的硅酸盐水泥混凝土。应用实例包括修复水泥混凝土结构（如建筑物、岩土结构和公用事业供应管道）中的裂缝，填补道路上的坑洼，利用 CBPC 黏合剂生产产品，回收硅酸盐水泥混凝土的废弃物，甚至在混凝土上使用 Ceramicrete 制备涂层（第 15 章）。事实上，美国能源部的几个地点、欧洲和俄罗斯的一些研究单位都是利用 CBPC 来封装有放射性污染的水泥废弃物，这是 CBPC 的关键应用之一（第 18 章）。同样地，如果在油田中使用 CBPC，井下硅酸盐水泥产品和 CBPC 之间的黏合也是至关重要的。因此，需要评估 CBPC 与普通水泥的黏结特性。

前两部分内容给出了分析预测，由于在普通水泥中存在硅酸钙或铝酸钙，水泥颗粒将与磷酸盐溶液反应。硅酸盐水泥的主要矿物成分是 β-硅酸二钙（β-C₂S）和硅酸三钙（C₃S），这两种矿物质均能即刻与磷酸盐溶液发生反应。Sugama 及他的团队[6,7]进行了同样的工作和分析，表明铝酸钙也与磷酸盐溶液反应，这意味着普通水泥颗粒的表面将与磷酸盐溶液反应。因此，普通硅酸盐水泥或铝酸盐水泥产品和

CBPC 之间应该容易产生紧密的黏结。这方面需要进行更加系统的研究。第 13.2 节中的分析提供了对硅酸盐水泥以及铝酸盐水泥和 CBPC 之间键合动力学本质的理解。

13.4　具有生物医学用途的磷酸钙水泥

人们对磷酸钙水泥的兴趣一直在于其在生物医学方面的应用潜力。这是因为骨骼含有一种磷酸钙矿物质——羟基磷灰石 [$Ca_5(PO_4)_3 \cdot OH$]。任何可用于黏结骨骼或人造移植材料都应该含有这种生物相溶性矿物。事实上，关于生产磷酸钙水泥或烧结陶瓷的大部分研究都是由钙或其矿物质的这种功能驱使的[2]。第 19 章详细讨论了磷酸钙水泥的应用。本节介绍了它的材料开发过程。

Brown 和 Chow[8] 曾对一些重要磷酸钙化合物按碱度增加的顺序（Ca 对 P 的比值）进行排列。该内容被记录于表 13.5 中，在第一列中以每种化合物的简写形式列出。我们还在表中列出了由 Constantz 等人[15] 合成的另外一种矿物质，碳酸羟基磷灰石——[$Ca_5(PO_4CO_3)_3(OH，F)$]，这种矿物是骨骼中发现的重要化合物[15]。

从表 13.5 中可以明显看出，随着碱度的增加，这些化合物的溶解度降低，与它们的 pK_{sp} 所表明的几乎一致，最大碱性的化合物 TTCP[$Ca_4(PO_4)_2O$] 例外。这种化合物的溶解度比前述的化合物高得多；它的 pK_{sp} 与 DCPD($CaHPO_4 \cdot 2H_2O$) 几乎相同。

Brown 和 Chow[8] 对这些化合物的溶解度进行了广泛的研究。利用表 13.5 中给出的 pK_{sp} 和 H_3PO_4 的电离常数（第 4 章已讨论过），并按照参考文献[14] 中给出的步骤计算。Chow[9] 为表 13.5 中给出的大多数化合物设计了三元相图。这张图表明了在人体体温 37℃度温时这些化合物的溶解液与磷的浓度、pH 值之间的函数关系。

表 13.5　磷酸钙化合物及其溶度积常数（pK_{sp}）

化合物	化学式	pK_{sp}
一水磷酸一钙（MCPM）	$Ca(H_2PO_4)_2 \cdot H_2O$	可溶
无水磷酸氢钙（MCPA）	$Ca(H_2PO_4)_2$	可溶
二水磷酸二钙（DCPD）	$CaHPO_4 \cdot 2H_2O$	6.59
无水磷酸二钙（DCPA）	$CaHPO_4$	6.9
磷酸八钙（OCP）	$Ca_8H_2(PO_4)_6 \cdot 5H_2O$	23.48
α-磷酸三钙（α-TCP）	α-$Ca_3(PO_4)_2$	25.5
β-磷酸三钙（β-TCP）	β-$Ca_3(PO_4)_2$	28.9
羟基磷灰石（OHAP 或简称 HAP）	$Ca_5(PO_4)_3 \cdot OH$	58.4
氟磷灰石（FAP）	$Ca_5(PO_4)_3 \cdot F$	60.5
碳酸羟基磷灰石（dahllite）	$Ca_5(PO_4 \cdot CO_3)_3(OH，F)$	NA
磷酸四钙（TTCP）	$Ca_4(PO_4)_2 \cdot O$	≈6.9

除了人体体温，中性 pH 值的条件也很重要，因为这些材料是植入到接近中性的 pH 值人体内部中，毕竟较强的酸度或碱度会影响体人内的软组织。Brown 和 Chow[8] 的分析

表明，近中性 pH 值区域中最稳定的化合物是羟基磷灰石，它是骨骼的主要成分。

正如 Chow[9] 所指出的，TTCP 是表 13.5 中唯一的 Ca/P 比值高于磷灰石的化合物。因此，TTCP 是唯一可以与其他具有较低 Ca/P 比值的磷酸钙反应形成 HAP 的化合物。例如，TTCP 和 DCPA（CaHPO$_4$）的反应将产生 HAP 而不产生任何酸性或碱性副产物。反应如下：

$$Ca_4(PO_4)_2O + CaHPO_4 = Ca_5(PO_4)_3OH \tag{13.10}$$

式（13.10）左侧的第一个化合物是高碱性的，第二个是相对酸性的。因此，该反应是在近中性 pH 下的水溶液环境中形成 HAP 的酸碱反应，其中两种反应物成分都是难溶解的。

制备 TTCP，首先在 1500℃ 下将市售的 DCPA 和 CaCO$_3$ 混合物煅烧 6h，然后在室温下的干燥器中骤冷[10]。反应表示为：

$$2CaHPO_4 + 2CaCO_4 \longrightarrow Ca_4(PO_4)_2 \cdot O + H_2O + 2CO_2 \tag{13.11}$$

为了制备 HAP，将 TTCP 和 DCPA 的等摩尔混合物（平均粒径为 15μm）和平均粒径为 1μm 的 CaCO$_3$ 反应，然后将这些粉末与水混合，形成水性糊状物，通过式（13.11）中的反应凝固成硬块。

Fucase 等人[10] 的报告说，在生理环境（pH 为 8 和 37℃ 温度）下，该水泥在 4h 内凝固。抗压强度在这 4h 内呈线性增加，然后逐渐降至 36MPa（5100psi）。Chow 等[11] 已经表明，在 0.7MPa（100psi）的中等压力下制备并在水中固化 20h 后，水泥样品的抗压强度可以高达 66MPa（9400psi）。这些样品的抗拉强度为 9.97 ~ 10.84MPa（1430 ~ 1550psi）。Fucase 等[10] 也用 X 射线衍射图谱中 HAP 相的衍射强度表明它是形成的唯一反应产物，其在 4h 内形成。

水泥的微观结构是高结晶度的[10]，最初形成时其晶体呈花瓣状，且非常细小（宽约 0.05μm，长约 1μm），随后生长成棒状结构。在水泥形成的第一个小时之内，晶体非常小，结构呈非晶态，但是在固化 24h 后，结构生长成结晶良好的基体。

Constantz 等人[15] 将一水磷酸一钙 [Ca(H$_2$PO$_4$)$_2$ · H$_2$O]，α- 磷酸三钙 [α-Ca$_3$(PO$_4$)$_2$] 和碳酸钙（CaCO$_3$）的混合物与磷酸三钠（Na$_3$PO$_4$）溶液反应，该反应产生碳酸羟基磷灰石的化学计量分子式是：

$$Ca_{8.8}(HPO_4)_{0.5}(PO_4)_{4.5}(CO_3)_{0.7}(OH)_{1.3}$$

它是快速凝结的水泥，在 1d 内有 55MPa（8000psi）的高抗压强度，极限抗拉强度约为 2.1MPa（300psi）。第 19 章讨论了这种水泥的应用。

13.5　结论

氧化钙是普通硅酸盐水泥的主要成分。由于石灰石是自然界中最丰富的矿物，所以很容易以低成本生产硅酸盐水泥。氧化钙的高溶解度使得其难以生产磷酸盐基水泥。然而，可以将氧化钙转化成溶解度较小的化合物，如硅酸盐、铝酸盐甚至磷酸氢盐与磷酸盐进行酸碱反应形成 CBPC。磷酸盐的成本以及转化为恰当的矿物形态的过程增加了制造成本，致使磷酸钙水泥比普通水泥更加昂贵。因此，它们的用途主要限于牙科和其他生物医学应用。只有当硅灰石用作磷酸镁水泥中的混合物时，磷酸钙水泥才可以应用于结构材料。由于磷酸钙也是骨骼的矿物组成，它们在生物材料领域是不可或缺的，由此制造的一类有益的 CBPC 材料是其他任何材料都无法替代的。

参考文献

[1] S. V. Dorozhkin. Bioceramics of calcium orthophosphates, Biomaterials 31 (7)(2010) 1465-1485.

[2] A. D. Wilson, B. E. Kent, D. Clinton, R. P. Miller. The Formation and microstructure of the dental silicate cement, J. Mater. Sci. 7 (1972) 220-228.

[3] A. D. Wilson, B. E. Kent. Dental Silicate cements. IX. Decomposition of the powder, J. Dent. Res. 49 (1970) 21-26.

[4] K. P. Krajewski. Early diagenetic phosphate cements in the Albeian condensed glauconitic limestone of the Tatra mountains, Western Carpathians, Chem. Abstr. 10 (1984) 114382.

[5] C. E. Semler. A quick-setting wollastonite phosphate cement, Am. Ceram. Soc Bull. 55 (1976) 983-988.

[6] T. Sugama, M. Allan. Calcium phosphate cements prepared by acid-base reaction, J. Am. Ceram. Soc. 75 (8) (1992) 2076-2087.

[7] T. Sugama, N. R. Carciello, T. M. Nayberg, L. E. Brothers. Mullite microsphere-filledlightweight calcium phosphate cement slurries for geothermal Wells: setting and properties, Cem. Conc. Res. 25 (6) (1995) 1305-1310.

[8] W. E. Brown, L. C. Chow. A New calcium phosphate water-setting cement, in: P. W. Brown (Ed.), Cements Research Progress, The American Ceramic Society, Westerville, OH, 1986, pp. 352-379.

[9] L. C. Chow. Calcium phosphate cements: chemistry, properties, and applications, Mater. Res. Soc. Proc. 599 (2000) 27-37.

[10] Y. Fucase, E. D. Eanes, S. Takagi, L. C. Chow, W. E. Brown. Setting reactions and compressive strengths of calcium phosphate cements, J. Dent. Res. 69 (1990)1852-1856.

[11] L. C. Chow, S. Hirayama, S. Takagi, E. Perry. Diametral tensile strength and compressive strength of a calcium phosphate cement: effect of applied Pressure, J. Biomed. Mater. 53 (5) (2000) 511-517.

[12] T. Sugama, N. Carciello. Hydrothermally synthesized aluminum phosphate cements, Adv. Cem. Res. 5 (17) (1993) 31-40.

[13] A. S. Wagh, S. Y. Jeong, D. Lohan, A. Elizabeth. Chemically Bonded Phospho-Silicate Ceramics, US Patent No. 6,518,212 B1, 2003.

[14] M. Pourbaix. Atlas of Electrochemical Equilibria in Aqueous Solutions, NACE and Cebelcor, New York, 1974.

[15] B. R. Constantz, I. C. Ison, M. T. Fulmer, R. D. Poser, S. T. Smith, M. VanWagoner, J. Ross, S. A. Goldstein, J. B. Jupiter, D. I. Rosenthal. Skeletal repair by in situ formation of the mineral phase of bone, Science 267 (1995) 1796-1799.

第 14 章

⠿ CBPC 基复合胶凝材料 ⠿

自人类文明开始就一直在使用烧结陶瓷。考古发现，有着数千年历史的陶瓷和初级工具，告诉我们很多关于那个时代的人类文化。陶瓷虽然易碎，但也属于现代技术材料，特制是作为耐腐蚀、耐磨损和耐高温的材料。因此即使在今天，陶瓷科学也是一个非常活跃的研究领域。然而，当烧结大尺寸制品时，这些陶瓷的烧结是高能耗、高成本的，其替代方案则是通过化学结合制备陶瓷。

水泥，尤其是硅酸盐水泥，提供了将粉末材料制备成硬化材料的方案。其由化学反应形成，成本便宜，可大量使用。硅酸盐水泥在现代文明中具有无可争议的地位。水泥由丰富的天然石灰石和硅砂生产出来，世界上，从建筑物到桥梁和水坝的建造都依靠这种水泥，几乎每个国家的经济都依赖于该国硅酸盐水泥的供应。

然而，陶瓷和水泥的属性之间存在很大的差距。与水泥相比，陶瓷表现出优异的力学性能。陶瓷在酸性和高温环境下更加稳定，但水泥则不然。水泥的热稳定性差，而陶瓷是耐火材料，可以在非常高的温度下使用，例如高炉衬里。水泥是多孔的，而陶瓷非常致密。

这两种材料并不能完全满足现代结构材料的技术需求，还需要一种具备水泥和烧结陶瓷两者特性的材料，例如，我们是否可以在常温下生产耐火水泥，在高温下使用？它可以在较高温度下泵送并硬化吗？它能耐冷热循环吗？CBPC 基复合材料，即是在常温条件下、包括接近中性 pH 或稍微升高的温度生产的材料(图 14.1)，然而其表现出某些陶瓷的性能，可以满足许多实际需求。这些复合材料在许多用途上具有很强的吸引力，包括建筑、油田深井固井、寒冷环境下的道路修复、零件铸造和陶瓷艺术品，其不需要烧结步骤（图 14.2），还可用于稳定放射性和有害废物的封装。

现代世界的一个重大问题是随着人口的不断增长，需要大规模建设住宅和基础设施，这导致硅酸盐水泥几乎无限制地使用，并造成环境问题。正如我们将在第 20 章中看到的，每吨硅酸盐水泥的生产也伴随着约一吨温室气体的排放，其主要构成是二氧化碳。因此，硅酸盐水泥已经成为温室气体和大气污染的主要来源之一。虽然人们正在努力减少硅酸盐水泥生产中温室气体的排放，但是想从水泥生产中来减少温室气体的排放是有限的。CBPC 复合材料具有独特的性质，在一些应用中具有替代硅酸盐水泥的潜力，同时也有环境效益。在第 15 章～第 18 章将讨论 CBPC 基体复合材料展现其主要环境效益的各种独特应用。第 20 章量化并总结了这些好处。在本章，我们将讨论这些材料的知识，如该材料的组成和性质及其应用。

图 14.1　含有粉煤灰的 Ceramicrete[①]佛陀雕塑（佛像上微型头冠的放大如图 2.2 所示）
　注：图 14.1 显示了在 CBPC 与粉煤灰复合雕塑中捕获模具的细节。CBPC 雕塑在凝固期间膨胀约 1%（体积百分比）。这样可以看到雕塑的细节，原尺寸：4～4.5cm（1.57～1.77in）（艺术家：中国台湾 Concrestar 的 Steven Huang，www.ConcreStar.com，摄影：美国伊利诺伊州 Sleepy Hollow 的 Poojan 和 Jennifer Wagh）。

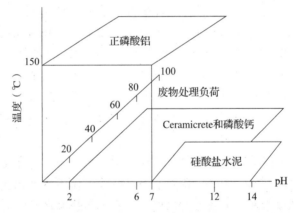

图 14.2　含有 60% 质量分数的 C 级粉煤灰 Ceramicrete 的抗压强度（作为固化时间的函数）

　　CBPC 基复合材料通过少量的 CBPC 胶凝材料与大量低成本的第二相材料结合而形成，第二相材料可以良性材料，也可以是大体积废料或者是天然矿物材料。这些材料通常被称为是填料或填充材料，这意味着它们不参与凝固反应。然而，其中一些材料如粉煤灰在酸碱反应中具有轻微的反应活性，正如我们将在本章中所看到的那样，这有利于提高复合材料基体的性能。将 CBPC 胶凝材料粉末和填料与水混合以形成反应性浆体，再凝固成复合材料，使用不同性质的填料会改变复合材料的性

---

　　①　Ceramicrete 的商业产品。

能，从而获得具有特定性能的系列产品。例如，通过向混合物中加入粉煤灰，力学性能几乎提高一倍。添加诸如灰烬、锯屑或二氧化硅空心微球之类的绝热颗粒可以降低热导率。CBPC 能结合一系列材料（填料）并形成复合材料，这使其成为传统水泥无法实现的小众应用的有希望的产品。

日益增长的工业活动正在耗尽世界各地的自然资源，同时产生了需要处理的废物。许多固体废物是无害的，可以循环利用制备 CBPC 结构制品。例如，联合国[1] 的统计资料显示，1993—1994 年美国人均产生了 40t 废物，今天的情况并没有太大变化。这些废物大部分是无害的，CBPC 可以将这些大量良性废物转变为增值产品。当良性废料（特别是粉煤灰）以大掺量掺入 CBPC 时，CBPC 的力学性能成倍提高了。虽然 CBPC 胶凝材料本身是昂贵的，但在掺入大量废料后可以降低 CBPC 产品的成本，使其对增值应用产生成本效益。CBPC 正在寻找适合的应用领域，例如寒冷国家冬季的道路修补、新型建筑产品、低成本住房建筑材料、多年冻土区结构材料甚至艺术作品（图 14.1）。CBPC 基复合材料在极端寒冷的气候和腐蚀环境中特别有使用价值。本章介绍了适用于这些用途的 CBPC 结构材料的独特属性。

14.1　良性废物在 CBPC 增值产品中的循环利用

CBPC 基复合材料可以掺入某些工业废料，如粉煤灰、矿物废料如铁尾矿和拜耳法炼铝工业的残渣（赤泥）、汽车工业的金属切屑，以及锯屑和木屑等林业产品废料。表 14.1 列出了这些废弃物和潜在的产品或应用。

表 14.1　CBPC 中加入的工业废弃物以及其潜在应用

废弃物	掺量（质量分数,%）	潜在应用
发电厂 C 级和 F 级的粉煤灰、钢渣、其他燃烧产物	40 ~ 80	结构陶瓷、优质水泥、废物管理
赤泥	50 ~ 60	结构产品
铁尾矿	50 ~ 80	结构材料产品
钢铁工业、汽车工业的金属切屑	≈50	回收金属
锯屑、木屑	≈50	热绝缘结构产品
碎泡沫塑料	10 ~ 15	出众的绝热性能

如第 9 章和第 11 章 ~ 第 13 章所述，用含 Mg、Fe、Zn 和 Ca 的胶凝材料在室温下制备的 CBPC 具有类似于常规混凝土的物理性能。适当的填料可以提高这些性能。表 14.2 显示了 CBPC 和常规水泥的主要区别。该差异在一定程度上是因为 CBPC 生产方法基于酸碱反应，而常规水泥仅在碱性区域中进行水化反应。因此，可以将弱酸性、中性或碱性组分以大掺量方式结合到 CBPC 中。另一方面，即使是在适度的掺加量下，水泥也只能接受中性和碱性填料。

Wagh 和他的团队在 Ceramicrete 中掺入了一系列废弃物和其他填料，并表明在

CBPC 复合材料上获得了所期望的性能。表 14.2 比较了 Ceramicrete 和水泥的主要性能，列出了填料对应的适当用途。

表 14.2　CBPC 基复合材料的主要性质以及相关应用（第 4 列给出了水泥性能以作为比较）

性能	添加剂	磷酸盐胶凝材料	水泥	应用
延长凝结	硼酸	1～7h	6h	结构陶瓷（本章）、油井水泥（第 16 章）、废物封装（第 17 章）
加快凝结	过量 MgO	以 min 计	6h	可喷射涂料（第 15 章）、牙科水泥（第 19 章）
凝结时的 pH	大多数填料	7～8	11～13	大多数
密度（g/cm^3）	粉煤灰	1.7～2.0	2.4[①]	各种用途的轻质灌浆料，根据不同骨料的密实度而变化
凝结过程中体积变化	大多数填料	轻微膨胀	轻微收缩	建筑、油井水泥（第 16 章）
抗压强度［psi，(MPa)］	粉煤灰、硅灰石	6000～12000（42～84）	4000(28)	结构陶瓷、废物管理[2,5]
抗弯强度［psi，(MPa)］	粉煤灰、硅灰石、1%～3% 的玻璃纤维	1300～1700（9～12）	≈4.9	放射性物品的封装、结构陶瓷[2,4,5]
抗剪切强度［psi，(MPa)］	粉煤灰、骨料	7d 后 5922(42)		道路应用[6]
断裂韧性（MPa/m）	硅灰石	0.3～0.7	≈0.3	结构材料[5]
热导率增加［W/(m·K)］	氧化铁	0.8	0.54	放射性废物的封装（第 17 章）
热导率［减小，W/(m·K)］	聚苯乙烯泡沫塑料、木屑、空心微珠	0.37	0.54	永久冻土和其绝热水泥（第 16 章）
线性膨胀系数（℃$^{-1}$）	粉煤灰	≈10^{-10}	1.2×10^{-5}	受污染的设备的巨型封装（第 18 章）
水中膨胀（%）	粉煤灰和骨料	0.358		道路应用[6]
γ 射线和中子吸收系数（cm^{-1}）	Fe_2O_3、UO_2、硼酸、碳化硼	3.08	0.06	固定和封装放射性材料（第 17 章和第 18 章）
吸水率（质量分数,%）	粉煤灰和骨料	<2	5～20	大多数应用
冻融耐久性系数	粉煤灰和骨料	300 次循环后 89.7%		道路和永久冻土应用（本章）
在水中的耐久性	任何填料	3～11 之间稳定	pH >7	酸碱稳定、耐酸雨

表 14.2 中给出了 Ceramicrete 基复合材料的数据，通过使用不同的填料在其他

---

① 硅酸盐水泥、普通水泥的密度为 3.0～3.15g/cm^3。

CBPC 基复合材料中也能得到类似的性能。因此，总体上 CBPC 基复合材料是多功能材料，具有作为建筑结构材料、石油、核能等其他行业的各种应用潜力。在本章中，我们讨论了 CBPC 基复合材料及其在建筑行业中常见的应用，其他应用将在后续章节中介绍。

14.1.1　基于粉煤灰的 CBPC 复合材料

如表 14.2 所示，粉煤灰是 CBPC 中最有用的填料，它是最多的工业废料之一，是由共用事业行业工业能源生产过程中燃烧化石燃料而产生的。城市固体废物焚烧炉灰、火山灰和来自钢铁工业的炉渣以及粉煤灰的处理是个大问题，因为它们的产量巨大。目前，公用电厂生产的大约三分之一的粉煤灰在水泥制品中得到了循环利用，硅酸盐水泥中可以掺入约 20% 的粉煤灰。目前正在努力提高其掺量，但由于以下几个原因，尚未成功实现商业规模的应用：

（1）水泥化学对燃烧产物的组分很敏感。有些燃烧产物含有氯化物。氯化物和其他阴离子阻碍了水泥的凝结，并腐蚀钢筋混凝土结构中的钢筋。

（2）粉煤灰中的碳含量也是一个主要因素，高碳粉煤灰阻碍了水泥的凝结。特别是由低 NO_x 燃烧器产生的粉煤灰含碳量较高。为了满足《清洁空气法案》的要求，将来在工业上可能会选择低 NO_x 燃烧器，其产生的粉煤灰由于高碳含量从而不适合用于水泥。

（3）获得符合标准的粉煤灰是一个主要问题。在美国和其他一些发达国家，如加拿大和西欧国家，粉煤灰已经按照其组成和性质进行了标准化。在美国，粉煤灰按照 ASTM 标准销售。在人口稠密、对水泥需求量大的中国和印度等却不这样，这导致了使用粉煤灰和生产标准化质量水泥的问题。

（4）在水泥中掺用的粉煤灰量较低时，是不经济的，因为环境效益增加太小不会吸引水泥行业。

CBPC 产品没有这些缺点。CBPC 化学反应对废物组分不是很敏感，粉煤灰本身也似乎参与了固化反应，最终制品的开口空隙率低，因而是轻质高强材料。

一系列灰渣都可以添加到 CBPC 基体中，包括电力工业的粉煤灰、高碳灰和钢铁工业废渣。CBPC 提供了一种利用高灰渣含量制造产品的方法。产量最大的粉煤灰是使用静电除尘器从发电厂废气中收集的。在美国，这种粉煤灰根据其含量和工业效用进行分类。我们接下来讨论用这种粉煤灰形成的 CBPC 产品。典型的粉煤灰组成在第 3 章中已经给出（表 3.3）。

粉煤灰的颗粒很细，其中一些二氧化硅以二氧化硅微球（图 14.3）或空心微球或扩展球的形式存在。这些微球使粉煤灰成为易流动的材料。该性能不仅使粉煤灰在 CBPC 浆料中容易混合，而且降低了浆料的黏度，使浆料平滑，易于泵送和浇注。这种性能是 CBPC 基钻井水泥的一大优势（第 16 章）。

图 14.4 显示了不同矿物的 X 射线衍射（XRD）产生的衍射峰，例如以结晶

形式存在的二氧化硅和氧化铝。此外，XRD 图中隆起的驼峰表示非晶态二氧化硅和无定形氧化铝。这种非晶态材料有反应活性，使材料具有火山灰活性，即与水混合能表现出一些硬化特性。非晶态材料在 CBPC 复合材料中也是很重要，就像我们将在后面章节看到的那样，它增强了 CBPC 的物理和力学性能，形成了更优异的水泥。

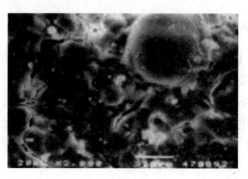

图 14.3　含 60%（质量分数）F 级粉煤灰 Ceramicrete 的 SEM 显微照片
（粉煤灰中的微珠可以看作是圆球）

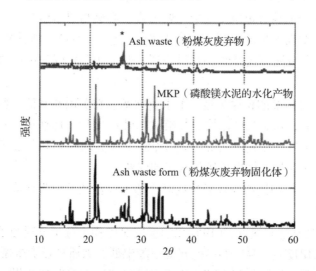

图 14.4　粉煤灰掺量为 60%（质量分数）时 Ceramicrete 的 X 射线衍射图

CBPC 复合材料中典型的粉煤灰掺量为 50%~70%（质量分数），这一含量明显高于常规水泥体系，后者中含有 25%（质量分数）的粉煤灰时即被认为是很好了。高粉煤灰用量弥补了 CBPC 胶凝材料的高成本。由于其优异的性能和较低的成本，CBPC 黏结剂和粉煤灰的混合物是大多数应用的理想选择。

Wagh 等人[2]对 CBPC 胶凝材料与 C 级和 F 级粉煤灰的结合进行了系统研究，表 14.1 中给出其研究的粉煤灰组成及其在 Ceramicrete 基体中的混合比例。表 14.3 提供了所得硬化材料的性能。

表 14.3　不同掺量的 F 级和 C 级粉煤灰的磷酸盐胶凝材料的物理和力学性能[2]

粉煤灰掺量（质量分数,%）	密度（g/cm³）	开口孔隙率（体积分数,%）	抗压强度［psi(MPa)］
0	1.73	2.87	3337(23.4)
F 级粉煤灰			
30	1.67	5.22	5651(39.6)
40	1.77	4.09	6207(43.4)
50	1.80	2.31	7503(52.5)
60	1.63	8.15	5020(35)
70	—	—	2177(15.2)
C 级粉煤灰			
50	1.966	4.79	8809(61.6)
60	2.069	3.4	11924(83.3)
70	2.058	5.34	7608(53.2)
80	1.918	8.025	4753(33.3)
C 级粉煤灰 + F 级粉煤灰			
60	1.78	6.58	9665(67.7)

　　C 级粉煤灰产品的密度稍高于 F 级，这种差异可能是因为 F 级灰含有更多的碳，因此质量稍微轻一些。由于粉煤灰和胶凝材料粉末的密度几乎相同，所以粉煤灰掺量对产品密度几乎没有影响。总体而言，粉煤灰产品比相应的水泥产品的质量约轻 25%。

　　硬化材料中存在的开口孔隙是其吸收水分的原因。Ceramicrete 产品中的开口孔隙率低于硅酸盐水泥产品。对水泥制品来说开口孔隙率约为 20%，Ceramicrete 的开口孔隙率一般小于 5%（通常为 2% ~ 3%）。

　　尽管含粉煤灰的 Ceramicrete 的孔隙率非常低，但是其基体含有大量的封闭孔或孤立的孔。基于最终产品中形成的各种矿物的密度，估计封闭孔隙率为 20%（体积分数）。这些封闭的孔隙与胶凝组分中大量的结合水（通常为质量分数，15%）一起使得该产品的质量较轻。

　　基于粉煤灰的 CBPC 基复合材料作为结构材料的主要优点是抗压强度高。如表 14.3 所示，胶凝材料本身的抗压强度仅为 23.4MPa(3337psi)，但如果掺入 30%（质量分数）的 F 级粉煤灰，其强度将提高到 39.5MPa(5651psi)。更高的掺量会进一步提高强度，在粉煤灰掺量为 50% ~ 60% 之间时强度的提高幅度最大。常规水泥制品的强度约为 28MPa(4000psi)，而 F 级粉煤灰 CBPC 强度比之高出约 75%，C 级粉煤灰 CBPC 的最大强度则约高出其 3 倍。同时掺有 F 级和 C 级混合粉煤灰的CBPC的强度在单掺 F 级和 C 级粉煤灰硬化材料之间，其强度是常规水泥产品强度的两倍以上。

　　观察粉煤灰基磷酸盐产品在凝结期间强度的演变非常有趣。图 14.5 显示了当 C 级粉煤灰掺入 Ceramicrete 时抗压强度随时间的演变。该材料在固化 24h 内达到与常规混凝土制品相同的抗压强度，随后 5d 内的强度增加了一倍以上，并继续增加，但之后增加速度有所放缓。在第 45 天，强度略低于常规水泥的三倍，然后逐渐平稳。因此，尽管产品本身24h后即可使用，但长期养护对抗压强度的增长具有显著的影响。

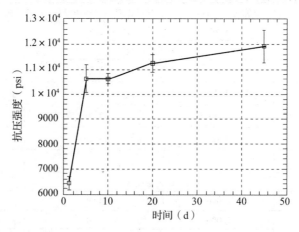

图14.5　C级粉煤灰掺量为60%（质量分数）的CBPC的抗压强度随时间的变化

　　C级粉煤灰的CBPC比F级粉煤灰的凝结更快，这种行为是可以理解的，因为C级粉煤灰中有较高含量的CaO（表3.2）。由于CaO的溶解度较高，因此该粉煤灰在酸式磷酸盐溶液中反应较快。F级粉煤灰中的CaO含量较低，含有残留碳和难溶的二氧化硅，因此这种粉煤灰反应活性较低。CaO和酸式磷酸盐之间的放热反应在胶凝材料凝结过程中产生大量的热。所以，尽管最终产品的强度较高，但在CBPC中单独使用C级粉煤灰通常不适用于生产大尺寸固化材料。因此，在大多数CBPC建筑材料中，优选为C级和F级粉煤灰混合使用。

　　图14.4是F级粉煤灰掺量为60%（质量分数）的Ceramicrete的X射线衍射图。胶凝材料中的所有衍射峰（图9.7）和粉煤灰的衍射峰（图14.4）也存在于该粉煤灰制品中。在图14.4中没有出现新的衍射峰，这意味着粉煤灰和胶凝材料成分之间的相互作用不会形成新的晶体矿物。然而，在图14.4的图谱中间存在隆起的宽峰，该峰对应着XRD无法鉴定的无定形或非结晶相。但可以从图14.6所示的F级粉煤灰和相应的CBPC基复合材料的差分热分析（DTA）中洞察这些非晶相。为了进行比较，在同一图中再现了图9.9中的胶凝材料的DTA图。如在第9章所述，胶凝材料在120℃下的吸热是由于结合水从基体中逸出。在含粉煤灰的CBPC产品中与之相似，结合水的损失是明显的。粉煤灰的CBPC产品中没有新的明显的吸热峰出现，这一发现表明新生成的非晶相是热稳定的。

　　图14.3中粉煤灰Ceramicrete制品的SEM照片显示了这些新的非晶相是在空心微球上的连续玻璃相膜层。在商业上，可将这样的空心球体从粉煤灰中分离出来，并用于水泥复合材料中以降低产品密度。同样，在CBPC基复合材料中，它们有助于降低产品的密度。

　　粉煤灰Ceramicrete制品中的非晶相被怀疑是二氧化硅和磷硅酸盐相，后者可能使含粉煤灰的CBPC产品具备低孔隙率和高强度。对牙科水泥的研究工作已经揭示了磷硅酸盐的黏结力非常强，类似的相也可能有助于提高含粉煤灰的CBPC产品的强度，并降低其孔隙率。

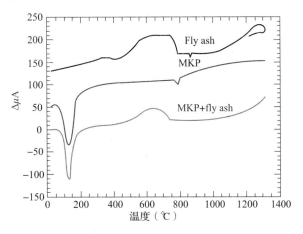

图 14.6　含 60% F 级粉煤灰的 CBPC 差热分析

14.1.2　工业废弃物与采矿废弃物

如表 14.1 所示，将各种废弃物引入 CBPC 可以产生出有用的陶瓷基复合材料。除了表中列出的那些之外，Singh 和 Wagh 还研究了油田钻井岩屑、钢铁行业的废渣、木屑、锯屑以及许多其他废弃物。这些研究仅限于概念验证，其适用性还需要更多的研究工作来印证。在此，我们讨论了几个案例，涉及对金属屑和赤泥进行的详细研究工作。

最常见的金属屑是铁质的，由机床和汽车行业产生，所得的细颗粒铁在储存中氧化并形成磁铁矿和赤铁矿。由于它们还含有易燃的机油，这种氧化过程可能会使它们自燃，因此是个不利因素。因为颗粒表面有油迹，所以它们不能用于传统的水泥中。如 Wagh 和 Jeong 所证实的，形成 CBPC 过程中的酸式磷酸盐类似于洗涤剂，能将这些颗粒的表面暴露于酸碱反应中，并将它们结合在一起。

将表 14.4 中给出的组分混合几分钟后，把所得的黏稠油灰状物质转移到刚性塑料模具中，将样品在压力约为 7MPa（1000psi）下压制 10min。当从模具中取出时，样品已经很坚硬。用于制备样品的组合物与所得产物的强度一并列于表 14.4 中，表中给出的强度是三个样品的平均值。除样品 1 外，其他样品强度约为 14MPa（2000psi）。在样品 1 中，添加纯 Fe 并没有提高强度。这是因为金属屑已经含有一些 Fe，更多的铁会降低水稳定线以下的氧化还原电位（第 7 章），水将部分分解并形成氢，这将阻碍固化反应。

表 14.4　固化金属屑的组成成分及其样品的抗压强度

成分（质量分数,%）	样品 1	样品 2	样品 3	样品 4
金属屑	69.6	69.6	74	78.3
Fe_2O_3	7.8	8.7	0	0
Fe	0.9	0	0	0
85%，H_3PO_4	10.2	10.2	15.2	10.2
H_2O	11.5	11.5	10.8	11.5
抗压强度［psi(MPa)］	972 ±2(6.8 ±0.01)	2345 ±311(16.4 ±2)	1937 ±92(13.6 ±0.6)	1800 ±459(12.6 ±3.0)

金属屑废料及其 Ceramicrete 制品的 XRD 图谱如图14.7所示。这种金属屑废料含有 Fe_2O_3、碳化铁（FeC）和一些 Fe。在图14.7中可明显看到酸碱反应中由 Fe 还原 Fe_2O_3 为 Fe_3O_4 的现象，除了金属屑的峰之外，还存在 Fe_3O_4 的峰；因此 Fe_3O_4 必定是通过 Fe_2O_3 还原形成。然而，水化磷酸盐相是无定形的，因此在 XRD 图谱中不可见。这项研究虽然有限，但却证明了可以利用废物本身中的铁来生产硬化 CBPC 材料是可能的。

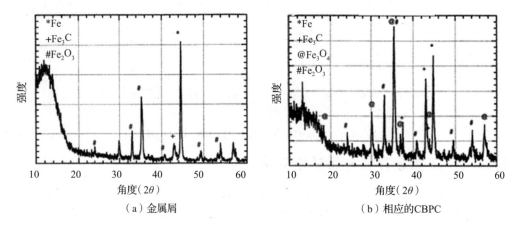

图 14.7　X 射线衍射图

如前所述，赤泥是通过拜耳法从铝土矿中提取氧化铝时产生的残渣。在该过程中，矿石在 pH 非常高的苛性钠中消解，即氧化铝在溶液中溶解。将母液分离，富含氧化铁的残留物被处理或被存储。该残留物含有 1%～3%（质量分数）的苛性钠，碱度很高。

表14.5显示了 Wagh 和 Jeong 研究中使用的赤泥的化学组成。这种废物中 Fe_2O_3 含量很高；其他重要的组分是铝、硅、钛和钙的氧化物。烧失量高达 10%（质量分数），可能是由于氧化钙和氧化钠发生碳化的结果。由于赤泥废物中 Na_2O 为含量 2.7%（质量分数），所以残留物的 pH > 13。

表 14.5　Alcoa 氧化铝厂赤泥的主要化学成分（质量分数，%）

Al_2O_3	Fe_2O_3	Na_2O	CaO	SiO_2	TiO_2	烧失量
18	40	2.7	7.6	9.6	8.5	10.3

通常所接收到的赤泥泥浆中含水量为 30%（质量分数），含水量低是由于储存过程中使用了干堆积方法。泥土处于倾斜角为 4°的斜坡上，这是泥浆的休止角。大部分苛性钠水溶液沿着斜坡流下，在堆积物上留下浓缩的赤泥。在太阳下产生额外干燥，泥浆就变成较稠的赤泥。

利用赤泥浆制砖的方法如下：将 250g 砂和 250g 湿赤泥的混合物中加入 30%（质量分数）的水，并在 Hobart 水泥搅拌机中混合 10min。向该混合物中加入 62.5g 85%浓度（质量分数）的 H_3PO_4 溶液，当溶液的 pH 为 3.11 时再混合 5min。

此时，加入 1g 试剂级别的 Fe，将浆料混合 25min；它形成了黏稠物质，然后在尺寸为 20cm×10cm×6cm(8in×4in×2.5in) 的砖模中以 7MPa(1000psi) 压力压制。将所得的砖在室温下的密闭容器中养护，1d 后它会完全硬化。

在这个例子中，除了在拌和时加少许水之外，不用加额外的水，使用赤泥本身含有的水可以避免脱水干化操作，还能够制成有用的产品。脱水操作的成本昂贵，这里提出的制备方法中避免了脱水工艺。

在使用 H_3PO_4 制备 Ceramicrete 的过程中，苛性钠与酸式磷酸盐反应形成无定形 $MgNaPO_4 \cdot nH_2O$。在 Ceramicrete 基体中，中和后的废料在微观上被 Ceramicrete 封装起来，其中 $MgNaPO_4 \cdot nH_2O$ 也起到胶凝作用。

金属屑和赤泥的实例可用于比较磷酸铁胶凝材料和常规硅酸盐水泥产品的制造成本。前者的主要材料成本是 H_3PO_4，售价为每磅 20 美分，而元素铁的价格为每磅 5 美分。假设约 10%(质量分数) 的 H_3PO_4 用于金属屑或赤泥制品中，生产 1 磅产品的材料成本约为 3 美分。硅酸盐水泥制品的成本约为每磅 4 美分，硅酸盐水泥制品含有约 15%(质量分数) 的水泥，因此混凝土制品的材料成本约为 0.6 美分。该计算表明，水泥产品还是比磷酸铁胶凝材料便宜，即使后者使用廉价的工业废弃物。然而，一些成本可以被 CBPC 产品的优点所抵消。例如，磷酸盐 CBPC 快速凝固，不需要在水化中蒸汽养护。它们在固化过程中体积稍微膨胀（1%～2%，体积分数），因此能原样复制模具的复杂特征。除了具有光滑表面的塑料之外，它们能够黏合到任何材料上，并且保持良好的黏结力。此外，在一些第三世界国家（牙买加、圭亚那、几内亚），由于生产硅酸盐水泥的能源成本昂贵，而工业废料如赤泥则可以免费获得。所以，在常规水泥稀缺且昂贵但含铁工业废弃物易获得的地方制造诸如陶土模压或建筑产品的增值产品，CBPC 技术非常有用，可有助于消减这些地区的工业废弃物。

14.2　纤维增强 CBPC 产品

在 13.2 节中，我们提到晶须增强有助于增加 CBPC 的抗弯强度和断裂韧性，硅灰石的针状晶体的作用就像晶须一样，详细信息见参考文献［15］。本节讨论了纤维增强的作用。

由于 CBPC 形成过程可在室温或稍高温度下完成，所以可以在产品中加入天然纤维、人造玻璃纤维或聚合物纤维。Jeong 和 Wagh 已经通过将玻璃纤维掺入粉煤灰基 Ceramicrete 材料中证明了这种能力。他们使用长度分别为 0.6cm(0.25in) 和 1.3cm（0.5in） 的短切玻璃纤维（E 玻璃），将少量（1%～3%）质量分数的纤维加入到 Ceramicrete 和粉煤灰混合物中。加入水时，浆料较稀便于混合，将其倒入模具后形成黏稠浆体。在整个样品中纤维的分布非常均匀，在混合期间没有发生纤维团聚。磷酸二氢钾是一种分散剂，尽管纤维以成束的方式加入，但是它们仍然可以很好地在浆料中分散。

　　图14.8显示了含40%和60%（质量分数）的粉煤灰Ceramicrete的抗弯强度随纤维长度变化的变化趋势。初始强度分别为4.9MPa（700psi）和6.3MPa（900psi），使用的纤维长度分别为6.35mm和12.7mm（0.25in和0.5in），两者的强度分别增加到9.1MPa和11.9MPa（1300psi和1700psi）。从图14.9可以看出纤维较长时复合材料样品的抗弯强度较高，断裂韧性的情况类似（图14.9）。在这两种情况下，初始断裂韧性从0.35MPa m$^{1/2}$，均提高到0.65MPa m$^{1/2}$。

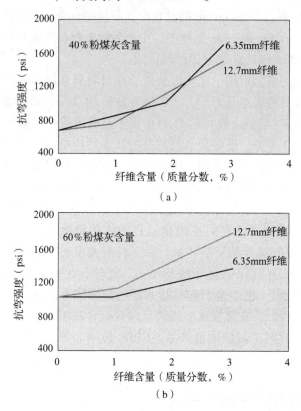

图14.8　粉煤灰Ceramicrete的抗弯强度随玻璃纤维长度的变化

　　从图14.10中的扫描电子显微镜照片中可以看到强度增加的机理。该显微照片是在样品断裂表面上拍摄的，它表明基体材料包围着所有单根纤维，可以将其完全拉出。这种性质意味着断裂能量的显著提高。由于Ceramicrete混合物基体是中性的，纤维表面没有发生化学损伤（腐蚀）；在高碱性水泥体系中，玻璃纤维就容易受到侵蚀。

　　Wagh等人用玻璃纤维进行的这些研究，仅仅表明了如何使用CBPC来开发纤维增强复合材料。由于CBPC基是中性的且可以在室温固化，因此可将一系列纤维掺入基体中，包括天然纤维（如木材、纤维素和棉花）和人造纤维（如尼龙），其中有最大潜力的是木质复合材料。与玻璃纤维的情况不同，在天然纤维表面和CBPC基体之间应该能形成键合，这种键合可以产生优良的纤维增强复合材料。在这些领域仍然需要继续研究，目前文献中几乎没有这方面任何应用情况的报道。

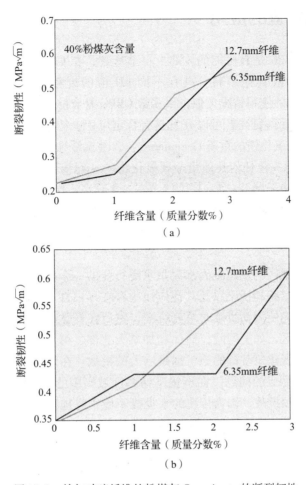

（a）

（b）

图 14.9　掺加玻璃纤维的粉煤灰 Ceramicrete 的断裂韧性

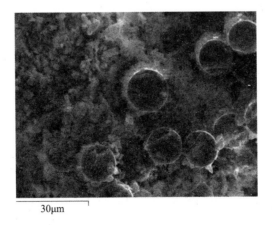

图 14.10　纤维增强的粉煤灰 Ceramicrete 样品断面的 SEM 图

14.3　寻找合适的应用

广泛地应用 CBPC 是有可能的，如上一节所述，在 CBPC 复合材料的制备中可以掺入大量废弃物或其他填料。具有不同 pH 值的废料也可以用于 CBPC 基体（表 14.1）。与水泥的使用情况类似，大多数 CBPC 复合材料可在常温下制备。

这种多功能性使得研究者可以开发具有特定应用、特定性能的 CBPC 复合材料（表 14.2），如含有氧化铁的重质 Ceramicrete、含玻璃纤维的或含有空心微球的轻质 Ceramicrete，含氧化铁或任何其他重金属氧化物的 γ 射线屏蔽材料（第 17 章），带有轻元素诸如硼的中子屏蔽材料（第 17 章），含有空心微球和粉煤灰的隔热材料，含有金属时可制成的良好导体材料。本书的剩余章节介绍的一些特殊应用，已在相应的科学领域取得了很大的进展。以下是 CBPC 基体复合材料在结构材料领域的应用。

生产用于寒冷地区的快速凝固水泥是水泥行业的一个挑战。在寒冷气候中，传统的硅酸盐水泥在道路和桥梁以及其他应用中存在局限性。例如，道路维修通常是在冬天的时候，首先使用沥青临时填充坑洼，然后在春季用硅酸盐水泥完成最终修复。在多年冻土地区，如美国阿拉斯加和加拿大北部，由于冬季漫长，不论是道路施工、高速公路或者建筑基础的施工都是巨大的挑战。在北极地区油田石油钻井和完井作业也面临着类似的问题。在不扰乱钻井区域周围的永久冻土地层的情况下，水泥固井施工是一项挑战，因为传统的水泥既不能很好地固井，也不能在热原油流过钻孔或管道时充分地隔离周围的冻土层。即使是管道支撑也需要隔热水泥，以避免由于管道中的热原油流动而导致支撑地层的融化。

目前使用的各种硅酸盐水泥材料并不能提供令人满意的解决方案，如果能够做到，成本必定非常昂贵。尽管硅酸盐水泥有不同的种类，但其固化原理相同（即基于硅酸钙），因此它们的基本性质如凝固特性和热性能没有太大变化。所以，水泥行业需要一种新方案来解决寒冷气候下水泥的问题。

美国阿贡国家实验室（ANL）对 Ceramicrete 材料进行了开发，以帮助解决这些问题。所得配方现在已应用在气候寒冷地区，例如道路修补和人行道铺路。在第 16 章的讨论中说明了 Ceramicrete 在油田上的应用有很大的潜力，尽管我们在此讨论了 Ceramicrete 拥有许多优点，但是由于市场的惯性该技术仍没有取得重大进展。然而，这种材料有屏蔽核辐射材料的潜力，第 17 章中将讨论该材料在储存核材料方面的应用。这里我们讨论该材料实际道路修复和其他结构的应用。

在试验的基础上，1999 年 3 月阿贡实验室用含质量分数 50% 的 F 级粉煤灰的 Ceramicrete 材料制做了两个道路修复补丁。试验场地的坑洼处位于货运卡车繁忙的交通道路上。坑洞上的碎屑没有被清除，也没有像通常那样将边缘切成更整齐平滑的形状。当时温度为 40°F（约 4.44℃）。几个小时后，下了大雨，低洼地上的补丁被水浸泡到第二天。尽管天气恶劣，修复补丁在第二天仍然完好。它们经受住了四年的交通，三个冬天的冻融循环，直到整条道路被完全重建。在重建道路之前，补丁仍然完整，而围绕补丁的其他原始沥青路面正在溃散。

Bindan 公司（美国伊利诺伊州，橡树溪）出售了几种有专利权的 Ceramicrete 复合材料作为商用道路修复材料。美国国家高速公路和交通运输协会（AASHTO）测试了其中一项产品，表 14.6 给出了测试结果。

表 14.6　AASHTO 对 Bindan 公司的 Monopatch 产品的测试结果[6]

验收标准	结果
凝结时间	
初凝（$\geqslant$10min 和$\leqslant$4h）	26min
终凝（<24h）	30min
ASTM C 109（2in^3）	抗压强度，psi（MPa）
6h	2055 ± 89（14 ± 0.6）
1d	8066 ± 155（56 ± 1）
7d	8613 ± 537（60 ± 3.5）
28d	10，202 ± 427（71 ± 3）
ASTM C 882，3 × 6 个圆柱体，带 45°截面	抗剪粘结强度（ > 1000psi）
1d	7190 ± 270（50 ± 1.5）
7d	5910 ± 53（41 ± 3.5）
ASTM C 157（依照 ASTM C926 8.3 节修正）	
在空气中存储的长度变化（$\leqslant$ - 0.15%，28d）	0.103mm
在水中存储的长度变化（$\leqslant$ + 0.15%，28d）	0.358mm
ASTM 冻融循环（整齐材料$\geqslant$80 耐久性）	89.7/300 个循环
ASTM C 672 剥落试验（25 个周期）	
视觉评级（ < 2.5）	1
剥落损失（ < 1.0 lb/ft^2）	0.75

Bindan 公司的 Monopatch 产品是一种快速凝固的水泥。其 28d 的强度发展结果表明它是高强度产品，其高剪切强度也证实了这一结论。固化之前的干燥过程中发生的任何微小体积收缩都可以通过覆盖样品来避免。AASHTO 发现，抵抗冻融耐久性和抗剥落损失与大多数类似材料几乎相同。在 AASHTO 进行了测试之后，美国约有 15 个州进行了自己的独立测试，并将产品放在了他们批准的目录列表中，其中 Monopatch 产品已经被用作道路修补材料。

另一家美国公司 Casa Grande 与阿贡实验室合作开发了一种称为 Grancrete 的配方，可以在垂直竖立的聚苯乙烯泡沫板上喷涂，在创记录的短时间内生产出了住房（图 14.11）。通常，两名工人在两天内可以在坚实的混凝土基础上建造 1000ft^2（93m^2）两居室房屋。除了成本低（房屋售价为 12000 美元），Grancrete 的优势包括施工快速、保温、充分利用当地的材料如沙子和粉煤灰，以及允许在炎热和寒冷气候中建造的通用配方，可以添加一些颜料以获得美观的住宅。

图 14.11　用喷涂 Grancrete 建成的低成本住房，图中显示了在喷涂之前聚苯乙烯泡沫板结构

这个概念对于发展中国家来说可能是非常有用的，但很可惜，这种建筑在美国并没有取得太大进展，因为满足当地现有的建筑条例和建筑规范等存在困难。

总而言之，CBPC 可以提供建筑产品作为现有建筑材料的补充，但不能替代现有建材。它们可以作为水泥制品和纤维复合材料、涂料（第 15 章）的优异黏合材料，或者那些非常适合其性能的用途，例如核辐射场的稳定性，高温（如深井）和海洋环境下的耐久性等。另外，正如我们将在第 20 章中看到的，它们的环境足迹很小，因此可大量应用在计算碳信用额的领域。这将在后面第 20 章中讨论。本章确定了这些未来材料的基本配方，并介绍了这些材料的性能和应用。

14.4　结论

CBPC 在许多特殊的、常规水泥不能胜任的工程中有很大的市场潜力，包括在寒冷气候、海洋环境、需要密集结构的土木工程，以及施工时间至关重要的地方。我们会在第 20 章看到它们在生产环保水泥方面的显著优势。这些水泥固化速度很快，因此尽管它们有独特的优点，但是涂抹施工人员并不热衷于使用它们。然而，使用多泵系统有可能克服这个问题。下一章将讨论这类重要应用。

参考文献

[1]　United Nations Environmental Program, Wastes and waste management, Environmental data report, Part 8, Washington, DC, 1993-1994, pp. 329-333.

[2]　A. Wagh, S. Y. Jeong, D. Singh. High-strength phosphate cement using industrial by product a-shes, in: A. Azizinamini, D. Darwin, C. French (Eds.), Proceedings of the First International Conference on High Strength Concrete, American Society of Civil Engineers, Reston, VA, 1997, pp. 242-553.

[3]　A. Wagh, S. Jeong. Chemically bonded phosphate ceramics. III. Reduction mechanism and its application to iron phosphate ceramics, J. Am. Ceram. Soc. 86 (11)(2003) 1850-1855.

［4］ D. Singh, A. Wagh. A novel low-temperature ceramic binder for fabricating value added products from ordinary wastes and stabilizing hazardous and radioactive wastes, Mater. Tech. 12 (5/6) (1997) 143-157.

［5］ A. S. Wagh, S. Y. Jeong, D. Lohan, A. Elizabeth. Chemically Bonded Phospho silicate ceramics, US Patent No. 6,518,212 B1, 2003.

［6］ American Association of State Highway Transportation Officials, Laboratory evaluations of rapid set concrete patching materials, Report 99 NTPEP 160, Washington,DC, 2000.

［7］ L. Lamarre. Building from Ash, Electric Power Res. Inst. J. April/May (1994) 22-28.

［8］ US Environmental Protection Agency, Clean Air Act, www. epa. gov/air/caa/index. html. Last visited, September 4, 2015.

［9］ ASTM C618-12a, Standard Specification for Coal Fly Ash and Raw or Calcined natural pozzolan for Use in Concrete, ASTM International, West Conshohocken,PA, 2012.

［10］ K. R. Anderson, G. C. Paffenbarger. Properties of silicophosphate cements, Dent. Prog. 2 (1962) 72-75.

［11］ M. J. Hess, S. K. Kawatra, Environmental beneficiation of machining Wastes. Part I. Materials characterization of machining swarf, J. Air Waste Mgmt 49 (1999)207-212.

［12］ S. K. Kawatra, M. J. Hess. Environmental beneficiation of machining wastes. Part II. Measurement of the effects of moisture on the spontaneous heating of machiningswarf, J. Air Waste Mgmt 49 (1999) 477-481.

［13］ M. Be'langer. Red mud stacking, in: J. Angier (Ed.), Light Metals, TMS Foundation,Warrendale, PA, 2001.

［14］ D. Singh, A. Wagh. Phosphate Bonded Structural Products from High Volume Wastes, US Patent No. 5,846,894, 1998.

［15］ S. Jeong, A. Wagh. Cementing the gap between ceramics, cements, and polymers18 (3) (2003) 162-168.

第 15 章

▦ 化学结合磷酸盐涂料 ▦

涂料可使金属、木材和混凝土等材料表面上形成一层薄膜或厚膜。使用涂料的目的是保护材料表面免受大气腐蚀、火灾、化学侵蚀、风的侵蚀、大风地区灰尘的磨损以及海洋生物的侵蚀等。因此涂料（涂层）的使用目的并不是单一的，其中防腐蚀、防火、防化学介质和海洋生物（生物污损）侵蚀是涂料的主要用途。

涂料在史前文明中就已经存在，但主要用于装饰[1]。传统上的白色涂料 $[Ca(OH)_2$ 或石灰] 作为装饰涂层已经使用了几个世纪。在发展中国家的村庄中，至今仍在使用土色涂料来装饰房屋。当用于此目的时，涂层被称为饰层，这是装饰涂料的通用名称。在本章主题的背景下，有趣的是，在发现现代聚合物涂料之前，这些涂料完全由无机材料制成。

早期的涂料目前已被聚合物（如环氧树脂和聚氨酯）涂料所取代。聚合物涂层表面光滑、有弹性、坚韧、无孔、疏水。水会很容易地从聚合物表面滑落，而用石灰和红色泥土做成的涂料则吸收水分，因此聚合物涂层表面很容易清洗。其具有的弹性和坚韧的表面使其成为理想的汽车涂料，用于抵抗飞溅碎屑和灰尘的磨损；它们不容易发生化学腐蚀。材料配方也对用户十分友好，因此聚合物涂料几乎占领了整个装修市场。

正如图 15.1 所示，在聚合物涂层中，由于基材和涂层之间没有化学键，涂层上的任何裂缝都会导致腐蚀蔓延到底层。在 CBPC 涂层的情况下，涂层与基材发生反应，形成化学粘合的钝化层，以防止腐蚀部分在涂层下扩散。

很遗憾，由于人们对聚合物涂料十分熟悉，往往容易忽略它们的缺点。聚合物涂层在使用中存在的问题，尽管其负面影响已被最小化，但从未被消除。这些问题如下：

（1）大多数聚合物易燃，并在燃烧的过程中会释放有毒气体。

（2）它们会释放挥发性有机化合物（VOCs），这些有机物会消耗大气层低空中的臭氧层，而臭氧层可以保护我们免受太阳辐射的影响。

（3）聚合物涂层对金属表面只是物理覆盖，如果涂层破坏将导致金属的暴露和部分腐蚀，腐蚀可以在涂层下方发展并使基材表面生锈（渗透起泡）。涂层的渗透起泡如图 15.1 所示。

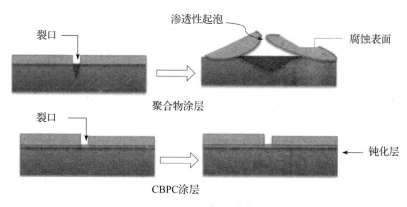

图 15.1　涂层渗透性起泡图示意图

（4）它们会产生高碳排放量或释放温室气体（GHG），对环境将产生负面影响。这个问题将在第 20 章中详细讨论。

（5）生物降解性差，废弃物很难处理。

尽管环境监管机构和涂料行业已经在努力地减少这些不利影响，但并不能消除这些负面作用。这是因为无论施加何种限制以及进行何种改进，这些涂层都是由聚合物制成的，而这些问题是聚合物所固有的。审视历史上已经出现过的无机涂层，如石灰和氧化铁，并考虑使用合适的无机材料作为备选已经成为一种新途径。除非是有害物质，如铅或铬化合物，无机材料一般不会有聚合物所引起的问题，因此硅酸盐和磷酸盐材料就成为了聚合物涂料的替代产品。正如我们在前面的章节中所看到的那样，在室温环境条件下磷酸盐水泥凝结时间较快，这也许是其成为生产新一代涂料最佳选择的原因，这些涂料不存在常见聚合物涂料固有的大多数问题。本章讨论的磷酸盐涂料就是从这个角度出发的。

在探讨磷酸盐涂层之前，有必要探讨涂料的一般应用范围，了解其所必须满足的要求。表 15.1 列出了 2012 年涂料行业的产品分类及其全球市场分布[2]。

表 15.1　涂料分类和市场

种类	特殊应用	2012 市场（10 亿美元）				
		份额（%）	全球（100%）	欧洲（27%）	北美洲（10%）	亚太（40%）
建筑类（装饰）	装饰、热反射	45	49.5	13.36	4.95	19.8
汽车类	汽车、卡车、公共汽车、农用车辆等的防腐蚀	15	16.5	4.45	1.65	6.6
海洋环境类	腐蚀、火灾和生物污损防护	12	13.2	3.56	1.32	5.28
一般产业类	防止化学介质（酸、烟气、有机物和无机物）的腐蚀	10	11	2.97	1.1	4.4
其他类	防火和防霉	18	19.8	5.35	3.56	14.26
总计		100	110	29.7	12.8	50.34

一般建筑涂料的表面要设计得引人注目，但其他性能往往达不到目标要求，因此被归类为装饰漆。而其他所有的功能性涂料，其性能要求比外观更重要，例如防腐涂料和防火涂料。建筑涂料已经取得了显著进步，并能够标准化地生产一系列色彩的涂层，它们有吸引人的表面，而且还可以处理成亚光或光滑的表面。另一方面，开发功能性涂料的焦点在于保护基材免受腐蚀、防火、防化学介质侵蚀或海洋生物体的侵蚀。

最近，已有使用CBPC涂料作为功能涂层进行的测试，但是由于其基材是白色的并且外观没有亮光釉，如果在浆体中使用彩色颜料对其进行调色，少量作为建筑涂料也是可行的。

从表15.1可以看出，全球聚合物涂料市场为1100亿美元。由于中国和印度的建筑施工活动日益增加，建筑涂料市场的增长速度快于功能涂料市场，预计在不久的将来将达到每年7%~10%增长速度。如果系统地开发CBPC涂料，可满足一些市场需求，减少聚合物涂料对环境的不利影响，原因如下：

（1）CBPC是无机材料，因此其碳排放量较低（参见第20章）。

（2）其在基材上形成不可燃陶瓷膜层，因此不会燃烧，也不产生有害气体，可以作为防火涂料；有选择地在其中加入热反射材料，可使其成为理想的热反射涂料。

（3）在制备和固化期间不释放任何VOC，属于水基材料，仅释放水蒸气。

（4）具有快速凝固的特性，因此可以喷涂，能够在几分钟内凝固。

（5）与金属、混凝土和木材结合良好，是优良的黏结剂。

在涂料中使用无机粉末和浆体的概念，与早期使用石灰和石膏没有什么不同。然而，将其发展为现代涂料却是一种全新的技术，可能会对原有市场造成分化。新型涂料在储存方式、运输的供应链、包装和应用方法等方面存在诸多挑战。最好是利用现有的设备，通过教育和说服赢得最初犹豫的消费者来对抗市场惯性，尽管这十分困难，但无机涂料出色的性能和环境效益足够吸引人。现在，许多研究人员在这个方向已经做出了一定的努力。然而，本章讨论的范围仅限于这种涂料的科学基础、开发方法及其性能和应用。

15.1　功能型无机涂料的基础：酸碱磷酸盐反应

CBPC是通过弱酸溶液和碱溶液反应生成的。它们是快速固化的，因此只有当酸和碱性成分混合后并立即涂在基材表面上才起作用。这与目前的商业习惯相反，一般涂料用罐或桶装，运输到现场可直接施工。起化学反应的磷酸盐浆体会迅速变稠，可能在泵和喷枪中凝固。根据环境温度不同，浆体可以快速或缓慢地凝固。凝固太快的浆体会堵塞泵，慢凝则导致涂料滴落。两组分环氧涂料体系也有类似的问题，这为生产和应用CBPC涂料提供了方法上的指导。

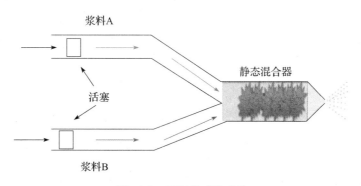

图 15.2　两组分喷涂系统

在图 15.2 中，浆料 A 和浆料 B 为分别运送的酸性和碱性浆料，在静态混合器中混合成浆体，然后通过喷嘴喷出浆体混合物。

典型的环氧树脂涂料使用的是双组分体系。两个组分由两台独立的泵同时泵送，然后在位于喷枪附近的静态混合器中混合，并且将混合的浆料作为单一涂料快速喷涂在表面上，该方法也适用于酸碱水泥涂层的施工（图 15.2）。在后者情况下，一部分是酸溶液，另一部分是碱溶液，当它们泵送到静态混合器中时，混合后开始发生反应。当反应性浆料仍处于流体状态时，可将其喷涂在基材上，浆料在基材上凝结、养护和硬化。目前该方法已经用于制备 Ceramicrete 涂料，其中一部分是磷酸二氢钾浆料，另一部分是氧化镁或氢氧化镁的浆体，尽管由于氢氧化镁的快速反应特性而导致其并不是最好的原料，但由于涂层需要快速凝固，因此它仍然是两组分体系涂层的候选原料。涂层的产物为磷酸镁钾，由下述两个反应形成：

$$MgO + KH_2PO_4 + 5H_2O \Longrightarrow MgKPO_4 \cdot 6H_2O \tag{15.1}$$

$$Mg(OH)_2 + KH_2PO_4 + 4H_2O \Longrightarrow MgKPO_4 \cdot 6H_2O \tag{15.2}$$

两种组分在静态混合器中发生反应，喷涂在基材后反应完成。涂层在几分钟内凝结，在随后的 1h 内完成固化，这比环氧树脂或其他任何聚合物涂料要快得多，后者的固化至少需要 1d。

尽管 Ceramicrete 涂料的化学反应很简单，但也存在着几个明显的实际难题，在商业聚合物涂料中并不存在这些困难，也许该行业中使用的粉末涂料除外。通常，聚合物是乳液，泵送和喷涂它们并不像喷涂水性粉末混合物那样困难。但在粉末混合物中，粉末不会总是保持悬浮状态，其在高压下流动时可能会分离，进而堵塞泵或喷头。它们可能没有泵送和喷涂所需的适当黏度。粉末和水的分离以及水性粉末混合物中较重粉末在储存和运输期间的沉淀是主要挑战。尽管存在这些困难，但已经开发出具有优异黏附性和保护性能的涂料，这些涂料是通过式（15.1）和式（15.2）中的化学反应来制备并配合多种喷涂方法（图 15.3），目前该涂料产品已进入了美国市场。

这些问题不是水性粉末混合物如 CBPC 浆料所独有的，它们也存在于药物和食品工业中，在某种程度上甚至存在于聚合物涂料行业。可以用分散剂、增稠剂、黏度调节剂和悬浮剂来克服这些行业应用中的问题，这也是 CBPC 涂料应用中处理问题的方式。可惜的是，没有妥善的方法来彻底解决这些问题，也没有独特的解决方案，每个产品都有自己的添加剂，这是制造商的专有知识。CBPC 涂料也是如此。

图 15.3 在混凝土墙面上喷涂 Ceramicrete 涂料
图中左下角为涂层表面（致谢：William George of Spartenberg, SC, USA）

聚合物涂料常含有少量粉末，一些产品也采用粉末涂料的方式。当少量的粉末加入聚合物乳液时，乳液的高黏度抑制了它们沉降。另一方面，CBPC 浆料中使用的氧化物总是比水重得多，因此沉降和分离是更为严重的问题。目前对于 MgO 和 Mg (OH)$_2$ 基涂料，已经取得了进展，产品看起来很有前途。由于本章的目的是讨论 CBPC 涂料的基础科学，添加剂的知识属于专有技术，使用的方法的也很随意，因此本文将不对这些问题与技术方案作详细说明。

原则上，可以选择不同氧化物来开发一系列 CBPC 涂料。本书第 9 章～第 13 章对形成 CBPC 的候选材料进行了充分描述，第 4 章～第 7 章已经介绍了选择酸性和碱性组分的标准和化学原理。这些章节中的知识可用于为 CBPC 涂料选择多种候选原料，并可针对特定应用来开发的定制涂料。由于 CBPC 涂层的概念仍处于早期阶段，对该材料的应用尚未做出较大的努力，文献中存在的大多数数据仅限于由式 (15.1) 和式 (15.2) 给出的 Ceramicrete 涂料。

在 Ceramicrete 涂料中，酸性和碱性组分分别是 KH$_2$PO$_4$ 和 MgO/Mg (OH)$_2$ 的溶液，两种溶液均以预定比例的粉体在水中混合产生。这不同于制造单块 Ceramicrete 产品的情况，由于涂料的反应和固化条件不同，并不能使用由式 (15.1) 和式 (15.2) 确定的化学计量比例来制备浆体。对于块状 Ceramicrete 材料 (第 14 章)，即使加水获得缓凝的浆体也能保持接近化学计量的比例。然而，一旦混合浆料应用到基材表面上，必须快速固化，否则会滴落。虽然泵送单个成分需要额外的水，但是由于原料表面积大，快速放热的酸碱反应产生的热量会使多余的水蒸发了。虽然涂料固体的抗压强度和抗折强度是至关重要的，但对于涂层而言抗折强度与基材表面的黏结强度、表面硬度和在不同环境条件下的耐久性才是主要的考虑因素。根据具体应用进行开发的涂料，其性能是主要目标。

在这方面，有一些性能对于 CBPC 涂层是根本性的。(1) 已经证明了磷酸是涂料工业上商业底漆的防腐剂，因此 CBPC 涂料有望提供优异的防腐蚀性能。(2) 无机材料不燃，火不影响其性能。因此，它们是优良的防火涂料。（3）特别地，氧化镁或其氢氧化物和二氧化钛具有最高的红外（IR）反射率。美国地质调查局（USGS）[3]对不同的氧化物进行了光谱分析，已经证明了这一点，其中包括方镁石形式存在的 MgO（与 Ceramicrete 用的氧化物相同，见第 9 章）。美国地质调查局的报告认为其在太阳能光谱中红外（IR）区域的反射率为 90%。类似地，TiO_2（金红石）具有 99% 的 IR 反射率。IR 辐射的高反射率降低了表面的热吸收及其通过涂层传播的热量。因此，无论是可燃木材，还是热学性质不稳定的混凝土或任何受力金属制品（如钢筋）的表面都会保持较低的温度。这是 Ceramicrete 涂层具有优良防火特性的主要原因。无机材料的这些基本性能特征通常使其成为制备防腐和防火功能涂层的理想选择。

一旦应用，无机涂层的固化结构与聚合物涂层不同。在喷涂反应性涂料的同时，MgO 或 Mg（OH）$_2$ 并不会立即溶解，而是需要一定的时间进行溶解，因为其是难溶性化合物，溶解度很小。然而酸性浆体会立即影响金属基质，之后金属表面与酸反应。该反应在金属表面形成钝化膜，这类似于使用磷酸作为底漆时形成的膜层。随后，发生酸碱反应并形成涂层表面。该表面主要由 $MgKPO_4 \cdot 6H_2O$ 或 Ceramicrete 组成（图 15.4）。

如图 15.4 所示，第 1 阶段是酸性和碱性浆料的喷涂操作。第 2 阶段是中间阶段，钝化层形成，面层处于形成过程中，溶液慢慢呈中性化。第 3 阶段是在固化之后，固体颗粒和磷酸盐溶液的酸碱反应在钝化层上形成陶瓷面层。

在钢材或其他金属表面上，其钝化层可以被认为等同于在传统涂料工业中使用的底漆。另一方面，表面面漆的功能仅仅是保护基材和钝化层，这通常是由涂覆聚合物涂层的第 2 和第 3 涂层实现的。由此可见，在 CBPC 涂布体系中，底漆和第二涂层是以一次喷涂的方式实施，这降低了应用成本。

在木材上施用这种涂料的目的主要是防火、防霉和装饰。当涂层喷涂在木材上时，取决于孔隙率，一些喷洒的溶液被木纤维之间的微孔吸收，在其间凝固和产生锚固作用并形成 CBPC-纤维复合材料层，保护性面层就沉积在该层上。由于复合后的涂层表面致密，有反射热功能，且由于孔隙变小，不易霉变，因此确保了其具有优良的防火和防霉性能。

CBPC 涂层在混凝土表面上也应该有很好的性能。CBPC 溶液进入混凝土表面的孔隙中，并与混凝土中的含钙化合物反应，通过化学结合与混凝土结构形成一体。然后形成保护面层，其与保护木材的方式相同，具有保护混凝土免受火灾作用和霉变的功能。

制备优质涂料的挑战是产生具有优化微结构的面层，使面层具有优异的耐磨性及其在高温和冻融条件下的稳定性。用于测试工业涂料的测试标准也必须用于测试 CBPC 涂层的性能，以便可以在两种涂层之间进行公平的比较。对于商业涂料，已经建立了一些测试方法，如 ASTM 标准。其中最重要的测试方法将在下一节中讨论。

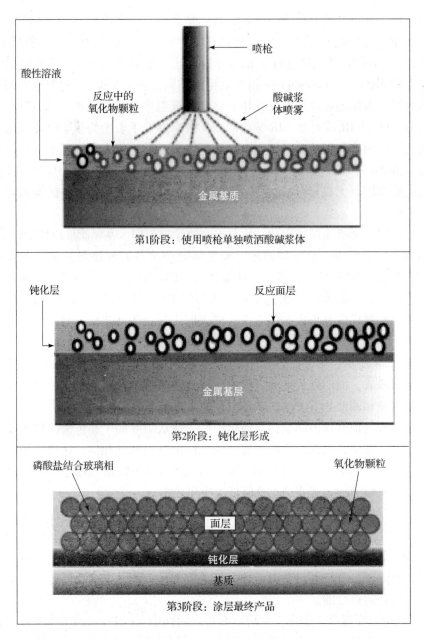

图 15.4　涂层形成的三个阶段

15.2　涂料性能测试

　　功能涂料必须符合市场上的标准规定，一些标准与涂料的基本功能有关，即任何涂料体系都必须满足这些标准，而其余的一些标准则与特定应用中定制的涂料配方有关。

　　所有涂料体系必须满足的基本功能是：在不同的大气环境条件（冷、热、冻融等）下都能与基材有良好的黏结，以及具备良好的耐磨性和耐久性。与性能有关的测试内容是：防腐、防火、耐化学侵蚀、防霉和防生物污损等方面的性能。表 15.2 列出了与每项功能相对应的测试方法。这仅仅是为一般涂料而设计的大量的 ASTM 标准方法的一部分。我们只选择了在涂料行业最重要和最常用的一些测试方法。有兴趣的读者可以参考 ASTM 数据库中的全部目录。

　　表 15.2 中规定的每项测试旨在评估涂层的相关性能。例如，通过拉拔试验仪来测量涂层与基底的黏结性，该试验在涂层表面的垂直方向拉出涂层的小圆形部分。通过测量涂层和基材之间的黏结拉伸强度，可以评价涂层与基材的结合程度。

表 15.2　涂料的标准测试方法

性能与测试	涂料类别和基材		
	建筑类	工业	海洋类
基材	金属、木材和混凝土	金属	金属
黏结试验	D4541：用便携式黏结力测试仪测试拉拔强度的标准测试方法 D6777：用刀具评估黏结力的标准测试方法 ASTM D-3359：用 X-划痕方法评价黏结力的标准测试方法		
铅笔硬度	D3363：铅笔测试评估薄膜硬度的标准测试方法		
抗磨性	D4060：耐磨性标准试验方法——有机涂层的鼓式磨轮试验		
抗冻融性	D2243：水性涂料的抗冻融性标准试验方法		
盐雾试验	不需要	ASTM B117：操作盐雾设备的标准试验方法 ASTM D1654：评估腐蚀环境中涂层或涂层标本的标准测试方法 ASTM D610：评估钢表面生锈程度的标准测试方法	
角落燃烧试验	ASTM E2257：墙体和顶棚材料室内火灾试验的标准试验方法	—	
火焰蔓延试验	ASTM E84：建筑材料表面燃烧的标准测试方法	—	
抵抗生物污损	—	D5479：用于测试部分浸渍的船舶涂料生物结垢性的标准试验方法	
耐化学作用	ASTM D1308：家用化学品对透明和有色颜料作用的标准测试方法		

　　也可以使用类似的、简单但不是很精确的测试方法 ASTM D3359 来评估相同的性能。使用深度足以到达基材的锋利刀片在涂层上刻划十字，并使用胶带来查看胶带上是否存在印记或者是否已经拉出另外的涂层。该试验根据目测的涂层剥离量的多少，可以确定黏结强度。

　　使用不同硬度（H 等级）的铅笔测量硬度。从 1H 到 10H，硬度根据铅笔划伤表面的程度来确定。在这里，用铅笔硬度作为表面硬度的度量。

　　耐磨性试验旨在测试涂层表面耐磨损的能力。使用鼓式磨轮进行测试，在一个小平台上夹住涂覆涂层的样品，具有预定压力的研磨辊在样品上旋转并在圆形轨道上磨损涂层表面，确定研磨辊磨去一定厚度的涂层所需的循环次数，可以获得涂层磨损性能的测量值。

冻融试验测试涂层承受环境冷热循环的能力。在冻融室对样品进行冻融循环，以确定涂层可承受的冻融循环次数，进而确定涂层的耐久性，而保证在实际使用中涂层不会由于涂层的膨胀和收缩差异而从基材脱离。

在盐雾室中测定涂层保护基材免受大气腐蚀的能力。将涂层放入盐雾室之前，在涂层上切割一个横线或者十字的记号。该盐雾室旨在对室内的样品喷洒具有规定浓度的盐雾，并将样品在热辐射下干燥。每个试验过程按照规定的周期交替进行。经过几百次循环后，通过在涂层中被切割的记号处引发的腐蚀层的扩散程度来评价样品的耐腐蚀性。

火焰蔓延测试是在已涂覆涂层的面板上，将涂层与小火焰接触并将涂层的表面加热至371℃（700℉）。火焰蔓延等级由火焰在给定时间内从基材剥离或燃烧基材（木材）的距离决定。

角落燃烧试验是在规定尺寸的房间内的两个墙壁之间的角落引燃小火，然后确定火焰在给定时间内的扩散范围。

对于海洋涂料，主要问题是海洋生物对涂料的侵蚀或生物污损。生物污损一般会导致涂层的剥落和生物的附着，这会使得船体和货船的表面变粗糙，增加了船舶在水中运动的阻力，从而增加了燃油成本。因此，海洋涂料应含有阻止生物附着的添加剂，同时这些添加剂不能含有毒或有害的物质，因为这类物质可能会浸入水体并对生态系统产生不利影响。为此，必须对为海洋应用设计的涂料进行测试。将涂覆涂层的板材浸入海洋或含有标准海水成分的容器中，然后确定污染物的浸出水平。这些浸出试验也在第18章中涉及危险和放射性污染物的内容中有所描述。

最后，将一滴化学品滴落在涂层表面并观察该涂层表面的反应，来确定涂层对家用化学品的耐受性。如果液滴在表面上像水珠一样，不影响涂层，这表明涂层是可接受的。如果液滴在表面上展开并损伤涂层表面，则表明涂层是不可接受的。该试验主要测试建筑涂料对家用化学品的耐受性。然而，对于专为工业应用设计的涂料，可以将此试验方法扩展到其他化学品，例如不同 pH 值的酸和碱溶液。

我们将使用相关示例来说明某些试验的重要性，这将在本章后面讨论。

15.3 CBPC 涂料的化学过程和组成材料

腐蚀科学的基础是基于电化学之上，正如我们在第 4 章～第 7 章中所看到的，电化学也是制造 CBPC 的基础。如第 12 章所述，用铁和氧化铁（铁锈）的电化学方法制铁基 CBPC，通过 CBPC 浆体和铁表面之间的电化学反应的路径，很自然地找到了形成钝化层的解释。

为了便于在电化学基础上讨论钝化层和保护面层的形成动力学，我们使用第 4

章和第 5 章讨论的 Pourbaix 图。图 15.5 是铁体系的简化 Pourbaix 图。在酸碱反应过程中，把新拌浆体涂在钢表面上；最初，KH_2PO_4 只有部分溶解，初始 pH 为 4.2。有时在该溶液中加入少量的 H_3PO_4，则初始的 pH 降低至 3 和 4.2 之间。在开始阶段，来自基体的 Fe 将降低 E_h，从而释放出 Fe^{2+}。Fe^{2+} 与相应的磷酸盐离子反应将形成磷酸氢亚铁。同时，随着 MgO 颗粒在该溶液中缓慢溶解并释放 Mg^{2+}，pH 值开始上升。随着越来越多的 MgO 溶解，引发 MgO 和 KH_2PO_4 之间的酸碱反应，进而形成了 Ceramicrete 面层。

图 15.5 中的粗线是不同铁相稳定区域的理论边界。例如，E_h 为 − 0.6 的水平线将 Fe 的惰性和活性区域分开。线下面是惰性区，在其中存在足够的还原条件，使 Fe 保留为金属。在该线以上，取决于 E_h 和 pH 的大小，Fe 将在水溶液中溶解产生 Fe^{2+} 或 Fe^{3+} [或溶解状态 $Fe(OH)^{2+}$]。图中以一条有一定角度的粗线将 Fe^{2+} 和 Fe^{3+} 的两个区域分开。两条虚斜线之间是水的稳定区域。pH = 2.15 和 pH = 7.2 的两条垂直线之间以及 pH 为 7.2 和 12.37 的两条垂直线之间分别表示 $H_2PO_4^-$ 和 HPO_4^{2-} 的稳定区域。最后，两条连续的直线表示 MgO 和 KH_2PO_4 的 pH 值，即代表酸碱反应发生的 pH 值范围，如果在配比中使用磷酸，该区域可能会扩大到 pH 的较低的一侧。

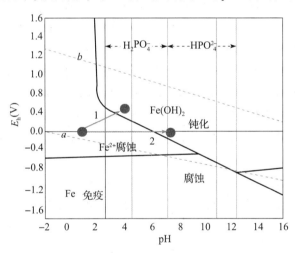

图 15.5　Pourbaix 解释了 CBPC 涂层的防腐蚀化学性质

当 $E_h = 0$ 时，发生酸碱反应并形成 CBPC，因此，从图 15.5 可以看出，两个形成区域之间的分界线大约发生在 pH = 6 处。同时，对于 Ceramicrete 面层，由于溶液初始的 pH 是 4.2，并且涂层是在低于 11 的 pH（即 MgO 的 pH）下形成的，所以可以认为钝化区的形成化学可用沿着图中绘制的那条表示 $E_h = 0$ 的水平粗线来解释。

当涂覆涂层时，最初基体表面将遇到 $H_2PO_4^-$，随后是 HPO_4^{2-}。在 Fe^{2+} 和 $Fe(OH)^{2+}$ 的两个区域，$H_2PO_4^-$ 与溶出的 Fe 离子之间的反应由下式给出：

$$Fe^{2+} + 2H_2PO_4^- \Longrightarrow Fe(H_2PO_4)_2 \tag{15.3}$$

$$Fe(OH)^{2+} + 2H_2PO_4^- \Longrightarrow FeH(HPO_4)_2 + H_2O \tag{15.4}$$

在 HPO_4^{2-} 占多数的域区，类似的反应可以表示为：

$$Fe(OH)^{2+} + 2HPO_4^{2-} \rule[0.5ex]{2em}{0.4pt} FePO_4 + H_2O \qquad (15.5)$$

这意味着可能在钝化层中形成三种磷酸铁，即 $Fe(H_2PO_4)_2$、$FeH(HPO_4)_2$ 和 $FePO_4$。

一旦 MgO 开始溶解，就将形成面层。MgO 的溶解可由下式表示：

$$MgO + H_2O \rule[0.5ex]{2em}{0.4pt} Mg^{2+} + 2(OH)^- \qquad (15.6)$$

羟基离子将与 $Fe(OH)^{2+}$ 发生离子反应形成 FeOOH（针铁矿），可由下式表示：

$$Fe(OH)^{2+} + OH^- \rule[0.5ex]{2em}{0.4pt} FeOOH \qquad (15.7)$$

最后，Mg^{2+} 将与磷酸根离子反应形成 $MgKPO_4 \cdot 6H_2O$：

$$Mg^{2+} + KPO_4^{2-} + 6H_2O \rule[0.5ex]{2em}{0.4pt} MgKPO_4 \cdot 6H_2O \qquad (15.8)$$

在反应式（15.3）～反应式（15.5）、反应式（15.7）和反应式（15.8）预测的五个产物中，$Fe(H_2PO_4)_2$、$FeH(HPO_4)_2$、$FePO_4$、FeOOH 和 $MgKPO_4 \cdot 6H_2O$ 均稳定且不溶，除了 $Fe(H_2PO_4)_2$ 在 pH > 7.2 时不稳定。如图 15.5 所示，$Fe(H_2PO_4)_2$ 中的 Fe 和磷酸盐是以不稳定的 Fe^{2+} 和 $H_2PO_4^-$ 存在的，并且会转化为 $Fe(OH)^{2+}$ 和 HPO_4^{2-}。这意味着它将最终形成 $FeH(HPO_4)_2$。所以，最终的产物可能是 $FeH(H_2PO_4)_2$、$FePO_4$、FeOOH 和 $MgKPO_4 \cdot 6H_2O$。在下面的几个例子中，我们将展示这些产物在钝化层和面层中的实验构性。

上述电化学分析有助于得出以下三个关于 CBPC 涂层性质的主要结论：

（1）由于磷酸盐成分比氧化物成分反应更快，所以可以肯定地认为当使用任何二价金属氧化物作为阳离子供体时，钝化层将由磷酸铁和针铁矿组成，无论供体是 MgO、ZnO 还是碱性组分中任何其他微溶的氧化物，这一点是正确的。因此，钝化层的性能不依赖于酸碱配方的碱性组分。

（2）面层的性能取决于 CBPC 配方中的碱性成分。由于这是涂层中的保护膜，所以钝化层的保护效果应通过选择适当的难溶性金属氧化物来进行优化。

（3）在涂层的使用过程中，酸组分可以是能够产生 $H_2PO_4^-$ 和 HPO_4^{2-} 的任何可溶性磷酸二氢盐，包括碱金属磷酸盐和二价金属磷酸盐。

尽管这些结论具有普遍意义，可适合各种酸碱组分组合生产 CBPC 涂料，但实际上只有开发出来的 Ceramicrete，才能用于生产涂料。所以，CBPC 涂料的潜力远远超出了本章所讨论的内容。

15.4　Ceramicrete 防腐涂料

Ceramicrete 涂料经过充分地试验后，被小公司非正式地引入了商业市场。这些涂料在阿贡国家实验室和哈尔科夫物理与技术研究所合作的由美国能源部资助的[4]项目中进行了最全面的研究。该研究的目的是为存储核材料或核电站周围的容器和核辐射防护罩（见第 17 章）研制涂层。研究的 Ceramicrete 材料中添加了质量分数为10%硅灰石（200目），目的是用以提高材料的抗弯强度。此外，加入占胶凝材料的1.5%（质量分数）的硼酸以减缓反应速率，使得胶凝材料浆体有足够的时间涂刷钢板。乌克兰研究人员对涂料进行了彻底的研究，包括钝化层和磷酸盐矿物的面层，用表15.2中列选出的最重要的标准试验对涂层进行了测试。

　　首先，将所有胶凝材料粉末组分充分混合，并将所得混合物加入到由第9章中描述的化学计量的水中。将反应性浆体涂覆在俄罗斯制造的商用钢板上[5]。将钢板表面打磨成粗糙纹理，用普通漆刷来涂刷样品。涂层在钢板表面上固化一周，然后进行分析。涂层厚度为0.5~0.7mm，涂层密度为1.2~1.5g/cm³。涂层的外观如图15.6所示。

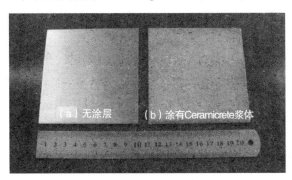

图15.6　Ceramicrete涂层腐蚀试验样品

　　使用ASTM D 6677和ASTM D-3359测试方法评价涂层的黏结性能。在Ceramicrete涂料快速凝固后，随着养护时间的推移，在3d、7d、14d、21d和28d后用标准ASTM D 6677试验进行测试。每次测试包括3~5个样品。用锋利的刀在涂层上做X标记，通过移除涂层的难易程度来确定涂层黏结等级。涂层的黏结等级从0~10，最好的黏结等级为10，无黏结时为0。

15.4.1　实验室测定的 Ceramicrete 防腐涂料的性能

　　如上所述，防腐性能的主要试验是盐雾试验。在哈尔科夫研究所根据ASTM 117设计和制备的盐雾测试装置如图15.7所示。该设备由项目参与者根据ASTM B 117规范制造。

图15.7　按照ASTM B 117设计的盐雾室以及用于测试的Ceramicrete样品

盐雾室的长度、宽度和深度分别为70cm、35cm和45cm，一次可容纳8个样品。根据标准 ASTM D 610 的要求，盐溶液是在蒸馏水中加上 $(5 \pm 1) \times 10^{-6}$ 的盐（NaCl）。盐溶液温度为 35℃，室温为 23℃，在 80cm² 面积上盐雾沉积速率为 2.0 ~ 3.0mL/h。溶液的 pH 保持在 6.5 ~ 7.2 之间。样品分别在 24h、72h、168h、240h、336h 和 500h 进行测试。

ASTM D 610 标准是使用目测来确定暴露后的生锈程度，而 ASTM D 1654 需要用刀具对涂层表面进行划线，并评估涂层暴露在盐雾中对涂层下方基体的影响，如是否起泡。根据后一个试验程序，用手工刀具划伤涂层样品的表面。结果表明，即使经过 500h 的盐雾喷洒，涂层的等级仍为 10，这意味着没有起泡（或涂层下腐蚀鼓起）。

在盐雾中暴露后没有起泡，这表明了钝化层的作用。在暴露试验过程中，涂层的质量减少了 0.75% ~ 6.75%，面层中产生了一些孔隙。尽管如此，样品没有腐蚀也没有出现起泡，这意味着钝化层在防腐蚀中起主要作用。受此结果的鼓舞，我们对钝化层的结构和形态进行了更详细的研究。

15.4.2 涂层和钝化层中的元素分布

为了计算涂层横截面的元素分布，使用了能量色散 X 射线分析仪（EDX）进行分析。在钢板上制备厚度为 900μm（36mil）的厚涂层，固化 7d 后，对离基底的不同距离处的主要元素进行了分析。表 15.3 中的数据包括了从基材到涂层中不同距离的主要元素分布。

表 15.3　钢板上 Ceramicrete 涂层中的元素分布（质量分数，%）

厚度（μm）	O	Na	Mg	Si	P	K	Fe
0	8.10	0.31	1.05	3.25	0.95	0.24	86.11
100	50.97	2.82	6.40	11.67	21.71	1.06	5.42
200	48.13	0.54	8.00	0.61	10.49	31.01	1.22
300	49.11	0.62	17.25	0.59	31.59	0.49	0.36
400	49.96	2.74	11.84	0.94	30.11	2.52	1.88
500	48.48	3.46	11.91	0.72	32.17	2.55	0.71
600	47.37	1.83	10.43	0.86	33.67	4.14	1.69
700	49.43	0.48	16.21	0.54	31.46	1.73	0.14
800	51.23	2.83	12.35	1.37	25.26	5.58	1.37
900	46.76	1.17	14.87	0.8	32.73	2.01	1.59

从表 15.3 可以得出几点结论：

（1）在界面处 Fe 含量非常高，在 100μm 内降至 2%（质量分数）。在涂层其余部分中存在少量的 Fe，意味着 Fe 离子在涂层中发生了扩散，并可能形成它们自己的化合物。这表明钝化层中富含 Fe 的矿物质。

（2）Mg、K、P 和 O 含量，除了 K 含量在 300μm 处的异常之外，它们在超过

$100\mu m$ 的范围内逐渐减小。K 的这种异常可能是由于测量点正好是含有 K 的颗粒。涂层中的这些元素的存在表明，Ceramicrete 涂层的主要成分是 $MgKPO_4 \cdot 6H_2O$。

（3）与 K 的浓度相比，Mg 和 P 含量更高。Mg 含量高，主要是因为在涂料混合物中加入了过量的 $MgO/Mg(OH)_2$，其加入量远高于化学计量形成 $MgKPO_4 \cdot 6H_2O$ 所需要的量，这可为涂层提供更好的稳定性和强度，并提高反应速度。与 K 相比，P 的含量很高表示存在着除 $MgKPO_4 \cdot 6H_2O$ 以外的磷酸盐物质，它们可能是磷酸铁或磷酸镁。

（4）在 $>100\mu m$ 位置及更高处，P 含量较高，同时含有含 Fe，这表明除了形成 Ceramicrete 相外，在涂层中可能形成磷酸铁相。这将在后续内容中用拉曼光谱数据进行研究。

（5）Si 似乎在 $200\mu m$ 处积聚，且在涂层的其余部分中非常低。如在第 14 章所述，Si 形成磷硅酸盐非晶相，似乎在该距离处积聚。

观察结果是，在 $100\mu m$ 以内，所有元素的浓度都相对于距基底的距离变化，并且在超过 $100\mu m$ 后它们逐渐减小，这意味着钝化层内的相组成不同于面层。为了更好地了解钝化层的结构，需要对前 $30\mu m$ 内做进一步的 EDX 分析，这将在下一节进行讨论。

图 15.8 是 Ceramicrete 涂层的扫描电子显微镜（SEM）照片。其中左侧的黑色区域为基底，在中间较致密和较暗的是钝化层，面层是右边的颗粒状和稍微多孔的区域。钝化层的厚度约为 $30\mu m(1.2mil)$，而面层的厚度将取决于在基底上喷涂多少层。通常喷涂一次的厚度为 $125\mu m(5mil)$。

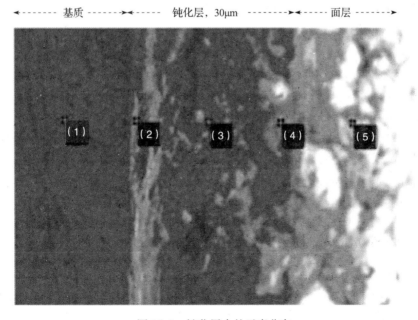

图 15.8　钝化层内的元素分布

使用 EDX 对涂层横截面的各个点进行元素分析。选取点如图15.8 所示。点 1 位于钢板基底上，点 2 位于基底和钝化层之间的界面处，点 3 处于钝化层中，点 4 位于钝化层与面层之间的界面处，点 5 位于面层中。表 15.4 列出了上述各点的主要元素分布。

除了涂层材料元素（Mg、K、P、O、Ca、Si）外，还存在 Na、S 和 Cl 等初始反应物的杂质元素，我们在表 15.4 中没有列出。从表中可以得出几个结论：

表 15.4 钢板上 Ceramicrete 涂层中的元素分布

位置（图15.8 中所示点）	元素（质量分数,%）				
	Mg	Si	P	K	Fe
（1）钢板	0	0.33	0	0	96.7
（2）钢板与钝化层界面处	1.33	1.49	1.1	0.35	91.0
（3）钝化层	0.54	0.88	1.69	1.2	87.4
（4）钝化层与面层界面处	5.2	5.33	10.1	2.0	68.6
（5）面层	1.83	33.8	3.85	3.2	47.5

（1）与前面表 15.3 中的观察结果一致，钝化层中 Fe 的含量非常高，从基底往上迅速减少，并在面层涂层中扩散。

（2）钝化层中的钾含量比面层中的钾含量低。

（3）磷也是一样的。即使以摩尔分数计算，它仍然高于 K 的摩尔分数，这意味着形成了 $MgKPO_4 \cdot 6H_2O$ 以外的相。

（4）与钝化层中的浓度相比，面层中的硅含量要高得多。这意味着 Si 进入钝化层的量不多。

（5）Mg 含量变化没有明显的趋势，但比面层中的 Mg 含量低得多。

这些一般性结论佐证了第15.3 节中得出的理论，钝化层主要由氧化铁和磷酸盐矿物组成，例如 FeOOH 和 $FePO_4$，而面层由 $MgKPO_4 \cdot 6H_2O$ 组成。在钝化层中发现的少量 Mg，所以钝化层中可能形成了磷酸氢镁，但同时由于 K 含量低，即使形成 $MgKPO_4 \cdot 6H_2O$ 相，其含量也不会太高。面层中的硅含量高表明其中可能形成磷硅酸盐复合物，但也有可能以硅灰石的形式存在，起到增强面层结构的作用。拉曼光谱分析为这些结论提供了更为直接的证据。

15.4.3 拉曼光谱研究

如在上文的 SEM 显微照片中所见，钝化层厚度约为 $30\mu m$，这对于详细研究其相组成来说太薄了。此外，在钝化层和面层中有 Fe 离子的扩散，并且钝化层中的 Fe 含量高于面层中的 Fe 含量。

为了研究 Mg、K、P 和 Fe 的各种化合物的存在状态，使用 HRIBA JobinYvon T

64000（日本）进行拉曼光谱试验。图 15.9 是钝化层和面层以及纯涂层中各个位置的拉曼光谱。

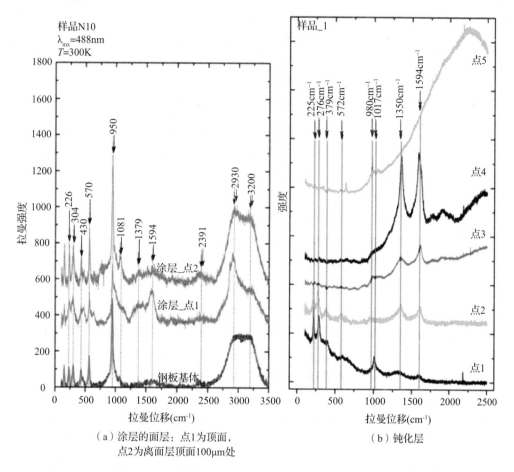

图 15.9　不同位置（参见图 15.8 的位置）的拉曼光谱

可以看出，图 15.9（a）中的主要拉曼谱线移位在 $50 \sim 650 cm^{-1}$ 的波长范围内。这表明磷酸氢镁的存在[6]。磷酸氢镁主要存在于面层中，也存在于基材和钝化层之间的界面。面层和钝化层都发现了在 $980 cm^{-1}$ 处磷酸氢镁的拉曼谱线[6]。

在 $980 cm^{-1}$ 和 $1594 cm^{-1}$ 处的谱线移位，代表了钝化层和在面层中钾鸟粪石的存在[7]。钝化层中在 $1350 cm^{-1}$ 处的尖锐谱线代表铬-铁氧化物：$Fe_{2-x}Cr_xO_3$[8]，这是一种铁氧化物，相当于部分生锈的赤铁矿，可能在进行表面涂层之前就已经存在，或在酸碱反应过程中形成。处于 +3 价态的 Fe 是惰性的，因此不参与酸碱反应而形成任何形式的磷酸盐化合物。

峰值在 $950 \sim 1030 cm^{-1}$ 范围内表示红磷铁矿（$FePO_4 \cdot 2H_2O$）的存在[9]。它们在面层中的存在很明显，但在钝化层中主要以"肩"形式存在。

总而言之，对拉曼光谱的分析表明，钝化层和面层是由磷酸氢镁、钾鸟粪石、红磷矿组成，而且钝化层中含有铁锈的成分，以铬-铁氧化物的形式存在。面层中的

Fe 以红磷铁矿的形式存在。

这项研究表明钝化层和面层在其矿物组成上没有差异。然而，涂层的 SEM 显微照片（图 15.8）所显示的钝化层是更平滑的结构（可能更致密），而面层是颗粒状和多孔状。因此，两者的形貌上的差异，表明了钝化层相较于面层而言含有更多的玻璃相。

15.4.4　高温对涂层的影响

聚合物涂层的一个主要问题是其在高温下稳定性较差。因此，对于高温条件下的应用，如烟气烟囱、化工厂反应容器周围、地热井周围以及发电机周围的设施，需要更可靠的高温涂层来保护。由于 CBPC 涂料是由无机材料制成，具备陶瓷的性质，可能适用于这些应用。

为了研究高温对 Ceramicrete 涂层的影响，采用如室温使用涂料的研究方法，对 Ceramicrete 涂层进行研究，不同的是本研究中在涂层固化后，使涂层在 150℃、300℃ 和 500℃ 下分别加热 3h 后冷却，然后进行盐雾试验 168h。未进行热处理的试样的质量损失为 1%（质量分数），而热处理过的试样的质量增加了 1%（质量分数）。试样质量的损失可归因于可溶性物质的溶解，例如没有参与酸碱反应的含 Na、K 化合物。质量的增加是由于在热处理期间部分脱水的试样的再水化，也可能是由于试验期间在微孔结构中吸收了盐的缘故。

根据 ASTM D 610 标准对在 150℃ 和 300℃ 加热的所有试样进行分级试验，结果表明其等级为 9～10，但在 500℃ 加热的试样的等级为 6，表明其等级已明显下降。这意味着涂层即使在高达 300℃ 的环境下，经历 168h 的盐雾暴露之后，也具有优异的与基底结合的能力，但是黏结强度会降低。很遗憾，在 300℃～500℃ 之间有长达 200℃ 的温度区间，性能发生退化，在该区域还没有现成的数据来确定这种退化发生的确切温度。

为了测试当涂层加热到较高温度时是否发生任何相变，对不同深度处的涂层材料进行了系统的拉曼光谱测试（图 15.10）。虽然在未热处理的样品中检测到矿物的拉曼光谱线移位有轻微的变化，但唯一的区别是表示磷酸氢镁尖锐谱线的消失，即之前在基底和钝化层的界面以及在面层和钝化层的界面处发现的磷酸氢镁。但这不会导致整体涂层的性能削弱，因为存在着较强的红磷铁矿和钾鸟粪石的键合。因此可以得出结论：基材与涂层之间的黏结力降低的原因不是由于材料的变化导致的，而可能是由于钢和涂层之间的不同程度的膨胀和收缩差异导致的。钢的膨胀系数约为 $10^{-14}/℃$，纯 Ceramicrete 的膨胀系数约为 $10^{-10}/℃$，两者之间有四个数量级的差别，这可能导致涂层从钢基底上剥离，对此需要进行更多的研究。

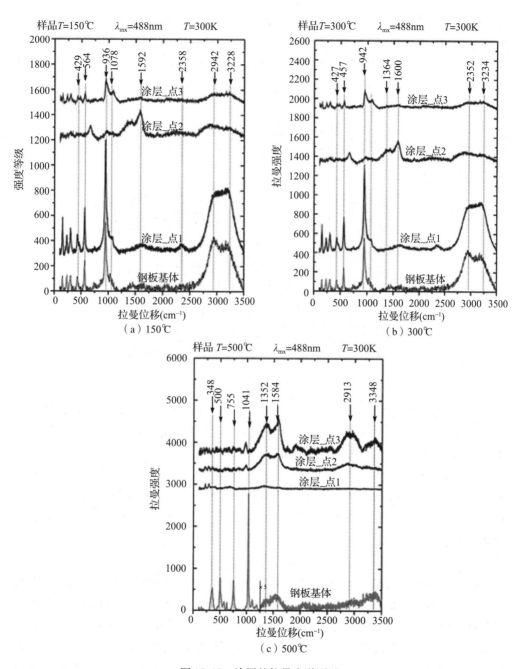

图 15.10　涂层的拉曼光谱测试

15.5　印度德里铁柱耐锈蚀案例

印度德里铁柱建成于四世纪的印度 Gupta（古普塔）时期（公元 320—550 年），目前位于德里著名的 Q'tubMinar（古达明纳）塔前面。它在过去 17 个世纪没有腐蚀，在修建期间刻上的铭文直至现在还清晰可见（图 15.11）。铁柱的耐腐蚀性质在许多个世纪里是一个历史之谜，已经引起了考古界和冶金界极大的兴趣[10,12]。Balasubramnayam 和 Kumar[11] 最近通过对铁柱的锈迹进行了系统的分析，为铁柱的耐锈蚀性找到了一些证据。该团队使用 X 射线衍射技术、傅里叶变换红外（FTIR）分析和莫斯鲍尔光谱分析锈迹，并得出了相应的结论，铁锈中含有磷，磷形成了红磷铁矿 $[FeH(HPO_4)_2 \cdot 2H_2O]$，其他锈蚀成分以针铁矿为主。将 $FeH(HPO_4)_2$ 写成 $FePO_4 \cdot H_3PO_4$ 的形式后，作者认为铁柱的抗锈蚀行为主要是由于存在磷酸盐矿物，即红磷铁矿 $FePO_4 \cdot 2H_2O$ 的存在。

图 15.11　德里铁柱[10] 上的铭文

德里铁柱[10] 上的铭文在经历了 17 个世纪后仍然清晰可辨，证明了该铁柱具有很强的耐腐蚀性。科学研究认为铁中存在的磷[11] 使铁柱免于腐蚀（照片由 Jennifer Marie Wagh，Sleepy Hollow，IL，USA 提供）

在乌克兰和阿贡实验室团队进行的试验中检测到的钝化层组成，与上文所述 Balasubramanyam 和 Kumar 的结论有惊人的相似之处。在 CBPC 涂层的钝化层以及德里铁柱均含有红磷铁矿，两者都展现出防锈特性。其他的组分取决于基底材的组成，即基材中是否含有铬。

在 Ceramicrete 涂层和德里铁柱中引入磷的方法有很大差异。CBPC 基本上是酸碱反应过程，其中 MgO 是碱性成分。由于组合物中过量的 MgO，反应的最终产物总是弱碱性。另一方面，在德里铁柱铸造期间，磷可能已经存在于铁矿石中，不太可能含有任何其他活性碱性氧化物。这意味着在 CBPC 涂层中，不会发现任何 H_3PO_4 组分，如果有的话人们可以观察到磷酸镁，而在德里铁柱中，H_3PO_4 可能存在于矿物 $FeH(HPO_4)_2$ 中。尽管存在这种差异，但是耐腐蚀的德里铁柱和 CBPC 涂层中红磷铁矿的出现都是由于铁被磷钝化而引起的，这也折射出 CBPC 涂层即使不能保证几个世纪的耐久性，但在若干年内的耐久性还是可以保证的。

15.6　Ceramicrete 涂层的红外辐射反射和防火特性

涂层的红外辐射反射性能与基体的防火性能相关。Ceramicrete 涂层的特点是非常有效地反射太阳光谱中的红外部分。非正式测试表明，由 MgO 和 KH$_2$PO$_4$ 组成的涂层可以反射多达 80% 的辐射热能。当组合物中含有 50%（质量分数）的 C 级粉煤灰时，该值降低至 70%。在此涂层中，如果热量入射到其表面时能正好反射回去，则基体将保持较冷的状态，即使像木材这样的基体也不会达到燃点或极端温度，而铁基底材也不会达到其软化的温度。这将有助于基材和涂层复合体系的热稳定性。以上这些是 Ceramicrete 涂层防火的原理。

目前，关于 CBPC 防火涂料尚无系统文献发表。不过，读者可浏览 EonCoat 有限责任公司的 YouTube 网站，该公司提供了一些演示视频，特别是关于两个小木屋的视频资料（http://www.youtube.com/watch/?v = R - ZN2I_rieY），一个小木屋涂有商业涂料，另一个涂有 CBPC 涂料。当两座房屋都着火了，可以看到使用商业涂料的小木屋起火并伴有烟雾，而另一个使用磷酸镁涂料的则至少在 30min 内没有受到火灾影响。

目前，已经有若干标准测试方法可对 Ceramicrete 基防火 CBPC 涂层性能进行了评级。表 15.2 中列出的 ASTM E2257 角落燃烧试验和 ASTM E84 火焰蔓延试验表明，CPBC 涂层的性能完全优于 A 级商业聚合物涂层。CBPC 涂层的这种优异性能可归因于其属于完全无机材料（大多数无机氧化物和磷酸盐粉末根本不燃烧），对 Ceramicrete 来说，其中含有的 MgO 对红外辐射（IR 反射率）具有优良的反射率，使得基体表面保持凉爽。

美国地质调查局研究了若干种氧化物和矿物的红外反射率[3]。他们发现氧化钛（锐钛型）具有最高的反射率，其次是具有方镁石晶体结构的氧化镁。图 15.12 是从该参考文献转载过来的图，表明以方镁石形式存在的 MgO 的反射行为。在最短波长范围内的反射率 >90%，然后随着波长增加反射率下降到较低的百分比。该区域正好是红外光谱具有最大能量的区域，因为波长和能量彼此成反比。因此，入射到表面并使之加热的大部分热量被 MgO 反射了。考虑到 Ceramicrete 涂层的组成中至少由 50%（质量分数）的方镁石形态的 MgO，故使用该涂层获得 80% 的反射率不足为奇。

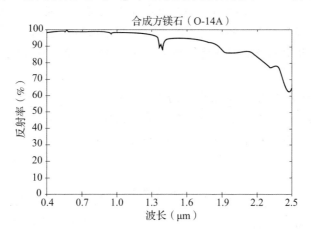

图 15.12　MgO(方镁石) 的红外反射率[3]

15.7 结论

由于在价格方面无法与硅酸盐水泥竞争以及现有市场的使用习惯，CBPC 不能像普通水泥那样应用，但是可喷涂施工的 CBPC 涂料也许能对现有涂料行业产生重大影响。涂料不是承重材料，因此其使用所涉及的风险并不高。

CBPC 涂料作为一种无机涂料，很可能是下一代新型涂料。这是因为它消除了聚合物涂层的缺点，例如不释放 VOC 和不对臭氧层产生影响，也不会在发生火灾时释放任何有毒气体。其性能总体上与聚合物涂层一样好，并在防腐和防火方面优于后者。

在聚合物涂料中使用无机填料并不新鲜，但是通过完全用无机材料生产涂料是 CBPC 技术率先做到的。理论上讲，硅酸盐和磷酸盐具有形成这样涂层的潜力。但是磷酸盐更容易，因为其是室温固化材料，它们快速地凝固，喷在墙上后能在滴落之前硬化。它们是水基涂料，对工人或用户无害。它们能形成类似于天然矿物的矿物质，当剩余的物质被混合和处置时，对自然界没有任何伤害。它们在减少环境影响方面的作用将在第 20 章讨论。值得注意的是，它们将是 21 世纪及未来最实用的材料之一。

在涂料中使用磷酸盐的概念也不算新颖。如前所述，在过去和现在，磷酸一直被用作底漆。然而，其效果只是暂时的，必须用当前市场上的聚合物涂层进行保护覆盖。仅使用磷酸效果不充分的原因可以从图 15.5 中看出。在酸性区域，Fe 将成为 Fe^{2+} 的离子状态，更容易形成可溶性和不稳定的化合物。另一方面，用于制备 CBPC 涂层的酸碱反应增加了 pH 为 6~11 区域中基材的 pH 值，其中 Fe 离子将处于三价状态并形成稳定的磷酸盐。第 15.1 节讨论的盐雾试验结果和第 18 章讨论的浸出试验结果都是很好的证据。

CBPC 涂料仍处于初级阶段，目前仅对 Ceramicrete 涂料做了测试。正如在第 5 章中看到的那样，大量的二价和一些三价金属氧化物是形成 CBPC 的良好候选的原料。这意味着可以生产具有各种用途的无机磷酸盐涂料，包括适应于海洋环境、生物活性、高温、化学和核辐射环境等极端条件的涂料。第 17 章讨论了在核环境下应用的一些实例。

在目前已经成熟的聚合物涂料市场中，CBPC 涂料还只是一个新生事物，要证明其效果，还有很长的路要走，但是从科学和工程的角度来看，它们比聚合物涂料有足够多的优势，它们迟早会成为这个市场的一部分。

参考文献

[1]　History of Paintings, http://www.historyworld.net/wridhis, 2015 (accessed 19.06.15).

[2]　Orr and Boss Market Research, Understanding and Competing, The New Normal State of the Global

Coating Industry, Pub. A71, August 2012.

[3] C. I. Grove, S. J. Hook, E. D. Paylor II, Laboratory Reflectance Spectra of 160 Minerals, 0.4 to 2.5 Micrometers, JPL Pub. 92-2, Feb 15, 1992.

[4] Technical Report T02 for the Project, Advanced Borobond Shields for Nuclear Materials Containment and Borobond Immobilization of Fission Products, Contract Project P 547, ANL-T2-0248 UA, Tests on Corrosion and Chemical Protection of the Coating Materials, Submitted to Argonne National Laboratory by Kharkov Institute of Physics and Technology, Kharkov, Ukraine, by Sergey Sayenko, Project Manager, Nov. 4, 2014.

[5] GOST 380-2005, Common Quality Steel Grades, Interstate Council for Standardization, Metrology and Certification, Moscow, Russian Federation, 2007.

[6] R. L. Frost, S. J. Palmer, R. E. Pogson. Raman Spectroscopy of Newberyite $Mg(PO_3OH)_3H_2O$: a cave mineral, Spectrochimica Acta Part A 79 (2011) 1149-1153.

[7] A. Cahil, A. B. Soptrajanov, M. Najdoski, H. D. Lutz, B. Engelen, V. Stefov. Infrared and Raman Spectra of Magnesium Ammonium Phosphate Hexahydrate (struvite) and its Isomorphous Analogues, Part VI: FTIR Spectra of Isomorphously Isolated Species, NH_4^+ Ions Isolated in $MKPO_4 \cdot 6H_2O$ (M = Mg, Ni) and PO_4^{3-} ions isolated in $MgNH_4AsO_4 \cdot 6H_2O$, J. Mol. Struct. 876 (2008) 255-259.

[8] K. F. McCarty, D. R. Boehme. A Raman Study of the Systems $Fe_{3-x}Cr_xO_3$ and $Fe_{2-x}Cr_xO_3$, J. Sol. State Chem. 79 (1989) 19-27.

[9] R. L. Frost, M. L. Weier, K. L. Erickson, O. Carmody, S. J. Mills. Raman Spectroscopy of Phosphates of the Variscite Mineral Group, J. Raman Spectrosc. 35 (12) (2004) 1047-1055.

[10] TheMysteriousIronPillarofDelhi, HistoricMysteries, http://www. historicmysteries. com, last visited June 26, 2015.

[11] R. Balasubramanyam, A. V. Ramesh Kumar. Characterization of Delhi Iron Pillar by X-ray Diffraction, Fourier Transform Infrared Spectroscopy and Mossbauer Spectroscopy, Corros. Sci. 42 (2000) 2085-2101.

[12] G. Wranglen. The RustlessIron Pillar at Delhi, Corros. Sci. 10 (1970) 761-770.

第 16 章

化学结合磷酸盐水泥——钻井密封材料

油井、气井固井作业对水泥的性能要求很高。面对这些挑战，钻井及完井工程主要依赖于根据固井需求改性过的硅酸盐水泥。在第 3 章的参考文献［1］中已讨论了硅酸盐水泥的性质及其在石油工程应用中的改性。

传统水泥在油田固井领域有许多自身的局限性，化学结合的磷酸盐水泥（CBPC）则有条件满足该领域的许多需求。可根据井的深度，为固井需求开发合适的 CBPC 配方来延长泵送时间。不同配方的 CBPC 浆体，可适用于泵送至多年冻土区域的油井和天然气井、井下温度 >150℃（300°F）的地热井，以及井下压力 >120MPa（15000psi）的高温深井。CBPC 的配方可以为任何温度和压力设置提供足够的泵送时间。当用作钻井密封材料（CBS）时，它们与地层矿物黏结并能迅速地在水中凝结（即使在海水中也能迅速凝结）。新拌的浆体性状光滑，黏度低，可以轻松泵送。它硬化成渗透率接近为零的屏障，是性能优良的阻止气体渗透的密封材料。

全球水泥产量年均达到了约 6 亿 $t^{[2]①}$，这其中约 3% 被石油和天然气行业消耗。因此，该行业的年水泥消费量大约为 1800 万 t。到目前为止，石油和天然气行业还依赖于改性过的硅酸盐水泥，然而在一些场合下传统水泥并不能满足使用要求。硅酸盐水泥作为钻井的密封材料有一些缺点，如在永冻层的温度条件不易凝结，因为在水泥浆体凝结之前，其中的水分会先被冻结；硅酸盐水泥与表面带油性的土壤黏合力较差；固化后其天然多孔，密封性不好；井下气体如二氧化碳会与硅酸盐水泥主要成分的氧化钙发生反应，继而导致硅酸盐水泥的性能变差。这些问题可以通过一系列的 CBPC 配方来克服，因为它们具有上述优异的性能。

除了作为石油工业的钻井的密封剂外，CBSs 材料还可用于其他采矿业和土木工程。这些措施包括加固采空区结构、堵水、地下和水下施工等。

---

① 此处数据来源于 2002 年的《矿产商品概览》（美国地质调查局）。——译者注

　　美国阿贡国家实验室（ANL）和布鲁克海文国家实验室（BNL）在开发 CBS 产品方面投入了较大力量。通过与 Halliburton（哈里伯顿）能源服务公司和 Unocal（优尼科）联合石油公司合作，BNL 开发了一种名为"ThermaLock"的产品，用于地热井。ANL 与全球石油研究所（GPRI，埃克森美孚财团，美国雪佛龙公司，英国石油阿莫科公司和荷兰皇家-壳牌石油公司）合作，专注于研发适用于井下任何温度和压力的油井水泥的替代产品。本章主要概述了 CBS 浆体关键性能以及 BNL 和 ANL 研发制造的产品。

16.1　影响钻井密封材料浆体设计的参数

　　石油和天然气钻井作业可以在世界任何地区进行：如北极的多年冻土区（如阿拉斯加北坡），地表温度可以为 $-45 \sim 65℃$（$-50 \sim +150℉$）之间的热带和沙漠地区，或洋底的盐渍水环境。井下的温度取决于井的深度。大多数井中的温度 $<120℃$（$250℉$），只有 $<1\%$ 的井，温度会高于这个数值。由于水压的原因，较深的井有非常高的压力。井下温度和压力之间具有广义相关性，即使较浅的地热井，其井内的温度也会较高。通常，用于钻井密封的 CBPC 材料需要针对可接受的泵送时间和凝结温度进行设计。另外，不同于在空气中凝结的 CBPC 浆体，CBS 浆体必须在钻孔中的水下凝结。这种情况会带来设计上的难题：浆体在泵送时必须具有一定的稠度，其内部颗粒之间必须能产生足够的黏结力，从而避免浆体被地下水所分散，且可以替换套管与地层之间的环形空间中的水。

　　在油井中泵入水泥的主要目的是为了稳定钻孔中的套管。水泥通过钻孔泵送的过程中，可以将水置换，并在套管与地层之间的环形区域中向上升起（图 16.1）。在钻孔中水泥将暴露在温度和压力渐变的环境下，因此，影响水泥浆体设计的主要参数是随着井深变化而变化的井下温度和压力。随着深度的增加，井下温度升高，导致水泥稠化时间变短。从实用的角度来看，必须充分延迟 CBS 浆料的凝结时间，使正常情况下的泵送时间能达到 $3 \sim 5h$，因此浆体材料中必须使用缓凝剂，以便显著降低浆体内氧化物的反应速率。也有另外的方法，即在温度高于室温的井下选择溶解度较高的氧化物，在低于室温时选择溶解度较低的氧化物。这些氧化物在温度较低的泵送过程中不会反应，但是一旦遇到井下较高的静态温度就会溶解。通过使用缓凝剂，ANL 开发的 CeramicreteCBS 浆料可用于大多数油气井。通过使用反应速率较低的氧化物固体材料，ANL 还开发了用于高温深井的浆体。最近，还开发了分别泵送酸、碱组分浆体的方法，将它们输送至固井的位置混合，发生反应并固化。有了这种技术，施工过程中可以做到在各种区域任意温度和压力下的泵送，且不会影响浆体的凝固时间。

　　美国石油学会（API）已经制定了井下水泥的测试标准，在 API 建议措施 10[3] 中进行了描述。在 API 规范（API Spec. 10）中规定，如果假设环境温度为 $80℉$（$25℃$），则井下温度与深度的相关关系大致为：

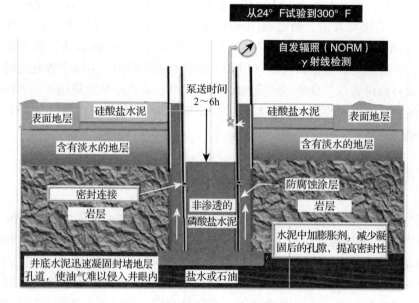

图 16.1 石油或天然气井纵截面结构及水泥泵送模型

$$T(静态) = 80 + 0.015d \qquad (16.1)$$

温度（T）以 °F 为单位，深度（d）以 ft（英尺）为单位。这个"静态"温度是灌注的 CBS 凝结时的温度。实际的"循环"温度被认为是井下温度和地表温度的平均值：

$$T(循环) = 80 + 0.0075d \qquad (16.2)$$

表 16.1 显示了用于测试候选油井水泥在不同深度的理想温度和压力。如表 16.1 所示，深井的温度可高达 150℃（300℉），地热井的温度可高达 232℃ F（450℉）。此外，深井中的压力可高达 140MPa（20000psi）。在实际的油井中，温度和压力可能会根据井的地理位置而有所不同，如陆上或海上以及井下的不同条件（例如是否存在低压带）。虽然表 16.1 中给出的数据有些理想化，但水泥制造商和油田服务公司在使用之前可以在实验室中预先对水泥进行测试，这已经成为 API 和国际标准协会（ISI）规程的一部分。这些数据对水泥制造商来说，在开发新型油田水泥的配方时非常有用。

表 16.1 API 规范 10[3] 中油井使用的理想温度和压力

深度（ft）	1000	6500	9800	14300	18300	21750
循环温度						
℃	25	49	66	93	121	149
℉	80	120	150	200	250	300
静态温度						
℃	33	70	92	122	149	172
℉	92	158	198	252	300	341
压力						
psi	700	3850	6160	9655	13285	16650
MPa	5	27	43	68	93	116

如第 4 章和第 5 章所讨论的，CBPC 的形成受到氧化物溶解度的控制。溶解度又与吉布斯自由能相关，吉布斯自由能是温度和压力的函数。因此，CBS 的配制取决于井下温度和压力。在第 6.4 节已经讨论了温度对溶解度的影响。同样，压力效应可用类似的方式进行评估，但是由于其影响是微不足道的，因此在实际工程中可以将压力的影响忽略。

考虑氧化物如 MgO 或 Al_2O_3 在中性区的溶解度方程，对于这些金属氧化物，设其中金属为 x 价，其溶解度方程式（5.3）重新写出如下：

$$MO_{x/2} + xH^+ = M^{x+}(aq) + (x/2)H_2O \tag{16.3}$$

该反应中吉布斯自由能 $\Delta G(T, P)$ 的净变化量由下式给出：

$$\Delta G(T,P) = \Delta G_f(T,P) - \Delta G_i(T,P) \tag{16.4}$$

其中，$\Delta G_f(T, P)$ 和 $\Delta G_i(T, P)$ 分别是等式（16.3）的右侧和左侧的吉布斯自由能，T 和 P 分别为井下温度和压力。以焓变 ΔH 和熵变 ΔS 表示方程式（16.4）的右侧，得到：

$$\Delta G(T,P) = \Delta H_f(T,P) - \Delta H_i(T,P) - T[\Delta S_f(T) - \Delta S_i(T)] \tag{16.5}$$

方程式（16.5）中的下标与等式（16.4）的含义相同。熵是 T 的显函数，而焓则会同时受到 T 和 P 的影响。第 6 章讨论了温度对 ΔG 的影响关系，并在第 11 章中研究了其对氧化铝的溶解度的影响。而在此，由于井下的压力非常高，需要对 ΔG 与 P 之间的相关性进行更为细致的讨论。

当 CBS 浆体的组分在水中溶解时，它们的水合离子的尺寸可能不同于反应前的晶体中的离子尺寸，溶解后物质的体积与未反应组分的体积不同。因此溶解后的总体积 V_f 不同于溶解之前的总体积 V_0。在井下压力作用下，CBS 体积会发生变化，因为浆料组分在泵送期间会混合，当它们到达井内在地层条件下会溶解。因此，单个组分焓的变化由下式给出：

$$\Delta H(T,P) = \Delta H_f(T,P) - \Delta H_i(T,P) = \Delta H_0 + \Delta C_P \Delta T + P_f \Delta V_f - P_0 \Delta V_0 \tag{16.6}$$

式（16.6）是式（6.15）的广义化，其中考虑了压力效应。ΔH_0 指的是在常温发生溶解时的焓变，等式（16.6）右侧的其他项对应的是在井下温度和压力下发生溶解时的焓变。

如果我们假设在等式（16.6）中体积变化 ΔV 与温度和压力无关，就可以得到 $\Delta V_f = \Delta V_0$，右边的最后两项变成 $(P_f - P_0)\Delta V_0$。基于式（16.3）右侧的离子半径和左侧的分子半径（这些数据可参见文献［4］）所进行的计算，表明即使在压力差 $(P_f - P_0)$ 非常大时，ΔV_0 也非常小。因此，压力对氧化物溶解度的影响是可以忽略的，在配制 CBS 浆料时需要考虑的唯一变量是井下温度。

16.2　井下模拟环境中钻井密封材料的工程特性

CBS 浆料必须具有合适的泵送和凝结特性，以满足固封油井和天然气井的要求。这些特性在 API 规范 10［3］中有规定，包括在给定的井下温度和压力环境下水泥浆体稠化之前的泵送时间、浆体流变性、循环水泥浆漏失、游离水、气体渗透性以及综合力学性能。根据井况，可能还有其他不同的要求，例如多年冻土区域中井下所用水泥的水化热，以及水泥在井下气体环境的耐久性。下面对这些特征进行简要描述。详细的情况可参阅参考文献 [1]。

16.2.1　泵送特性

为使水泥浆泵入井中并将其灌注于套管和地层之间的环形空间，或者到达所需的深度处，一般的井（≈10000ft）至少需要3h的时间，对于深井则需要更长的时间。因此，在此泵送期间，浆体应保持为低黏度流体，并在灌注至钻孔时迅速硬化。油井平台的运行成本非常高，如果出现故障，代价也会很高。因此，每种水泥组合物在现场使用前应该在实验室进行预先测试，以确保其可靠性。

使用稠度计（图16.2）进行预测试，在油浴环境下，将水泥在混合杯中搅拌，通过控制电阻的加热与压缩可以提高或降低油温和油压，从而产生模拟井下的温度和压力分布。

在图16.2所示的典型稠度测试设备中，温度和压力可以从室温环境条件变化到215℃（400℉）和147MPa（21000psi）。但是，也可找到更高温度和压力的稠度计。将冷却器连接到稠度计，可以模拟冷冻温度。

浆体混合杯装有旋转叶片，它以恒定速度（150rpm）旋转。叶片上的电阻由校准过的电位计测量。稠度是浆体非线性黏度的函数，用单位贝尔登（Bc）进行测量。井下温度、压力、Bc值由图表记录器同步记录，计算机存档。

完全稠化的水泥被认为具有100Bc的稠度。为了避免水泥完全凝固并与浆体混合杯及叶片发生黏结，该测试过程进行到70Bc时便会停止。

图16.2　典型的稠度测试设备

根据API规范10，需要使用仅有两速的瓦氏搅拌机来混合浆料。将水加入到搅拌器中，然后在15s时间内加入水泥粉，之后搅拌器以较慢的速度运行20s。在接下来的35s内，以更高的速度继续混合，该操作的总时间大于1min。将所得到的浆料转移到稠度计的混合杯中，直到该杯子中的搅拌叶片组件被完全浸没。然后将混合杯关闭并放低到高压缸中；高压缸需要用塞子密封，塞子可允许热电偶插入进叶片的轴上；否则，整个组件都需要密封。所需要的压力和温度配置文件按照表16.1中给出的技术参数进行编程。符合要求的水泥混合料在3~5h内预期达到70Bc。将具有这种Bc值的稠化浆体转移到养护室，使其保持在井下温度和压力的作用下，测定其硬化时间。

16.2.2　浆体流变学

为了便于泵送，初始稠度 Bc 值应该尽量调低，最好稠度 <30Bc，这可以使用稠度计进行测量。而流变行为可以通过旋转黏度计来测量，旋转黏度计由外套筒和内滚筒组成，两者以不同的速度旋转。外套筒以恒定速度旋转，并对内鼓施加扭矩作用，扭矩大小可以在表盘上测量得到。从 600rpm 开始，转子速度以 20s 为间隔持续减慢，在每个周期结束时对扭矩进行测量。通常速度以 6rpm 的幅度逐步降低，最后的结果用图形来表示。

16.2.3　泥浆漏失

如果地层的孔道太大，水泥将无法封住孔道，大部分泵送到井下的水泥便会漏失。在这种情况下，必须首先通过快凝水泥将这些孔道完全封住。可将 CBS 设计成在目标深度迅速凝结的水泥，因为它们是快硬水泥，通过组分设计可使其在期望的井下温度下凝结。凝固的水泥石封住了孔道之后，可以用钻头把井眼内的水泥石钻穿。尽管 CBPC 材料在该应用中具有极好的潜力，但尚未对这种密封水泥进行系统的研究。

16.2.4　自由水

水泥颗粒应该既均匀又稳定地悬浮于配浆水内，浆体中不能出现固体颗粒的离析。因此，在搅拌器中将浆体混合之后，在放入稠度计的料浆杯之前，应该立即对游离水进行测量。具体操作是将混合后的料浆徐徐倒入玻璃圆筒中，将圆筒保持在 45°角静置 2h，然后倾倒并测量位于浆体上方的游离水。

16.2.5　渗透性

渗透性是衡量单位时间内通过硬化浆体某横截面上单位面积内的气体量。用单位达西（darcy）来表征。一个达西相当于黏度系数为 1cp（厘泊）的流体在压力梯度为 1 大气压/cm 下每 1s 通过 1cm^2 面积的 1cm^3 的量[5]。

凝固后的密封材料，其渗透性是用 API 所推荐的渗透仪来测量的，该测量仪中有一个圆柱形容器盛放待测的浆体。当浆体凝固后，将容器安装在底座上。该底座有一个与气体连接的开口，可以连接到氮气瓶上。对气体施加不同的压力，再利用汞柱来测量压差。已知压差、容器的横截面积以及它的长度，便可以计算出渗透率，单位为 mD（毫达西）。这类渗透仪的详细资料和操作步骤可以在 API 规范 10[3] 中找到。

根据合适的 CBS 配方所生产出来的硬化水泥石非常致密，正如我们在下面将要看到的，硬化之后的 CBS 其渗透率总是比常规油井水泥低一个数量级。这个特点表明，CBPC 对气体具有良好的密封性。

16. 2. 6 水化反应热

根据定义，水化热指的是水泥凝结过程中由于水化作用所产生的热量。对于 CBS 来说，水化热可能不是一个最准确最合适的术语，因为 CBS 的形成主要通过酸碱反应而不是水化作用。最准确的表达应该是生成热，即用热量表示的反应过程中焓的净变化。

生成热可以用热量计来测量。把水泥浆倒进保温隔热的热量计中，热量计内装有搅拌器和温度计。不断搅拌浆液，直到它变硬到无法继续搅拌。对浆体温度进行定期监测，以确定其何时达到最高温度并开始冷却。通常，CBS 浆体在凝结硬化无法继续搅拌之后还会继续升温。这是因为在反应产物相变过程中，原料颗粒间的化学反应还在继续发生。已知最大温度、浆体质量和近似比热，可以计算出反应热。

16. 2. 7 力学性能

密封材料凝固后的抗压强度用 ASTM 标准规定的立方体 $(2in \times 2in \times 2in)$[6] 试块来测量。把浆体浇注在模具中，并置于养护室中养护至凝结。经过所需的龄期后取出，在单轴压力机上施加荷载来测量强度。已知总荷载与荷载作用下的接触面积，便可计算抗压强度。

与其他的水泥应用场合不同，$3.5MPa(500psi)$ 的强度对于井下应用已经足够了。这是因为井下水泥的主要目的是将套管固定在钻孔内，而套管与地层之间有着相当大的接触面积，因此总黏结力非常大。此外，水泥和井下岩石（如与石灰岩、页岩、白云石）之间的黏结强度，以及水泥和低碳钢之间的黏结强度应满足要求，这样就能形成良好的密封。

16. 2. 8 凝结期间的体积变化

如果水泥在硬化过程中发生收缩，则套管与地层之间有可能会产生环形间隙，这种情况会破坏套管的稳定性，对预防泥浆漏失、堵水或气体扩散的密封效果很差。基于这个原因，水泥在凝结硬化期间发生微膨胀是应有的性能。

可通过测定水泥浆体与凝结之后的水泥石之间的密度差来测定密封材料的膨胀或收缩程度。正如我们在下文中所看到的，由于 CBPC 在凝结过程中微膨胀，所以它是理想的密封材料。

16. 3 钻井密封材料浆体的组成设计

当 CBS 浆体被泵入钻孔时，在其穿过钻孔的过程中，它的温度将会随着深度的增加而升高。较高的温度使浆体中氧化物组分的溶解度加大。而如果氧化物的溶解度太大，则浆体可能在钻孔中过早地凝固，并发生堵塞。为了避免这种情况，并使得浆体自由地流动，必须控制氧化物的溶解度。或者，可以使用那些仅在井下静态温度（与压力）下有较大溶解度的氧化物，将泥浆泵送至需要浇注的位置，且在泵送温度下不发生过度溶解。式（6.37）可用于确定这种浆体组分所期望的井下静态温度。

利用这种逻辑，ANL 和 BNL 的科学家开发了一种独特的方法用于研发新的浆体组成[7,8]。它包括以下步骤：

（1）若油气井内的情况已知，根据第 6 章中的热力学分析和溶解度标准为其选取合适的氧化物或氧化物矿物。所选择的氧化物或矿物的最大溶解度大致在井的动态温度范围内，而实际反应时的环境温度应接近静态温度。

（2）然后在所选温度下，用磷酸或者合适的酸式磷酸盐与氧化物或矿物反应形成硬化陶瓷材料。溶解和凝结反应通过差热分析和热重分析（DTA，TGA）或差示扫描量热法（DSC）来确认。

（3）根据选定的泵送温度，在烘箱中对所得到的硬化材料进行测试。如果需要，可使用硼酸延迟反应时间，以获得充分的混合（泵送）时间。

（4）利用稠度计在养护室模拟井下温度和压力，配制相同配方的样品测试所需的泵送和硬化时间。

使用以上这种方法，ANL 和 BNL 实验室已经确定了浆体的组成成分，这些组分适用于不同深度和温度范围的油气井和地热井。泵送时间和浆体组成见表 16.2。

表 16.2　ANL 和 BNL 测试的 CBPC 油井浆体组成[7,9,10]

井况	泵送温度（℉）	浆体成分（g）	泵送时间（h: min）
永久冻土井与常温井	32 与 70	Ceramicrete 水泥（52 ~ 72.5） $CaSiO_3$（25 ~ 13.75） 高钙粉煤灰（25 ~ 13.75） 硼酸（0.5 ~ 0.125） 水（37.5mL）	5:30 与 4:40
浅井	120 ~ 200	Ceramicrete 水泥（50 ~ 55） 高钙粉煤灰（50 ~ 45） 硼酸（0.875 ~ 1.5） 水（29mL）	5:10 ~ 3:40
地热深井	250 ~ 300	煅烧氧化铝（96.8） 氢氧化铝（2.2） 硼酸（0.97） 45% H_3PO_4 溶液（48.4mL + 100g 粉末）	4:00 ~ 6:00
地热井	>250	$CaAl_2O_4$（24） 聚磷酸钠（40） 粉煤灰（36） 足量水	≈4:00

由于在室温下 MgO 是微溶的，所以配方简单的 Ceramicrete 水泥仅适用于永久冻土和浅井。硼酸能够延缓这些配方的反应时间。这些配方中用水量也比通常配式反应所需的量高。多余的水和少量的硼酸（质量百分比为混合物粉体的 0.125%）能够减少浆料的初始稠度（或降低屈服应力和初始黏度）。

　　针对永久冻土井的水泥浆体，胶凝反应组分的质量百分比为72.5%，其余成分为硅灰石和硼酸。足量的胶凝反应组分提供了足够的 KH_2PO_4 溶液，这可以降低浆料的冰点温度从而使得酸碱水溶液的反应继续下去。若易溶胶凝组分含量较低，浆体中的水可能会在其反应之前冻结。若是在常温条件下，可以减少胶凝材料的量并用适当的填料来代替。由于硅灰石在43℃（109℉）达到自身的最大溶解度，故硅灰石是首选填料。但是研究人员也发现低钙粉煤灰与高钙粉煤灰的组合[9]也是一种可行的方案。

　　图16.3显示了永久冻土的密封材料典型的时间与稠度的关系图。低初始稠度（Bc）确保了低屈服应力和泵送黏度。稠度的增加较为缓慢，表明溶液中 MgO 和硅灰石的溶解也比较缓慢。随着时间的增加，之后稠度迅速提升到70Bc，时间轴与稠度的曲线几乎是垂直的。这种现象说明一旦水泥浆体被灌于井下，将会迅速凝结。

　　含有高钙粉煤灰的 Ceramicrete 配方适用于浅井。虽然高钙粉煤灰含钙含量高而反应较快，但它与硼酸的反应也较好，随着井下温度的提高可以增加硼酸含量来延长泵送时间。在温度 >49℃（120℉）时，硅灰石和低钙粉煤灰的反应速度会出现过快的问题。

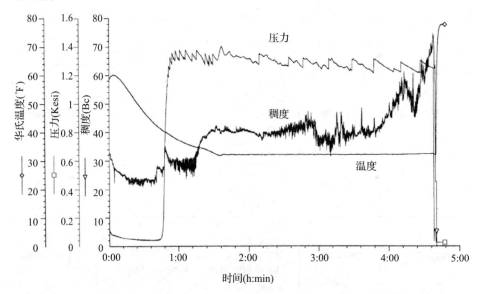

图 16.3　磷酸盐胶凝材料永冻土固封时的稠度与时间关系图

　　有研究表明，硼酸有效的温度为120℃（248℉）。对于更高的泵送温度，提高硼酸的含量对泵送时间几乎没有影响，但由于在低于120℃的温度下有初始缓凝效果，因此还是可以将泵送时间延长一些。

　　深井和地热井中本身固有的内部温度较高，而磷酸铝的配方恰好适用这个应用场合（第11章）。这些井中的动态温度可以达到121℃（250℉）甚至更高，静态温度则达到177℃（350℉）以上。氧化铝和磷酸溶液在118℃（244℉）时具有最大的溶解度，因此基于磷铝矿的 CBPC 在这些井中应用时有着良好的工作性能。正如我们在第11章中所看到的，磷酸铝水泥反应发生在150℃（302℉），这刚好在深井和地热井的温度范围内[7]；即使在这个温度范围内，氧化铝的溶解度也很低，因此可以加入少量微晶（或无定形）的氢氧化铝，以增加溶液中的可溶性离子。加上氧化铝较大的表面积，在给定的井下温度下氧化铝也能提供必需的溶解度。

图16.4是在井下泵送温度为149℃（300℉）时磷酸铝浆体时间与稠度（Bc）的关系曲线。初始稠度（Bc）也很低，实际上比磷酸镁基的浆体初始稠度还要低。初始稠度低的原因是由于在较低温度下形成了磷酸氢铝 $[AlH_3(PO_4)]$ 凝胶。正是这种凝胶，使得泵送期间磷酸铝浆体平稳流畅。一旦灌注到井下，凝胶将与额外的氧化铝反应，在150℃（302℉）的静态温度下形成磷铝矿。因此，磷酸铝基浆体具有深井固封水泥所需的全部良好特性。

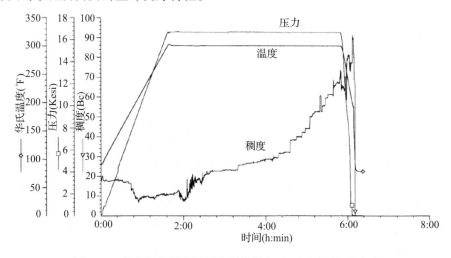

图16.4 磷酸铝基深井固封水泥浆稠度（Bc）随时间的变化

正如第15章讨论的，可用双泵系统向深井和地热井中泵送 CBPC 密封水泥。图16.5展示了常规泵送方法和双泵系统的使用。双泵系统是两个泵分别将酸性和碱性浆料泵送至使用点。位于两条管路末端的静态混合器将两种浆料混合，并立即将其分配输送到浇注水泥的位置。混合的浆体在该位置迅速凝结并硬化。

（a）混合后泵送，泵送CBPC的常规方法　　（b）泵送后混合，双泵系统方法

图16.5 常规系统和双泵系统

这种双泵系统相比单泵系统有几个优点：

（1）不会提前发生瞬时凝固。

（2）大大简化了浆料设计。

（3）可以将两种浆料在任何温度下泵入任何深度。

该方法在涂料方面已经获得成功，因此在油井中泵送两组分 CBPC 浆料的方法同样具有很大的潜力。

Sugama 及其团队[10,11]也研究了针对地热井的 CBS 配方，特别是那些井下温度高达 300℃（572℉）的油气井，容易发生碱的碳化反应。在此环境中，常规的硅酸盐水泥碳化成可溶于水的碳酸氢钙，碳化削弱了水泥的性能，并使其变得多孔。为了克服这个问题，Sugama 及其团队测试了两种磷酸盐体系。第一种运用了氧化铝和磷酸铵之间的酸碱反应，并在高温下养护[8]。该试验配方与上述 ANL 开发的基于磷酸铝的 CBS 非常相似。应该注意到，BNL 配方使用了磷酸铵，而 ANL 的配方含的是磷酸。BNL 配方所形成的水泥较弱且多孔，并没有进一步的发展。ANL 的工作表明，如果 BNL 研究人员使用磷酸代替磷酸铵，那么他们可能成功地开发出了在井下碳化环境中性能稳定的水泥配方。

Sugama 的团队[10]采取不同的方法来开发地热井的 CBS。它们使用偏磷酸钠（Na_3PO_3）$_n$代替正磷酸盐作为水泥的酸性组分（参见第 3 章的定义），将其与百分比为 60% 的低钙粉煤灰和 40% 的铝酸钙混合物反应。该混合物与偏磷酸钠溶液的质量比也为 6:4。这种方法与本书中描述过的所有 CBPC 配方有很大的不同，因为偏磷酸盐本身是无机聚合物，该体系对于生产具有聚合结构的水泥似乎是理想的。由 Sugama 等人研究的这些配方在 50℃（122℉）的稠化时间为 4h，结果令人满意，水泥的抗压强度 ≥34.86MPa（5000psi）。尽管孔隙率高达 30%，其水泥强度在养护环境中基本不受碳酸钠溶液的影响，要比常规 G 型硅酸盐水泥受到的影响小得多。作者将该水泥抵抗碳化环境的原因归因于羟基磷灰石和方沸石（$NaAlSi_2O_6 \cdot H_2O$）相的形成，该两种物质不受碳化环境的影响，后者需要借助 Na_2CO_3 的帮助来形成。水泥经过长时间养护后，方沸石相转化为钙霞石相 $[NaCa(CO_3)(AlSiO_4) \cdot H_2O]$，并将一些二氧化碳封存在矿物相中。这种养护过程并不影响水泥的强度，表明该水泥在很长时间内都是非常耐用的。

利用这种配方，BNL、哈里伯顿能源服务公司和加州联合石油公司已经开发了适用于地热井的水泥[11]。水泥的品牌被取名为"ThermaLock"。这种水泥在印度尼西亚苏门答腊的优尼科地热井试验成功，而且根据日本石油勘探公司的报道，日本九州首次在地热井的完井施工中使用了这种水泥。

"ThermaLock"水泥的密度在 1.78～2.02g/cm³ 的范围内。这种高密度水泥容易破坏地热井的地层，导致水泥流失。最近，哈里伯顿能源服务公司[12]开发了适用于高温井的轻质水泥。这种水泥的代表性组成是质量百分比为 46% 的低钙粉煤灰、25% 的铝酸钙水泥、25% 的聚磷酸钠、3% 的 α-烯烃磺酸盐和 1% 的甜菜碱。在水泥中添加气体用于使之充分发泡。加入水便于泵送浆料。发明人还成功地用葡萄糖酸和柠檬酸将浆体的稠化时间延长到了 4h 以上。通过使用上述有机添加剂将水泥的密度降低至 1.37～1.78g/cm³。

16.4　钻井密封材料水泥的其他性能

这些水泥除了具备一定的泵送能力之外，还应该满足其他几个条件。例如，永久冻土的磷酸盐密封材料应该是良好的隔热材料，否则流经管道的热原油会溶化周围的永久冻土层，从而影响到管道的稳定性；密封材料的生成热不能太高，否则在其固化期间产生的热量也可能将多年冻土解冻；在天然气水合物地区中使用的密封材料应具备非常小的气体渗透性，井下气体不能影响密封材料的性能。借助一些添加剂的改性，CBS 水泥已经能够满足这些要求。这些添加剂和永久冻土地层磷酸盐水泥的性能以及常规水泥的性能列于表 16.3。

表 16.3　针对多年冻土区所用的磷酸盐水泥与常规硅酸盐水泥的比较

性能	水泥		备注
	磷酸盐	硅酸盐	
密度（g/cm^3）	1.7~1.9	2.4	CBS 质量更轻
浆体密度（g/cm^3）	1.5~1.7	1.8	CBS 浆体更轻、更易于泵送
开口孔隙率（体积分数,%）	0.3	≈5	CBS 中没有孔隙流体，因此在冻融循环中较为稳定
渗透率（mD）	0.004	≈0.1	CBS 不渗透
室温抗压强度［psi（MPa）］	7000~8000 (48.3~55.2)	≈4000(27.6)	高强度的 CBS 中可以添加空心微珠以改善热性能并减少浆料质量
导热系数［W/(m·K)］	0.27	0.53	CBS 水泥是更好的隔热材料
熔解热（J/cm^3）	347	514~640	较低的溶解热保证了 CBS 水泥凝结过程中不会导致永久冻土区域的解冻
在碳氢化合物环境中的凝结	不受 CO_2 的影响	碳化导致快速凝固	CBS 在天然气水合物地区最适合使用

16.4.1　总则

如表 16.3 所示，总体上 CBS 是轻质水泥，其浆料更轻。如表 16.3 所示，可以通过合适的添加剂来改变浆料密度。例如，通过添加较重的矿物如赤铁矿，其密度可以增加到 3g/cm^3 左右，也可以通过加入空心微珠将密度减少至 <1.5g/cm^3。利用这样的组分可以设计出满足现场泵送要求的料浆，这使得 CBS 水泥成为了一种通用的和用户友好的材料。使用添加剂的方法是可行的，因为 CBS 的强度很高，尽管这些添加剂降低了部分强度，但作为密封材料仍然容易满足 3.5MPa（500psi）的强度要求。

添加质量百分比为 10% 的空心微珠和泡沫聚苯乙烯，其导热率可以降低到常规水泥的一半。在二氧化碳环境下养护时，磷酸盐胶凝材料作为永久冻土密封材料，其凝结正常，在二氧化碳环境中放置一周，其性能并不降低。Sugama 和 Carciello[8] 预测，与在井下只能使用一年的常规水泥相比，这些密封材料在井下环境中的耐用时间可长达 20 年。且与常规水泥不同的是，由于 CBS 水泥 pH 为中性且不受井下烃类气体的影响，因此它们非常适合在北极地带的天然气水合物区域使用。

如表 16.3 所示，用于永久冻土地层的 Ceramicrete 水泥的生成热为传统水泥水化热的 50% ~ 60%。酸碱反应热很高，使之在养护期间释放出大量的热。在 CBS 的组成中，胶凝材料仅仅占全部材料的一小部分，其余的材料为填料。因此可以将它产生的净热量降低至传统水泥放热量的一半。

CBS 水泥凝结之后，其开口孔隙率小到可以忽略，使得密封材料成为了天然气无法渗透迁移的屏障。从其极低的渗透系数 0.004mD（表 16.3）便可以看出这一点。因为它几乎无开口孔，所以 CBS 经过多次冻融循环也很稳定。将该水泥按照 ASTM 制作标准尺寸的立方体（2in × 2in × 2in）养护 7d，然后浸入液氮中持续 15min。结果表明，即使将上述操作程序重复 15 次也没有出现结构损伤，而常规水泥立方体在第一个循环时便破裂成若干块。在另一个试验中，用同样的成分制作一个壁厚 10cm、体积 100mL 的杯子，将液氮倒入其中，在经过几分钟之后，我们用手握住杯子也不会有冰冻的感觉。这个结果表明，磷酸盐基永冻土水泥不仅耐用，而且是用作为储存低温流体的绝热良好的"杜瓦瓶"，在第 14 章我们已经讲到了相关内容。

16.4.2 黏结强度

任何井下水泥要发挥作用，水泥和钢套管以及与井下岩石之间应该具有良好的黏结性能。Wagh 等人[9] 评估了表 16.2 中给出的 Ceramicrete 配方的黏结强度。他们使用符合 API 5 L 标准的低碳钢做成的管段进行与钢套管黏结的强度试验。这些钢管截面的内径为 1.6in，长度为 1in。制备了三个样品，均用密封材料的浆体填充，其中包括了深井和浅井的配方。一些样品在热水中养护，一些在环境空气的温度下养护。养护 4d 后，将前者从水中取出，并与其余的空气养护样品一起继续养护。在空气中养护 3d 后，将样品进行黏结强度试验。在该试验中，将一个空的圆筒放置在试样的下方，二者共轴，并且通过 Instron 电子拉力机在压力模式下推压凝固的密封材料。即使施加了 70MPa（10000psi）的垂直应力，密封材料也没有离开原位。这个试验结果表明，钢套管和密封材料之间的黏结特别强。

对圆柱体岩芯样品也进行了类似的试验，样品（砂岩、石灰石、白云岩）是从直径为 1.4 ~ 1.5in 的油井中提取的。将这些岩石在与圆柱体的轴线成 45° 的角度上切割，并将浆料夹在它们之间的倾斜表面上。黏结的样品在稠度仪恒温缸内温度 170°F（77℃）的水中进行养护。结果表明水泥与砂岩和石灰石的黏结性较好，而与白云石的黏结性则较差。一般来说，砂岩和石灰石多孔，而白云岩很致密。砂岩和石灰石的切面粗糙，但白云石表面非常光滑。密封材料与多孔物体的结合非常好，因为密封材料可以进入孔隙并黏附到物体上，但在致密的白云石中没有可用于结合的孔隙。由于井下岩石表面不会像在实验室切割的白云石样品那样光滑，因此，水泥与井下岩石的黏结总体上是良好的。

16.4.3　养护期间的体积膨胀范围

对于浅井和深井，水泥浆体在凝固过程中都会发生轻微的膨胀。这种膨胀的程度可以通过浆体密度与硬化后的密封材料的密度来评估（表 16.4）。用于浅井的浆体和固化密封材料密度的差值表明产生了 1.57% 的体积膨胀，对于深井水泥来说产生了 2.61% 的体积膨胀。在每种情况下，这种轻微的膨胀使 CBS 具有优异的密封性，因为在固化期间，密封材料膨胀可以填充岩石和套管之间的任何间隙，从而发挥出良好的堵塞作用（表 16.4）。

表 16.4　Ceramicrete 浆体和密封材料的密度

单位	浆体		密封材料	
	浅井	深井	浅井	深井
g/cm³	1.91	1.91	1.88	1.86
1b/ft³	119.3	119.3	117.4	116.2
体积膨胀百分比（%）			1.57	2.61

凝结期间发生的膨胀可能缘于快速硬化期间浆体内所带入的空气。在料浆的混合与泵送期间，空气会被混入浆体中，一部分空气溶解到浆体中并在凝固反应期间蒸发。在凝固的密封材料内形成了封闭微孔，这些微孔增加了密封材料的总体积，从而引起了膨胀。

16.5　组成成分对浆体性能的影响

以上讨论的泵送特性是在实验室可控环境中测量的。在现场应用中，胶凝材料粉体的混合过程不会与在实验室测试时完全相同。例如，在海上钻井中，水可能是盐水，在泵送期间，浆料的凝结可能需要减慢或加速，类似这样的变化可以通过微调配方来实现。以下内容讲解了 CBS 的多功能性以满足现场的需要。

16.5.1　过量氧化物的影响

泵送时间对 Ceramicrete 浆料中的 MgO 含量非常敏感。增加少量 MgO 会加速酸碱反应，使得浆体凝结速度更快。图 16.6 显示了过量 MgO 在 93℃（200℉）温度下对于泵送时间的影响。过量 MgO 会提供额外的溶解表面积，并在胶凝材料反应期间提供了额外的成核点。因此胶凝材料的溶解和反应速度加快，即使在 MgO 含量仅仅增加 10% 的情况下，泵送时间也会显著缩短。

铝基的水泥浆料的表现也与上面结果相似，增加少量氢氧化铝也将显著缩短泵送时间。

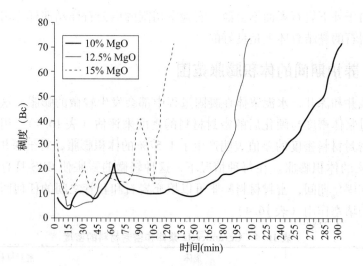

图 16.6　较高的 MgO 含量加速了凝结反应

一般来说，用于陆上油井的水泥配方也适用于海上油井。由于盐水延迟了凝结时间，与陆上油井相比，相同的 CBS 配方用于海上油井可以获得更长的泵送时间。另外，由于盐水含有已溶解的固体，所以需要在浆体中添加更多的水以获得相同的初始稠度（Bc）。按照表 16.5 中给出的类似配方，其泵送时间与温度的结果如表16.6 所示。

表 16.5　模拟海水的组成

成分	蒸馏水	NaCl	MaCl₂	MgSO₄	CaSO₄	K₂SO₄	MgBr₂	CaCO₃
质量（g）	51	77.76	10.88	4.74	3.6	2.46	0.22	0.34

表 16.6　海上油井水泥的泵送时间

温度（℉）	MgO(g)	高钙粉煤灰（g）	低钙粉煤灰（g）	盐水（mL）	硼酸（g）	凝结时间（h: min）
80	100	200	200	240	4	>6
120	120	200	200	250	4	5:50
150	100	200	200	205	16	7:00
250	120	380	0	225	12	>6

16.5.2　盐水在海上油井中的作用

Wagh 等人[9]用模拟海水试验测试了其用于海上油井水泥的 Ceramicrete 配方。模拟海水的组成如表 16.5 所示，试验结果列于表 16.6。结果表明盐水会降低凝结速度，但盐水不会降低水泥的性能，因此他们得出的结论是 CBS 浆体在海上油井应用非常理想。

16.6　结论

ANL 和 BNL 的研究表明，CBS 在钻井应用中具有很好的潜力。然而，除了"Therma Lock"，还没有对 CBS 材料进行现场测试。尽管如此，这些水泥已经根据 API 规程进行了测试，并得出了优异的结果，我们可以相信，这些 CBS 材料在钻井方面的应用能够取得成功。

参考文献

［1］　D. K. Smith. Cementing, Monograph, vol. 4, Society of Petroleum Engineers, Richardson, Texas, 1990, pp. 254.

［2］　US Geological Survey, Mineral Commodities Summaries, 2002, pp. 43-44.

［3］　American Petroleum Institute, recommended practice for testing oil well cements and cement additives, in: API RP, vol. 10, 1984.

［4］　N. Alcock, Bonding and Structure, Ellis Hardwood, New York, 1990, pp. 315-317.

［5］　S. Parker (Ed.). McGraw Hill Dictionary of Physics, McGraw Hill, New York, 1985, pp. 125.

［6］　American Society for Testing of Materials, Standard test for compressive strength of hydraulic cement mortars, C109/C109M-02, 2003.

［7］　A. S. Wagh, S. Y. Jeong, R. McDaniel. Chemically Bonded Phosphate Ceramic Sealants for Oil Field Applications, US Patent No. 7,438,755, October 21, 2008.

［8］　T. Sugama, N. Carciello. Hydrothermally synthesized aluminum phosphate cements, Adv. Cem. Res. 5 (17) (1993) 31-40.

［9］　A. S. Wagh. Chemically Bonded Phosphate Ceramic Borehole Sealants, Final reportto Global Petroleum Research Institute, Argonne National Laboratory, Unpublished, 2002.

［10］　T. Sugama. Hot alkali carbonation of sodium meta-phosphate modified fly ash/calcium aluminate blend hydrothermal cements, Cem. Concr. Res. 26 (11) (1996) 1661-1672.

［11］　Brookhaven National Laboratory, News Release No. 00-56, August 2000.

［12］　L. Brothers, D. Brenneis, D. Chad, J. Childs, Lightweight High Temperature Well Cement Compositions and Methods, US Patent No. 5,900,053, 1999.

第 17 章

化学结合磷酸盐核屏蔽材料

后人回顾我们的时代时，核科学技术将会被认为是 20 世纪进步的突出标志之一。一方面原子裂变释放巨大的能量可能使世界陷入灭绝的边缘，另一方面核动力反应堆的发展则为人类带来了无限和清洁的能源，也提供了和平利用核能的希望。Enrico Fermi 和他的团队率先在芝加哥大学冶金实验室（后来成为美国阿贡国家实验室）对上述两方面的工作开展了开拓性研究。最初的核能利用来源于国防发展计划，即曼哈顿计划，该计划直接导致了在冷战期间美国大规模核武器库的建立；而在同时，和平利用核能则是从芝加哥大学研发的第一个核反应堆原型（芝加哥一号堆，简称 CP I，图 17.1）开始的，由此带动了核动力反应堆技术的进步。

图 17.1　芝加哥大学校园纪念原子能诞生的纪念碑（感谢：芝加哥大学）

核能生产中使用的核材料是无限能量的来源，与此同时，核材料强烈的辐射也使人担忧，其辐射能量范围远远高于光波，甚至超过 X 射线。核辐射会穿透人的身体，在此过程中将造成人体损伤。如果活细胞吸收这些类型的辐射，将受到不可修复的伤害。辐射会对动植物造成不利影响，放射性原子也可能进入食物链，因此，有必要屏蔽来自于核电站、核材料储库和核废料向周围的环境产生的有害的核辐射。此外，如果将核辐射源用于核辐射治疗和诊断[1]、石油勘探和矿物勘探的传感器以及仪器校准[2]，相关设备的外罩必须采用适当设计的屏蔽材料进行有效的辐射屏蔽。美国核管理委员会[3]已经确定需要重新对这些辐射源进行设计，使其更安全并降低射线的分散性。因此，新的屏蔽设计必须在保持相同的放射性同位素的装载量时，保持性能不变，且射线的分散性应更低。在这些需求驱动下，目前已经研究了在化学结合磷酸盐胶凝材料（CBPCs）、特别是在 Ceramicrete 中采用适当的填料和添加剂作为核屏蔽的候选材料，以提高材料的性能、耐久性及其结构稳定性。

冷战时期的核军备竞赛产生了过量的核材料，例如高浓缩铀（HEU）和其他放射污染性的材料和组件。核裁军协议减少了核武器的生产，但军备竞赛剩余的过量的核燃料储备，引起了安全方面的担忧[4,5]。这些库存的核燃料可用于有益目的，如在公用事业中用于能源生产，但如果被恶意使用，就会对公共安全构成威胁。因此，多余的燃料需要安全储存，以供未来核电站的使用。在储存期间，如何应对核材料的盗窃与核扩散（国际合作或其他方式）方面的问题，是拥核国家的重大关注点。核材料的安全储存不仅需要屏蔽辐射，而且屏蔽材料也必须满足长期储存的耐久性和不渗漏性等安全要求。

此外，辐射安全和控制问题不仅局限于核燃料，高放射性核废物和高放射性液体废物也需要安全壳系统来防止放射性同位素泄漏，屏蔽核辐射使周围环境免受影响。例如，美国华盛顿州的 Hanford 储罐场就存放了高放射性废物的淤泥[6]；在日本的福岛，储存了含有放射性铯和碘的大量洗涤水[7]；在世界各地，正在建造或设计用于永久储存并固化放射性废物的处置场。在这些储存设施中，除了屏蔽性能外，诸如钢铁和混凝土等安全壳材料也应耐酸碱腐蚀。在第 16 章中讨论了 Ceramicrete 材料的优异耐腐蚀性，表明该材料可成为优良的安全壳材料。正如在本章中将要说明的，一般的 CBPC、尤其是 Ceramicrete 材料在处于高辐射场也具有良好的耐久性，结合对屏蔽性能的需求，可通过调控配比实现所需的要求，这种可调控性使 CBPC 成为优异的候选核屏蔽材料，而目前所需要做的是在基于酸碱反应 CBPC 基础上开发合适的配方，以优化其屏蔽性能，针对该用途进行适当改性的 Ceramicrete 材料是一个很好的候选材料。本章介绍了 CBPC 的屏蔽性能和其屏蔽应用的研究综述，尤其对 Ceramicrete 材料做了详细评论。

作为候选屏蔽材料的主要要求之一是能屏蔽来源于放射性材料释放出的不同类型的辐射。同时，如果是作为屏蔽材料在辐射环境中使用它们应该保持稳定，其耐久性可能需要几十年；而如果是用作核废物储存库的内衬材料，对其耐久性要求可能超过数百万年。它们的屏蔽潜力、性能优化以及强辐射领域的耐久性是本章的研究主题。

17.1　原子的结构及其裂变

一个简化的原子结构是一个带正电荷的核，由带负电荷的电子在既定轨道上围绕着其运行，如同太阳系一样。在平衡态（稳定态）中，原子核中的正电荷等于电子的总负电荷数量。如果由于某种原因，这种平衡受到干扰，例如通过从轨道中撞出一个电子，那么原子将带有正电荷，其所带正电荷量等于脱出电子的负电荷的量。该原子就会试图在其周围捕获电子（称为电子捕获）以恢复到平衡状态，一旦得到电子，就可以回到原始平衡状态。由于电子是最轻的粒子（除了一些被认为具有几乎零质量的粒子，如中微子），电子很容易从原子中撞击出，一旦电子从原子中脱离，原子也容易从其周围重新捕获电子，这种过程总在材料中每时每刻发生着。电线中的导电现象就是一个典型的例子，当电流通过导线时这些过程不断重现。

原子核由带正电荷的质子和不带电荷的中子组成。可以认为原子核是一个紧密堆积的小球，通过原子核力将质子和中子聚在一起，质子所具有的正电荷与电子所拥有的负电荷数量相同。通过对原子核裂变及原子核中蕴藏的结合能利用的研究，推动了20世纪初核能时代的到来（图17.1）。

铀或钍的原子核受到外部的核子撞击分裂时产生的核能可以通过核电站发电或原子武器爆炸而得到释放。一旦分裂，原子核将释放出部分结合能产生放射性粒子和核辐射，并且这种辐射会分裂出更多的核并发生连锁反应，由此释放更多的辐射，将稳定的原子核转化为不稳定的放射性碎片，这个过程称为核裂变（图17.2）。放射性粒子中的不稳定原子通过释放能量恢复到稳定状态，某些粒子以非常缓慢的方式辐射能量，时间已达数百万年；而有些粒子则在很短的时间内辐射能量，但辐射强烈。由于核辐射的长期性，因此需要防护材料来屏蔽辐射。本章介绍了用于屏蔽这种辐射的 CBPC 材料以及相关制品。

17.2　核辐射的性质[8]

核裂变过程如图 17.2 所示。在裂变期间，释放出四种类型的辐射线，称为 α 射线、β 射线、γ 射线和中子辐射。α 射线、β 射线和中子辐射是动能非常高的粒子，而 γ 射线由量子能量束组成，它的性质类似于光或热波，但这些能量束比日常生活中遇到的辐射高出几个数量级。原子分裂形成的核是不稳定的，具有可裂变性和放射性，产生类似的高能辐射。具有不稳定核的原子称为同位素。表 17.1 列出了核裂

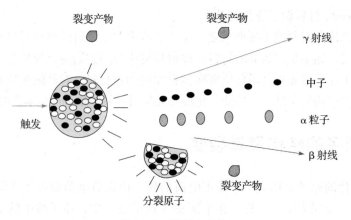

图 17.2　核裂变产物

变过程中形成的一些重要同位素。除此之外，该过程中还伴随着新的不稳定核的轻元素的形成，这些叫做裂变产物。这些同位素的相关性质见表 17.2。

表 17.1 核裂变产生的主要锕系元素同位素及其放射性

可裂变元素	铀					
同位素	^{232}U	^{233}U	^{234}U	^{235}U	^{236}U	^{238}U
半衰期 $T_{1/2}$(年)[6]	68.9	1.59×10^5	2.45×10^5	7.04×10^8	2.34×10^7	4.46×10^9
辐射类型	α，γ				β，γ	α，γ
产生的同位素[6]	^{228}Th	^{229}Th	^{230}Th	^{231}Th	^{232}Th	^{234}Th
a_c(Ci/g)	21	9.5×10^{-3}	6.2×10^{-3}	2.1×10^{-6}	6.3×10^{-6}	3.3×10^{-7}
可裂变元素	钚					
同位素	^{238}Pu	^{239}Pu	^{240}Pu	^{241}Pu	^{242}Pu	^{244}Pu
半衰期 $T_{1/2}$(年)[6]	97.74	24110	6537	14.4	3.76×10^5	8.2×10^7
辐射类型	α，γ					
产生的同位素[6]	^{234}U	^{235}U	^{236}U	^{237}U	^{238}U	^{240}U
a_c(Ci/g)[7]	17.0	0.062	0.23	110	3.9×10^{-3}	1.79×10^{-5a}
可裂变或放射性元素	镅		钍			镎
同位素	^{241}Am	^{243}Am	^{229}Th	^{230}Th	^{232}Th	^{227}Np
半衰期 $T_{1/2}$(年)[6]	432.2	7370	7900	75400	1.4×10^{10}	2.14×10^6
辐射类型	α，γ					
产生的同位素[6]	^{237}Np	^{239}Np	^{225}Ra	^{226}Ra	^{228}Ra	^{233}Pa
a_c(Ci/g)	3.2	0.19	0.114^a	0.012	1.1×10^{-7}	2.14×10^6

放射性元素	镭		评论
同位素	^{226}Ra	^{228}Ra	
半衰期 $T_{1/2}$(年)[6]	1599	5.76	1. 没有列出那些寿命非常短暂的同位素；
辐射类型	α，γ		2. 除镭之外的所有物质都是锕系元素；
产生的同位素[6]	^{222}Rn	^{228}Ac	3. 氡（Rn）是一种气体，可释放在大气中；
a_c(Ci/g)	1.0	230	4. 氡半衰期也很短，衰变转化成固体锕

a 用方程式（17.2）计算得出。

表 17.2 核裂变产生的主要裂变产物及其性质

元素	铯			锶	锝			碘
沸点（℃）[8]	678.4			1384	$NaTcO_4$ 为 100			184
同位素	^{134}Cs	^{135}Cs	^{137}Cs	^{90}Sr	^{97}Tc	^{98}Tc	^{99}Tc	^{129}I
半衰期（年）[6]	2.065	2.3×10^6	30.2	29.1	2.6×10^6	4.2×10^6	2.1×10^5	1.7×10^7
辐射类型	β，γ							
产生的同位素[6]	^{134}Ba	^{135}Ba	^{137}Ba	^{90}Y	^{97}Mo	^{98}Ru	^{99}Ru	^{129}Xe
a_c(Ci/g)[7]	9.5×10^{-3}	6.2×10^{-3}	2.1×10^{-6}	6.3×10^{-6}	3.3×10^{-7}	3.2	0.19	1.6×10^{-4}

α 射线由氦核组成，而 β 射线是带负电荷的电子，它是最轻的粒子（除了中微子，中微子参与核反应但不像本文讨论的辐射那样被释放出来）。质子是带正电的粒子，其质量是电子的 1836 倍。中子质量与质子质量相同，但不带有任何电荷。γ 射线是没有质量的光子或能量束，而裂变产物是新形成的具有不稳定核的元素，其释放额外的 γ 射线和 β 射线。初始原子核的主要碎片也是放射性的，主要是因为这些碎片中的核也处于非平衡（不稳定）状态。

同位素有两个主要放射性参数，一个是比活度（a_c），即单位质量放射性同位素每秒发生衰变数量或活度，另外一个是半衰期（$T_{1/2}$），即放射性同位素将其活性降低到原来一半时所持续的时间。

比活度（a_c）以贝克量或者居里表示，即每秒实际衰变数的数量，1 居里等于 3.7×10^{10} 贝克。比活度和半衰期相互成反比，即：

$$a_c = 常数 / T_{1/2} \tag{17.1}$$

由于 a_c 是同位素单位质量（m）或数量（N）的活性：

$$a_c = 常数 / N \times T_{1/2} \tag{17.2}$$

对于锕系元素，其不同同位素数量（N）的差异很小。这意味着可以近似地假设对于给定的锕系元素的同位素，比活度和半衰期的乘积几乎是一个常数。因此可以写成：

$$a_c \times T_{1/2} \approx 常数 \tag{17.3}$$

这一结果对于比较不同的锕系元素时也是如此，主要是因为所有的锕系元素都很重，它们质量之间的差异很小。因此，对于表 17.1 中列出的所有锕系元素，方程式（17.3）右侧的常数大致相同。

尽管对于相同元素的所有同位素，上述说法是正确的，但对于表 17.2 中列出的裂变产物则不能这样看待。这些检测结果有助于确定哪些同位素在短期和长期储存期间在能量释放方面占主导作用。

半衰期可以是数秒或数百万年，由于我们主要关心的是用于同位素储存或运输的屏蔽材料，所以表 17.1 和表 17.2 中仅列出了具有数十年或更长时间半衰期的同位素。

辐射的能量以电子伏特（eV）为单位。一个电子伏特是一个电子通过 1V 的电位差所获得的能量，等于 1.6×10^{-19}J。α 粒子由两个中子和两个质子组成，其能量范围是 5～10MeV，可以认为是高能量。α 粒子比 β 粒子重得多（7344 倍），同时，由于 α 粒子带正电荷，屏蔽材料中的原子核与之产生排斥作用，因此 α 粒子在屏蔽材料中辐射距离远远小于 β 辐射和 γ 辐射。即使在空气中，α 粒子的辐射范围只有 5～10cm，在固体物质中就更少了。因此，在评估辐射屏蔽材料的性能时，可以忽略 α 辐射。

β 粒子是电子，质量非常低，同时带负电。由于质量很小，所以 β 粒子比 α 粒子更能穿透物质。但由于 β 粒子带负电荷，而负电荷可被正电荷核捕获，如果原子中电子不足，则可以将电子捕获在原子中。由于这些原因，β 粒子在固体物质中穿透深度有限。当然，在耐久性评估中，仍然需要考虑其导致的屏蔽材料微观结构变化及其对屏蔽材料性能的影响。

γ射线既不带电荷也没有质量，比 α 和 β 粒子更具有物质穿透性。因此，屏蔽材料主要是阻止 γ 辐射和中子辐射。

17.3　原子辐射的散射和吸收物理学原理

如前所述，α 和 β 粒子容易被物质吸收，而中子和 γ 射线不携带任何电荷，因此不受电磁场影响，并能穿透物质。所以，本文将只关注中子和 γ 辐射。

（1）γ 辐射

当 γ 射线与原子轨道上的电子作用时，根据射线的能量大小将产生三种不同的散射进程，即光电效应、康普顿效应和正负电子对。在每一种现象中，γ 射线将失去部分或全部能量，甚至产生新的粒子，如 β-射线和正电子，后者与 β 粒子质量相同的带正电荷的粒子，参考文献［9］中概述了这些过程的细节。由此可以假设，如果在 γ 射线的前进路径上有更多的电子存在，那么 γ 射线将会失去更多的能量，材料对其屏蔽效果也会更好。基于此，针对屏蔽材料的设计，其主要元素的原子中应该含有更多电子，或者原子具有更高的原子量，并且颗粒间最好能实现紧密堆积。

金属是屏蔽 γ 射线的优选材料。γ 射线通过厚度为 x 固体后的强度 I 由方程给出：

$$I = I_0 e^{-\mu x} \tag{17.4}$$

式（17.4）中的 I_0 是 $x=0$ 处的入射 γ 射线的强度，μ 是线性衰减系数，其大小取决于 γ 射线的能量。在不同的 γ 射线能量范围内，由于具有不同的效应，也因此存在不同的能量损耗模式。基于这些机制，不同能量范围 γ 射线谱对应的 μ 值不同，相关详细信息可参见参考文献［9］。这里，我们将在讨论中使用一个有效的 μ 值，这样就可以计算各个范围 γ 射线能量变化情况。

（2）中子辐射

中子没有任何电荷。因此，当中子穿透物质时，原子内的电场对其不具有阻止作用。中子的质量是 α 粒子的四分之一，因此中子比 α 粒子穿透得更深，中子的穿透行为对于确定材料的屏蔽性能极为重要。

此外，γ 射线和中子都与原子核相互作用，要么是通过能量散射，要么是或通过二次辐射。因此，这两种类型的辐射对于评价材料的屏蔽潜力方面非常关键。

对这类辐射的吸收取决于屏蔽材料的厚度、材料的密度和特定辐射的能量。由于在高能量辐射穿透材料过程中，材料可以部分地吸收能量，从而改变材料的结构，在辐照一段时间后来影响材料屏蔽性能。因此，本文主要将根据这些参数和问题来讨论 CBPC 的屏蔽性能。当然，在评估屏蔽材料时，以下这些类型辐射的一般特征也是重要的。

中子辐射由粒子运动组成，根据其能量大小，对材料结构产生的影响不同。中子辐射包括高能快中子（>100keV）、中等能量中子（100eV～100keV）、超热中子（0.1eV～100eV）和热中子（<0.1eV）。轨道上的电子不会影响这些中子，但原子

核可以通过弹性碰撞（能量守恒）或非弹性碰撞（γ射线）散射或者吸收它们。计算其吸收量可采用式（17.4），由于中子是粒子，可写为：

$$n = n_0 e^{-\mu x} \tag{17.5}$$

在式（17.5）中，n是距离x处的中子数。符号μ表示吸收系数，其取值考虑了所有不同的散射和中子吸收机制。

（3）中子散射/吸收截面

目前，可以通过两种方式提高中子屏蔽性能。第一类可以选择一种在材料内散射中子的元素，通过延长中子在材料内的运行路径使得中子速度减慢，以确保它在材料内被吸收；其二是选择一种通过原子核完全吸收中子的元素。第一类是最轻的元素氢（H），第二类是硼（B），也是一种轻元素。

散射和吸收截面可以表征元素散射或吸收中子的能力，表明了该元素原子核散射或吸收入射中子的概率，由材料的面积单位来表征，等于10^{-24} cm^2。高截面元素是制备核屏蔽材料的基础。

表17.3列出了有助于我们讨论用于CBPC屏蔽材料潜在元素或同位素的吸收截面。氢（H）和硼（B）是非常轻的元素，这意味着它们可以大量地掺入到屏蔽材料中，由此增加屏蔽性能。如前所述，H用于散射中子而B用于吸收中子。钾（K）和铁（Fe）比较重，K是形成Ceramicrete材料的元素，而Fe可作为廉价的掺和料。当然，基于Fe的CBPC（第12章）材料也可用于核屏蔽。迄今为止，开发CBPC核屏蔽材料主要是在Ceramicrete材料中使用氧化铁作为掺和料，同时也存在着用磷酸铁胶凝材料开发屏蔽材料的机会。

表17.3　中子吸收截面[10]

元素		H	B	^{10}B	K	^{40}K	Dy	Fe	Hf
截面积（cm^2）	散射	82.2	5.24	3.1	1.96	1.6	90.3	11.62	10.2
	吸收	0.33	767	3835	2.1	35.8	994	2.56	104.1

在表17.3中列出的元素中，镝（Dy）是重元素，其原子质量为162.5，具有高吸收和散射截面，因此它应该是屏蔽材料配比中的理想组分。然而，镝的密度限制了其应用，与较轻原子（例如硼）相比，镝原子质量高，所以在吸收相同数量的中子时它需要加入更多的Dy。因此，尽管镝（Dy）和铪（Hf）具有高的中子吸收截面，但综合比较并不像硼那样有效。因此，硼仍然是核工业中优选的屏蔽组分。

同位素具有更强的屏蔽性能。通过表17.3中对比，^{10}B和B、^{40}K和K相比具有更大的吸收横截面。因此，硼的同位素比天然硼能吸收更多中子。可惜的是，自然界中的纯同位素并不丰富，从自然界中现有元素中分离出来用于大规模制备屏蔽材料并不具有良好的经济性。

幸运的是，天然硼中的^{10}B含量约为20%（质量分数）。剩余的部分为^{11}B，其对于中子的吸收截面接近于零，B中几乎所有的中子吸收都是^{10}B获得的。而对于钾，自然界钾中的^{40}K非常小，接近120×10^{-6}。因此，虽然K在技术上讲是放射性的，但由于浓度极低，被认为是不受任何环境规程管制的天然放射性物质（NORM）。在 Ceramicrete 中 K 对中子吸收非常少，但由于其在 Ceramicrete 材料中的含量很高（达到 14.7%，质量分数），相比其他屏蔽材料如硅酸盐水泥等还是具有一定的优势。

Ceramicrete 材料中的天然屏蔽材料是水。1mol 水中含有 2mol 的氢，而氢具有具有较高的散射截面（表 17.3），因此水是核工业中最受欢迎的屏蔽材料。当燃料棒从反应堆中取出移动到干式储存桶临时储存以便运输到处置库之前，通常采用冷却水池冷却储存燃料棒（乏燃料）。乏燃料在水池中进行储存可以有效降低初始状态下中子的高放射强度，同时较小体积的冷却水池中也可存储大量的燃料棒。以类似的方式，在 CBPC 中存在的大量结合水也有助于增加屏蔽材料对中子的吸收。

17.4 硅酸盐水泥和钢铁作为屏蔽材料

硅酸盐水泥和钢铁是最常见的建筑材料，价格低廉，数量大，几乎在全球任何地方都可以买到。幸运的是，这两种材料还具有出色的屏蔽性能，因此在核工业中用于核反应堆安全壳和作为核材料储存的内衬层。参考文献［9］对硅酸盐水泥混凝土作为屏蔽材料弱化中子和 γ 射线进行了很好地论述。

硅酸盐水泥水化后，水以结合水的形式存在于硅酸钙水化物中，同时在其孔隙中也有水，总含量可高达质量分数的 30%～40%，因此，水化后的硅酸盐水泥成为优良的中子吸收材料。

为进一步提高其屏蔽性能，选择合适的骨料在硅酸盐水泥混凝土设计中是最为常用的方法。如可通过添加含硼矿物提高中子屏蔽性能，采用 Colmanite［$CaB_3O_4(OH)_3 \cdot H_2O$］和硼酸钙［$Ca(BO_2)_2$］这些含硼量高的矿物就是实例。使用高密度骨料也可提高中子屏蔽性能，由氧化铁组成的赤铁矿和磁铁矿、重晶石（硫酸钡）都是很好的候选材料。硅酸盐水泥水化后含有大量的水分，可以散射和慢化硬中子，而这些矿物中的硼可很好地吸收由多次散射而形成的慢化热中子，从而可获得更好的材料屏蔽性能。

钢铁价格便宜，密度大，含有原子质量较高的铁原子，是极易获取的建筑材料。钢铁对于 γ 射线和 β 射线都有良好的屏蔽性能。但钢铁的弱点是易受腐蚀，特别是在炎热、盐水和潮湿的沿海环境中，而这正是许多核电站所面临的环境。针对这种情况，第 16 章讨论了将 Ceramicrete 用于钢铁的腐蚀防护涂层，结果表明其是一种很好的选择。

17.5 CBPC 作为屏蔽材料的综合优势

上一节最后部分的讨论表明，CBPC 是屏蔽材料的潜在候选材料。CBPC 与硅酸盐水泥相比具有许多优势，主要体现在陶瓷材料的特性方面。其中包括：

（1）致密，几乎无孔隙；

（2）与硅酸盐水泥相比具有更高的强度；

（3）高温稳定性优异；

（4）可提高建筑用钢的耐腐蚀性；

（5）在中等强度的酸、碱性溶液中不会浸出；

（6）可以掺加高掺量轻质材料，如将碳化硼用于中子衰减，以及重质矿物用于γ射线衰减。

在第15章中详细讨论了该材料的优点和许多特性。第16章讨论了该材料的耐腐蚀性，第18章将讨论该材料在酸性和碱性废水中的抗浸出性能。

17.5.1 Ceramicrete 材料的中子衰减

Ceramicrete 材料中的元素，如 Mg、P 和 O，对于中子的散射和吸收截面均比较低，但其主相 $MgKPO_4 \cdot 6H_2O$ 中存在的结合水是一个例外，结合水占比为41%（质量分数）。正如第15章中所介绍，单独使用 Ceramicrete 材料难以获得性能良好的 CBPC 材料，主要是其强度不足以用来制造结构件，而且在凝结硬化后的孔隙率较高。当掺入质量分数的50%F级粉煤灰并保持材料使用相同的用水量时，其抗压强度将倍增至 49MPa ~ 56MPa（7000psi ~ 8000psi）。因此，在实际 Ceramicrete 复合胶凝材料中，水的含量约为15%（质量分数），比硅酸盐水泥中的用水含量低。假设在水泥中加入25%（质量分数）的水，则在凝结硬化的水泥中水含量为20%（质量分数），这两者之间的差异很小。然而，Ceramicrete 材料的更大问题是结合水在大于120℃的温度下蒸发，如果含有的放射性物质释放高能量辐射，产生的热将加热 Ceramicrete 材料，导致失水而造成屏蔽优势完全丧失。因此，最好在 Ceramicrete 材料中掺加提高热稳定性的掺和料，以保障材料具有中子散射和吸收功能。

与大多数屏蔽材料一样，硼也是 CBPC 中的理想添加剂。尤其是碳化硼（B_4C）粉末的颗粒具有极高的硬度，能够提高 CBPC 产品的韧性。同时因为 B_4C 是轻质材料，即使在产品中少量使用，也可以获得最大的屏蔽潜能。

美国阿贡国家实验室与俄罗斯萨罗夫州的俄罗斯联邦核中心、同位素硼生产商 Eagle Picher Industries 的联合项目中初次尝试了将 B_4C 混合到含粉煤灰的 Ceramicrete 材料中[11]。研究得到了屏蔽材料的最佳组成配合比，即在 Ceramicrete 材料中加入4%（质量分数）的 B_4C，更高的含量并没有显示出有特殊的优势。

最近 Wagh 等人[12]对不含粉煤灰的 Ceramicrete 材料基本组分屏蔽中子和γ射线的能力进行了系统的评估。在材料中加入硅灰石（10%）、硼酸（0.5%）、B_4C（4%）、Dy_2O_3（4%）和 Hf_2O_3[13]，并为每种配合比制备了5个试样，以没有水的胶凝材料粉末作为质量百分比的基准。选择这些添加剂的原因如下：

（1）硅灰石提高了抗弯和抗压强度（第14章）。

（2）在制备过程中需要硼酸来减缓反应速度并提高浆料的流动性（第15章）。

（3）如上所述和参考文献［12］，B_4C 显著提高了中子屏蔽能力。因为 Dy 和 Hf 对于中子均具有非常高的吸收截面。

制备含有 Dy 和 Hf 的样品与含有 B_4C 的样品进行比较。将每组中五个不同厚度的试样以 4π 的角度暴露于 $1.86 \times 10^7 s^{-1}$ 的中子通量中，活度为 $13.5Ci(5 \times 10^{11} Bq)$，误差限为 12%，概率为 0.95。在参考文献［12］中可以看到试验的细节，使用辐射计测量了穿透每个试样前后的中子强度。

采用式（17.5）确定中子吸收系数（μ）。根据穿透厚度为 x 的材料之前和之后的中子强度可以计算 μ，结果见表 17.4。

从表 17.4 的结果可以得出许多推论，Ceramicrete 材料本身具有合理的中子吸收系数，其值为 0.51，主要是由于 Ceramicrete 材料中结合水的量为 33%，而水可以很好地散射中子。K 的吸收截面也不是很低，也有助于提高整体性能。

表 17.4　**Ceramicrete 样品的组成与中子吸收系数（μ）[12]**

试样号	组成	μ
1	$MgKPO_4 \cdot 6H_2O$	0.51
2	$MgKPO_4 \cdot 6H_2O + 10\% CaSiO_3$	0.38
3	$MgKPO_4 \cdot 6H_2O + 10\% CaSiO_3 + 1.5\% H_3BO_3$	0.52
4	$MgKPO_4 \cdot 6H_2O + 10\% CaSiO_3 + 1.5\% H_3BO_3 + 4\% DyO_3$	0.45
5	$MgKPO_4 \cdot 6H_2O + 10\% CaSiO_3 + 1.5\% H_3BO_3 + 4\% HfO_2$	0.53
6	$MgKPO_4 \cdot 6H_2O + 10\% CaSiO_3 + 1.5\% H_3BO_3 + 4\% B_4C$	1.6

如样品 2 所示，尽管在 Ceramicrete 材料中加入质量分数 10% 的硅灰石后具有更好的强度，但其衰减系数降低了 25%，可这些添加材料对于增强屏蔽材料的强度而言是必需的。为了生产具有良好屏蔽性能的大型构件，还需要加入硼酸。添加硼酸后的结果可见试样 3 的结果，衰减系数增加到 0.52，补偿了由于添加硅灰石引起的损失。因此，可以考虑以试样 3 的配合比作为基础配合比。

由试样 4、试样 5 和试样 6 可以看出在基础配合比中添加高散射或吸收材料产生的作用。试样 4 和试样 5 中分别含有 4% 的氧化镝和氧化铪，Dy 和 Hf 具有高中子吸收截面，而 Hf 还具有高散射截面，这本应该会导致衰减系数的增加，但结果却与此逻辑相反。当添加 Dy_2O_3 时，相同样品的衰减系数有所下降，当添加 HfO_2 时，衰减系数几乎不变。分析原因，在基础配合比中，材料的密度（试样 3）为 $2.00g/cm^3$，含水量为 49%，正是由于其中所含氢而具有优异的中子散射性能，而 Dy_2O_3 和 HfO_2 的密度分别为 $7.8g/cm^3$ 和 $9.68g/cm^3$，虽然通过添加 Dy 可增加中子的吸收，并且通过添加 Hf 可增加中子的吸收和散射，但并不能弥补在 Ceramicrete 材料中由于添加这两种氧化物所造成的结合水减少，从而导致的衰减系数损失。这意味着高吸收和散射截面的元素未必就是良好的添加剂，对于中子屏蔽，更需要具备高吸收和散射截面的轻质材料。

正如试样 3 所示，1.5% 的硼酸就可以补偿由于添加 10% 硅灰石所产生的衰减系数的损失，表明硼能够有效地提高衰减系数（见试样 6）。试样 6 中含有 4% 的 B_4C，相对于基础配合比，其衰减系数增加了三倍。其试样的密度为 2.52g/cm³，仅略高于基础配合比。其中 1mol 的 B_4C 中含有 1mol 碳和 4mol 的硼含量，这意味着其中的硼含量很高，因此加入 4% 的 B_4C 对中子衰减有很大的贡献。这是在 Ceramicrete 材料中使用碳化硼以及商业产品 "Borobond" 制备的基础，这将在第 17.8 节中讨论。

17.5.2 Ceramicrete 材料中 γ 射线衰减的评估

在同一篇文章[12]中，作者还评估了不同厚度的含有 B_4C 和 Dy_2O_3 的 Ceramicrete 材料的 γ 射线的衰减特性。γ 射线来源于 ²⁴¹Am、¹³³Ba 和 ¹⁵²Eu，选择这些同位素源是因为其覆盖了很宽的 γ 射线谱范围，特征能量范围为 18keV ~ 14MeV。对于 γ 射线强度的实际能量测量，使用镉-锌-碲（Cd-Zn-Te）检测器。

使用三种不同的同位素旨在涵盖 γ 射线谱的整个范围。由于衰减特性随着入射到屏蔽材料上的 γ 射线的频率而变化，因此采用这种测试方式很有必要，从表 17.5 中给出的结果也可以看出其必要性。

表 17.5 中的结果表示为吸收的能量占从空气中通过的总能量的百分比，计算方式如下：

$$K = (1 - W_s/W_a) \times 100 \qquad (17.6)$$

式（17.6）中的符号 K、W_s 和 W_a 分别是屏蔽材料吸收的 γ 射线的能量百分比、表中列出的给定同位素所吸收的实际能量以及通过空气的能量，假定后者为射线入射到屏蔽材料的能量。

从表 17.5 可以得出以下结论：

● 屏蔽材料在较高的特征能量下吸收更多的 γ 射线能量，因为能量范围从 ²⁴¹Am 到 ¹⁵²Eu 转移到更高的频率，而 ¹³³Ba 的特征能量位于两者之间。

● 含 Dy 的试样 4 比含硼的试样 6 吸收更多的能量。这可以理解为 Dy 比 B 具有更大的原子量，包含更多的电子而有利于散射 γ 射线。

表 17.5 不同同位素来源和不同屏蔽试样的吸收能量 ε(%)、衰减截面 $m(cm^{-1})$

试样编号[a]	涂层厚度（mm）	²⁴¹Am		¹³³Ba		¹⁵²Eu	
		ε	m	ε	m	ε	m
6	1.79	10.51	12.58	16.85	9.94	30.1	6.54
	2.31	11.29	9.44	18.85	7.22	32.15	4.91
4	1.24	14.27	15.7	23.64	11.6	34.65	8.556
	1.36	15.09	13.9	24.67	10.3	34.88	7.74
钢	0.3	—		57.7	18.7	49.6	23.16

[a] 试样编号来自表 17.4。

从表 17.5 的最后一行可以看出，0.3mm 的薄钢吸收了 57.7% 和 49.6% 的能量，高于相应的含有质量分数的 4% Dy 且厚度更高的 Ceramicrete 材料。当然，在 Ceramicrete 材料中引入原子量更高的重金属还可以进一步提高 γ 射线的屏蔽性能。在本章后面部分，相同研究人员对这方面进行了计算机模拟研究。此外，Ceramicrete 材料具有的更大优势是在其结构中同时能容纳硼和重金属，可大幅度提高材料的中子和 γ 射线的屏蔽性能。这是 CBPC 屏蔽材料的主要优势。

17.6　CBPC 屏蔽性能的计算机模拟研究

为了预测不同添加剂对不同材料配比的 CBPC 屏蔽性能的提升效果，可以使用诸如蒙特卡洛技术（Monte Carlo）等程序进行计算机模拟[12]。

首先，为了验证模拟结果和试验测量值的一致性，对从 Cd-Zn-Te 检测器得到的测试结果与第 17.5.2 节中描述的空气、铝和钢等已知材料的同位素计算机模拟结果进行了比较，使用了专门工具包来计算 Cd-Zn-Te 检测器的响应值，对比过程的细节见参考文献 [12]。

该对照的结果不仅对于空气、铝和钢的测量结果具有一致性，而且对于表 17.5 中列出的几种 Ceramicrete 材料屏蔽试样也具有很好的一致性。部分对比的结果列于表 17.6。

表 17.6　Ceramicrete 屏蔽材料的试验值与模拟值比较

屏蔽材料组成	厚度（mm）	^{133}Ba		^{152}Eu	
		试验值	模拟值	试验值	模拟值
$MgKPO_4 \cdot 6H_2O + 4\% B_4C$	1.89	80.0	81.6	61.8	65.0
	2.13	77.9	70.8	59.0	64.6
$MgKPO_4 \cdot 6H_2O + 4\% Dy_2O_3$	1.23	86.0	80.5	62.8	65.3
	2.56	70.4	72.2	59.6	61.2

表 17.6 的结果表明，模拟结果与试验结果之间具有较好的一致性，两者透过率偏差在 10% 以内。考虑到 γ 射线的散射和吸收机理以及同位素能量范围等多种因素的影响，以上结果是可靠的，可用于预测并优化 CBPC 在未来应用中的屏蔽性能。如何优化处理将在下一节中介绍。

17.6.1　含有氧化铁的 γ 射线屏蔽材料

正如在第 15 章中所指出的那样，Ceramicrete 材料是一种多功能的水泥材料，可以使用高掺量的专用填料来调整其性能。为了提高 Ceramicrete 材料（或任何其他 CBPC）的屏蔽潜能，可选择那些低成本高原子量的元素以大掺量掺入到

CBPC 中。

任何形式的氧化铁，不管是赤铁矿（Fe_2O_3）、磁铁矿（Fe_3O_4）或是方铁矿（FeO）都是比较便宜的。在第 12 章中已经看到，可以利用这些氧化物开发（铁基 Ceramicrete 材料）CBPC，而不必仅仅依靠传统的 Ceramicrete 材料。由于铁基 Ceramicrete 材料中的铁含量非常高，因此是开发 β 射线和 γ 射线防护材料的绝佳选择。虽然这种逻辑已经证明是正确的，但可惜的是，这种方法尚未得到充分研究，因此第 12 章中讨论的基于磷酸铁的 CBPC 研究，目前还没有相应的数据。Gorbotenko 和 Yuferev[11]开发了一种替代方案，在 Ceramicrete 材料中以相等比例添加了赤铁矿和磁铁矿的混合物作为填料，并研究了该复合材料的物理性能。结果表明该材料抗压强度高，在 24.5 ~ 49MPa（3500 ~ 4000psi）范围内，密度约为 $2.1g/cm^3$，屏蔽性能结果与计算机模拟计算结果相近，表明该材料可以作为 γ 射线屏蔽的候选材料。

Wagh 等人[12]继续了上述研究，既然蒙特卡洛（Monte Carlo）计算足以预测 Ceramicrete 材料对 γ 射线屏蔽的性能，因此把类似的计算扩展到了含氧化铁的 Ceramicrete 材料上。铁基 Ceramicrete 材料的组成中有质量分数 15.35% 的胶凝物质，加入质量分数 11.25% 的 F 级粉煤灰提高其强度，赤铁矿和磁铁矿各占 30.73%、4.1% 的 B_4C 用于吸收中子，水为 7.84%。试样的抗压强度为 16.8MPa（2400psi）、密度为 $2.2g/cm^3$。使用相同的程序预测了第 17.6 节所述的不同同位素的 γ 射线屏蔽性能，只是建模时选择的辐射能量 E_γ 范围选在 10keV ~ 3MeV 之内。

图 17.3 显示了具有相同厚度（33cm）的含有 B_4C 和含有 Dy_2O_3 的 Ceramicrete 材料、以及含氧化铁的 Ceramicrete 材料对 γ 射线能量吸收的百分比关系。结果表明不同添加剂在 Ceramicrete 材料中具有不同的特性。

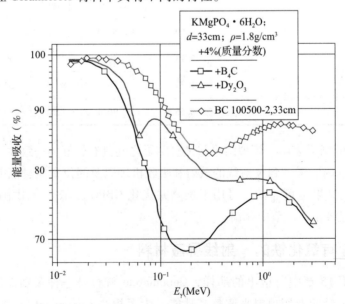

图 17.3　以各种 Ceramicrete 为基体的屏蔽材料的
能量吸收（%）关系（参考文献［12］）

（1）三种组成的材料全部是低辐射能量的良好吸收材料，适用于屏蔽 X 射线。

（2）含有 B_4C 的 Ceramicrete 材料对 γ 射线的吸收能力最低，而含有氧化铁的 Ceramicrete 材料对 γ 射线的吸收能力最高。Dy_2O_3 的作用介于两者之间。

（3）对于含氧化铁的试样，在中间能量区域内对 γ 射线的吸收值最小，但是其吸收能力仍然高于其他两种。

（4）在高能量区间，含氧化铁的 Ceramicrete 材料的吸收远高于其他两种材料。

需要注意，含氧化铁的试样同时也含有 B_4C，这意味着其可能也是俘获中子的优良材料，因此，这是一种可同时屏蔽 γ 射线和中子辐射的理想材料。鉴于轻质元素是中子的优良屏蔽材料（基于其衰减系数和低密度），重金属则能更好地吸收中子，Ceramicrete 材料同时具备这两方面的能力，这为开发适用于屏蔽所有辐射的屏蔽材料开辟了道路。

17.7　强辐射对 Ceramicrete 屏蔽材料微观结构的影响

中子辐射、β 和 γ 射线均属于高能辐射。中子与原子核相互作用，将导致二次辐射。β 和 γ 射线也与轨道电子和原子核相互作用，要么产生散射，要么产生二次辐射，或两者兼有。在此过程中，将影响 Ceramicrete 材料的晶体结构，导致其微观结构变化和产生缺陷，对这对材料的耐久性产生重要的影响。长时间在微观结构方面所产生的连续变化可能导致产生裂纹、收缩、膨胀等物理缺陷，这样会进一步削弱屏蔽材料的性能，甚至导致材料失效。

为评估各种类型辐射对材料性能的影响，Wagh 等人[12]将表 17.3 中的一些样品暴露于各类不同的辐射环境中。为了明确屏蔽材料长期承受的总辐射剂量，以乏燃料的辐射剂量作为参考对象，主要是由于目前对于乏燃料的屏蔽材料尤为重视。

如第 18 章中介绍，乏燃料的主要辐射来自于裂变产物产生的辐射，而裂变产物主要是 ^{137}Cs 和 ^{90}Sr。在最初的 300 年里 ^{137}Cs 和 ^{90}Sr 的辐射高于锕系元素，而后逐步减少至少于锕系元素。对于锕系元素，α 粒子和中子辐射相对要弱得多，但其持续时间长达数百万年。当然，对于辐射屏蔽材料也并不是使之在超出数百万年后仍然保持良好性能。通常，在 300 年内接受的总辐射量对于上述研究是足够的。而在 300 年时间段，^{137}Cs 和 ^{90}Sr 的 β 射线与 γ 射线的总辐射量分别为 10^8 拉德与 10^{10} 拉德，本文将选用这些辐射剂量来测试辐射场中材料的耐久性[13]。

对上述样品要进行全剂量辐照，并评估辐照后屏蔽材料的结构和性能。选择其中含有 B_4C 的试样（表 17.3 中的试样 6 号）进行结构评估，对试样 4 和试样 6 进行屏蔽性能的评估。结构评估使用了高分辨率光学显微镜，屏蔽性能的测试步骤与辐射前后试样数据的生成方法相同，结果见表 17.7。

表 17.7   添加 B_4C 和 Dy_2O_3 对 Ceramicrete 屏蔽潜能的影响[14]

试样编号[a]	涂层厚度（mm）	能量吸收（%）		
		^{241}Am	^{133}Ba	^{152}Eu
6	17.9	10.51	16.85	30.10
	2.31	11.29	18.85	32.15
4	1.24	14.27	23.64	34.65
	1.36	15.09	24.67	34.88
钢	0.3	—	57.7	49.6

[a] 样品编号来自表 17.4。

在经受了全剂量辐射后，样品尺寸没有变化，结构没有损坏，未出现剥离等现象。然而，高分辨率光学显微镜显示形成了色心。采用 γ 射线辐照样品时色心现象较轻，而 β 射线辐照样品色心更弱。详细的光学显微照片可见参考文献［12］。

在上述文献中作者解释了在阴影处形成色心的原因。主要是电子从原子转移到晶格结构的空位，以维持总电荷为中性，被称为 F 中心，这在若干磷硅酸盐类玻璃中也观察到了这一现象[15,16]，因此在 Ceramicrete 材料中出现也并不奇怪，因为 Ceramicrete 材料是含有硅灰石（硅酸盐）作为填料的磷酸盐。很有必要继续对辐照 Ceramicrete 材料所引起的色心现象进行详细研究（表 17.8）。

表 17.8   含有 B_4C 和 Dy_2O_3 的 Ceramicrete 样品的性能[14]

辐射	试样	厚度（mm）	能量吸收（%）		
γ 射线，10^{10} 拉德	6 号含有 B_4C	1.79	10.42	16.48	30.01
		2.31	10.05	18.68	31.90
	4 号含有 Dy_2O_3	1.24	13.02	20.35	33.87
		1.36	14.94	23.46	34.33
β 射线，10^8 拉德	6 号含有 B_4C	1.79	10.5	16.36	30.32
		2.31	11.16	18.61	33.93
	4 号含有 Dy_2O_3	1.24	13.95	19.64	34.6
		1.36	13.27	21.85	34.55

17.8   产品理念和产品

Ceramicrete 屏蔽材料由赛瑞丹（Ceradyne）公司（3M 公司）推向市场。该公司生产自己的产品 Borobond™，其专利配方基于美国阿贡国家实验室、俄罗斯的科学家[11]以及橡树岭国家实验室的研究[17]。该产品主要应用在美国能源部 Y-12 工厂内，用于储存高浓缩铀（HEU），这是有文献记载的 Ceramicrete 材料最大规模的商业应用。

根据本书报道的科学工作，Ceramicrete 材料已经在实验室规模上开发出了一些其他的用途，其中最重要的应用之一是用来解决商业辐射源的辐照分散性问题，这将在本章第17.8.1节中讨论。

17.8.1　橡树岭核材料储物库设计

因为安全、安保的成本，储存核材料如反应堆燃料、浓缩产物和乏燃料是非常昂贵的，更重要的是要确保其自身辐射不会引发爆炸的失控反应。因此，设计存储架和高效的存储空间需要很强的专业知识。美国橡树岭国家实验室进行了相关的试验和计算机模拟，使用 Borobond 模块开发高浓缩铀（HEU）储存库，是其中一个很好的实例。橡树岭实验室的科学家们不仅进行了试验测试，还通过计算工具（如蒙特卡洛 Monte Carlo 技术）对设计进行了评估，优化了设计，并确认了设计的安全性，具体细节可参见参考文献［17，18］。

美国橡树岭国家实验室的科研人员设计了可堆叠的箱子用于放置存储 HEU 的圆柱形容器，这些容器在存储机架上的距离相等。这些容器之间，以及机架的顶部和底部的空间都充满了 Borobond 材料，Borobond 是一种 Ceramicrete 材料产品，使用时将粉末和水混合形成浆体，然后将其浇注在相关位置并养护成坚硬的 CBPC 材料，做成浆体后将其倾倒并填充在容器周围的架子中，最终，每个容器都被 Borobond 屏蔽材料所包覆，从而屏蔽了邻近容器受到的中子和 γ 射线的辐射（图 17.3）。

研究的目的是获得在 Borobond 中水和硼含量的信息，同时生成数据来发展蒙特卡罗输运理论，用于关键安全性分析。所用仪器和测量方法的细节可参见参考文献［17，18］。研究人员使用了 γ 射线光谱和中子飞行时间测量值、中子和超热中子计数及中子活化分析，开发了模型用于监测从生产 Borobond 到使用中的不同阶段材料中的水和 B_4C 含量的变化。

图 17.4 所示的设计显示了可堆叠存储箱的布置。圆柱形存储容器之间的最短距离需保证足够安全，以避免任何达到临界状况的情况。如果箱体是相互叠加的，也必须采用同样的原则。

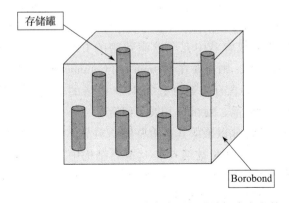

图 17.4　用于高浓缩铀可堆叠储存容器的设计（参考文献 17）。

参考文献［17］中，通过计算机进行的仿真重现，展示了硼的捕获效果与

Borobond 中 B_4C 和水的含量相关关系，该结果同样来源于橡树岭实验室的研究。这张三维图形有助于识别 Borobond 的构成以设计储存容器，以支持用户确保 HEU 在这些存储箱中的存储是安全的。

硼酸化 Ceramicrete 的商业成功推动了 Ceradyne 公司的商业产品 Borobond 的应用。建议有兴趣的读者查阅该公司的网页。

17.8.2 商业铯辐射源模型设计

同位素的辐射源如 ^{137}Cs、^{90}Sr 和 ^{99}Tc 在商业有一系列应用，包括地质勘探、仪器校准、核辐射诊断和治疗[2]。在世界各地可很容易地获得这些用于从石油勘探到医疗等领域的同位素。但如果使用不当，这些同位素会产生严重的有害影响，已经发生过使用不当导致受伤的案例（参考文献 [19]）。出于这一原因，这些辐射源需要设计成难以篡改，同时其中使用的同位素应该不易分散。如果辐射源以固体陶瓷形式而不是粉末，则其扩散性可以显著减小。且当陶瓷变成粉末时，同位素在陶瓷中处于稳定状态，不溶于地下水。陶瓷的密度较高，也不至于以粉末形态释放到大气中，因此，扩散性的降低也有助于减小对当前环境的威胁。如果通过化学固定形成稳定的物相，则也可以进一步防止产品的逆向工程和同位素的溶出，这将在很大程度上有助于减少辐射威胁，目前已经有报道将 Ceramicrete 用于该目的。

使用 Ceramicrete 确保辐射源安全性背后的理念是，当同位素以可溶方式引入到 Ceramicrete 硬化浆体中时，它们将形成不溶于水的磷酸盐矿物质，不可浸出。例如，在第5章和第8章中已经看到，在鸟粪石（K，Cs）结构中 Cs 取代了 K 的位置，在 K-鸟粪石结构中的 Sr 取代了 Mg。因此，^{137}Cs 和 ^{90}Sr 在 Ceramicrete 中将形成晶体结构，变得不可扩散。因此，这个方法是生产不可分散 ^{137}Cs 和 ^{90}Sr 放射源的理想选择。

在阿贡实验室和乌克兰研究团队的研究中，进行了上述屏蔽研究，使用非放射性 CsCl 来模拟商用的 $^{137}CsCl$ 源[20]。

商业上具有代表性的 $^{137}CsCl$ 辐射源，其体积为 $170mm^3$，其活度为 3.711Ci。$^{137}CsCl$ 的比活性为 59.8Ci/g（由 ^{137}Cs 的比活度 87Ci/g 计算而得到），其质量密度为 $3.99g/cm^3$。这意味着如果容器中完全填满致密的 CsCl，其活度为 40.56Ci，或者，为了获得 3.711Ci 的活度，则需要在 $170mm^3$ 的 Ceramicrete 中掺入质量分数的 9.1% 的 CsCl。研究人员制备了含有质量分数为 10% 掺量的非放射性 CsCl 的 Ceramicrete 样品，复制重现了试验样品，对试样开展了研究。

测量了试样的力学性能以确保其是否坚固。对晶体结构和矿物组成的研究表明，如第8章所述 Cs 取代了部分 K 被纳入 K-鸟粪石结构中，Cl 存在于氯磷灰石结构中。稍后第18章介绍的标准浸出试验，表明该产品是不可浸出的。浸出试验的细节可参见本章。测试的结果总结在表 17.9 中。

表 17.9　参考文献［20］中测量的模拟商业 CsCl 源的性能概述

含量 （%，质量分数）	矿物相	强度［psi（MPa）］		浸出率 ［g/（m² · d）］
		抗折强度	抗压强度	
10	$MgK_xCs_{(1-x)}PO_4 \cdot 6H_2O$	857(5.99)	3565(24.96)	2.66×10^{-5}
15	$Mg_2PO_4 \cdot Cl$			1.16×10^{-5}

由于 Cs 在 678.4℃是易挥发的，所以这些辐射源有可能在有意或无意、或者以其他方式加热至较高温度的情况下释放放射性元素铯。为测试它们是否在高温下释放 Cs，研究人员使用差热分析来测量试样在高于挥发温度的不同温度下的质量损失。这些研究表明，Ceramicrete 中矿化的 Cs 至少在 1000℃ 以下不释放 Cs。这意味着，如果用 137Cs 替代非放射性的 Cs，它仍然会锁定在鸟粪晶体结构中，不会通过加热方式挥发而扩散。

研究人员进行了浸出试验（第 18 章），并测量了力学性能，样品含有 25% 的硅灰石可以提高强度，部分结果列于表 17.9。关于浸出试验的更多结果可以在第 18 章中找到。

表 17.9 中的结果表明，Ceramicrete 的抗折强度和抗压强度与硅酸盐水泥混凝土相当，对于这些辐射源来说是足够了，因为它们被包裹在金属容器中，除了在容器上设置的传感器辐射束使用的小窗口。辐射源的表面尺寸仅为 cm² 级。这意味着，基于表 17.9 给出的浸出率，可以得知其辐射源的实际浸出量将达到每天 ng/cm² 数量级，即使辐射源与水接触，其浸出率也非常非常小。这些结果显示了 Cs 源同时具有安全和不扩散性的所有特征。

虽然对其他来源（如 Sr、Co、I 等）或实际的放射性同位素还没有进行测试，但第 5 章中描述的溶解化学反应和本章介绍的 CsCl 的实例，为制造商业上更安全、不扩散的放射源提供了切实可行的途径。

17.9　结论

总体上，CBPC 材料尤其是 Ceramicrete 具有其他材料不具备的几个优点。CBPC 的凝固过程像是水泥，但它们不是碱性的而是中性的。与硅酸盐水泥不同，CBPC 在晶体结构中将放射性同位素（特别是裂变产物）矿化，从而使同位素不可浸出。因为它们允许掺入大量的中子衰减元素硼，所以可以产生致密、坚韧且尺寸更小的优良中子屏蔽组件；也能通过在其结构中引入高原子量的金属氧化物来定制以屏蔽 γ 辐射的组件。

比较混凝土、Ceramicrete 和常规钢材中 γ 辐射的衰减系数以及它们的中子截面，可了解 Ceramicrete 与其他材料相比所处的水平，表 17.10 列出了这些值。Ceramicrete 和钢材的吸收截面取自表 17.5 中 133Ba 的辐射。混凝土的数据来自于参考文献［21］。

表 17.10 中的数据显示，如果要同时屏蔽中子和 γ 射线，Ceramicrete 是一个不错的选择。它的 γ 射线衰减系数约为钢的一半，但是其中子屏蔽系数高于混凝土。钢是优良的屏蔽 γ 射线的材料，但不能屏蔽中子。而 Ceramicrete 同时在中子衰减和 γ 射线屏蔽方面的性能远远优于普通混凝土。

表 17.10　Ceramicrete 中的 γ 射线衰减系数和中子截面（试样 6 来自表 17.4）

辐射源	Ceramicrete	混凝土[9]	钢[9]
^{133}Ba 的 γ 射线的衰减系数	9.94	0.593	18.33
热中子截面	1.6	0.235	穿透

当然，在材料的使用方面需考虑多方面的问题。当大量采用混凝土作为建筑材料时，如用于屏蔽乏燃料池、核废料储存库甚至是核反应堆周围的生物圈屏蔽，混凝土是一种优良的材料，主要是由于其丰富易得，低成本，而且同建筑技术一致，简单易行。另一方面，如果是一些特定的应用，需要特定的质量与体积时，Ceramicrete 则是理想的材料。例如，将 Ceramicrete 用于废燃料运输和储存桶中的屏蔽材料，其好处是同时屏蔽中子和 γ 射线。其密度较低（$2g/cm^3$），抗压强度很高 56MPa（8000psi），作为屏蔽材料的应用非常具有吸引力，这也是为什么美国能源部选择含硼 Ceramicrete 用于储存核材料的原因之一，并最终成为市场上的商业产品 Borobond。

参考文献

[1] Radioisotopes in Medicine, World Nuclear Assoc., http://www.world-nuclear.org/info/Non-Power-Nuclear-Applications/Radioisotopes/Radioiostopes-in-Medicine/, Last visited May 2015.

[2] Radioisotopes in Industry, World Nuclear Assoc., http://www.world-nuclear.org/info/Non-Power-Nuclear-Applications/Radioisotopes/Radioiostopes-in-Industry/, Last visited May 2015.

[3] USNRC. Policy ptatement on the protection of cesium-137 chloride sources, DOE ofn radioactive Sources, CFR 76(142), July 25, 2011, pp. 44378.

[4] Global Nuclear Weapons Inventories in 2014 Fact Sheet, The Center for Arms Control and Non-Proliferation, www.armscontrol.org, April 2014.

[5] Highly Enriched Uranium Program Fact Sheet, NNSA, www.nnsa.energy.gov, Nov. 13, 2013.

[6] D. M. Bearden, A. Andrews. Radioactive tank waste from the past production of nuclear weapons: background and issues for congress, CRS Report for Congress, Order Code RS21988, 2007.

[7] IAEA, Fukushima Daiichi Report, 2012.

[8] S. B. Patel, S. B. Patel. Nuclear Physics: An Introduction, New Age Int, New Delhi, ISBN: 9788122401257, 2000.

[9] USNRC. A Review of the Effects of Radiation on Microstructure and Properties of Concretes Used in Nuclear Power Plants. NUREG/CR-7171, ORNL/TM-2013//263, 2013.

[10] Neutron scattering lengths and cross-sections of the elements and their isotopes, special Feature, Neutron News 3 (1992) 29-33.

[11] M. Gorbotenko, Y. Yuferev. Ceramicrete as a means for radioactive waste containmentand nuclear shielding, Report by All-Russian Research Institute of Experimental Physics, Sarov to Argonne National Laboratory, 2002.

[12] A. S. Wagh, S. Y. Sayenko, A. N. Dovbnya, V. A. Shkuropatenko, R. V. Tarasov, A. V. Rybka, A. A. Zakharchenko. Durability and shielding performance of borated coatings in beta and gamma radiation fields, J. Nucl. Mater. 462 (2015) 165-172.

[13] US NRC, Office of Materials Safety and Safeguards, Technical Position on WasteForm (Rev. 1), 1991.

[14] S. Yu. Sayenko. Advanced borobond shields for nuclear materials containment and borobond immobilization of volatile fission products, Report No. 5 to Argonne National Laboratory, Contract ANL-T2-0248UA, 2013.

[15] H. A. Elbatal, N. A. Ghoneim. Absorption spectra of gamma-irradiated sodium phosphate glasses containing vanadium, Nucl. Instrum. Meth., Phys. Res., Sec. B 124 (1)(1997) 81-90.

[16] Y. M. Hamdy, M. A. Marzouk, H. A. Elbatal. Spectral properties and shielding behaviorof gamma-irradiated MOO_3-doped silico phosphate glasses, Physica B 429 (2013)57-62.

[17] J. S. Neal, S. Pozzi, J. Edwards, J. Mihalczo. Measurement of water and B_4C contento of rackable can storage boxes for HEU storage at the HEUMH at the Y-12 securitycomplex, Oak Ridge National Laboratory Report No. ORNL/TM-2002/254, 2002.

[18] J. T. Mihalczo, J. S. Neal. Methods for verification of the hydrogen and boron content of the RCSB for storage of HEU at the HEUMF, Oak Ridge National Laboratory Report No. ORNL/TM-2002/253, 2002.

[19] IAEA. The Radiological Accident in Goiania, International Atomic Energy Agency(IAEA), Vienna, ISBN: 92-0-129088-8, 1988, pp. 152.

[20] A. S. Wagh, S. Yu. Sayenko, V. A. Skuropatenko, R. V. Tarasov, M. P. Dykiy, Y. O. Svitlychniy, V. D. Virych, E. A. Ulybkina, Experimental study on cesium immobilizationin struvite structures, J. Haz. Mater. 302 (2016) 241-249.

[21] Y. Abdullah, M. ReusmaazeranYusof, A. Muhamad, Z. Samsu, N. EeAbdullah, Cement-boron carbide concrete as radiation shielding material, J. Nucl. Sci. Technol. 7 (2) (2010) 74-79.

第 18 章

CBPC 在放射性废物和危险废物固定中的应用

核武器生产遗留下了处理放射性废物的难题[1]。这些废物需要妥善处置或永久储存，以免危及水资源、空气和人类栖息地的安全。解决这些核废物遗留的问题在 20 世纪一直是重大的技术挑战，对于已经存储了这些核废物的国家在 21 世纪仍是如此。在这些国家中，尤其以美国、苏联以及英国为主。另外，自从核能在西方国家和中国、印度、日本以及韩国这些具有高人口密度的国家中成为主要能源来源后，放射性废物的全球存量快速增长。因此，这个问题已经不仅仅是处理遗留废物的问题，也成为如何利用废物的问题。

核能是由核燃料产生的。浓缩铀是核燃料的核心成分，是由开采的铀矿石生产的，矿石经过化学和冶金提取及成型过程形成核燃料。使用过程中，核燃料被制成棒状用于核反应器上。伴随着这些燃料的生产过程会产生大量的碎片、强酸性的化学废物以及有放射性和受污染的器件。在核燃料的整个生产循环过程中都会产生这样的废料，因此在最终处理和处置之前需要妥善保存。

在核电站中，燃料棒用于发电。燃料中的裂变材料随着时间的推移而耗尽，通常使用时间在 10 年内，之后便不能进一步使用，不能再使用的燃料被称为乏燃料。然而，如果乏燃料存储在不受控制的条件下，它的活度仍然足够高，足以引发失控反应。由于乏燃料含有长期存在的放射性同位素，其对环境造成的危害将持续数百万年。因为乏燃料辐射的中子会引发核反应，所以它需要在水池中至少储存 10 年，以便中子被水吸收，直到中子的辐射强度被充分耗尽。然后存储在可替换的干燥存储桶中，并转移到永久储存库。在水池中临时存放期间，乏燃料的碎片会沉淀在池底，导致水体污染，变成放射性污泥废物。所以它需要适当地固化处理以防止其进入地下水以及周围的土壤或者空气中。

很遗憾，放射性材料有"点石成金"的能力，即与它接触过的任何东西都会变成受污染的有害材料，必须做出处理以控制放射性物质的扩散。因此，大量的器件在使用结束时也会变成放射性废料。在生产、部署和储存核武器的情况下也是如此。鉴于此，可以想象切尔诺贝利[2]和福岛核电站[3]两起核事故发生后，乌克兰和日本所面临的挑战可想而知。空气、水、土壤以及整个工厂结构，所有的一切都被污染了。需要各种各样的清理技术进行繁重的清理工作，其中固化处理需求最突出。

因放射性废物的来源不同，有着各种形式和形状，并具有各种化学和放射性特性，美国能源部（DOE）将固体、半固体和液体核废物分别储存在不同地点[4]，苏联则存储于生产核武器的封闭城市。

这些废物的放射性水平各不相同，在乏燃料棒中可能非常高，而在实验室研究工作人员使用的防护服中，可能只存在"可疑量"的污染物。这些废物包括铀尾矿、废物处理过程中形成的废液、拆卸后的组件、焚烧后的残渣、液体和污泥以及携带受污染的建筑物拆除后的水泥混凝土碎片。另外，一些废物中也可能含有具有化学危险性、腐蚀性、易燃性或挥发性的化学成分。必须对这些废物进行处理，以免对人类造成危害，或者污染环境并最终危害食物链。由于核废物的组成、物理形态以及化学和放射性特征的变化范围太大，目前还没有单一的、经济的方法来处理这些废物，并将其与环境隔离，以便安全运输和存储在废物处理库。

多年来，受不同想法的启发，已开发了几种技术来处理放射性废物。其中一些以有效分离法为基础，从废物中去除放射性污染物以减少放射性风险[5]，而有些则是通过焚烧来减少其体积[6]。最常用的方法是将最难处理的废物玻璃化，将其封装在不渗析的玻璃基体中[7]。较简单的方法是将其与水泥结合，形成水泥固化体来固化污染物。[8]

每种方法都各有优缺点。例如，分离技术将部分高活性产物从废物中分离出来，并将剩余的废弃物转化为易于处理的低活性废物。这将产生两种单独的废物，一种是具有高活性但体积小，另一种低活性但是体积大，这两种放射性废物都需要处理。通常这两个阶段的处理方法增加了总成本，而且可能非常昂贵。

玻璃化在一定程度上已经成为主要的处理方法[7]，它是能源密集型的，能产生坚固不渗析的玻璃固化体，但是其中废物的装载量很小。在此过程中使用的高温（≈1500℃）会使废物中的有害和放射性组分挥发。这样的热处理通常会在进料和过程控制方面出现问题，需要预处理系统、废气处理系统、管理中因分离产生的二次废物以及空气和水污染控制技术。例如，在这个过程中必须收集和处理通过空气传播的成分；因此需要单独的非热稳定处理技术来固化挥发性废物。美国国家科学院（NAS）[9]发布了一份报告，详细介绍了玻璃化废物的问题，并呼吁开发可替代固化技术，特别是基于多相陶瓷的技术。NAS 报告指出，不仅玻璃化过程存在技术风险，分离过程也存在技术风险。化学结合磷酸盐胶凝材料（CBPC）技术可以提供所需的室温条件多相陶瓷技术来解决这些问题。

水泥灌浆稳定技术被认为是经济的、不用高温的技术，可用于处理一系列废物，尤其是那些活性很低的废物，并且已被成功用于处理化学废物[10]。传统水泥体系存在的问题是，不能包容大量的废物，固化同样的废物将产生大体积的废物固化体，从而导致昂贵的运输和永久性储存成本。另外，因为水泥是一种碱性材料，其化学性质并不总是与某些废物兼容，如酸性废物。

　　磷酸盐矿物已成为处理放射性废物，尤其是含铀废物的候选材料。这背后的动机是基于磷酸盐矿物在自然界中是铀的宿主的事实[11-13]。如果大自然可以将铀储存在磷酸盐矿物（磷灰石、独居石等）中而不使其浸出进入环境，应该也可以将放射性污染物转化为磷酸盐矿物，以便进行安全储存或处置。CBPC 技术即是用这种方法处理放射性废物和无机化学废物的。

　　早先已有人尝试用羟基磷灰石来固定被污染的沉积物和地下水中的铀，选用羟基磷灰石是因为这种矿物在自然界中就储存着放射性物质。Arey 等[11]进行了批次平衡试验，以评估羟基磷灰石从能源部所属的萨凡纳河（SRS）污染沉积物中去除铀的能力，并且取得了一些成果。他们的研究结果表明，可以使用溶解度小于钙铀云母 $[Ca(UO_2)_2(PO_4)_2 \cdot 10H_2O]$ 的二次磷酸盐矿物去除铀，而钙铀云母是自然界中含铀磷灰石家族的一员。Fuller 等采取了类似的方法[12]，他们使用磷灰石作为铀酰离子的原位渗透反应屏障进行了可行性研究。在不同浓度的六价铀的批次试验中，他们发现用合成的羟基磷灰石可以去除 99.5% 以上的铀。当浓度小于 4700×10^{-6} 时，主要机制是磷灰石将铀吸附在表面；当浓度大于 7000×10^{-6} 时，他们观察到了被认为是氢铀云母 $[(UO_2)_2(PO_4)_2(H_3O) \cdot 6H_2O]$ 的铀结晶相，同时还出现了钙铀云母。他们的研究表明，磷灰石稳定六价铀是经得起检验的。McCarthy 等开发的用于稳定铀的矿物模型[13]支持这些发现。所有这些研究都表明，如果通过 CBPC 方法合成的磷灰石固化体可能是处理含铀废物的理想技术。

　　正如我们在第 14 章中看到的，用 CBPC 生产的浆体优于普通硅酸盐水泥浆体。本章中的案例研究表明，CBPC 工艺在室温下可以处理各种各样的放射性废物，废物固化体（即通过固化废物产生的固体）在性能上与玻璃化废物固化体相当，与水泥体系相比，它们可以包容更大量的各种各样的废物。尤其是 Ceramicrete 可在室温下通过化学方法结合放射性组分形成类陶瓷材料，其同时具备玻璃和水泥浆的优点，而没有其他处理方法的缺点。

　　与其他非热能技术（如水泥浆体固化）的情况一样，Ceramicrete 技术与玻璃化技术相比存在一些缺陷。处理废弃料时，处理后的废弃物（废物固化体）的体积明显增加，这是因为水会保留在废物固化体中，而在玻璃化过程中水分蒸发了。如果废物中同位素的辐射剂量足够高，那么 Ceramicrete 废物固化体中的水分子和其他含氢的分子会分裂并产生氢气，这有可能增加储存容器内的压力。除辐射分解外，热解也会产生氢气，因为在热解过程中废物所含的金属成分可与水反应而被氧化，并产生氢气。

　　热处理过程产生的二次废物具有多种形态。在这些废物中含有挥发性和放射性成分的废物。如铯和碘的化合物是在废物中产生的放射性同位素。它们是挥发性的，并以废气的形式释放出来，必须在它们进入空气之前加以捕获。而且铯和碘通常具有高放射性。挥发性、高活性使得其处理起来非常困难，需要分别处理。处理这些分离的二次废物的唯一选择是选用一种室温固化技术。

　　最近的研究[14]表明，CBPC 技术在处理这些分离的二次废物方面大有前途，如本章所介绍的，可以用 CBPC 技术处理这些废物，挥发性组分可以矿化为非挥发性磷酸盐矿物，这将消除其挥发性的问题。该处理方法也将获得不会浸出二次废物的陶瓷，并满足处置或储存的所有规定。另外，处理后的废物也可以掺入到用于玻璃化的散装废物中，因为它将变成陶瓷，可以经受高温而不释放污染物。因此，这个过程将产生单一的玻璃化废物固化体，其中一次和二次废物都被玻璃化。在这一过程中，用 CBPC 技术处理的步骤便成为整个玻璃化方法的预处理步骤。这种方法为玻璃化技术提供了双赢的局面，本章将对此进行详细讨论。

许多放射性废物含有已经被美国环境保护署（EPA）根据资源回收和保护法（RCRA）[15] 确定的有害化学成分。含有这些污染物的放射性废物被称为“混合废物”。这里面临的挑战不仅是放射性成分的处理，还有有害化学成分的处理。CBPC 处理技术是通过与生俱来的两种作用模式实现与放射性废物的结合。首先，利用它们在酸性磷酸盐溶液中的溶解反应将污染物转化为不溶性磷酸盐矿物，这个过程称为污染物的稳定或矿化。经过矿化的污染物成为由胶凝组分产生的酸碱反应形成的致密 CBPC 基体的一部分，这个过程称为“微封装”。这两个过程一起将废物固化成坚硬的不可渗析的废物固化体。这两种机制共同为处理非常复杂的废物提供了一步到位的处理方法。

有些污染物在用 CBPC 技术处理之前可能需要一些预处理。但是这些预处理过程只是在形成废物固化体的化学反应期间添加一些稳定剂。接下来会讨论处理相关特定污染物所涉及的 CBPC 胶凝材料组分的变更。大型污染物可以物理方式封装在 CBPC 产品中，这是因为 CBPC 可以与大型物体的表面紧密结合，无论它们是由金属、木材还是混凝土制成，这种封装叫做“宏封装”。由于 CBPC 产品致密而坚硬的结构及在水环境中不被浸出的性能，使其成为实现此目的的理想材料。我们将在 CBPC 处理过程中讨论放射性和有害污染物矿化过程中溶液化学的作用，探讨将处理过的废物固化体中的污染物和环境分离的物理封装机制。我们将用案例详细阐述在美国能源部不同的存储站点和俄罗斯处理过的一系列废物，如何利用化学固化与物理封装相结合技术满足储存要求（废物验收标准或 WAC）。最后，介绍一个处理 Hanford（汉福德）K-水池污泥的案例，我们将演示磷酸盐外加玻璃化的固化方式，这也许是固化放射性废物的最佳途径。

18.1　核燃料循环中废物的来源和性质

图 18.1 表示了核燃料循环的各个步骤，可以参考文献 [16]，该文献很好地综述了核工业概况和其中的每一个步骤所使用的方法。简要介绍如图 18.1 所示。

（1）矿石的处理。铀（U）矿被开采出来后，磨细然后转化为氧化物 U_3O_8（被称为黄饼）。该处理过程产生大量尾矿，其放射性活度稍高。这种废料被称为天然放射性物质废料或者简称为 NORM 废料。处理 NORM 废料就像处理任何其他尾矿一样，需要特别考虑的是它们的放射性水平略有升高。在这个过程中将会产生镭和其裂变产物——氡气。该两种物质都有放射性，需要采取一定的措施来控制它们。

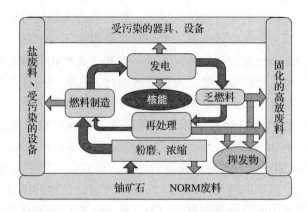

图 18.1   核燃料循环的各个操作步骤和废物的来源

（2）浓缩。由 ^{235}U 组成的黄饼，是一种可裂变的同位素，用于产生能量。为浓缩含有铀同位素的黄饼，可使用气体扩散装置，其中，铀转化为 UF_6 的气体随即通过若干金属栅栏扩散。^{235}U 的扩散速度稍微高于 ^{238}U，可以在扩散装置中实现浓缩。另一种方法是使用离心机，在离心力的作用下 ^{235}U 从 ^{238}U 中分离。两个过程都需要循环操作来实现浓缩，在第一种情况下产生大量的剩余废物中含有 UF_6，而后者中含有 U_3O_8。

（3）燃料制备。接下来的步骤是将浓缩的 UF_6 转化为氧化铀 UO_2。然后把该氧化物铸成芯块作为燃料引入，即把芯块堆积在锆合金管中形成燃料棒。这些燃料棒安装在燃料组件中，该组件由锆合金护罩、罐或包装材料构成。该组件装填在反应堆的核心中，来实现可控制的核裂变。

在核燃料制造期间，将产生机加工废料，其可能含有微量放射性金属或污染的金属，这是在核燃料循环过程中产生的固体废物的一部分。

（4）发电。在发电期间，裂变反应通过消耗浓缩 U 的组分来产生电，在此过程中还产生大量的放射性同位素，包括铀同位素和除铀之外的锕系元素，比如被称为超铀元素（TRUs）的镨（Pu）元素，还产生 Cs、I 和金属 Sr、Ba 的同位素，甚至产生非天然的同位素锝（^{99}Tc），这种同位素只在核反应中产生。核反应组件经过十年的使用之后，能量棒的放射性活性耗尽，必须替换或者经过后处理。放射性活性耗尽的燃料就是乏燃料。

表 18.1 由日本原子工业论坛提供的数据生成[17]，显示了代表性乏燃料的组成。正如我们所见，在乏燃料中活性的主要组成部分是贫化的铀，接下来就是裂变产物，再往后是 TRUs；后两种以同位素的形式存在。

表 18.1   典型乏燃料的组成

成分	组成（质量分数，%）	TRUs	组成（质量分数，%）	裂变产物	组成（质量分数，%）
锆合金	25.1	Pu	0.588		
硬件	5.4	Am	0.1728		

续表

成分	组成 （质量分数,%）	TRUs	组成 （质量分数,%）	裂变产物	组成 （质量分数,%）
TRUs 超铀	0.7	Np	0.0336		
		Sm	0.60		
U 铀	66.4			Tc	0.0552
裂变产物	2.4			Cs/Sr	0.1728
				I	0.68

来源：日本原子工业论坛，http：//www. jaif. or. jp. /ja/wnu_si_intro_document/2009/m_salvatores_advanced_nfc. pdf，Last visit，2015 年 3 月 27 日最后一次访问。

（5）燃料后处理。乏燃料可以经过后处理使之浓缩。在后处理过程中，从燃料中分离出较高活性的同位素如裂变产物和钚，可再次用于反应堆。后处理过程产生的废物变成了库存废物的一部分，需要对其进行处置。乏燃料的安全储存，不管是后处理，抑或是其他任何形式，都是核工业的主要关注点。尽管燃料棒在使用十年后活性耗尽，也不能在反应堆中使用，但它们仍然是"热的（有放射性的）"。如果储存的相互距离太近以及有足够多的数量，它们发射的中子和伽马射线会引起失控反应的危险。水是很好的中子吸收剂，用水池来储存热燃料棒组件直到活性充分降低，这样才能把它们转移到干燥的桶内和临时仓库中。为了永久保存，它们需要封闭在合适的屏蔽基质中然后再送往储藏室。CBPC 作为中子和伽马射线的衰减材料，也可作为储存桶的屏蔽基体材料，这已在第 17 章详细讨论过。

（6）受污染设备、器具处理。用完之后的大宗废物有硬件装备组成，包括锆合金框架、受污染设备零件和工人的服装。这类大多数污染物在形成 CBPC 技术的酸碱反应中是不反应的，因此，我们可预期通过 CBPC 可对这些组件进行良好的"宏封装"。封装后，废物不溶于地下水，因此也不会渗透，所以在全部固化方案中此类固化是最不受关注的。它们被宏封装在合适的基质中并被隔离。CBPC 为此提供了致密且耐久的基质材料。

通过本综述深入了解了在国防和民用核工业产生的各种废料。幸运的是，CBPC 是处理固体、液体和污泥非常有用的技术，并且它还使大多数放射性和有害污染物矿化，因此在核工业领域有着广泛的应用。

18.2　放射性污染物的性质

铀、钍和超铀元素（TRUs）的半衰期时间很长，对环境构成的威胁长达数百万年。如果这些元素处于完全氧化状态，在酸碱反应中它们并不溶解，将由 CBPC 基体微观/宏观封装，这将防止其与地下水接触并以微粒的形式分散开来。另一方面，如果它们的氧化状态较低，在磷酸盐反应期间它们将会被氧化随后被"微封装"。这将在本章后面的案例中加以说明。

裂变产物的寿命短暂，但是它们的活性非常高，在相对温度较低的情况下也易挥发，因此在稳定这些成分时需要给予极大的关注。本章后面将会详细讨论裂变产物以及用磷酸盐胶凝材料固化处理裂变产物的方法。

污泥和盐的废物可以半固体和液体形态存在，对它们的储存及处理来说是一项挑战，部分原因是它们含有大量的盐分。这些盐是钚铀萃取法（PUREX）[18]中钚分离过程的产物，这个过程产生的高酸性残留物用氢氧化钠进行中和以便于储存安全。该废物是含有硝酸盐溶液、裂变产物、盐、氯化钠和硫酸盐的液体。它们被储存在美国能源部所属的各个地下储罐里，比如在 Hanford（汉福德）和萨凡纳河（SRS）[4]以及其他地方。在美国的爱达荷国家工程和环境实验室（INEEL）和俄罗斯马亚克这些地方储存的废物没有经过中和反应，因此液体废物富含硝酸，显示强酸性。经过多年长期储存，这些储罐中的固体部分已经沉淀，因此现在能将污泥从上清液中分离出来。上清液和污泥中都含有硝酸盐、放射性和有害污染物。目前，已经开发了几种去除高活性成分的分离方法[19]，比如从上清液中分离 Tc 和 Cs，并且把大量废物转化为低活性废物。这些分离出来的成分可以掺入到剩余的污泥中形成高活性废物。因此，这样得到的废物不是小体积高活性（称为高活性废物或 HAW）就是大体积低活性（低活性或 LAW）。

对废物分类的方法一般是根据其活性的大小，也就是高放射性、中放射性、高活性、低活性等。无论如何，从上面讨论可知，将它们分为以下类别有助于开发相应的固化方法：

（1）超铀元素。它们是长久存在的、不溶的、大多数可以用"微封装"/"宏封装"处理。

（2）液体和污泥沉淀物。由于极高的 pH 和高含量的可溶性碱金属，在如何实现化学稳定性方面存在巨大挑战。

（3）裂变产物。由高温处理过程如玻璃化过程中分离出来，易挥发，易溶于地下水，尽管寿命相对较短（在废物中存在几百年），但是活性却非常高，需要适当的方法去封装它们。

（4）贫化铀和受污染的装备。其辐射活性是附带的，可以用合适的室温固封方法进行"宏封装"。

表 18.2 给出了在乏燃料或者放射性废液中发现的主要放射性成分。TRUs 和裂变产物是污染物的主要组成。此外，也含有其他的成分，通常，少量的同位素也存在于这些废料中。每种放射性同位素都有两个参数，即半衰期和比活性。表 18.2 包含了在乏燃料和其他常见的放射性废液中发现的一系列主要同位素，并列出了它们的半衰期、比活性和挥发温度。由于这些同位素的溶解度对 CBPC 固化很重要，该表中还列出了它们的溶解度。半衰期决定了同位素的寿命是长还是短。长寿命同位素的废液必须稳定在耐久的基质中以储存很长一段时间。另一方面，寿命短的同位素储存时间较短，直到它们的活性和背景活度相当为止。比活度表示 1g 材料的放射性，因此在测定废料或当它们被固化成废物固化体时的放射性活度是有用的。挥发

性温度表明了在玻璃化过程中或者以任何其他高温处理特定污染物是否会以二次废物形式挥发到空气中，此类废物需要降低到更低的温度来进行处理。在表 18.2 中可以注意到，一般而言，裂变产物和 TRUs 相比有更高的活性。这些高活性的同位素存在时间也是短的（通常几天或者几年），然而低活性的 TRUs 则寿命很长（成千上万年）。这是因为高活性的同位素衰减较快，反之亦然，这是制定适当的策略来实现核素矿化过程的主要考虑因素。根据表 18.2 给出的不同同位素的半衰期和比活度，每个废物处理站点或存储库已经制定出了自己的 WAC。WAC 要求处理的废物满足特定的测试标准，根据存储废物的性质和存储地点而异，测试标准也不同。在本章讨论的案列中，我们会用这些 WAC 去证明 CBPC 固化废物的方式符合当地法规。

表 18.2　核裂变后同位素的性质和废物中常见的典型同位素的裂变产物、半衰期和比活度

同位素	^{233}U	^{239}Pu	^{240}Pu	^{226}Ra	^{228}Ra	^{131}I
半衰期（年）	1600000	24000	6700	1620 年	5.7 年	18.02 天
比活度（Ci/g）	0.01	0.06	0.25	1.0	240	>5000
挥发温度（℃）	3818	3228	3228	1737	1737	184

同位素	^{222}Rn		^{137}Cs	^{90}Sr	^{140}Ba	^{99}Tc(as NaTcO$_4$)
半衰期（年）	3.8 天		30 年	28 年	12.8 天	2.1×10^5 年
比活度（Ci/g）	1.6×10^5		88	144	70000	0.017
挥发温度（℃）	大气环境中的气体		678.4	1384	1897	100

注：本表数据根据参考文献 [20] 和 [21] 编辑。

应该注意的是，在乏燃料中裂化产物的衰变相对于 TRUs 要快一些。起初，总活度主要是来自裂化产物，保持这种形态至少需要 300 年。在乏燃料中裂化产物活性的最初优势已经被经济合作与发展组织的国家能源机构（OECD）发起的一项关于从压水反应堆（PWR）重新加工核燃料产生的废物的研究所证实。裂变产物和锕系元素的总活度以时间为函数来做图，见图 18.2，这个图是来源于 OECD 的报告[22]。图 18.2 显示在最初的十年，几乎所有的放射活度是由裂变产物产生，虽然快速减少但是仍然起主导作用，延续时间大约 300 年。除此之外，锕系元素的活性持续几百万年。因此，固化和储存策略就是制备一种能耐数百万年之久的固化废物的基体材料，同时是在合适的基体中固化裂变产物。这对以后几代人保护环境也是非常重要的。CBPC 技术在实现废物固化的目的中可起到重要作用。

由于许多反应器选择高燃耗的燃料，未来乏燃料可能包含更高含量的裂变产物。高燃耗燃料产生更多的能量，是因为发生了更多的裂变反应，裂变反应越多产生的裂变物质就越多。这种现象被美国橡树岭国家实验室在其 Takahama-3 反应堆上所做的系统性研究所证实[23]。他们测量了在乏燃料中 Cs 同位素的含量，该含量值是燃烧等级的函数。表 18.3 给出了这些数据中的代表值，可以看出燃烧等级的增加与相应的^{137}Cs 含量的增加成线性关系，这表明未来在乏燃料的固化中稳定裂变产物将非常重要。

表 18.3　Takahama-3 反应堆试验中乏燃料不同燃烧等级的^{137}Cs 含量[23]

燃烧等级	7.79	14.3	24.35	35.42	47.25
^{137}Cs(g/TU)	280	540	930	1350	1760

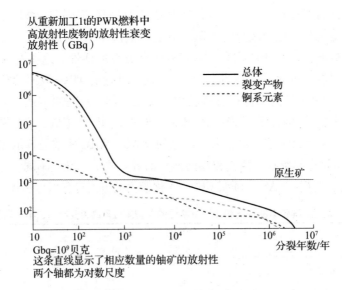

图 18.2　由 OECD 测试的 PWR 反应堆的核裂变产物和锕系元素的
剂量（OECD，NEA，放射性废物远景，1990）

18.3　用 CBPC 稳定固化放射性元素时溶解度的作用

在 CBPC 固化放射性废物和有害污染物的过程中，有三个过程起到重要作用：
（1）可溶性污染物的溶解；（2）矿化成磷酸盐化合物；（3）对矿化和不溶性的污
染物在 CBPC 基体中进行"微封装"。当 CBPC 胶凝材料水化初期的酸性环境降低了
废物的整体 pH，可溶性污染物就会溶解，即促进分解。磷酸盐矿化是由于溶解的离
子与磷酸盐离子反应生成磷酸盐矿物的结果，而"微封装"则涉及被 CBPC 胶凝捕
获的已经矿化的和不溶性的污染物，最终使这些污染物无法进入地下水和环境中去。
关于可溶性有害和放射性污染物矿物形成的步骤和这些矿物的"微封装"在图 18.3
中进行说明。

前两个步骤导致化学稳定，最后一个步骤是物理包覆，两者结合固化废物。由
此产生的废物固化体是一种不往地下水释放放射性核素的耐久性复合陶瓷材料。因
此，了解有害和放射性成分的溶解性质，是化学稳定和"微封装"的关键。因为放
射性污染物的溶解度在磷酸盐基体的稳定性中起着重要作用，在选择 CBPC 酸碱反
应用于制造废物固化体的基体之前，我们需要了解放射性污染物在水溶液中的行为。
废液中的中和反应期间形成的锕系元素、裂化产物和盐类具有独特的溶解行为，在
下面将讨论这方面的内容。

18.3.1　锕系元素的溶解度和稳定性

在放射性废液中最常见的锕类元素是铀（U）、钍（Th）、钚（Pu）和镅（Am）。
其中只有 Th 有一个价态（Th^{4+}），其他的都有四个价态（3～6）；最稳定的状态是

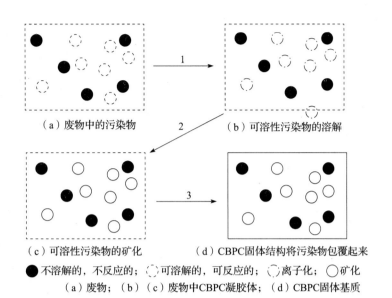

（a）废物中的污染物　　　　　　　　　　（b）可溶性污染物的溶解

（c）可溶性污染物的矿化　　　　（d）CBPC固体结构将污染物包覆起来

● 不溶解的，不反应的； ⟨ ⟩ 可溶解的，可反应的； ○ 离子化； ○ 矿化
（a）废物；（b）（c）废物中CBPC凝胶体；（d）CBPC固体基质

图 18.3　在 CBPC 基体中污染物的逐步矿化和封装
1—可溶性污染物的酸溶解；2—可溶性污染物形成磷酸盐矿化；
3—在 CBPC 基质中可溶性和不可溶性污染物的微封装

+4 价态。因此，在大多数放射性废料中，常见的锕系物质是 ThO_2、UO_2、PuO_2 和 AmO_2。图 18.4 显示了这些常见锕系元素氧化物的溶解度与 pH 的函数关系。从图 18.4 可以明显看出，这些氧化物的溶解度非常小，为不溶性氧化物，除非它们处于强酸性溶液中才具有较高的溶解度。当选择 pH 为 4～7 形成 CBPC 时，这些四价的氧化物（UO_2、PuO_2 等）是稳定的、不起化学反应的，不会参与酸碱反应，将会被封装在 CBPC 基体中，这就消除了它们以粉状物存在。而高氧化态的锕系氧化物，如 UO_3 和 PuO_3，在废料中很少发现，因为它们只在高度氧化环境中形成[24]。如果形成的话，它们将形成 U_3O_8，这是 UO_2 和 $2UO_3$ 的固溶体。然而这样的产物非常稳定，它们存在于自然产生的矿物质中就证明了这一点。例如沥青铀矿，可以很容易地封装在陶瓷基体中。通常会发现痕量的低氧化态锕系氧化物与稳定的四价氧化物一起存在。一个例子是 Rocky Flats 的 Pu 污染物燃烧残留物中含有微量低价态下 Pu 氧化物和更稳定的 PuO_2。这样的氧化物在磷酸盐基体中似乎被完全氧化成稳定化合物，比如 PuO_2。Wagh 等人[25]用还原状态下的铈模拟 Ce_2O_3 这样的氧化物，并与 MgO 和 KH_2PO_4 反应形成 CBPC（即 Ceramicrete），借助于 X 射线衍射分析，结果表明 Ce_2O_3 转化为 CeO_2 并被微封装在基体中。这表明，还原状态的氧化物可能在 +4 氧化态下会形成最稳定的形式。因此，四价状态的锕系氧化物在磷酸盐基质中将会保持不溶状态，并被微封装。同时那些高价态的物质将会形成稳定的固溶体。基于 Pourbaix 图（E_h- pH 图）[24]，这些推断是合理的，但是还需要更多的试验工作来证实。

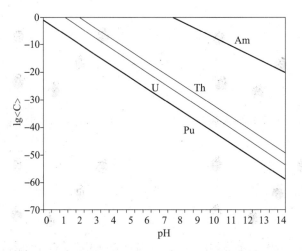

图 18.4　最常见的锕系氧化物的溶解度与 pH 的关系

锕系元素的盐在废物中很常见。尤其是，在储存容器的废物中发现由强酸性溶液的中和反应形成的硝酸盐、氯化物和硫酸盐。这些盐的水溶性非常高，这也意味着，锕系化合物容易参与到形成 CBPC 废物固化体的反应中。在后续的案例研究中我们将看到，用 CBPC 基体材料在处理这些废物时显示了很好的前景。同样，有必要进行系统的分析研究，以确定这些离子的确切归宿。最后，美国能源部的一些站点也存储有六氟化铀（UF_6），稳定该化合物的方法是煅烧使其形成稳定的铀氧化物。还没有文献报道使用 CBPC 基体处理氟化物，但是考虑到氟磷灰石是稳定的矿物，CBPC 可能也适用于锕系化合物的稳定。

18.3.2　裂变产物的稳定

如上所述，裂变产物（Cs、Sr、Ba 和 Tc）在废料中具有非常高的活性，以及具有相对较短的半衰期（表 18.2）。由于其初始活性高，要求在固化它们时固化体要保持稳定且完整性不受这些同位素辐射的影响。Sr 和 Ba 大部分是以氯化物、硝酸盐和硫酸盐的形式存在于废液中，因此易溶于水。即使是 Cs 的氧化物也是非常易溶的，因此在用磷酸盐材料固化时极易与磷酸盐反应，形成的物质在化学上也是稳定的。我们将在本章后面的案例研究中看到，这种稳定在 CBPC 基材中是非常有效的。

Mg、Co、Ba 和 Sr 等二价氧化物的溶解特性与 MgO 相似。CoO 的溶解度常数 pK_{sp} 为 15.03，比 MgO 的 21.68 小得多，这暗示着在 CBPC 废物固化体形成期间 CoO 很容易矿化。它的矿化反应为：

$$CoO + KH_2PO_4 + nH_2O \Longrightarrow CoKPO_4 \cdot (n+1)H_2O \qquad (18.1)$$

在式（18.1）中，n 是反应所需水的摩尔数。式（18.1）中的右边产物确保在浸泡试验中 CoO 不会浸出，在固化体中保持矿化的状态。Ba 和 Sr 的 pK_{sp} 分别是 47.24 与 41.15，这些数值与 MgO 的 21.68 相比要大得多。这意味着它们的溶解度很低。然而，在 CBPC 固化体形成过程中，它们的溶解度随着浆体的酸性增加而增加。因此如同 MgO，Ba 和 Sr 有可能与 KH_2PO_4 溶液反应生成各自的 CBPC。其反应方程式如下：

$$BaO + KH_2PO_4 + nH_2O \Longrightarrow BaKPO_4 \cdot (n + 1)H_2O \qquad (18.2)$$

和

$$SrO + KH_2PO_4 + nH_2O \Longrightarrow SrKPO_4 \cdot (n + 1)H_2O \qquad (18.3)$$

和 CoO 的情况不同，这些反应将非常缓慢，只会发生在单个颗粒的表面上，将每个未反应颗粒核心包裹起来。然而，因为它们的溶解度很低，基于化学性质稳定和包覆作用，即使其酸碱反应没有完全反应，在浸出试验时它们也不会浸出。

Tc 是一个更加复杂的同位素，它在自然界中不存在，只在裂变反应中形成。它通常是四价状态，但往往会氧化成七价状态、容易浸出高锝酸盐。从图 18.5 中可以看到，它在酸性和中性环境中的氧化电位都很小，因此从四价到七价的转化在热力学上是可能的。为了在 CBPC 废物固化体中维持四价状态，在制备 CBPC 固化体过程中需要加入还原剂，例如氯化锡（$SnCl_4$）。一旦较高价态的 Tc 被还原并微封装在磷酸盐基体中，它就会变得非常稳定和不可浸出。这将会在本章后面给出的一个案列中详细讨论。

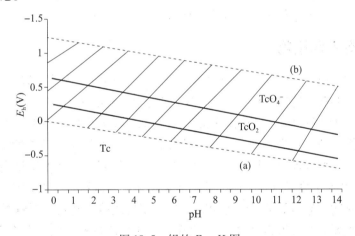

图 18.5　锝的 E_h-pH 图

注：阴影区域显示的是水的稳定区域

目前，已经详细研究了 CBPC 基体中 Cs 的赋存状态[25]。该研究的内容已在第 16 章中叙述了，如同用 CBPC 固化 Cs 一样，CBPC 技术在其他固化应用中也很重要，与废物中 Cs 的固化水平相对照，在此需要更多的 Cs 包容量。这里，我们只对 CBPC 基体中的 Cs 的矿化进行简单的讨论。

Cs 是一种单价碱金属，因此它的行为就像 Ceramicrete 中胶凝相 $MgKPO_4 \cdot 6H_2O$ 中的 K。因为这个原因，Cs 部分取代 K 生成复杂的鸟粪石结构 $MgCs_xK_{(1-x)}PO_4 \cdot 6H_2O$，在此 $x < 1$。这意味着 Cs 取代了鸟粪石晶体结构中一些 K 的位置。Cs 的矿化足以充分使它稳定并且不浸出。后面几节讨论的案例研究中有充分的证据证明这

一点。

最后，碘是另一种需要稳定的裂变产物，通常情况下，碘以阴离子的形式存在于废物中的碘化合物中，就像其他卤素离子一样，容易浸出。直到现在也没有人尝试矿化这些离子，但是Vinokurov等[26]已经在一种常见的离子交换树脂（AV-17）中成功地捕获了它，他们的研究结果将在本章后面讨论的一个案例研究中给出。

18.3.3　其他放射性同位素

放射性废物中也存在许多其他可溶性放射性元素，其中最重要的是镭（Ra）。由于其水溶性高，Ra也易于与磷酸盐反应，生成难溶的磷酸镭。问题是，不管在可溶的或不可溶的化合物中，Ra会分解出放射性气体氡（Rn）释放到大气中。幸好，Rn的半衰期很短（3.8d），它衰变后子体产物为固体。因此，微封装Ra的稳定基体应该采用稳定Rn的方式，从Rn产生射线到其转化为固体产品，均不能逃逸出去。封装在磷酸盐基体中的Rn将会降解成它的衰变子体产物钋（Po）。我们也将在弗纳尔德筒仓（Fernald silo）废物的稳定固化案例中看到，Ceramicrete基体可以将Ra转换成其磷酸盐，然后对其微封装，显著地减少了Rn发出的辐射。也许存在其他同位素或者它们的氧化物和可溶性盐，稳定这样的污染物也可以用类似于上面讨论的方式进行处理。如同上述例子，溶解化学将引导其固化方式。

18.3.4　有害污染物

根据毒理学研究，EPA（美国环境保护局）已经确定下面的金属都是有害金属，在处理之前需要有效地进行稳定：Cr、Ni、Zn、As、Ag、Cd、Ba、Hg、Pb。

根据RCRA（资源保护和回收法案）的规定，以上金属为危险物质[15]，因此，如果在放射性废液（或者在混合废液）中发现它们，需要按照EPA的要求对它们进行稳定处理，就像处理放射性污染物的情况一样，控制溶解度也是稳定有害污染物的关键。表18.4提供了有害金属的盐、氧化物和氢氧化物的一般溶解行为。除了少数例外，氯化物和硝酸盐的可溶性很高，在使用酸式磷酸盐稳定时碳酸盐经常发生分解，硫酸盐要么是可溶性的要么是微溶的，硅酸盐是不溶的。在有害金属之中，废物中除了常见的氧化物As_2O_3和Cr_2O_3外，还发现Cr和As经常以高价态存在，如铬酸盐和砷酸盐（Cr_3O^{4-}和AsO_4^{3-}）。As_2O_3是微溶的，但砷酸盐是不溶的，而Cr_2O_3与铬酸盐是微溶的或是完全溶解。因此每种氧化物的浸出行为都需要在给定的废物固化体中单独考虑。

表18.4　有害金属化合物的溶解度

化合物	溶解度
硝酸盐	全部可溶
氯化物	除了AgCl和$HgCl_2$，其他全部可溶
氢氧化物	除了$Ba(OH)_2$和AgOH中等溶解，其他全部微溶

续表

化合物	溶解度
硫酸盐	Cd、Ni 和 Zn 的硫酸盐可溶，其他微溶；硫酸氢盐的溶解度高于硫酸盐
碳酸盐	一般来说，当用磷酸处理时碳酸盐会分解
硅酸盐、磷酸盐	全部不可溶
砷酸盐	不可溶
铬酸盐	可溶或微溶

图 18.6 显示了 RCRA 提供的金属氧化物的溶解度与 pH 的关系。这个图是根据第 4 章中描述的方法绘制的，这些氧化物大多表现出两性行为，即它们的溶解度在酸性和碱性溶液中都很高，在两者之间的溶解度最小。这些金属的氧化物或氢氧化物大多呈碱性。因此，用磷酸盐处理时引起的酸碱反应和前面章节讨论的类似。该反应形成了不溶于地下水的中性磷酸盐。因此，在形成 CBPC 基体时，可以利用污染物在低 pH 下的高溶解性，把它们固化成不溶的磷酸盐固化体。根据对图 18.6 的观察可以更深入地了解有害污染物的水浸出行为以及稳定的动力学条件。除了 Hg 和 As 之外，其他每种金属氧化物/氢氧化物的溶解度在碱性范围有最小值，当 pH 增加或者降低时其溶解度急剧增加（注意溶解度的对数刻度）。这意味着（a）这些金属可以在中性或酸性的地下水中浸出；（b）这些金属中大多数能够以可溶性的形式在酸式磷酸盐中稳定处理。在大多数废液中常见的主要污染物的最小溶解度按以下顺序减小：Pb > Ag > Zn > Cd > Ni。

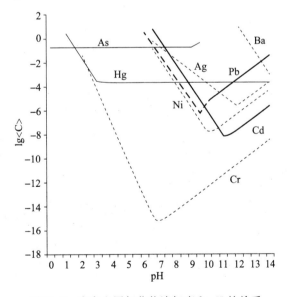

图 18.6　有害金属氧化物溶解度和 pH 的关系

在不同的 pH 下，Zn、Ag、Cd 和 Ba 有几乎相同的最小值。另外，Ag 具有很高的溶解度，并且在考虑的 pH 范围内没有最小值。此外，在不同情况下，溶解度最小值两边的金属离子浓度的对数增加是线性的。同样这些线对于所有的金属都是平行的。因此，各种金属氧化物/氢氧化物在任何 pH 值的溶解度都与上面给出的顺序相同，在地下水中溶解也遵循同样的顺序。

与其他三种金属相比，Pb 和 Zn 都容易稳定。事实上，Campbell 等人[27]的研究结论是，Pb 与 Cd 相比，更容易与水泥基质（碱性环境）形成复合物。稍后，我们会发现用磷酸盐稳定处理时也是如此。

Hg 的溶解度不像上面给出的其他常见的有害污染物那样低，但是在很宽的 pH 值范围内（3～14）其最低溶解度曲线仍然很高，因此 Hg 在用 CBPC 处理时很容易稳定。尽管如此，如稍后将要讨论的，因为固化体中 Hg 浸出的调整限度非常低，即使是用磷酸盐稳定 Hg 的效果也不够好，在用磷酸盐基质对 Hg 进行物理封装之前，采用额外的硫化物可以提高其稳定性[28]。对于这些观察，还可以补充以下几点。

高价态的铬酸盐 Cr^{6+} 比低价态 Cr^{3+} 的对应物 Cr_2O_3 更容易溶解。因此，该金属需要首先被还原成它的低价态，然后用磷酸盐进行稳定处理。这可以通过在酸碱粉末混合物反应中添加的少量硫化钠或硫化钾（<0.5%，质量分数）来实现[25]。这将在下面的一个案例中描述。

砷有两个氧化状态，+3 价和 +5 价，图 18.6 是其 +3 价状态的溶解特性，与其他微溶性氧化物相比，该氧化物是可溶的，而且在 pH 达到 9 时，它的溶解度是恒定的，然后随 pH 的增大而增大。因此 As^{3+} 在 CBPC 溶液中很容易溶解，可以转化成其磷酸盐形式。然而不像铬酸盐，砷不溶于水，但可溶于酸或微溶于酸。如果砷酸盐不溶，应将其封装在 CBPC 基质中，但如果它们是可溶或微溶的，磷酸盐反应应能够使其稳定。可惜，在 CBPC 基体中稳定处理 As，只有很少的试验证据来验证这种说法。

为了深入理解硫化物的稳定，我们检查了表 18.5 中列出的有害金属硫化物和磷酸盐的 pK_{sp}。在这个表中，除了硫化钡，其他硫化物和磷酸盐的 pK_{sp} 都有非常高，表明它们的水溶性几乎可以忽略。尤其是 HgS 和 Ag_2S 的 pK_{sp} 非常高，这两个硫化物不溶于水。因此，当废物中含有 Hg 和 Ag 中的一种的时候，采用硫化物预处理再用磷酸盐固化处理废物是理想的方式。

表 18.5　硫化物和磷酸盐有害污染物的 pK_{sp}

污染物元素	Ag	Ba	Cd	Cr	Hg	Ni	pb
硫化物	50	可溶	26.1	20.4	52.4	25.7	27.9
磷酸盐	16	22.6	32.6	22.6	12.4	30.3	42.1

大多数废物含有不止一种污染物，一些废液会含有 Hg 的污染物，其硫化物的 pK_{sp} 比磷酸盐还高；还有 Ba，它的硫化物可溶，但它的磷酸盐不溶。在这些情况下，用磷酸盐陶瓷固化体处理硫化物是非常有效的。对硫化物的处理将产生不溶解的 HgS，并被微封装在磷酸盐基质中，但是 Ba 会被部分转化为可溶的 BaS，随后将

溶解并转换为在 CBPC 基质中的不溶性磷酸盐。因此，即使在相同的废液中发现有几种不同溶解度的硫化物和磷酸盐污染物，这样处理的效果也很好。

表 18.6 总结了用磷酸盐稳定处理危险和放射性金属离子的路径。在处理过程中，除了在混合酸碱粉末混合物时加入 <0.5% 质量分数的可溶性还原剂，不增加任何额外的步骤。这将会在本章后面的案例中看到。

表 18.6　用 Ceramicrete 稳定放射性同位素和有害元素时用的添加剂

污染物的性质	同位素/元素	添加剂/数量	稳定反应	参考文献
裂变产物	^{137}Cs，^{90}Sr	无	在鸟粪石中用 K 代替 Mg	[30]
	$^{99}Tc^{7+}$，	$SnCl_4/AV-17$	还原为 $^{99}Tc^{4+}$	[31]
	^{131}I，^{129}I		微胶囊封装	[26]
锕系元素	Th^{4+}，U^{4+}，Pu^{4+}，Am^{4+}	无	不起化学反应，微封装	[25]
	U^{3+}，Pu^{3+}，Am^{3+}	无	胶凝材料形成期间氧化，以 Ce_2O_3 为例	[25]
			在鸟粪石中代替 Mg	
有害物元素	Cd，Ni，Pb，Zn，Ba，	无		[25，28]
	Ag，Cr^{4+}	Na_2S 或 K_2S	使 Cr 硫化	
	Hg，Cr^{6+}			

注：数据来源于参考文献 [29]。

18.3.5　盐成分的稳定

许多废料以含有高浓度钾、钠和钙的氯化物、硫酸盐和硝酸盐为特征，同时含有放射性成分。从环境角度来看，盐的阴离子的浸出不是严重的问题，除非其浸出量很大；但对于放射性废物的情况并非如此，因为在这样的废料中，盐的浓度不高。然而问题是，如果盐的阴离子不断渗出的话，在很长一段时间内，废物固化体的完整性就会成问题。

幸运的是，已经有形成 Cl^- 不渗析矿物的证据[30]，类似于第 8 章的氯磷灰石。这是一个与斜水镁石 $[Mg_2PO_4(OH)\cdot 3H_2O]$ 类似的矿物，由 Morrison 等[33] 鉴定。在本章最后一个案例研究中提出了磷酸盐陶瓷固化体形成的过程中，氯磷灰石形成的证据。

目前，还没有专门研究其他阴离子的稳定，如硝酸盐、亚硝酸盐或硫酸盐。正如我们将研究在 Hanford 罐中的废液和污泥中所看到的，存在硝酸盐的浸出问题但是其浸出率较低，而 CBPC 技术能够使这些阴离子充分的稳定。

18.4　废物验收标准

处理过的废物储存在指定的专门为低放射性或高放射性废物固化体设置的处置场。在美国，每个处置场都有几个生效的 WACs，废物验收标准的具体情况取决于

EPA 对废物的危险成分的要求，NRC 和 DOE 对放射性废物的要求，以及各州对放射性废物储存地点的要求。另外，废物固化体必须满足几个先决条件才能使它们有资格运输和临时储存，这包括通过各种测试来证明放射性和危险污染物以及盐有最小的浸出值，储存容器中不存在放射性气体，发生意外事故时废物固化体具有不燃性，以及废物固化体的物理稳定性。这些要求已经转化为目前的标准化试验。下面简要描述最常见的试验。

18.4.1 浸出试验

有三种主要浸出试验用于评估废物固化体的安全运输、处理和储存的性能。产品一致性测试（PCT）[34]用于评估废物固化体的长期耐久性。美国核协会（ANS）第 16.1 项试验[35]是用来确定废物固化体中放射性污染物的浸出性能，而毒性浸出测试方法（TCLP）[36,37]用于测定危险污染物的浸出性能。每一项测试在论证废物固化体是否遵循 WACs 的要求方面均具有特殊的意义。因此，取决于废物固化体的运输或储存条件，每个站点使用不同的测试方法。表 18.7 列出了这些试验方法、推荐机构、测试功能和意义，而表 18.8 提供了每项测试方法中的工艺参数。

表 18.7 浸出测试、推荐机构、测试功能和意义

测试	机构	测试功能和意义
毒性浸出测试方法（TCLP）	US EPA[36,37]	测量有害成分的溶解度。用于判断废物是否有害，是否通过/不通过废物处理要求
产品相容性测试（PCT）	ASTM[35]	测量废物固化体的结构元素的分解。确定存储期间在热水环境中放射性废物固化体的耐久性
ANS 16.1	ANS[36]	测量废物组分的表观活性。评估从低放射性废物固化体中放射性污染物的长期浸出值

表 18.8 浸出测试的工艺参数

测试	样品形式	浸出温度（℃）	浸出持续时间	渗滤液介质
TCLP	粉碎过的	20	28h	水溶液、pH 为 5 的酸、
ANS 16.1	整块	20	90d	去离子水
PCT	粉碎至 0.02m²/g 的比表面积，并在玻璃杯中清洗	90	90d	去离子水
MCC-1①	整块	90	90d	去离子水

地下处置场的温度可能会比较高，因为储存的活性放射性同位素会产生辐射并加热空气，这种情况要求某些试验必须在高温下进行。另外，在最坏的情况下，诸如发生灾难如地震时，废物固化体可能会在存储库中破裂，测试还应包括被破坏的

---

① MCC：材料表征中心。核废料固化体标准浸出试验。

废物固化体中的浸出量。由于这些原因，在表 18.8 中，PCT[35]要求将废物碾碎并在高温下进行浸出测试（通常为 90℃，经过 90d），分析固化基体中浸出滤液的成分，测定其溶解率，从而评估基体的耐久性。因为这个试验是为玻璃设计的，我们可以测试玻璃废物固化体中 Si、Na 和 B 这些成分的浸出。另一方面，如果这个测试方法被用于 CBPC 废物固化体，如对 Ceramicrete 的测试，我们可以寻找基体中 Mg、K 和 P 的成分。因此，PCT 评估基体材料的耐久性，是基体中个体元素整体性的表现结果。

PCT 试验是为玻璃设计的[34]，该方法要求粉碎的颗粒应该有一个确切的比表面积，即 0.02m²/g。这种情况对其他废物固化体使用 PCT 方法带来了问题。其他废物固化体，特别是水泥和 CBPC 容易被压碎而成更细的粒度分布。另外，在测试中推荐的重复洗涤可能会洗掉基体成分。由于这些原因，这一试验是否适用于水泥和 CBPC 废物固化体是值得怀疑的，可以对试验方法进行修改以避免重复清洗。但是获得明确的比表面积是很重要的，因为其被用来计算标准化的浸出率，它是基体元素溶解的一个度量。18.5 节将详细讨论难以用 PCT 方法测试 CBPC 废物固化体的问题。

ANS16.1[35]试验方法用来测量放射性污染物的迁移率，这是离子在废物固化体扩散的结果。这种扩散传输可以将污染物迁移到废物固化体的表面，并在很长一段时间内促进其浸出。因此，在本质上是作为污染物的长期浸出的评判标准。扩散传输值的大小由污染物原子与反应产物化学结合的程度所控制，它也取决于反应产物的分子大小和质量——越大越不易迁移。在 ANS6.1 规定的测试方法中，各个污染物的扩散常数（D）按照 cm²/s 确定，并用浸出指数（LI）报告，这是一个维度数。它是由以下公式计算：

$$D_n = \pi [Va_n / SA_0 (\Delta t)_n]^2 T \tag{18.4}$$

和

$$LI = (1/10) \sum (-\log D_n) \tag{18.5}$$

在式（18.4）中，V 是试样的体积（cm³），S 是试样的表面积（cm²），T 是浸出的平均时间，计算公式为 $T = (0.5)(t_n^{1/2} + t_{n-1}^{1/2})$，$t_n$ 是浸出时间间隔，a_n 是浸出时间间隔 n 期间进入溶液的核素的活度，校准时要考虑在此期间的放射性衰变，A_0 是在第一次浸出之前冲洗完 30s 后给出的核素的总活度。数字 n 从 1 到 10，是指总周期为 90d 的间隔次数。放射性废物中的有害金属以化合物的形式存在，这种有害金属在地下水中可溶或不溶。从可分散性观点看，可溶性物质最值得关注，因为它们会溶于地下水并随着水流动。因此，评估给定废液在处理之前是否需要稳定的测试标准，是根据标准方法测试给定危险金属在水中的溶解程度来确定的。EPA 的这项试验 TCLP[36]不仅用于鉴别哪些废物需要处理，而且还用于评估处理过的废物固化体是否适用于处理。在给定的废物中对于有害金属的允许滤出量，TCLP 也设置了限制，以便评估是否能通过测试标准。如果测试确定废物不适合安全处理并且需要稳定，那么，要用同样的试验来决定是否已经成功地稳定了有害金属。

在 TCLP 测试中，将废物固化体碾磨成粉，粉粒通过一个 0.95cm × 0.95cm 的筛网，得到的粉体的比表面积为 $3.1cm^2/g$。浸出试验是将酸加入去离子水中来制备萃取液，并将溶液的 pH 调整到需要的值来实现的。因为 CBPC 要么是中性的，要么是碱性的，萃取液的 pH 必须为 2.8。该 pH 是通过加入盐酸和（或）乙酸来实现的。将粉末和液体混合在玻璃或聚乙烯容器中搅动 18h 完成萃取操作，使用的液体体积为粉末质量的 20 倍，然后过滤液体并分析有害污染物的含量。同样的步骤也用于分析固化稳定的和压碎的废物固化体。

表 18.9 提供了本章讨论的一系列案例，利用最大准则确定废物是否需要预处理，如果处理过了，处理是否成功。允许极限对前者来说被称为 RCRA 极限，对后者则是通用处理标准（UTS）。这些测试的细节可以在参考文献［37］中找到。

表 18.9　使用标准和满足标准的 Ceramicrete 废物固化体的例子

标准	本章中讨论的案例
污染物的浸出	裂变产物：Tc，从高放射性废物容器中分离，来自橡树岭 K-25 工厂污染管道的碎片；Cs 来自盐上层清液和沉淀物、硅钛酸盐和地下水
	放射性成分：Ra，弗纳尔德仓中的废物；超铀元素，模拟的以及真实的洛基平原火山灰废物和地下水
盐的浸出	模拟盐废液（上层清液和沉淀物）
基体成分的浸出	来自 Hanford（汉福德）容器中的模拟盐废液（上层清液和沉淀物）
物理性质	上述全部
可燃性	硝酸钠
辐射分解	U-Pu 合金，污染的 Pu 灰
自燃性	CBPC 中的 Ce_2O_3 氧化成 CeO_2

18.4.2　废物固化体的物理性质

废物固化体除了要具有优异的抗浸出性能，还应该通过相关测试来证明它们的物理完整性。废物固化体的抗压强度和孔隙率是其在运输和储存过程中最相关的性能。使用的测试方法是 ASTM C39 抗压强度试验方法。室温下稳定废物固化体要求的最小抗压强度在美国[35]是 3.5MPa（500psi），在俄罗斯则是 5MPa（715psi）[36]。正如我们在案例研究中所看到的，所有的 CBPC 废物固化体都满足这个最低要求。

由于高孔隙率容易导致地下水浸入废物固化体，使得废物固化体内更大的表面积暴露于地下水，导致污染物和废物固化体中的组分浸出，因此开孔孔隙率应该越小越好，这将在浸出试验中反映出来。

18.4.2.1　可燃性

对于运输和临时储存废物固化体，废弃物的包装材料不易燃烧是至关重要的。EPA 推荐了一项试验[37]，以检验废物包装材料的可燃性。在这项试验中，由等质量的废物固化体粉末和软木粉组成混合物，把混合物倒在指定半径的铬铝钴（Kanthal）电阻丝上，在电阻丝中通过电脉冲来点燃混合物。根据测试指南，记录消耗整个混合物火焰燃烧的时间，并与使用标准材料如溴酸钾和过硫酸铵接受同样试验时的耗用时间比较。

不用担心 CBPC 废物固化体的可燃性，因为 CBPC 是基于正磷酸盐的无机化合物，所以是不燃的。当废物中存在可燃性的成分，即使其含量很高，该废物固化体也是不可燃的。这可以在硝酸钠粉末可燃性的案例研究中看到。

18.4.2.2　辐射分解

放射性同位素，如裂变产物会在废物固化体中产生 β 射线和 γ 射线，锕系元素也会产生 α 射线。由此产生的基体自辐射可能会分解存在于固化体中的水或有机化合物，这种反应也可能导致气体的产生，例如氢气。在储存废物固化体期间，这些气体会增加容器中的压力，特别是 CBPC 基体包含结合水，使之容易受到这种辐射分解效应的影响。因为这个原因，必须对含有超铀元素和裂变产物的 CBPC 固化体的气体生成量进行测试。该试验应该证明气体的产生量最小，辐射分解不是 CBPC 放射性废物固化体的主要问题。虽然对此还没有标准化的测试，但是随后介绍的研究中描述了在实践中应用的步骤，并证明了 CBPC 废物固化体不太可能通过辐射分解产生足够的气体而通不过测试。

18.4.2.3　自燃性

自燃性是低价金属和氧化物包括放射性物质在其稳定期间或稳定之后自发地燃烧的性质。如果废物中还含有其他可燃物质，将会燃烧。为了废物固化体的安全，不引起自燃，金属和低价氧化物必须被完全氧化。确定一种特殊的废物是否具有自燃性，我们必须在废物中识别出自燃成分，这种识别方法是用 X 射线衍射等分析方法进行检测。

形成 Ceramicrete 废物固化体的酸碱反应也创造了一个氧化环境，在这个环境中，其中的低价态物质将自动转换成完全氧化态的物质。因此，自燃的成分（如 Pu_2O_3）应该转换为最稳定的、完全氧化的形态（如 PuO_2），不再自燃。Wagh 等[25] 已经证明了在 Ceramicrete 中使用 Pu 的替代物有这样的转换效果（参见 18.5.3 节中的研究）。

18.5　放射性废物和有害废物的案例研究

通过若干研究的结果可深入理解固化稳定反应和这些反应形成的矿物产物。研究人员还建议改进所采用的 CBPC 流程。这些案例研究为制定实际废物的固化稳定工艺给出了良好的指导原则，已经进行的若干研究表明了如何采用配方工艺进行实际处理。

在这一节中，我们将对个别污染物的处理进行概述，下一节我们将展示对模拟的和若干真实废物的固化处理。

18.5.1　案例研究：氯化锡（$SnCl_2$）在稳定锝中的作用

从 Pourbaix 图[24] 中可以发现，Tc 在碱性介质中以 +7 价状态（过锝酸盐）存在，大部分含有 Tc 的废液是碱性的，如果废液是酸性的就会被中和，在该过程中它们常常变成碱性而不是中性。这是因为在废液的长期储存中保持中性是困难的，特别是其中存在许多氧化物和矿物质的时候。Tc 在碱性介质中易溶，且容易浸出。

典型的 CBPC 废物固化体不是完全中性的，其 pH 在 7～9 之间，因此，Tc 将以 +7 价的状态存在于废物固化体中。Singh 等[31]系统地研究了还原剂 SnCl$_2$ 在 CBPC 基体中的对锝的还原和稳定作用。他们使用的废物是络合-洗脱过程的产物，即从 Hanford 和 SRS 的废物罐中的高放射性上层清液中分离出的 ^{99}Tc 废液。在络合-洗脱过程中产生的典型废物溶液中含有 1mol 的 NaOH、1mol 的 C$_2$H$_8$N$_2$ 和 0.005mol 的 Sn^{2+} 以及含量在 20～900×10^{-6} 之间的 Tc。

Singh 等[31]进行的研究结果列于表 18.10。通过在 Ceramicrete 固化分散的 Tc 氧化物，制备出废物固化体，使用少量 SnCl$_2$（0.5% 质量分数）将 Tc 从 +7 价还原为 +4 价，再将它掺入磷酸盐胶凝材料中，与废弃物和水混合成糊状混合物。混合 20min 后，这种浆体凝固成坚硬的废物固化体。硬化体养护 21d，然后进行浸出试验。

表 18.10 展示了废物固化体的 PCT 方法和 ANS 16.1 方法测试结果。根据 PCT 方法测试结果看，^{99}Tc 的归一化浸出率即使在 90℃ 时也很低。这一浸出率接近 Ebert 等人[38]报道的从国防废物处理设施玻璃固化体所做的 Tc 的浸出数值。对于所有 Tc 不同浓度的情况，浸出指数 LI 始终很高，说明在 13.3～14.6 之间，高于玻璃固化体中的 Cs 和 Sr 的浸出量。废物固化体的抗压强度约为 30MPa（4286psi），说明在水环境中废物固化体是耐久的。这些结果证明了 Ceramicrete 基材的还原环境对固化效果的有效性。

表 18.10 用 PCT 和 ANS 16.1 方法对含有 ^{99}Tc 的 Ceramicrete 试件的测定结果

在废物固化体（废物含量）中的 ^{99}Tc 浓度（×10^{-6}）	41	164	903
PCT 分析的归一化浸出率（g/m^2·d）	0.07	0.1	0.036
在 ANS 16.1 测试中的浸出率指数	14.6	13.3	14.6

在另一项研究中，研究人员处理了来自橡树岭 K-25 工厂的管道内部表面上的碎片，该工厂要在 DOE 的一个站点进行拆除[39]，实际的稳定处理工作在阿贡实验室（ANL）完成。

在这项研究中使用了两种废物，两者都是片状材料，颜色为棕色。第一种废物由赞助商 Bechtel Jacobs 提供，分析显示 Tc 的辐射量为 33886pCi/g（2020×10^{-6}），U 的辐射量为 107.05pCi/g（40.1×10^{-6}），其中 $^{233/234}$U 和 ^{238}U 是主要污染物。废物中包含塑料垫圈和细长的材料碎片，而且不容易被压碎，因此，在稳定处理之前要把碎片切得更小。第二种废物含有一些金属线材，固化前将其切成更小的碎片。赞助者提供的分析数据显示 Tc 的辐射量为 1750pCi/g（104×10^{-6}），U 的辐射量为 107.05pCi/g（96000×10^{-6}），与 $^{233/234}$U 和 ^{238}U 一起作为主要相。

用于制备废物固化体的配比组成见表 18.11。将原料粉末和废物加到水里，此外，采用 SnCl$_2$ 作为稳定 Tc 的还原剂。因为废物的量较小，用铲刀手工完成混合操作。粉末和水混合 25min 后形成可浇注的浆体，然后把浆体倒入塑料模具，待其凝固；几小时内它就会硬化，但需要在空气中养护 21d 使样品发展出几乎全部的强度和完整性。

表 18.11　在微封装 K-25 碎片废物时使用的组成

成分	Ceramicrete 胶凝材料	F 级粉煤灰	废物	SnCl₂	水
组成（%，质量分数）	40	19.8	40	0.2	粉末总量的 21%

在 ANS 16.1 研究中发现 LIs 值分别为 12 和 17.7，这两个值较高，且与上述描述的其他废液得到的值一致。因此，这第二个例子再次证明了在 Ceramicrete 中用还原剂来稳定 Tc 的有效性。

这项工作确定了 $SnCl_2$ 是用 CBPC 方法稳定 Tc 的一种潜在的还原剂。该项工作有助于稳定处理在俄罗斯和乌克兰工厂的实际废物，我们也将看到给定的实际废物的案例研究。

18.5.2　铯的稳定处理

一些研究[26,40,41]已经报道了使用 Ceramicrete 材料来稳定处理 Cs，表 18.9 中列出的各种试验方法用于评价 Cs 的浸出量。正如第 8 章所述，稳定的机理是由于（K，Cs）-鸟粪石的形成。在其中添加的 Cs 部分取代了 K-鸟粪石中的 K，并存在于在相应的晶格点上。从第 17 章得知，基体中甚至可以大量地掺加 Cs，即使在添加了 10%~15%（质量分数）的情况下，固化体的浸出结果也很好，Wagh 等[30]给出了这项研究的细节。在此，我们讨论了 Cs 为高掺量废物的其他几项研究。

如表 18.12 可知，Cs 以 $CsNO_3$ 或 CsCl 的形式加入前三个废物中，而在最后一种情况下，Cs 的存在形态未知，但它确实是可溶的，因为在废溶液检测中表明了它的存在。Cs 虽然以硝酸盐或其他可溶形式加入，但 TCLP 结果表明 Cs 可以很好地被固定起来。

表 18.12　Cs 浸出的研究及其测试结果

Cs 的废物固化体	在废物固化体中的 Cs（×10⁻⁶）	试验方法	结果	参考文献
盐上层清液的 CsNO₃	14.9	TCLP	0.16mg/L	[26]
盐沉淀物中的 CsNO₃	4.3	ANS 16.1	8.72 的 L1	[26]
钛酸硅中的 CsCl	2790~3670	PCT	总计浸出 1.66~2.42mg/L	[40]
废水中未知形态中的¹³⁷Cs	47.3pCi/mL	TCLP	<0.2pCi/mL	[41]

Langton 等用 Ceramicrete 基材对钛酸硅进行了封装处理[40]，根据报道，尽管 Ceramicrete 基材很好地固定了 Cs，但是 PCT 分析的浸出水平显著高于对应的玻璃固化体。在玻璃固化体中，使用 PCT 测试的最好的浸出结果是 0.011mg/L。因此，Langton 等人制造的含有钛酸硅的废物固化体与玻璃固化体相比，性能较差。

有两个原因可以解释为什么含钛酸硅的 Ceramicrete 固化性能不如玻璃固化。

首先，PCT 测试是为测试玻璃固化体而设计的，而不是为胶凝材料设计的。在该试验中，要求用超声波清洗器来重复洗涤破碎的废物固化体。这一步骤使得玻璃

粉粒具有 $0.02m^2/g$ 的比表面积，该值用于计算浸出量的大小。但是，事实上 Vino-kurov 等[26]对废物固化体的上层清液进行详细的颗粒尺寸分析，发现当同样的步骤用于 Ceramicrete 的时候，会产生更细的粉粒。这些粉粒的比表面积是 $6.67m^2/g$，比玻璃粉粒大 333.5 倍。这一发现意味着，在用 Ceramicrete 固化体（也可能是水泥固化体）进行 PCT 分析检测的同时，应该测量出破碎废物的真实比表面积，并用于计算浸出量。

其次是关于钛酸硅盐废物中使用的基材成分。碱性 Ceramicrete 胶凝材料中含有 MgO 和 KH_2PO_4，在没有任何改动的情况下用来制备基材。该胶凝材料组合物得到的是多孔性（23%，体积分数）的基材。正如我们在第 14 章所见，粉煤灰使废物固化体的抗压强度至少加倍，并显著降低孔隙率。因此，如果 Langton 等[40]在其组成中使用了粉煤灰，他们就会在 PCT 和 MCC-1 的废物固化体分析试验中得到更好的测试结果。

通过这些研究工作，我们已经对 Cs 在 CBPC 中的矿化有了更好的理解。正如在第 8 章已详细讨论过的，在 CBPC 基质中加入 Cs 时，部分地代替了 K-鸟粪石晶体结构中的 K。在第 19 章我们将看到，即使在 Ceramicrete 基材中的掺量为质量分数的 15%，在浸出试验中也没有显示任何明显的浸出。这表明了 Ceramicrete 基材对 Cs 产生了矿化，对于固化含 Cs 的废物是理想的。对真实废物的研究案例将强化 Ceramicrete 废物固化体的这一属性。

18.5.3 铀和超铀元素的稳定

如 18.3.1 节所述，在磷酸盐基体中保留四价锕系氧化物不是主要问题，因为这些氧化物不溶于水，所需要的是用磷酸盐基体成分将它们微包覆，这在 UO_2 和 PuO_2 及其替代物 CeO_2 的大量研究中得到了证实。如果在废物中发现微量锕系元素，那么它们存在的化学形态并不重要，因为磷酸盐基体可非常有效地固化它们，在稍后第 18.5.4.2 节将详细讨论。研究中[41]，发现了辐射量为 32pCi/mL 的 ^{238}U 和 0.6pCi/mL 的 ^{235}U，对含有混合铀，辐射量为 18.6pCi/g 的废物固化体按照 ANS 16.1 方法进行了试验，结果 LI 为 14.52。用 TCLP 方法检测，也显示浸出液的辐射量低于检测极限 0.2pCi/mL。这意味着痕量级别的 U 在 Ceramicrete 材料基体中的微封装非常有效。

如前所述，Arey 等[11]进行了分批平衡试验，以评估羟基磷灰石从 SRS 污染沉积物中去除铀的能力。试验表明 U 的去除是由于二次磷酸盐矿物的形成，该矿物的溶解度甚至低于钙铀云母 $[Ca(UO_2)_2(PO_4)_2 \cdot 10H_2O]$。该作者认为形成了 Al/Fe 二次磷酸盐矿物。Fuller 等[12]也得出了类似的结论，证明了羟基磷灰石可以移除铀酰离子。

最近对 Hanford 水槽沉淀物的模拟研究也表明，即使在废物中存在更高浓度的锕系元素（在 mCi 而不是 pCi 级别）时，出现的现象以及固化体性能与前述一致。稍后将介绍涉及对实际废物的案例研究。

18.5.4 有害污染物的稳定

如 18.3.4 节所述，在讨论稳定处理难溶金属（Pb、Cd、Ni 等）氧化物背后的溶解化学性质时，Hg 和 Cr 可以改变其价态并变得可溶。本节讨论的是如何处理这些污染物的例子。

18.5.4.1　汞的稳定处理

表 18.13 列出了本研究的部分替代物（模拟物）废物，灰渣代表着 DOE 设施库存的放射性废物。德尔菲 "DETOX" 废液是在类似废物中有机物破坏过程中产生的二次废物[14]。土壤来自阿贡国家实验室储存的废物，包括在现场实际处理的废物。

表 18.13　汞废物替代物的组成

废物确认	组成（质量分数,%）	污染物（质量分数,%）
德尔菲法氧化废物	Fe_2O_3, 93.6	$HgCl_2$、Ce_2O_3 和 $Pb(NO_3)_2$
	$FeCl_2$, 4.9	在两种废物中都是 0.5
德尔菲法磷酸盐废物	$FePO_4$, 98.5	
DOE 废物	活性炭, 5	Hg 以 $HgCl_2$ 的形式, 0.5
	蛭石, 20	
	F 级粉煤灰, 40	
	炉底灰, 33	
污染土壤	阿贡实验室地面表层土壤	Hg 以 $HgCl_2$ 的形式, 0.1 原始废物中有 2.7×10^{-6}

为制备废物替代物，在振动器上将废物的组分彻底混合 24h。然后将所得废物与含有 0.5%（质量分数）的硫化钠和化学计量或稍高水量的磷酸盐胶凝材料在 Hobart 台式拌和机中混合 30min，所得到的浆体是稍微黏稠的液体，可以容易地倒出。倒入模具后，它会在数小时内变成坚硬而致密的陶瓷废物固化体，取几克样品放入塑料容器中。将这些样品储存养护 21d，然后将每个样品压碎并进行 TCLP 试验。废物和处理过的 CBPC 废物固化体的 TCLP 试验结果见表 18.14。未经处理的废物测试结果显示，其浸出量远远超过规定限度。另一方面，经过处理的废物固化体的检测结果比 EPA 的限定值低一个数量级。这些结果表明磷酸盐废物固化体固化 Hg 具有优异的稳定性，对硫化物的固定作用也是同样地好。

表 18.14　Hg 的 TCLP 方法检测结果（mg/L）

废物类形	未处理废物	废物固化体
德尔菲 DETOX		
氧化物废物	138	<0.00002
磷酸盐废物	189	0.01
DOE 灰渣废物	40	0.00085
污染土壤	2.7	0.00015
EAP 限定值	0.2	0.025

Wagh 等[25]还研究了灰渣固化体在酸性和碱性环境中的浸出性能，以确定稳定

的极限值。在不同时间间隔对整块磷酸盐固化体进行了浸出试验，见表 18.15。通过向浸出液中加入乙酸，使酸性溶液的 pH 达到 3.5。使用的碱性溶液是 pH 为 11 的 NaOH 溶液。

表 18.15　在酸性和碱性水中灰渣废物固化体中 Hg 的浸出量

时间（h）	2	7	24	48	72	96 ~ 2136
酸性水中的量（mg/L）	0.032	0.025	0.045	0.04	0.045	< 0.025
碱性水中的量（mg/L）	所有的间隔都 < 0.025					

表 18.15 中的数据表明，如同在中性水环境中一样，在碱性环境（< 0.025mg/L）下，几乎检测不到浸出量。即使在酸性环境中，浸出量也相当小，前 72h 接近检测极限。在此之后，浸出量小于检测极限。这些数据表明，CBPC 废物固化体非常稳定，可以承受从酸性到碱性较宽泛的化学环境。

Wagh 等[28]报道了用 Ceramicrete 材料稳定处理 Hg 的首次应用，使用 CBPC 工艺来稳定被放射性污染的汞灯泡碎片。对废物的目视检查显示，90% 的废料尺寸小于 60mm。碎玻璃的典型尺寸范围为 2 ~ 3cm 长、1 ~ 2cm 宽，细至粉状颗粒。化学分析显示 Hg 浓度为 5×10^{-6}。此外，同位素^{60}Co、^{137}Cs 和^{154}Eu 的辐射量分别为 1.1×10^{-5}mCi/g、4×10^{-4}mCi/g、4×10^{-6}mCi/g。

制备了五加仑体积大小的废物固化体。典型的废物装载量为 35% ~ 40%（质量分数）。将等于质量分数 0.5% 的硫化钾加入到用于稳定 Hg 的磷酸盐胶凝材料中，制备出致密、坚硬的陶瓷废物固化体。在固化之前，将混合浆体分离为小份试样，固化后将其用于 TCLP 试验分析。结果发现渗滤液中的汞含量为 0.05mg/L，远低于 UTS 的限值 0.025mg/L。从储库中取出所有废物固化体，送至 INEEL 的放射性废物管理综合设施进行处理。

18.5.4.2　Cr 的稳定处理

铬存在三种价态：+2 价，+3 价和 +6 价。+2 价状态是在还原环境中形成的，在氧化条件或室温环境条件下产生的大体积废物，例如粉煤灰和放射性废物，不可能含有 +2 价状态的 Cr。如果有任何废物中存在金属 Cr，可能会导致生锈，因此会生成 Cr_2O_3，以及 +6 价状态 Cr 的铬酸盐。

如图 18.6 所示，Cr_2O_3 的溶解行为与其他二价氧化物相似。其在酸性区域的溶解度很高，随着 pH 的增加几乎线性下降，pH 为 7 时几乎达到最小值，接着又随着 pH 升高而增加，其总体行为是微溶氧化物的行为。因此，Cr_2O_3 将与酸式磷酸盐反应形成不溶性的磷酸氢盐或磷酸盐。

Wagh 等[41]证明了受到污染的土壤与废水中的 Cr、连同 Cd、Pb 和 Hg 在 Ceramicrete 固化体中的稳定效果。表 18.16 显示了废物和废水中的污染物含量，以及稳定废物固化体的相应 TCLP 测试结果。Ceramicrete 材料浆体中的废水量与稳定化过程所需的化学计量水相等。废水、废物的装载处理量为 77%（质量分数），所制得的废物固化体的开口孔隙率为体积分数 2.7%，密度为 2.17g/cm³，抗压强度为

34MPa(4910psi)。

表 18. 16　土壤和废水中污染物含量与浸出试验结果

元素	Cd	Cr	Pb	Hg
土壤中（×10⁻⁶）	1044	1310	2457	1002
TCLP 结果（mg/L）	0.18	0.13	<0.2	0.0015
UTS 限值（mg/L）	0.11	0.86	0.37	0.025

　　结果表明所有污染物（Cd 除外）的浸出量远远低于标准规定要求。Cd 的浸出量刚好处于不合格的边缘。研究发现，通过延长混合时间，Cd 的稳定效果满足要求，在这种情况下，浸出量低于 0.11mg/L。废水还含有放射性污染物铀。在另一个类似的案例中，Wagh 等[25]模拟研究了来自洛基平原（Rocky Flats，属于 DOE 其中的一个场地）受 Pu 污染的灰渣的稳定性，其中掺入了各种有害污染物，包括以 Cr_2O_3 形式存在的 Cr，并以质量分数 54% 的掺量将其稳定在 CBPC 基体中。用 TCLP 测试方法的研究结果见表 18. 17。

表 18. 17　模拟废物的固化体的 TCLP 分析结果

元素	Cd	Cr	Ni	Pb
在土壤中（×10⁻⁶）	1077	5360	4890	8600.0
TCLP 结果（mg/L）	0.68	0.13	<0.05	<0.01
UTS 限值（mg/L）	1.2	0.86	5.0	<0.37

　　在另一项研究中，Wagh 等[42]使用两种液体废物模拟了 DOE 综合设施 Hanford 罐的放射性上清液和沉淀物，也证实磷酸盐硬化材料中 Cr^{6+} 的稳定性。这些废液是高碱性的，用于稳定时的废物含量为 40% 和 32%（质量分数）。使用硫化钠稳定 Ag 和 Cr^{6+}。表 18. 18 和表 18. 19 分别显示了废物、废物固化体中有害污染物的含量，以及模拟废物和污泥的 TCLP 渗滤液结果。数据表明，含有 Ag 和 Cr 的污染物经过硫化后接着进行磷酸盐处理，有着极好的稳定性。

表 18. 18　Hanford 罐中上清液污染物浓度、废物固化体的 TCLP 结果

元素	Cd	Cr	Pb
在废物中（×10⁻⁶）	2.3	937.6	11.5
在废物固化体中（×10⁻⁶）	0.91	373	14.8
TCLP 结果（mg/L）	<0.01	0.01	<0.05

表 18. 19　模拟 Hanford 罐中沉淀物污染物的浓度、废物固化体的 TCLP 结果

元素	Cd	Cr	Ni	Ag	Ba
在废物中（×10⁻⁶）	2568	126	1824	40	85
在废物固化体中（×10⁻⁶）	852	42	605	13	28
TCLP 结果（mg/L）	0.0043	0.013	0.21	0.027	0.032

18.5.5 放射性和混合废物稳定化处理的案例研究

在美国阿贡实验室进行的几项试验中，实施了淤泥和液态废物的稳定性处理，这些废物具有宽泛的化学组成成分。阿贡实验室与 CH2M 希尔公司合作处理了来自洛基平原（Rocky Flats）的灰渣废物[25]和 Hanford 罐[42]的废液。这些研究确定了来自 DOE Hanford(汉福德) 综合设施和俄罗斯 Mayak 生产基地的放射性废物的试验流程。太平洋西北实验室（PNNL）[43]已经使用铸石进行了一些比较研究，该铸石是萨凡纳河国家实验室（SRNL）首先开发的 PNNL 版本的盐岩，也使用了 Duralith[44]材料，这是华盛顿特区的天主教大学提出的地质聚合硅铝酸盐复合材料，同时还使用了 Ceramicrete 材料。PNNL 还对废物固化体的工程规模应用进行了一些可行性研究。总体来说，他们的结果并不能完全确定哪种技术最适合处理 Hanford（汉福德）罐中存储的废物。Ceramicrete 是一种中性水泥，而铸石和 Duralith 是高碱性的，我们对它们如何影响各种废物固化体的性能还缺乏基本的理解。在高碱性环境中，废物固化体中大多数组分的溶解度很高，因此，所固化废物的耐久性将比在中性废物固化体中的稳定性更差，并且污染物的浸出量也很高。目前需要做更多的工作才能建立起 Duralith 和铸石与 Ceramicrete 的化学联系，并解释所观察到的每种废物固化体性能的优缺点。

已经有两项关于 Hanford（汉福德）和 Mayak（俄罗斯）罐废液以及 Hanford 放射性沉淀物的非常全面的研究。这些研究在阿贡实验室（ANL）的指导下，分别在俄罗斯[26]和乌克兰[45]完成，得到了 DOE 和全球防扩散倡议（GIPP）资助。这些项目为之前 18.3 节在理论基础上讨论的稳定机制提供了试验证据。此外，这些测试采用的是模拟放射性废液，它们是对实际废料的复制，其中测试的一种废液是来自俄罗斯 Mayak 的实际废液，下面逐项概述这些项目的研究情况。

18.5.5.1 对 Hanford（汉福德）罐和 Mayak（俄罗斯）废物储存罐中盐废液的稳定处理

在 20 世纪下半叶，为了从燃料棒中提取钚，在美国华盛顿州的 Hanford（汉福德）产生了 5500 万加仑的具有放射性和化学危险性的液体废物[46-48]。这种废物储存在地下的 177 个罐中，其中一些储罐正在发生腐蚀，存在着废物泄漏到环境中的可能性。俄罗斯也存有威胁着地下水的类似废物，为了储存或处置这些废物，需要进行稳定处理。

美国目前的计划是将这些废物玻璃化即形成玻璃固化体[49]。如前所述，玻璃化的过程将产生含有挥发性裂变产物、有害污染物和痕量锕系元素的二次废物，需要通过低温处理技术固定这些二次废物。Ceramicrete 是中性的，也就是说其废物固化体的属性为中性，它具有矿化裂变产物和有害污染物的能力，有着致密而坚硬的结构，使其成为固定这些二次废物的潜在候选材料。这一想法这在 ANL、DOE 和俄罗斯进行的联合研究项目[26]中得到了证实。

在联合研究项目中测试了四种废物，其中两种来自美国的 Hanford（H1 和 H2），两种来自俄罗斯的 Mayak（M1 和 M2），表 18.20 中给出了这些废物的成分。在这些废物中，前三种废物用两个实验室开发的配方进行模拟研究，即在 Hanford 和 Mayak 分别进行处理，最后一个（M2）是含 α 辐射的真实废物，从 Mayak 的储罐中取出。可从表 18.20 提供的废物的数据得到如下结果：

（1）H1 的固体含量最高，几乎都是沉淀污泥。另一方面，M2 是固体含量非常少的液体，另外两个具有中等固体浓度。这可以体现在废物的密度上。

（2）M1 的辐射活性完全由于裂变产物引起，而在 M2 中完全由于 TRUs 引起，尤其是是 α 辐射。

（3）M1 中的 Cs 含量明显高于其他废物。因此，M1 的裂变产物总活性高于其他废物。

（4）H1 和 M1 中主要的有害金属离子是 CrO_4^{2-}，而 H2 和 M2 中存在有 Ni^{2+}。此外，两种废物中都存在 Cr^{3+} 状态的 Cr。

（5）总体而言，Hanford 废物中的可溶性阴离子含量高于 Mayak 废液。

（6）所有废物中的可溶性阴离子含量以硝酸盐和亚硝酸盐为主，而 M2 中没有亚硝酸盐。

（7）H1 和 M1 中的 Na^+ 含量远高于其他废物中的 Na^+ 含量。

表 18.20　Hanford 和 Mayak 二次液体废物的性质和组成[26]

废物性质和组成	Hanford-1（H1）	Hanford-2（H2）	Mayak-1（M1）	Mayak-1（M2）
密度（g/cm³）	1.43	1.31	1.28	1.17
固含量（g/L）（质量分数,%）	745（52）	498（38）	450（35）	183（16）
超铀元素含量（Ci/L）				
^{239}Pu	0.0032	0.0095		
^{237}Np	0.0032	6.5×10^{-6}		$\Sigma\alpha = 3.5 \times 10^{-6}$
^{241}Am		0.022		
总 TRU 比活度	0.0064	0.0315		3.5×10^{-6}
裂变产物（Ci/L）				
^{90}Sr	5.7×10^{-4}	0.00138	4.05×10^{-5}	
^{137}Cs	6.5×10^{-4}	3.2×10^{-4}	1.57	
^{99}Tc	0.0017	0.0051		
I	$^{131}I = 2.9 \times 10^{-4}$		$^{129}I = 6.2 \times 10^{-5}$	
^{75}Se	7.3×10^{-5}			
总裂变产物比活度	0.00323	0.0068	1.57	

续表

废物性质和组成	Hanford-1（H1）	Hanford-2（H2）	Mayak-1（M1）	Mayak-1（M2）
有害污染物（g/L）				
Cr	$CrO_4^{2-}=2.9$	$Cr^{3+}=0.24$	$CrO_4^{2-}=2.9$	$Cr^{3+}=0.25$
Pb^{2+}	0.07	0.01		
Cd^{2+}	0.005	1		
Zn^{2+}	0.001	0.1		
Ni^{2+}		2.4		2.4
总有害污染物（g/L）	2.976	3.66	2.9	2.65
可溶性阴离子（g/L）				
NO_3^-	167.6	264.6	99.0	82.6
NO_2^-	113.1	0.3	38.0	
Cl^-	9.2	0.2	6.0	
SO_4^{3-}	0.3	1.9	13.0	24.2
OH^-	83.7	43.7	90.5	
CO_3^{2-}	12.5	19.3		
可溶性阴离子总数	386.4	330.0	246.5	106.8
其他离子和固体				
Na^+	256.0	85.1	295.5	24.0
其他	48.01	143.2	303.5	50.3
总和	304.01	228.3	599.0	74.3

H1 和 M1 是高碱性的，因此必须在固化前用 6.4mol 磷酸溶液中和。另外两种废物不需要中和。加入酸后减少了废物的装载量。

胶凝材料组分 MgO 和 KH_2PO_4 按照 1∶3 的比例加入到每种废物中。同时，根据需要添加额外的稳定剂，它们包括以 Cl^- 形态稳定 I^- 的 AV-17 树脂和部分适合稳定 Cs 的 Tc、$K_4[Fe(CN)_6]\cdot 3H_2O$ 和 $NiSO_4\cdot 7H_2O$。这些添加剂的量分别为胶凝材料质量分数的 3.5%、0.5% 和 0.35%。图 18.7 所示为制备的圆柱体废物固化体。使用这些固化体进行各种试验，结果列于表 18.21。

从表 18.20 和表 18.21 给出的结果可以得出如下几个结论。

图 18.7   模拟 Mayak-1 和 Mayak-2 废物的废物固化体

表 18. 21　高活性废物的浸出试验结果

污染物	Hanford 上层清液	Mayak 上层清液	Hanford 沉淀物	Mayak 沉淀物
ANS 16.1 90d 的浸泡试验（浸出指数 LI）				
锕系元素				
^{237}Np	12. 8	13. 6		
^{239}Pu	13. 5	14. 4	Sa = 12. 9	
^{241}Am		14. 6		
裂变产物				
^{90}Sr	10. 9	13. 2	11. 1	
^{137}Cs	11. 4	11. 5	13. 0	
^{99}Tc	9. 9	10		
^{231}I	11. 2		7. 9	
PCT 90℃下 7d 浸泡试验［（归一化浸出率：$g/(m^2 \cdot d)$］				
Mg	$4. 1 \times 10^{-6}$	$7. 1 \times 10^{-7}$	$6. 6 \times 10^{-5}$	$1. 6 \times 10^{-5}$
K	$1. 9 \times 10^{-2}$	$1. 1 \times 10^{-2}$	$2. 4 \times 10^{-2}$	$2. 4 \times 10^{-2}$
PO_4	$6. 3 \times 10^{-3}$	$1. 8 \times 10^{-3}$	$7. 2 \times 10^{-3}$	$9. 5 \times 10^{-3}$
Na	$1. 7 \times 10^{-2}$	$9. 3 \times 10^{-3}$	$2. 4 \times 10^{-2}$	$2. 1 \times 10^{-2}$
TCLP（$\times 10^{-6}$）				
元素	规定限制值			
Pb	0. 75	0. 005	0. 004	
Cr	0. 6	0. 04	0. 006	0. 2
Cd	0. 11	0. 001	0. 008	
Ni	11. 0		< 0. 1	0. 5

（1）废物固化体的密度比较低，为 $1. 7 \sim 1. 8g/cm^3$，这使得废物固化体成为轻质的磷酸盐陶瓷（或水泥）。

（2）废物含量为 34% ~ 44%（质量分数），远高于玻璃料固化体中 10% ~ 20% 装载量（质量分数）。此外，一些废物组分在玻璃化过程中挥发，因此，玻璃化废物固化体具有较小的体积。然而，CBPC 废物固化体也可稳定挥发性的化合物，而硼硅酸盐基玻璃化废物固化体却做不到。由于添加了大量磷酸溶液（在 10mL 废物中加入磷酸溶液 6. 36mol，为 4. 5mL），所以 H1 废物固化体中的废物包容量较低。在稳定处理之前必须加入磷酸溶液以中和废物的 pH。

本研究尚未优化废物的装载量。在应用此技术稳定处理特定的废物之前，还需要进行进一步的优化研究。

（3）在美国，储存废物固化体所需的最小抗压强度 >3. 5MPa（500psi），俄罗斯标准 GOST R 50926-96 的规定值为 5MPa（715psi）[50]。

（4）锕系元素的 LI 为 12 ~ 14，此值是非常高的，高于最小期望值 9，这与之前对废水的研究结果一致[41]，测试的 Ceramicrete 材料对于 U 的 LI 为 14.52。这意味着用 Ceramicrete 固化锕系元素是非常有效的。

对于裂变产物的 LI 值是足够高的，通常 LI>9，除了实例 I 的情况，对 M1 样品是 7.9。目前没有文献报道多种废液的 LI 值，因此难以将这些结果与其他废物固化体进行比较。Gilliam 等人[51]用水泥净浆稳定了含有 14×10^{-6} 锝（99Tc）的气体扩散工厂的废物，其报道的 LI 的值为 6。与这些结果相比，本研究中得到的 LI 的值高许多，尤其要考虑到 LI 的一个数位的增加就标志着污染物扩散速度降低 10 倍的事实，因为 LI = -log(扩散常数)。因此，可以从本研究中得出结论，磷酸盐基体对裂变产物进行化学固化，和随后对化学固化产物的微包覆，将起到非常有效的固化作用。

（5）正如我们之前的讨论，虽然这项研究证明废物固化体的优异表现，但仍然需要做一些改进。Cs 可能不需要稳定剂，因为在稳定处理时它在鸟粪石晶体结构中矿化，下一步研究将提供这种情况的证据。此外，用离子交换树脂 AV-17 捕获了碘。这种离子交换树脂是有效的，但在 CBPC 中 I 的矿化也许是可行的。这样的研究还没有完成，在未来的 CBPC 研发中值得继续研究。

（6）主要元素的浸出率与废物固化体的耐久性直接相关，在 PCT 测试中磷酸盐固化体表现出良好的滞留能力。Mg 作为最不易浸出的元素表现出 $10^{-(5\sim7)} g/(m^2 \cdot d)$ 的最低浸出率，而 K、Na 和 NO_3^- 的浸出率为 $10^{-3} \sim 10^{-2} g/(m^2 \cdot d)$。研究人员使用 X 射线衍射分析发现，Na 部分取代了胶凝材料中的 K，使鸟粪石晶体结构轻微变形，变成了 $MgK_{(1-x)}Na_xPO_4 \cdot 6H_2O$，其中 $x<1$。这与第 8 章中提出的碱金属可以在鸟粪晶体结构中相互替代的论点相一致，即类似于 Ceramicrete 中用高含量 Cs 时产生的结构。因此，即使非常不易固定的 Na，在这些废物固化体中也被部分地稳定了。

不清楚在这个阶段为什么最易溶的阴离子之一的 NO_3^- 被部分固定。然而，碱金属和硝酸盐的部分浸出不会导致基材的劣化。例如，从 $MgKPO_4$ 中浸出 K 从而产生其他稳定的磷酸盐相，如 $Mg_3(PO_4)_2$，它不会浸出或降解基体。Na 和 NO_3^- 不是固化基体的组成部分，因此它们的浸出对基体结构没有影响。

（7）TCLP 的测试结果显示，有害元素在磷酸盐基质中稳定良好。在大多数情况下，浸出量比通用测试标准（UTS）要低一个数量级[34]，只有在 M1 废物的情况下才与 UTS 规定的 Cr 的限值相当。

总而言之，CBPC 技术在固化高放液体、高碱性和高活性（由于裂变产物）废物方面非常有效。因此，对于含有挥发性成分的高放射性废物在高温处理（如玻璃化）时产生的二次废物，其也可能是理想的处理技术。

18.5.5.2　Hanford 罐 K-水池污泥的稳定处理

上面讨论的废物用 mCi/g 表示总比活度，除了 M1，后者处于居里级别，其比活度非常高。尽管在 DOE 文献中将上述废物定义为"高活度"废物，但它们的活度仍然低于 Hanford 在 K-水池中储存的污泥。该污泥具有高含量的放射性污染物和裂变产物，因此在用来测试 CBPC 技术固化非常高活性废物的极限方面是一个很好的例子。

在阿贡实验室和乌克兰哈尔科夫物理与技术研究所（KEPT）的联合研究项目中证实了上述观点。由于废物的活度非常高，并且由于这是首先尝试使用非常高活度的废液测试 CBPC 固化技术，所以使用模拟物来代替放射性污染物，非放射性 Cs 和 Sr 用于代表相应的裂变产物。两种污泥废料的替代物的组成见表 18.22。一个样品是来自 Hanford 的 K-东面水池（KE-污泥Ⅰ）储存的，另一个样品是来自 Hanford 的 K-西面水池（KW-污泥Ⅱ）储存设备的污泥。详情请参阅参考文献 [52]，以便了解来自 K-水池废物的不同类型的废物及其组成。

从表 18.22 的数据中得到如下的分析结果。当我们比较前面案例研究中讨论的 Hanford 和 Mayak 废液的成分时，我们也可能会注意到以下区别。

表 18.22　KE 和 KW 废物的组成

废物数据	体积（m³）	质量（t）	低密度固体颗粒（g/cm³）	体积密度（g/cm³）	含水率（体积分数,%）
污泥 I	21.5	27.3	1.9	1.27	70
污泥 II	0.8	1.04	2.0	1.3	70

裂变产物和 TRU 模拟物				
含量	裂变产物（g/L）		TRU（g/L）	
	Cs	Sr	Nd	Ce
污泥 I	0.009	0.148	27.22	4.13
污泥 II	0.0025	0.148	15.6	

有害污染物（g/L）					
元素	Cd	Zn	Cr	Ni	Pb
污泥 I	0.083	0.6	2.066	0.032	
污泥 II	0.045	0.68	2.82	0.014	0.059

主要元素（质量分数,%）								
元素	N	O	Na	Mg	Al	S	K	Fe
污泥 I	16.6	353.5	8.78	4.65	90	69.34	2.06	147.5
污泥 II	27.54	248.5	3.66	0.216	62.16	96.78	2.82	126.7

（1）储库中的 KE-污泥Ⅰ的量远远大于污泥Ⅱ，但密度和含水量相似。

（2）污泥液体中的裂变产物含量远高于 Hanford 和 Mayak 罐中的淤泥。例如，KE 污泥Ⅰ含有 0.009g/L 和 0.0025g/L 浓度的裂变产物 Cs。由于 Cs 的比活度为 87Ci/g，则 Cs 的浓度等于 0.783Ci/L 和 21.75Ci/L。Hanford 1 号罐和 2 号罐存储的废物中的 Cs 的浓度分别为 0.00065Ci/L 和 0.0003.2Ci/L。因此，KE-污泥Ⅰ中的 Cs 浓度比 Hanford 1 号罐大约高三个数量级，在 KW-污泥Ⅱ中，它比 Hanford 2 号罐中的废物大 5 个数量级。

（3）TRUs 也是如此。由于在本研究中使用了 TRUs 的替代物，因此难以与罐中废液中的实际活性进行直接比较。然而，每种污泥中的浓度水平远高于Hanford和Mayak废物中的浓度水平，这表明其放射活性也应该高几个数量级。

（4）污泥中有害污染物的水平与Hanford和Mayak废液中的相当。

这些观察结果的一个明显含义是，污泥中的内部辐射和随后在废物固化体产生的内部辐射将会很高。这可能会导致废物固化体内部的辐射损伤。由于使用非放射性模拟物，本研究无法分析。为了能够在强烈的内部辐射下测试废物固化体的耐久性，在电子加速器中以10^{10}rad和10^8rad的外部β射线和γ射线照射废物固化体，发现一些元素被激活了。本研究的细节见参考文献［45］，这样就可在有内部辐射的情况下评估废物固化体的耐久性。因此，这是对CBPC废物固化体的首次系统的研究，提供了用CBPC技术处理高放射废物的评估结果。废物的组成和研究的结果分别列于表18.22和表18.23。

表18.23　模拟Hanford K-水池废物固化体的浸出结果

ANS 16.1 LI				
主要元素	Cs	Sr	Nd	Ce
污泥 I	12.4	15.4	11.2	8.5
污泥 II	9.2	13.1	15.6	

TCLP浸出结果（mg/L）				
有害污染物	Cd	Zn	Cr	Ni	Pb
KE	<0.005	<0.005	<0.005	<0.005	
KW	0.08	0.01	<0.005	0.18	<0.01
LDR限值	0.11		0.6	0.1	0.75

基体元素稳定的PCT浸出率 $[(g/(cm^2 \cdot d)]$					
主要元素	Cs($\times 10^{-4}$)	Sr($\times 10^{-5}$)	K($\times 10^{-3}$)	Mg($\times 10^{-5}$)	P($\times 10^{-4}$)	Na($\times 10^{-4}$)
KE	5.17	1.71	1.3	2.32	1.74	5.89
KW	2.49	1.7	1.7	0.59	1.0	2.32
β辐射之后			1.65（−2.9%）	1.59（−3.0%）	12.4（24%）	10.8（20%）

由于废物中锕系元素和裂变产物的含量较高，废物固化体将在辐射场中长期接受辐射。因此，使用以10^{10}rad和10^8rad的外部β射线和γ射线源测试其耐久性，结果列于表18.24。

表18.24　β辐射和γ辐射前后废物固化体的密度和抗压强度

废物固化体状态	密度（g/cm³）		抗压强度（MPa）	
	KE废物固化体	KW废物固化体	KE废物固化体	KW废物固化体
γ辐射之前	1.7	1.64	10	9.0
γ辐射之后	1.68（−1.2%）	1.62（−1.2%）	9.4（−6%）	8.4（−6.7%）

注：括号中数值是以%表示的变化率。

基于这些研究，我们可以根据观察结果来评估使用 CBPC 废物固化体来固化高放废液的可行性，分析如下：

（1）在这项研究中没有使用稳定剂来固化裂变产物，相应地，发现所测得的 LI 低于 Hanford 和 Mayak 罐中废物的 LI，这意味着在其中存在某种 Cs 稳定剂的功能提高了其滞留性。必须注意沉淀物中的 Cs 水平高出几个数量级，但是它的 LI 值为 8.5~9.2，在可接受的范围内。这意味着，以前讨论过的矿化作用是固化 Cs 的主要机制。

（2）基材组分的总浸出率是相当的。淤泥的总浸出率比罐中废物的总浸出率略低。尽管淤泥中的锕系元素浓度很高，但这表明 TRUs 和裂变产物对基体的耐久性没有显著的影响。

（3）用 TCLP 方法测得的有害污染物的浸出极限也是相当的。测试结果表明，淤泥的情况略好一些，但这不足以证明对任何样品的结果是有效的。

研究人员发现，KE 和 KW 废物固化体在 γ 辐射后显示密度和极限抗压强度有小幅降低（表18.24）。这种变化可归因于在辐射期间由于样品的加热而导致的结合水的损失。然而，也观察到 β 辐射后抗压强度增加 > 20%。尽管密度略有下降，但强度却增加了，这需要进一步研究。研究人员进行了有限的研究，以探索任何可能导致强度增长的微观结构变化，但是他们并没有发现微观结构发生了任何显著变化。从这项研究可以得出结论，由于强度没有降低，内部辐射的升高并不一定导致基体的破坏。

18.5.6　高浓度锕系元素的稳定处理和自燃性

通常，锕系氧化物处于较低的价态，例如三价态的氧化物（例如 U_2O_3 或 Pu_2O_3），这些氧化物的溶解度比它们在完全氧化状态的化合物要高。它们一旦溶解，在稳定处理过程的基体形成期间可能由磷酸盐水溶液氧化成不溶的、完全氧化的化合物；这种可能性可以通过锕系元素-水体系的还原-氧化（氧化还原）图来证实（见参考文献 [24] 第 208~210 页）。如前所述，Wagh 等[25]通过 Ce_2O_3 的形式引入 Ce，作为的 U 和 Pu 的替代物来测试这种可能性，废物固化体的 X 射线衍射图谱没有显示 Ce_2O_3 的存在，仅含有 CeO_2。

将较低氧化态的锕系氧化物转化为完全氧化态有很大的优势。较低氧化态的锕系是自燃的，一旦转化为完全氧化的形式并被磷酸盐基体封装，它们将不再具有自燃性，因此可以安全运输和安全储存。由于这种氧化作用，磷酸盐基体在稳定过程中消除了废物的自燃性。

18.5.7　镭的稳定

Wagh 等[64]的研究表明来自 Fernald（弗纳尔德）储仓的富镭废物可以用 Ceramicrete 基材稳定。该废物中所有同位素的总比活度为 3.85mCi/g，其中单仅镭（^{226}Ra）就占 0.477mCi/g。在这项研究中发现，氡气在废物中作为镭的子体产物可能会造成严重的污染。为了避免氡在实验室中造成污染，在手套箱中制成废物固化体，实际废物的含量 66.05% （质量分数）。用 TCLP 方法对样品进行测试，分析浸出液的比活度，获得的数据用于估计 Ceramicrete 基材中 Ra 的固化效果。

如表 18.25 所示，浸出液中的 α 辐射强度为 25 ± 2pCi/mL，β 辐射强度为 98 ± 1pCi/mL。这些活度小于它们在废物中的对应物的活度，后者的辐射强度在较大的 mCi/g 范围内。浸出液的活度非常低的原因是 Ra 的有效固化，其在废物固化体中形成不溶性磷酸镭。因为 Ra 是水溶性的，浸出液应为其提供了溶出途径，但测试出的浸出液活度仅以 pCi/mL 计，远远低于废物中的辐射水平。因此，即使是对于最易溶的 Ra，Ceramicrete 固化工艺也是阻止其浸出的好方法。

表 18.25　含镭废物、废物固化体和 TCLP 法渗滤液的比活度

接收到废物时的比活度 （mCi/g）		废物固化体中的比活度 （mCi/g）		TCLP 渗滤液中的比活度 （pCi/mL）		
3.85	0.477	2.06	0.255	25 ± 2	98 ± 1	221 ± 10[a]

[a] 作为一种近似，我们假设 α 辐射和 β 辐射的活性相等。

18.5.8　辐射分解和气体生成的评估

Ceramicrete 的基体材料中每 1mol 水化磷酸镁钾 （$MgKPO_4 \cdot 6H_2O$） 含有 6mol 水。存在于废物中的水和任何有机化合物的放射分解均可在废物固化体的储存期间使密封容器内产生压力。为了测试这种可能性，将含 Pu 的废物固化体进行气体生成试验。

该研究中测试了两种废物。第一个是来自隶属美国能源部 Rocky Flats （洛基平原） 储站的灰渣，其中含有质量分数为 31.8% 的 Pu，第二个样品是含有质量分数为 25% 的 U-Pu 氧化物混合物。当制备出 Ceramicrete 材料的废物固化体时，相应的废物固化体中 Pu 的含量分别为 7.87% 和 5.2%（质量分数）。

将预先称重的废物固化体样品 （6.0～19.1g） 破碎、装入 100mL 耐热玻璃烧杯中，然后将这些烧杯放置在体积为 300cm³ 的不锈钢高压容器中，将容器密封并通过排空每个容器的气体进行泄漏测试，监测其内部压力 3h。将容器用氮气加压至约 1000Torr （1Torr = 133.3223684Pa），抽真空，再加压至相同的压力。每个容器的净容量，即每个容器中的气相，可由容器、烧杯和样品的体积确定。将容器保持在通有氮气的手套箱中。手套箱温度控制在 25℃。通过扩张每个容器中的净容量，并在每个容器中定时取样到抽空的歧管中，用可追踪压力计记录膨胀后容器的压力。将容器从歧管中分离出来，歧管中物质扩展到抽空的气体取样器中。根据废物固化体的物质，用气相色谱法分析气体取样容器中的氢、氧、氮和碳氢化合物的含量。

测定结果见表 18.26 中的 G 值，即辐射化学产率与吸收能量之比，以每 100eV 产生的分子数表示。

表 18.26　不同条件下与 Ceramicrete 中产生的辐射产率

测试的材料	$G(H_2)$(molH_2/100eV)	参考文献
水中的^{239}Pu	1.6	[53]
混凝土中的氚化水	0.6	[54]
FUETAP 混凝土	0.095	[8]
在 FUETAP 水泥中的 Hanford 酸废物	0.43	[55]
Ceramicrete 中的 TRU 灰渣，废物固化体中含有 7.87%（质量分数）的 Pu	0.1	[25]
Ceramicrete 中的 U-Pu 氧化混合物，废物固化体中含有 5.2%（质量分数）的 Pu	0.13	[25]

如表 18.26 所示，用 Ceramicrete 材料做成的废物固化体（最后两个样品）中的 G 值低于大多数其他水泥浆体系做成的废物固化体，与 FUETAP 混凝土相当。这些结果表明 Ceramicrete 材料废物固化体中的气体产量最小。

18.5.9　含盐废物固化体的可燃性

在含盐废物固化体的情况下，因为所含的 $NaNO_3$ 的盐废液可燃，所以可燃性是一个重点关注的问题。根据 EPA 氧化试验方法[55]，对硝酸盐废物固化体进行了可燃性试验。将含有质量分数为 40% $NaNO_3$ 的废物固化体破碎，制成混合物，其中废物固化体粉末和软木屑的质量比为 1:1，凭借贝塔尔合金线圈传递电脉冲来点燃混合物，记录火焰消耗整个混合物所花费的时间，测试结果见表 18.27。

表 18.27　不同混合物进行可燃性试验的燃烧时间

混合物	燃烧时间（s）
溴酸钾和锯末	19
过硫酸铵和锯末	49
废料的替代物和锯屑	87
废物固化体和锯末	>480

这些数据表明，木屑和已知易燃盐，如溴酸钾和过硫酸铵的混合物燃烧很快。尽管不如标准材料的混合物那么快，废料替代物和锯屑的混合物也会迅速燃烧。然而，废物固化体和锯末混合物的燃烧时间 >8min，比标准混合物（19s）、过硫酸铵和锯末（49s）、废料替代物与锯末的燃烧时间（87s）长得多。这一发现表明在磷酸盐胶凝材料中固化的盐类废物是不燃的，因此不需要任何特殊的包装。因为磷酸盐胶凝材料是无机物、不燃，它抑制了火焰的传播，对于易燃盐类废物是优良的固化介质。

18.6　大型物体的宏封装

美国能源部承包商的主要任务之一就是在拆除用于生产武器的建筑物和其他结

构时，同时清理所产生的放射性污染碎片。例如，在美国田纳西州的橡树岭 K-25 和 K-27 工厂被拆毁的建筑物分别为 1630000ft² （151427m²） 和 383000ft² （35580.7m²），且这些工厂含有松散和固定的污染物。该项行动表明永久且安全地环保处理数以千计的含有从低到高的浓缩铀辐射污染部件的迫切需求，包括了大型转炉、压缩机、冷却机、泵、阀门、马达、油管和管路。安全处理这些部件的方法之一是将它们封装在一个致密的不可浸出的基体中，并将它们送到地质储存库进行埋存。Ceramicrete 材料基体为这个目的提供了很好的封装基质材料。

宏封装主要用于大型物体，比如受污染的混凝土碎块或者有固定污染物的钢结构上。CBPC 基体实现宏封装的必要属性已经在书中的其他章节讨论过。我们在此仅仅做个概述并提供它们与宏封装相关的特性。

（1）CBPC 和钢筋以及混凝土之间的黏结。CBPC 能够黏结混凝土和钢材，使得界面能够密切接触，没有空隙，这就避免了水的浸入，避免了在冻融循环时黏结界面的分离，详细内容见第 14 章。

（2）CBPC 为钢筋提供了防腐保护。CBPC 对钢筋有很好的防腐作用（第 16 章），因此能够防止界面处钢筋的腐蚀及劣化。由于没有渗透起泡，腐蚀不能从外表面转移到界面内部，所以宏封装后的物体具备优良耐久性。

（3）防火。CBPC 表面具有很好的红外辐射（热）反射作用，因此在发生火灾时，CBPC 基体会提供长时间的保护，不受短暂火灾的影响。宏封装物体的温度不会过度升高，界面结合不会因为非均匀膨胀而破坏（第 16 章）。

CBPC 基体有了这些属性，宏封装的废物固化体在受到任何环境介质作用时受到的影响会减至到最小。为了证明 CBPC 有这个能力，Wagh 等人与橡树岭的承包商 Bechtel Jacobs 有限公司合作进行了内部污染管段的宏封装研究[56]。

在该项研究中使用了两个铸铁管（管号 40，碳素钢），直径 4.5in(11cm) 长 7in(18cm)，铁管的两端都用铸铁圆板焊接密封（管道内部受到污染，其中一条管子的污染成分列在表 18.9 中）。

在宏封装试验中使用的 Ceramicrete 基体配方中含有质量分数 5% 的玻璃纤维（1/2in 长），它在材料中可防止由于胶凝材料和管道之间不匹配造成的裂纹传播。和普通水泥废物固化体不同，Ceramicrete 材料在混合时非常稀，所以可在料浆中加入比较多的玻璃纤维。Ceramicrete 中使用的组分 KH_2PO_4，有助于实现对纤维束的良好分散。纤维的加入并没有改变已经很高的抗压强度 90MPa(13000psi)，所得产品的抗弯强度和断裂韧性分别是 10.5MPa(1500psi) 和 $0.65MPa \cdot m^{1/2}$，这些值至少是普通水泥的两倍。Ceramicrete 材料的密度是 $1.8g/cm^3$，这表明它比传统硅酸盐水泥要轻 30%。由于 Ceramicrete 材料在凝固时有轻微膨胀，所以在宏封装时不产生收缩裂缝。通过将铁管宏封装在致密的固化材料基体中，成功地遏制了铁管的锈蚀。在宏封装试样为期 90d 的浸泡试验中（ANS 16.1），没有检测到由于管子生锈而导致铁的浸出，但未受保护的管子在这样的浸泡测试中锈蚀严重，每天 Fe 的浸出率为 $4.33g/cm^2$。与更偏于碱性的普通水泥相比，中性基体的 Ceramicrete 材料在接近中性的地下水中也可防止管子腐蚀。在同一试验中，U 和 Tc 的浸出量也低于限值，因此不能计算出 LI 值，这一结果表明，实际上几乎没有任何污染物的浸出。由于 Ceramicrete 材料基体的中性性质，被封装的铁不会生锈，因此可能是宏封装钢铁残骸的理想基质材料。而普通硅酸盐水泥是高碱性的，最终将腐蚀铁[①]，是不适合这种应用的材料。

在另一项研究中，研究人员稳定处理了来自橡树岭 K-25 工厂[56]的受污染铁管内表面的废物碎片，试验研究是在阿贡实验室进行的。这项研究使用了两种废物。两种都是片状材料，颜色为棕色。Bechtel Jacobs 提供了第一个废物的分析结果，显示了 Tc 的辐射量为 $33886pCi/g(2020 \times 10^{-6})$，U 的辐射量为 $107.05pCi/g(96000 \times 10^{-6})$，以 $^{233/234}U$ 和 ^{238}U 为主要污染物。它包含塑料垫圈和细长材料，并且不容易破碎，因此在稳定之前，碎片被切割成较小的尺寸。第二个碎片废物中有一些金属丝，也被切割成更小尺寸的金属丝片。赞助商提供的分析显示 Tc 的辐射量为 $1750pCi/g$ (104×10^{-6})，U 的辐射量为 $107.05pCi/g$，其中 $^{233/234}U$ 和 ^{238}U 为主要污染物。

表 18.28 显示了废物固化体的组成。制备废物固化体时，把胶凝材料粉末和废物加入到水中。此外，用 $SnCl_2$ 作为还原剂来适当地稳定 Tc。因为废物的总量很小，所以用抹刀手工完成拌和操作。胶凝材料粉末和水混合 25min，以制成可浇注的浆体，将该浆体倒入塑料模具中让其凝结，浆体在数小时之内凝固，然后在空气中养护 21d，使试样发展出几乎全部的强度和完整性。

表 18.28　用于宏封装的橡树岭 K-25 工厂受污染管道内废物碎片的成分

成分	Ceramicrete 材料	C 级粉煤灰	废物	$SnCl_2$	水
组分（质量分数,%）	40	19.8	40	0.2	占胶凝材料粉末的21%

根据用 ANS 16.1 方法测试的结果，发现两种废物的 LIs 值分别高达 12 和 17.7，与上述其他废物的值一致。因此这第二个例子再次证明了掺有稳定剂的 Ceramicrete 材料稳定 Tc 的有效性。

18.7　废物玻璃固化的研究

上述的理论论证和实例研究表明，室温固化技术本身已足以满足监管合规性测试。然而从经济观点看，虽然室温固化技术是很简单的方法，但是该方法导致所有的结合水储存在废物固化体中，这可能会占用更多的存储空间，并在储存过程中产生辐射分解。由于 TRU 金属的存在，它也可能会自燃，而目前所有的测试都表明，CBPC 的废物固化体中并没有足够的水来满足达到气体产生的极限，也没有表现出任何的自燃性。这些结果在很大程度上取决于实际的废物固化体的放射剂量以及废

---

① 硅酸盐水泥浆体的碱性较高，如果其混凝土中没有氯离子进入或者被中性化，这种高碱度的环境有助于在钢材表面生成钝化膜，从而保护钢材不被锈蚀。——译者注

物固化体中存在的自燃材料的数量。其自燃性将取决于废物固化体的尺寸和几何形状，以及 TRU 成分在废物固化体中的分布。由于这些原因，尽管 TRU 的浓度不高，也可能会在特定的容器中产生自燃气体或辐射分解。在这种情况下，我们需要用玻璃固化的方法来清除所有的结合水，将之转变成玻璃或玻璃陶瓷。

这样的选择在处理流程方面也有优势。如果用 CBPC 材料处理的废物与大量废物合并，并在下一个周期被玻璃固化了，则不需要二次废物固化体的存储设施。例如目前 Hanford（汉福德）河流保护办公室正在规划将高 TRU 含量的废物玻璃固化，并将其运输到外部设施储存，使用室温稳定技术来固定二次储罐废物制备二次废物固化体，并将其存储在集成处理设施（IDF）中。如果处理过的二次废物可以合并到 TRU 废物中并且被玻璃固化，那么将不再需要存储在 IDF 中。两个存储库需要的空间、涉及到的定期监测和维护成本将全部取消，这将简化处理流程，特别是在土地紧缺的国家和地区。

已经有人偿试开发其他的高温磷酸盐陶瓷或玻璃用于稳定处理废物。在美国密苏里州科技大学，已开发出了磷酸铁玻璃。这些玻璃用于固化美国能源部储罐废物的测试结果见参考文献［57］，其他研究人员也研究了类似的组分[58,59]。同样，可以在 Sheetz 等人的综述中发现早期尝试开发磷酸锆玻璃的报道[60]，使用磷酸锆的动机是（Na，Cs）$ZrPO_4$（NZP 和 CsZP）的稳定性。最近，通过高温处理人工制备出了独居石和磷灰石来固化模拟高放废液体[61,62]，这项研究背后的逻辑与之前叙述的相同，即大自然在磷灰石和独居石中储存了锕系元素。因此，有可能将这些锕系元素融入到这些矿物中，将其回归自然界。

磷酸盐基玻璃或矿物（如磷灰石）的优势在于，它们在高温制造过程中保留挥发性裂变产物的能力[30]，这是硅酸盐基玻璃所没有的特性。在磷酸盐玻璃的配方中，向混合物中加入磷酸或磷酸盐化合物，在达到挥发性裂变产物的挥发温度之前与它们发生反应，可以使后者在没有挥发的情况下完成固化。对于 CBPC 技术的这一优势已得到充分地认可，通过在室温下使挥发性裂变产物产生磷酸盐矿化，有可能将经处理过的废物固化体掺入到硼硅玻璃中进行玻璃固化。下面给出了一个使用 KE 和 KW 废物的例子。

图 18.8 说明了使用 CBPC 技术对二次废物的两种处理方案。当废物用玻璃进行玻璃固化时，释放出的废气形成二次废物，其主要组成是挥发性裂变产物、水和其他的无害成分。如前所述，大部分储存库（如 Hanford）目前的计划是对二次废物（因为裂变产物的活性高，所以称为高放射性废物）进行捕获，并寻找替代的室温固化技术，其中包括铸石、DaraLith 或 Ceramicrete。一旦经过处理，所产生的废物固化体将与图 18.8 中选项 1 中的玻璃化固化体分开储存。或者，如备选方案 2 所示，所处理的二次废弃物固化体可以并入玻璃化的废物中，最终通过玻璃固化处理并产生单个的玻璃固化体。

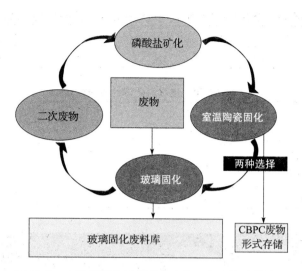

图 18.8　在玻璃固化过程中产生的二次废物及其处理

当加热到非常高的温度时，Ceramicrete 废物固化体就变成常规的高温烧结磷酸盐陶瓷。与水泥废物固化体不同，虽然 Ceramicrete 固化体失去了结合水，但其完整性不受影响。第 9 章讨论的 Ceramicrete 的差热分析表明，加热过程中只失去结合水。

然而，方案 2 的适用性取决于在玻璃固化期间挥发性裂变产物在室温硬化的磷酸盐废物固化体中的固化效果。这一点尤其值得注意，对磷酸盐废物固化体[57-62]的早期研究并没有涉及 Cs 的挥发性问题，因为在达到 678.4℃ 的挥发性温度之前可能就已形成了 Cs 的磷酸盐。例如，在磷灰石矿物固化体形成[62]过程中，作者使用了硝酸铯和硝酸锶，它们可溶并容易与磷酸溶液反应生成它们各自的不挥发性磷酸盐。烧结得到的产品也不会使其挥发。或如果烧结的干燥粉末形成磷酸铯锆产物，将在封闭的容器中完成烧结。无论是哪种情况，裂变产物都将转化为磷酸盐固化体。Wagh 等[30]研究的 Cs 的案例表明，用含总质量分数 10% 粉末制造 Ceramicrete 样品，将其加热至 700℃ 和 1050℃，测量所得产物中的 Cs 含量。他们发现产品中的 Cs 含量在室温下为 7.89%（质量分数），当加热至 700℃ 时为 10.27%（质量分数），在 1050℃ 下为 10.75%（质量分数）。室温下的低含量是由于样品中的水分存在所导致的。一旦挥发性的 Cs 存在于 Ceramicrete 中（第 8 章），Cs 将部分取代其中的 K，并形成 $MgCs_xK_{(1-x)}PO_4$，它在到达 1100℃ 的玻璃固化温度之前都是稳定的。

为了表明室温稳定的 Ceramicrete 废物固化体可以掺入硼硅酸盐玻璃以制备玻璃固化废物固化体，Sayenko 等人[45]使用了 18.5.5.2 节讨论的 K-水池废物的固化体。他们将 KE 和 KW 废物固化体粉碎成细粉末并与硼硅酸盐玻璃（Pyrex）组分混合（表 18.29），在压力下形成小球并在 1150～1200℃ 下煅烧 2h 使其玻璃固化。每种情况下废物固化体的装载量都是 20%（质量分数），所得到的玻璃固化体材料的物理性质列于表 18.30，图 18.9 示出了在坩埚中制备的玻璃固化样品的外观，图 18.10 是它们在高分辨率显微镜下的微观结构，其在接受强烈的 β 辐射后没有发生任何改变。

表 18.29　玻璃固化 KE 和 KW 废物固化体的硼硅酸盐玻璃组合物

成分	SiO_2	B_2O_3	Na_2O	Al_2O_3	K_2O	CaO
质量分数,%	78.9	11.3	6.25	2.83	0.52	0.1

表 18.30　玻璃固化体的物理性质

性质	含有20%（质量分数）的玻璃废物固化体的样品	
	KE	KW
密度（g/cm^3）	2.15～2.20	2.10～2.15
抗压强度（MPa）	25～30	20～25
耐热震性，$\Delta T(℃)$	≥500	≥500

（a）KE玻璃废物固化体　　　　（b）KW玻璃废物固化体

图 18.9　经过玻璃化的含有 K-水池污泥的 Ceramicrete 样品照片

（a）KE-废物固化体　　　　（b）KW废物固化体

图 18.10　含有 K-水池淤泥的玻璃固化体样品的高分辨率显微镜照片

　　在玻璃固化之前的废物固化体（表18.24）的密度为1.7和1.64g/cm^3，而经过玻璃固化的废物固化固体的密度在2.1～2.2g/cm^3范围内。因此，经过玻璃固化后废物固化体变得更加致密。然而，这并不意味着玻璃固化使废物固化体的体积减小，这取决于玻璃中的废物固化体的装载量。虽然 Sayenko 等人[45]没有对此进行优化，但提供了对这个概念的验证，即用 Ceramicrete 固化稳定处理的废物固化体可以用硼硅酸盐来玻璃固化稳定。玻璃固化废物固化体的抗压强度在20～30MPa范围内，高于非玻璃固化废物固化体。这是因为在玻璃固化过程中有明显的的致密化，如图18.10所示，可以看到其微结构致密、无孔。

　　这种做法的真正成功将取决于两个因素。玻璃固化废物固化体应满足浸出试验要求，在废物固化体中所稳定的挥发性污染物不应在玻璃固化过程中挥发。这项研究是 Sayenko 等人进行测试的主要内容。

表 18.31 为玻璃化废物固化体的 PCT 浸出试验结果。结果表明,除了硅的数量级为 10^{-3} 以外,基体元素的浸出率为 $10^{-4} \sim 10^{-5}$ 数量级。部分存在于废物中的 Na 已经结合在玻璃中,并且显示出低一个数量级的浸出率,可猜想在形成硼硅酸钠玻璃的过程中 Na 已经完全消耗,其他元素也可能成为磷酸盐玻璃的一部分。当然对此还需要进行详细的结构研究,以充分理解每种元素的结合机制。

表 18.31　玻璃固化废物固化体 PCT 测试结果

元素		K ($\times 10^{-5}$)	Mg ($\times 10^{-5}$)	P ($\times 10^{-5}$)	Na ($\times 10^{-5}$)	Si ($\times 10^{-3}$)	B ($\times 10^{-6}$)	Cs ($\times 10^{-4}$)	Sr ($\times 10^{-4}$)
浸出率 ($g/cm^2/d$)	KE	0.875	1.29	1.78	0.93	0.581	3.55	5.81	0.387
	KW	1.21	0.218	0.0273	1.12	2.09	7.49	6.76	9.0

值得注意的是,PCT 浸出结果与磷酸铁玻璃相当[57-59]。磷酸铁玻璃的浸出试验使用了另一种浸出试验 MCC1[63]进行测试,MCC1 规定测试 90d 的浸出率。如果我们把这个浸出率与表 18.23 给出的非玻璃固化 Ceramicrete 废物固化体的 PCT 结果以及与表 18.31 所示的玻璃化的 Ceramicrete 相比,我们会发现浸出水平是相同数量级的。例如,Mesko 等[59]关于 CsCl 和 SrF₂ 的溶解速率的结果,当转化为适当的单位时,得到的浸出速率与 Ceramicrete 废物固化体相同。Kofuji 等[58]得到的浸出速率在 $10^{-4} \sim 10^{-5} g/cm^2/d$ 之间,略低于其他人在测试磷酸铁玻璃或 Ceramicrete 材料中得到的溶解率,但是它们的结果仍然是相当的。与这些结果相比,磷酸盐矿物做得更好。Pratheepkumar 和 Gopal[61]报道了磷灰石固化体中的 Cs 和 Sr 的溶解速率为 $10^{-7} g/cm^2$,比所讨论的 Ceramicrete 材料或磷酸盐玻璃要小两个数量级。这表明大自然已经选择了存储放射性物质的最佳方法,而人类努力取得的成果也越来越接近于自然方法。

18.8　结论

本章讨论的各种实例研究表明,CBPC 用途广泛,是用于固定放射性和危险废物的最合适的材料。CBPC 化学固定和封装污染物,并将浸出量降低到满足美国能源部各个储存库的 WAC 要求。它们也适用于各种污染物体的宏封装。此外,废物固化体一经处理,可以结合到玻璃固化的硼硅酸盐玻璃中,使得它们可以储存在为硼硅酸盐玻璃设计的同一个储存库中。最近的研究还表明,磷酸铁和磷酸锆玻璃也可提供同样优异性能的废物固化体。此外,人工合成的独居石和磷灰石可能是模仿自然界储存放射性物质方式的卓越候选材料。

总的来说,在制备废物固化体过程中,因为废料含有挥发性裂变产物,磷酸盐封装方法比硼硅酸盐玻璃封装工艺有很大的优势,与硼硅酸盐玻璃固定处理方法相比,磷酸盐矿化方法简化了处理流程,也降低了废物固化体的生产成本。

CBPC 的另外一些有利的特性使它们更适合用于稳定处理废物。废物固化体是致密的，通常基材具有非常好的力学性能。固化体浸出率低，性能不会随着时间的推移而劣化，在更广泛的 pH（3.5～11）环境中保持中性，保护容器免受腐蚀，甚至将易燃废物转化为不易燃烧的废物固化体，在可接受的辐射分解测试中表现良好，并可以纳入一系列无机废物（固体、沉淀物、液体和盐）。

CBPC 技术并不适用于稳定有机物，尽管用 Ceramicrete 材料进行的几项测试表明，其性能优于其他方法。有机物通常可以通过燃烧或其他化学方法破坏并减少其体积，然后将产生的灰渣或废物用 Ceramicrete 材料固定处理。

总体来说，在过去的 20 年里对磷酸盐结合的废弃物固化体的研究非常多。不管是用于室温固化或作为磷酸盐玻璃固化的补充，这种技术已经足够成熟。它已经准备好了进行现场规模的测试来处理核设施的一系列废物，不管废物料是高放射性、高活性的或低放射性、低活性的、固体或是液体的。本章讨论的内容和在此引用的出版物中，涵盖了科学研究工作者所付出的巨大努力，他们为磷酸盐材料在危险废物固化方面提供了的丰富知识和证据。

参考文献

［1］　IAEA. Estimation of global inventories of radioactive waste and other radioactive materials, Report IAEA-TECDOC-1591, 2007.

［2］　IAEA. Environmental consequences of the chernobyl accident and their remediation: twenty years of experience, Report of the chernobyl Forum Expert Group "Environment", ISBN 92-0-114705-8, 2006.

［3］　IAEA. Fukushima Daiichi status report, 2012.

［4］　D. M. Bearden, A. Andrews. Radioactive tank waste from the past production of nuclear weapons: background and issues for congress, CRS report for Congress, Order code RS21988, 2007.

［5］　N. Schroeder, S. Radinski, J. Ball, K. Ashley, S. Cobb, B. Cutrell, J. Adams, C. Johnson, G. Whitner. Technetium partitioning for the hanford tank waste remediation system: anion exchange studies for partitioning technetium from synthetic DSSF and DSS simulants and actual hanford Wastes (101-SY and 103-SY) using Reillex^{TM}-HPQresin. Annual report, LA-UR-95-4440, Los Alamos National Laboratory, 1995.

［6］　A. J. van Loon, Ed. Incineration of Radioactive Waste, Kluwer Academic, London, 2004.

［7］　National Academy of Science, Glass as a Waste Form, and Vitrification Technology: Summary of an International Workshop, The National Academy Press, Washington, DC, 1997.

［8］　G. Dole, G. Rogers, M. Morgan, D. Stinton, J. Kessler, S. Robinson, J. Moore. Cement-based radioactive waste hosts formed under elevated temperatures and pressures (FUETAP concrete) for Savannah River Plant high-level waste, Report no. ORNL/TM-8579, Oak Ridge National Laboratory, 1983.

［9］　National Academy of Sciences, Research Needs for High-Level Waste Stored inTanks and Bins at US Dept. of Energy Sites, National Research Council, Washington, DC, 2001.

［10］　J. R. Connor. Chemical Fixation and Solidification of Hazardous Wastes, Van Nostrand Reinhold, New York, 1990.

［11］　J. Arey, J. Seaman, P. Bertsch. Immobilization of uranium in contaminated sediments by hydroxyapatite addition, Environ. Sci. Technol. 33 (1999) 337-342.

[12] C. Fuller, J. Bargar, J. Davis, M. Piana. Mechanisms of uranium interactions with hydroxyapatite: implications for groundwater remediation, Environ. Sci. Technol. 36 (2002) 158-165.

[13] G. McCarthy, W. White, D. Smith, A. Lasaga, R. Ewing, A. Nicol, R. Roy, R. Roy, (Ed), Mineral Models for Crystalline Hosts for Radionuclides in Radioactive Waste Disposal, The Waste Package, vol. 1, Pergamon Press, New York, 1982, ,pp. 184-232.

[14] A. S. Wagh, D. Singh, S. Y. Jeong. Chemically bonded phosphate ceramics, in: C. Oh(Ed.), Handbook of Mixed Waste Management Technology, CRC Press, Boca Raton,2001, pp. 6.3-1-6.3-18.

[15] US Environmental Protection Agency, Resource Conservation and Recovery Act, PL94-580; Superfund Treatability Study Protocol: Identification/Stabilization of Soils Containing Metals, Phase II: Review Draft, Office of Research and Development, Cincinnati, and Office of Emergency and Remedial Response, Washington,DC, 1976.

[16] A. B. Reynolds. Bluebells and Nuclear Energy, Cogito Books, Madison, WI, 1996,pp. 302.

[17] Japan Atomic Industrial Forum, http://www. jaif. or. jp. /ja/wnu_si_intro_document/2009/m_salvatores_advanced_nfc. pdf, Last visit, March 27, 2015.

[18] P. Netter. Reprocessing of spent oxide fuel from nuclear power reactors, in: NuclearFuel Science and Engineering, Woodhead Publishing, Cambridge, UK, 2012,pp. 459-500.

[19] E. D. Collins, G. D. Del Cul, B. A. Moyer. Advanced reprocessing for fission productsseparation and extraction, in: Advanced Separation Techniques for Nuclear Fuel Reprocessing and Radioactive Waste Treatment, Woodhead Publishing Company,Cambridge, UK, 2011, pp. 201-228 (Chapter 8).

[20] W. M. Haynes. CRC Handbook of Chemistry and Physics, 93rd ed. , CRC Press, Boca Raton, FL, 2012.

[21] W. L. Ebert, S. E. Wolf, J. K. Bates. Release of technetium from defense waste processing facility glasses, in: Proc. MRS Fall Symp. , 1995, pp. 221-227.

[22] OECD, NEA, Radioactive Waste in Perspective, 1996.

[23] C. E. Saunders, I. C. Gould, Isotopic analysis of high burn-up pwr spent Fuel Samplesfrom the Takahama-3 reactor, Oak Ridge Natl. Lab. , NUREG/CR-6798.

[24] M. Pourbaix. Atlas of Electrochemical Equilibria in Aqueous Solutions, NACE and Cebelcor, Houston, TX, 1974, pp. 198-201.

[25] A. S. Wagh, R. Strain, S. Y. Jeong, D. Reed, T. Krause, D. Singh. Stabilization of Rocky Flats Pu-contaminated ash within chemically bonded phosphate ceramics, J. Nucl. Mater. 265 (1999) 295-307.

[26] S. E. Vinokurov, Yu. M. Kulyako, O. M. Sluyntchev, S. I. Rovny, B. F. Myasoedov. Low-temperature immobilization of actinides and other components of high-levelwastein magnesium potassium phosphate matrices, J. Nucl. Mater. 385 (2009) 189-192.

[27] K. M. Campbell, T. El-Korchi, D. Gress, P. Bishop, Stabilization of cadmium and lead in portland cement paste using a synthetic seawater leachant, Environ. Prog. Sustainable Energy 6 (2) (1987) 99-103.

[28] A. S. Wagh, S. Y. Jeong, D. Singh. Mercury stabilization in chemically bonded phosphate ceramics, in: Environmental Issues and Waste Management Technologies in the Ceramic and Nuclear Industries III, Ceramic Transactions, vol. 87,Westerville, OH, 1998, pp. 63-73.

[29] J. Dean, N. Lange. Handbook of Chemistry, McGraw Hill, New York, 1999.

[30] A. S. Wagh, S. Yu. Sayenko, V. A. Shkuropatenko, R. V. Tarasov, M. P. Dykiy, Y. O. Svitlych-niy, V. D. Virych, E. A. Ulybkina. Cesium immobilization in struvitestructures, J. Haz. Mater. 362 (2016) 241-249.

[31] D. Singh, V. Mandalika, S. Parulekar, A. Wagh. Magnesium potassium phosphate for ^{99}Tc immobilization, J. Nucl. Mater. 348 (2006) 272-282.

[32] A. S. Wagh, H. S. Huang. Hazardous waste solidification and stabilization, in: R. A. Meyers (Ed.), in: Encyclopedia of Environmental Analysis and Remediation, vol. 8, Wiley, Hoboken, NJ, 1998, pp. 2090-2102.

[33] M. Morrison, R. Downs, H. Yang. Redetermination of kovdorskite, $Mg_2PO_4(OH) \cdot 3H_2O$, Acta Crystallogr., Sect. E: Struct. Rep. Online 68 (Part 2) (2012). PMC3274836, pp. 112-113.

[34] ASTM C1285, Standard Test Methods for Determining Chemical Durability of Nuclear, Hazardous, and Mixed Waste Glasses: The Product Consistency Test(PCT). Vol. 12.01, 27p.

[35] American National Standard Mearement of Leachability in Solidified Low-Level Radioactive Waste by the Short-Term Procedure, Method ANSI/ANS16.1.

[36] US Environmental Protection Agency, Toxicity Characteristic Leaching Procedure(TCLP), Method 1311, Rev. II, 1992.

[37] US Environmental Protection Agency, Treatment Standards for Hazardous Debris, 40CFR Part 268. 45, 1994.

[38] W. I. Ebert, S. F. Wolf, J. K. Bates. The release of technetium from defense waste processing facility glasses, Mater. Res. Soc. Symp. Proc. 412 (1996) 221-227.

[39] J. Lichtenwalter, R. S. Seigler. Macroencapsulation of gaseous diffusion plant equipment for burial, in: Proc. Spectrum Conf., American Nuclear Society, 2002.

[40] C. Langton, D. Singh, A. Wagh, M. Tlustochowicz, K. Dwyer. Phosphate ceramicsolidification and stabilization of cesium-containing crystalline silico-titanate resins, in: Proc. 101st Annual Meeting of the Amer. Ceram. Soc., Indianapolis, 1999.

[41] A. Wagh, S. Jeong, D. Singh, R. Strain, H. No, J. Wescott. Stabilization of contaminated soil and wastewater with chemically bonded phosphate ceramics, in: R. Post, M. Wacks (Eds.), Proc. Waste Management Annual Meeting, WM '97, Tucson, AZ, 1997.

[42] A. S. Wagh, D. Maloney, G. H. Thomson, A. Antink, Investigations in Concreceramicstabilization of Hanford tank wastes, in: Proc. WM Conference, Tucson, AZ, Feb., 2003, pp. 23-27.

[43] S. V. Matigod, M. Lindberg, J. Westsik Jr., K. Parker, C. Chung, Waste acceptancetesting of secondary waste forms: Cast Stone, Ceramicrete, and Duralith, PNNL report 20681, 2011.

[44] W. Gong, W. Lutze, I. L. Pegg. Duralith alkali-aluminosilicate geopolymer waste form testing of hanford secondary waste, Final Report to DOE, PNNL-20565, 2011.

[45] S. Yu. Sayenko, V. A. Shkuropatenko, R. V. Tarasov, M. P. Dykiy, Y. O. Svitlychniy, V. D. Virych, E. A. Ulybkina, A. S. Wagh. Room-temperatureimmobilization of K-Basin sludge in Concreceramic, submitted to J. Nucl. Mater. 2016.

[46] PNNL-18196, Hanford Site Secondary Waste Road Map, Jan. 2009, pp. 73.

[47] S. Charboneau. Hanford Site Office of River Protection, in: WM10 Conf., March7-11, Phoenix, AZ, 2010.

[48] PNNL-22483, risks from past, present, and potential hanford single shell tank leaks, Report by PNNL to US DOE, May 2013.

[49] L. M. Bagasen, J. H. Westsik Jr. , T. M. Brouns. Waste form qualification compliancestrategy for bulk vitrification, PNNL-15048, January 2005.

[50] Russian standard for compressive strength, GOST R 50926-96, Solidified High-levelwastes, General Technical Requirements, Standards, Moscow, 1996, pp. 7.

[51] T. M. Gilliam, R. D. Spence, W. D. Bostick, J. L. Shoemaker. Solidification/stabilization of technetium in cemetium in cement-based grouts, in: Proc. 2nd Annal Gulf Coast Haz. Research Center Symp. , Solidification/stabilization Mecganisms and Applications, Beaumont, TX, Feb. 15-16, 1990.

[52] Hanford K-Basin Characterization Overviw, February 2005, http://www. epa. gov/rpdweb00/docs/wipp/doeenclosure9_1. pdf, Last visitrd November 12, 2015.

[53] N. E. Bibler, E. G. Orebaugh. Radiolytic gas production from tritiated waste fonms-gamma and alpha radiolysis studies, Report no. DP-1459, Savannah Riwer Laboratory, 1977.

[54] L. R. Dole, H. A. Friedman. Radiolytic gas generation from cement-based waste hosts for DOE low-level radioactive wastes, Report no. CONF-860605-14, Oak Ridge National Laboratory, 1986.

[55] Guidelines for Classification and Packaging Group Assignment of Division 5. 1 Materials, CFR CHI (10-1-95 Ed), Appendix F to Part 173, 1995.

[56] J. Lichtenwater, R. S. Seigler. Macroencapsulation of gaseous diffusion plant in equipment for burial, in: proc. Spectrum Conf. , American Nuclear Society, 2002.

[57] D. D. Day, C. S. Ray. A review of iron phosphate glasses and recommendations for vitrifying Hanford waste, INL/EXT-13-30839, Rev. 1, 2013.

[58] H. Kofuji, T. Yano, M. Myochin, K. Matsuyama, T. Okita, S. Miyamoto, Chemical durability of iron phosphate glsss as the higrh level waste from pyrochemical prosessing, procedia Chemistry 7 (2012)764-771.

[59] M. G. Mesko, D. E. Day, B. C. Bunker. Immobilization of CsCl and SrF$_2$ in iron phosphate glass, Waste Manage, 20(2000)271-278.

[60] B. E. Sheetz, D. K. Agarwal, E. Breval, R, Roy. Sodium zirconium phosphate(NZP) as a host structure for nuclear waste immobilization: a review, Waste Manage. 14(6)(1994)389-505.

[61] S. Pratheepkumar, B. Gopal. Simulated monazite waste form La$_{0.4}$Nd$_{0.1}$Gd$_{0.1}$Sm$_{0.1}$Ce$_{0.1}$(P$_{0.9}$Mo$_{0.1}$O4): synthesis, phase stability and chemical durability, J. Nucl. Mater, 458(2015)224-232

[62] S. Pratheep Kumar, G. Buvaneswari, Synthesis of apatite phosphates containing Cs$^+$, Sr^{2+} and Re^{3+} ioes and chemical durability studies, Mater. Res. Bull. 48(2013)324-332.

[63] ASTM C-1220-98, Standard Test Method for Static Leaching of Monolithic Waste Forms for Disposal of Radioactive Waste, Reapproved, 2004.

[64] A. S. Wagh, D. Singh, S. Y. Jeong, D. Gryczyk, I. B. Tenkate. Demonstration of packaging of femald silo I waste in chemically bonded phosphate ceramic, in: Paoc. WM99, Conditioning of Operational Waste Tucson, Feb. 28-March 4, 1999.

第 19 章

化学结合磷酸盐生物胶凝材料

生物陶瓷的重要进展是在牙科和骨科应用材料方面。我们在第 2 章中概述了锌基化学键合磷酸盐胶凝材料（CBPC）牙科水泥的早期发展。这一早期发展的动机主要是由于对高强度牙科水泥的需求。读者可以参考 Wilson 和 Nicholson 的著作[1]，他们详细介绍了牙科水泥领域的早期发展情况。

近年来，CBPC 特别是磷酸钙水泥已经在骨科领域具有重要应用。在这个领域CBPC 的应用已经扩展到多种方式。其中包括相对惰性生物陶瓷的可再生陶瓷，其表面可与周围的生物环境反应，以及在生物环境中随着时间延长可被吸收。

由外伤或肿瘤引起的骨骼移植可使用来自身体的其他部分（自体移植）或其他人体（异体移植）的骨骼，但其有缺点。前者需要从身体的另一部分获取骨骼，然后使用其作为材料填补缺口。这通常会导致伤口在愈合中出现并发症，并且填补缺口的骨骼可能会供应不足。异体移植可能导致病人的身体排斥替代物，并且冒着导致艾滋病或其他传染病的风险。如果开发出人造陶瓷，将会成为一个很好的替代品[2]。

烧结陶瓷作为骨骼替代物已经有了长足的进展。与 CBPC 相比，烧结陶瓷（如氧化铝）是惰性材料。因为 CBPC 是化学合成的，它作为生物材料的性能更好。与CBPC 相比，通过热处理制造的烧结陶瓷，难以控制其微结构、尺寸和形状。烧结陶瓷可以植入身体内适当的位置，但不能用作为原位固化并形成关节的黏结材料，或填充复杂形状的空腔。另一方面，CBPC 由浆体通过化学反应形成，因此其具有明显的优势，例如浆料易于输送至所要填充的空腔。因为 CBPC 在硬化过程中会稍微膨胀，所以它们更易于充分填充这些空腔。此外，由于其在生物环境中的高溶解性，CBPC 的某些基体相可以被人体吸收，这非常具有使用价值。CBPC 易于制造，并且与诸如氧化铝和氧化锆烧结陶瓷相比，其成本相对较低。在第 2 章和参考文献[1] 中的牙科用水泥综述中指出，熟石膏和磷酸锌水泥是主要的化学黏合材料，而最近的进展主要集中在正磷酸钙上，同时也对镁基水泥展开了研究工作，这将在本章中详细讨论，本章其余的内容则是讨论烧结陶瓷和玻璃。

CBPC 制品的生物相容性，尤其是正磷酸钙制品的生物相容性，在过去几十年内引起了研究人员的极大兴趣。毕竟，生物系统在生物温度（理想情况下为 37℃）下形成骨骼和牙质。很自然地，生物相容性陶瓷也应该在该环境温度或相近温度下形成，最好是在生物环境中以浆体形式置入体内。因此，在这一领域对磷酸钙水泥的研究占居了主导地位。

我们在第 13 章中讨论了形成正磷酸钙水泥的基础知识。钙基 CBPC，特别是由羟基磷灰石（HAP）构成的 CBPC 是自然选择。HAP 是骨骼中的主要矿物[3]，因此磷酸钙水泥可以模拟天然骨骼。其中一些具有最佳材料组成和微观结构的陶瓷已经在实际中应用，但仍有很大的改进空间。本章重点介绍了最新的生物相容性 CBPC 及其在生物环境中的试验研究。要了解生物相容性材料及其生物环境，首先要了解骨骼的结构及其形成方式。

19.1　骨骼是一种复合材料

骨骼由含生命细胞的陶瓷基体组成。该陶瓷基体本身由无机物（陶瓷）和有机物以及水组成。骨骼的组成和结构非常复杂，通过人工手段仿制与骨骼相同的材料非常困难。然而，如果不要求具有准确骨骼结构的话，CBPC 有希望制备出与骨骼组成类似的材料。

通常，骨骼坚固的表面部分称为密质骨，内部多孔的部分称为松质骨。上述每种骨质的数量随着身体中的位置而变化。密质骨是一种陶瓷，其含有钙化合物和称为胶原蛋白质的黏性液体，它是一种有机聚合物。骨骼除含有 HAP 外，还含有碳酸钙和磷酸钙。HAP 占总磷酸钙化合物质量的 69%[4]。这些化合物中的一部分 Ca 可由 Na、K、Mg 和 Sr 代替。HAP 中的羟基离子也可被 F^-、CO_3^{2-} 或 Cl^- 取代，分别形成氟磷灰石（FAP）、碳磷灰石或氯磷灰石。这些替代被认为在骨骼的结构和力学性能中发挥着重要作用。

胶原蛋白是身体中的主要蛋白质，基于其肽链形式已经鉴定出 13 种胶原蛋白。胶原纤维形成结缔组织或软骨，存在于骨骼中。胶原纤维的高抗拉强度增强了骨骼系统及其连接。

新的骨骼材料由造骨细胞通过化学方式形成。这些细胞含有水而不是矿物质。渐渐地，由于胶原结构的元素的催化作用而发生有机基质（类骨质）钙化，并且在该基质生长成骨质陶瓷。其在人体内的初始矿化速度很快，在头 4d 内达到 70%，此后，要达到正常的矿物质溶量则需要几个月的时间。

骨骼与传统陶瓷不同，它是具有各向异性和黏弹性的陶瓷基复合材料。其力学性能取决于其孔隙率、矿化程度、胶原纤维取向和其他结构细节。表 19.1 中的数据可用于比较骨骼、HAP 和 CBPC 的物理和力学性质。

表 19.1　密质骨、牙质[3]、羟基磷灰石[3]和 CBPC[5]的力学性能

性能	密质骨	牙质	烧结羟基磷灰石	致密化学结合陶瓷
密度（g/cm³）	1.7~2.1	1.3	3.1	1.7~2.0
抗拉强度（MPa）	60~160	50~60	40~300	2.1~14
抗压强度 MPa(psi)	13~18(1857~2571)	30~38(4300~5430)	30~90(4300~12860)	20~91(2860~13000)
杨氏模量（GPa）	3~30	15~20	80~120	35~105
断裂能（J/m²）	390~560		2.3~20	
断裂韧性（MPa·m^{1/2}）	2~12		0.6~1.0	0.3~0.8
组成	无机+有机	无机	无机	无机

如表19.1所示，骨骼是轻质（低密度）材料。目前使用的大多数骨骼替代品，例如钢、钛和氧化铝陶瓷，其密度比骨骼要大得多。相比之下，CBPC材料的密度与密质骨密度相似。

松质骨是一种多孔性材料，平均密度为1.3g/cm³，其孔隙率接近35%。实际上，密度处于5%~95%之间范围内，在密质骨和松质骨区域之间逐渐变化。孔径大小分布是双峰的。孔隙被拉长，充满包括骨髓、血管和各种骨骼细胞的软组织。它的总孔隙率和孔径尺寸是影响骨骼力学性能的主要因素。

大多数密质骨具有片层状结构，每个片层厚约5mm。嵌在片层结构中间的是尺寸为5~10mm大小的空腔，称为腔隙，空腔通过小管或小通道的微管道相互连，小管道的直径通常为0.2mm。这些孔隙和小管增加了骨骼的孔隙率。

成骨细胞在形成骨骼的过程中，被困在腔隙中，称为骨细胞。在矿化过程中骨细胞非常重要。因此，如果人造最终矿化为天然骨，那么该骨骼材料应该具有小管和腔隙多孔结构。多孔结构将使新的骨细胞进入人造骨并发生矿化。

当从骨骼边缘向中心移动时，其结构会变为各向异性和管状。这种结构称为骨单位，由直径约为200μm（原著为毫米单位，应该是微米）的管子组成，在其中心的管道称为哈弗斯（Haversian）管，用来容纳血管。片层状组织与此管同心排列，平行于骨轴。上述整个结构都在骨基质中。这些管道由破骨细胞产生，它们是破坏的骨骼细胞。与此同时，成骨细胞以重构现象填满管道。

在形成骨骼的早期阶段，骨体组织主导骨骼结构来形成纤维复合材料的整体结构。然而主骨具有致密结构，而次骨结构才是这种复合材料。因此，密质骨的结构非常复杂。它是微观多孔，具有层状结构，也是纤维复合材料。骨体和孔道的尺寸、填充堆积方式、取向，决定着骨骼的力学性能。

对骨骼形成过程的简要描述表明其具有非常活跃的化学性质。因此，生物陶瓷研究的目标是用人造材料模仿的骨骼内部形成过程和结构。一旦放置在体内，天然骨与人造陶瓷植入物或人造移植物之间应该没有区别。

19.2　化学结合磷酸盐生物陶瓷

CBPC 是生物陶瓷的一个很好的选择，原因如下：

（1）由于骨骼主要由磷酸钙化合物组成，特别是以 HAP 为主要矿物，钙基 CBPC 材料是模拟骨骼组成最合适的材料。

（2）CBPC 可以用糊剂植入或者在人体的适当部位注射，植入或注射后会迅速硬化。它将附着在相邻的表面上并牢固黏结。与通过手术植入的硬化陶瓷相比，该过程的侵入性更小。

与烧结陶瓷相比，CBPC 更易吸收、表面活性更高。这是因为与烧结陶瓷相比，它们在体液中更易溶解。通过控制材料组分，其溶解度可以调整到所期望的值。

由于 CBPC 易于制备和植入人体，它们可以被定制以模拟骨骼的组成和微观结构。在烧结陶瓷情况下，难以在烧结过程中控制微观结构。另一方面，可以通过合适的计算机程序来控制应用 CBPC 浆料，只要输入所期望的组成和设计参数即可。这种方法称为快速原型制作[6]①，它允许改变所期望空间的局部微结构。这样的陶瓷其微观结构随距离逐渐变化，称为功能梯度陶瓷。烧结陶瓷则不具备这些优点。

上面讨论的第一个特性已经得到了共识，最近大多数研究都集中在开发生物相容的正磷酸钙陶瓷，没有大量地尝试来调制其微观结构，许多涉及快速原型制作的研究是为了开发适合烧结陶瓷的宏观形态。对其微观结构和局部成分的研究是开放的。因此，本章重点集中在生物陶瓷组成和矿物学方面的研究进展，而不是在其微观结构方面。对微观结构和详细性能感兴趣的读者，可以参考本章的参考文献。

19.3　磷酸钙材料的近期进展

过去几年来，基于 CBPC 的生物材料已有重大进展，主要包括磷酸钙和磷酸镁骨水泥。

由于磷酸钙骨水泥与含有 HAP 的天然骨骼的相容性，生产 HAP 的配方一直是生物陶瓷的主要候选。如第 13 章所述，通过无水磷酸钙 DCPA（$CaHPO_4$）或二水磷酸氢钙（$CaHPO_4 \cdot 2H_2O$）和磷酸四钙 $[Ca_4(PO_4)_2 \cdot O]$ 的反应可促进 CBPC 中 HAP 的形成。通过磷酸溶液促进了反应。例如，Brown 和 Chow[7] 以及 Fukase 等人[8] 使用 20mL 的 H_3PO_4 溶液代替水（参见式 13.13），制备出了抗压强度约为 3.5MPa（5000psi）的陶瓷，这比硅酸盐水泥的强度高，其在 1d 内就能获得大部分强度。

第 13.4 节讨论的基础酸碱反应已用于生产 HAP。使用这种方法，基于 CBPC 的

---

① 快速原型制作即根据计算机辅助设计或物体的三维数据，将材料一层层堆积（增材制造）或去除（去材制造）快速制备实物的技术。

生物材料在过去几年中已取得重大进展。Dorozhkin[9]对这些从正磷酸钙中产生的物质进行了很好的评述。虽然该文章主要描述的是正磷酸钙的烧结产物，但它也涵盖了近年来用酸碱反应制备生物陶瓷的最新发展。该作者后续的两篇综述论文提供了更多关于生物陶瓷的细节，涵盖了正磷酸钙水泥的最新进展[10,11]。

第13章表13.5提供了磷酸钙化合物及其溶解度数据。对于骨骼植入物的耐久性，我们需要选择在体液中最不易溶解的化合物，即溶解度最小的化合物。在这方面，HAP和FAP的K_{sp}值分别为58.4和60.5，其是最佳候选者。因此，HAP一直是骨骼水泥和植入物的主要选项，而FAP则作为牙科水泥。然而，在许多组成配比中，研究人员选择使用微溶性的α-TCP和HAP或β-TCP和HAP[12,13]的双相混合物，而不是仅仅使用最不易溶解的含Ca化合物。其主要原因是需要选择适当的Ca/P离子比值，该比值需要大于1才能被认为适合作为人体的植入物。从第4章和第5章所述的溶解反应可以看出，微溶性的化合物有助于将物质集成到相邻的骨骼中。

尽管有这些进展，但在制备生物相容性CBPC材料方面仍然存在一些问题，主要分为两类：

（1）在体液中的矿化。在试管内（体外），CBPC的形成与在活体内不同。体液会影响矿化过程。在CBPC凝固之前，血液可能会冲走它，或溶解其中的矿物质。血液中的组分也可能与CBPC结合，改变其组成和物理性质。

（2）缺乏碳酸化或氟化的羟基磷灰石。由方程式（13.13）反应形成的HAP仍然不能完全相同于骨骼的成分。骨骼含有碳酸化和氟化的磷灰石，或碳磷灰石和FAP，难以通过化学反应来模拟这些组合物。

Constantz等人[14,15]已经成功地制备了具有化学计量公式的碳磷灰石生物陶瓷

$$Ca_{8.8}(HPO_4)_{0.5}(PO_4)_{4.5}(CO_3)_{0.7}(OH)_{1.3}$$

他们用磷酸三钠（Na_3PO_4）的溶液将一水磷酸一钙合物［$Ca(H_2PO_4)_2 \cdot H_2O$］，α-磷酸三钙［$(Ca_3(PO_4)_2$］和碳酸钙（$CaCO_3$）的混合物进行反应制备这种快速凝结硬化的水泥。用这种水泥浆体在生理环境下几分钟内可凝固。混合时间约为5min，浆体糊状物在另外的10min内通过结晶生成碳磷灰石［$Ca_5(PO_4)_3CO_3$］而凝固。初始抗压强度为10MPa(1428.5psi)，在24h内增加至55MPa(7850psi)。极限抗拉强度为2.1MPa(300psi)。其抗压强度与松质骨的抗压强度大致相同，但抗拉强度稍稍低于松质骨的抗拉强度。

在临床试验中，这种以碳磷灰石为基础的材料作为注射植入物可用于治疗手腕骨折，以保证其内部稳定。将所需材料的成分混合以形成浆体注入患者体内，在生理环境下浆体几分钟内凝结。在施用石膏之前这些材料可以原位硬化，愈合过程比传统技术更快。新生成的生物材料产生抵抗来自肌肉的压力，手腕愈合的速度比历史记录显示的更快。

将新生成的生物材料的高亮度X射线衍射图与兔子的密质骨以及烧结HAP进行比较，发现基于碳磷灰石的生物材料的衍射图与骨骼非常相似，而烧结HAP样品显示有很高的结晶度。骨骼和生物材料的晶粒大小非常相似，平均尺寸为5nm。然而，

与天然骨骼不同，生物材料中的微晶是单向取向，因为它们在无有机基质的情况下快速形成。新生成的生物材料的密度为 $1.3g/cm^3$，平均孔径为 30nm。这些测量结果表明，微晶尺寸和孔隙率都在纳米尺度上，因此导致 X 射线衍射图中出现宽峰。而在烧结中形成的 HAP 晶粒较大，可在 X 射线谱中产生更尖锐的衍射峰。

19.4 镁基生物陶瓷

尽管钙基生物陶瓷具有生物相容性，但它们也存在着缺陷。这些缺陷包括早期强度低以及吸收率低[16]。由于这个原因，已经有些尝试用其他酸碱反应来开发生物陶瓷，例如 Mestres 和 Ginebra[17] 用磷酸铵和磷酸二氢钠，Wagh 和 Primus[18] 用磷酸镁钾。Mestres 和 Ginebra 的研究表明，在配方中过量的 MgO 会导致初期的 pH 值较高，制备的水泥中 $Mg(OH)_2$ 含量就越高，这会抑制细菌生长，或者直接杀死细菌。这种抗菌活性是镁基水泥的一大优势。由于这个原因，在磷酸镁钾水泥中 MgO 也维持了较高的含量[18]。

Mestres 和 Ginebra[17] 的钠基和铵基磷酸盐水泥的 7d 强度为 45MPa（6500psi），而磷酸镁钾[18] 的强度约是其 2 倍。钠基水泥较低的抗压强度可能是由于反应中生成的玻璃相导致了脆性；而在铵基水泥中，可能由于在其固化过程中氨的释放，导致了更高的孔隙率。而在磷酸镁钾水泥中，孔隙率和玻璃相含量均减小，因此强度值高。

他们使用相同的方法去尝试开发掺杂镁的钙磷石（$CaHPO_4 \cdot 2H_2O$）[5] 水泥。制备用含 Mg 的钙磷石水泥的目的是为了满足对钙基水泥的需求，通过在晶体结构中用 Mg 替代部分钙，从而摆脱了低 pH 的相。参考文献 [5] 的作者发现，引入 Mg 离子有利于稳定钙磷石，否则它会生成磷灰石，使水泥不稳定。

有一项 Bindan 公司的美国专利，内容是基于 Ceramicrete 的组合物[19]。这项专利详述了最近的镁基 CBPC 配方在牙科水泥与生物陶瓷领域的价值。

参考文献 [5] 中所述的 Ceramicrete 基牙科水泥是为应用于牙的根管治疗的。该材料与丙烯酸和其他聚合物水泥相比，主要优点在于它对水分不敏感。通过加入磷酸或强酸性磷酸盐，Ceramicrete 浆料的酸度会增加，并且制备出快凝水泥。该方法允许用刮刀或注射器在 5min 内使用。

添加硅灰石可以提高其抗弯强度，添加氧化铋和氧化铈可以提高其不透射线性，使用 HAP 则可以改善其生物相容性。硅灰石还提供必要的 Ca 使其在水泥中形成额外的 HAP。硅灰石的针状组织结构可以提高水泥的力学性能。由于水泥浆的快速凝固特性，在其硬化期间，温度会随加热浆体升高若干度。加热会导致硅灰石溶解，其在 63℃ 下具备最佳溶解度（使用方程式 6.37 计算），因此有助于强度的快速发展。1d 抗压强度在 70MPa 和 91MPa（10000psi 和 13100psi）之间。抗弯强度和断裂韧性也比较高，如第 13 章（表 13.5）所述，含硅灰石的 Ceramicrete 的抗弯强度在 8.5～10MPa（1236～1474psi）的范围内，当硅灰石掺量为 50% 和 60% 质量分数时，断裂韧性为 0.63。这些力学性能优于前面讨论的其他配方制成的材料。

图 19.1 给出了具有最大强度 CBPC 样品的 X 射线衍射图。该图中胶凝相为 $MgKPO_4 \cdot 6H_2O$，未反应的 MgO、CeO_2、$CaSiO_3$ 和 HAP 具有非常尖锐的衍射峰。CeO_2、部分 HAP 成分是在合成物中添加的组分。HAP 的存在以及在凝固反应期间形成的 $CaHPO_4 \cdot 2H_2O$，使得该材料具有生物相容性。

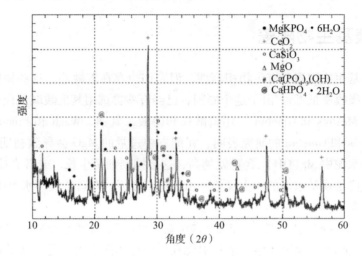

图 19.1 牙用 Ceramicrete 的 X 射线衍射图

图 19.2 显示了 Ceramicrete 基体样品断裂表面的扫描电子显微照片[18]。在其中看到很多的无特征的材料，可能是无定形物质或微晶。由于使用的原材料粉末非常细，所生成的磷酸镁钾晶体可能也非常细小，因此在显微照片中不容易看到，但可以看出细长的硅酸钙晶体嵌入到无定形物质中。同时注意到材料断裂引起的裂纹被细长的晶体所转向，这种裂纹偏转是导致材料有较高断裂韧性的原因。此外，硅酸钙细长晶体本身也能提供更高的抗弯强度。

图 19.2 牙用 Ceramicrete 断裂面扫描电子显微镜照片

显微照片中没有显示材料内有气孔。这种视觉的证据表明其孔隙率接近于零，意味着这种牙科黏固剂并不适合作为骨骼水泥。因此它以牙科应用为目标的，例如牙的根管密封、根管封闭和修复、牙髓盖冠、补牙修复、植入物植入、牙脊扩张和牙周缺损填充物。它也是良好的临时骨水泥和修复材料，以及用于人造关节和骨骼稳定的水泥。

19.5　结论

本章介绍的牙科和生物材料的进展说明 CBPC 比烧结陶瓷具有明显的优点。通过在室温条件下处理，已经有可能开发出在生物条件下凝结的 CBPC，用它来模拟含有碳磷灰石的骨骼，可与实际的骨骼相容。因此，使用化学结合的方法来制备生物材料，是一种自然的选择。

正磷酸钙陶瓷作为骨骼水泥已经取得了显著的进展，而对正磷酸镁陶瓷的研究则正处于起步阶段，其目的是生产强度高而不被吸收的水泥，例如牙的根管充填材料。一般来说，即使是在制备人造骨骼植入物时，CBPC 也具有重要意义。通常，人们可以利用快速成型技术来制备具有准确形状的植入物。从实用角度来看，用浆料形成陶瓷似乎是最适合快速原型制作工艺[6]。因此，CBPC 技术与快速成型相结合，可以使人造身体部件不仅能在组成上与天然骨骼匹配，而且也能在结构上匹配。CBPC 的科学技术不仅为 21 世纪的牙科水泥和生物陶瓷的使用铺平了道路，而且如在前面的章节中讨论过的那样，CBPC 也有许多其他的用途。

参考文献

［1］ A. D. Wilson, J. W. Nicholson, Acid-Base Cements. Cambridge University Press, Cambridge, 1993.

［2］ C. Lavernia, J. Schoenung. Calcium phosphate ceramics as bone substitutes, Ceram. Bull. 70 (1) (1991) 95-100.

［3］ A. Ravaglioli, A. Krajewski. Bioceramics, Chapman & Hall, New York, 1992. pp. 44.

［4］ R. B. Martin. Bone as a ceramic composite material, in: J. F. Shackleford (Ed.), Bioceramics, Trans Tech Publications, Brandrain, 1999. p. 9.

［5］ D. Lee, P. N. Kumta. Chemical synthesis of magnesium substituted brushite, Mater. Sci. Eng. C 30 (2010) 934-943.

［6］ W. Lemont. Rapid Prototyping: An Introduction, Industrial Press, New York, 1993.

［7］ W. E. Brown, L. C. Chow. A new calcium phosphate, water-setting cement, in: P. W. Brown (Ed.), Cement Research Progress, American Ceramic Society, Westerville, OH, 1986, pp. 352-379.

［8］ Y. Fukase, E. D. Eanes, S. Takagi, L. C. Chow, W. E. Brown. Setting reactions and compressive strengths of calcium phosphate cements, J. Dent. Res. 69 (1990)1852-1856.

［9］ S. V. Dorozhkin. Bioceramics of calcium orthophosphates, Biomaterials 31 (2010)1465-1485.

［10］ S. V. Dorozhkin. Calcium orthophosphate cements for biomedical applications, J. Mater. Sci. 43 (2008) 3028-3057.

［11］ S. V. Dorozhkin. Calcium orthophosphates in dentistry, J. Mater. Sci. Mater. Med. 24 (6)

(2013) 1335-1363.

[12] J. W. Reid, I. Tuck, M. Sayer, K. Fargo, J. A. Hendry. Synthesis and characterization of single-phase silicon substituted α-tricalcium phosphate, Biomaterials 27 (2006)2916-2925.

[13] G. Daculsi, O. Laboux, O. Mallard, P. Weiss. Current state of the art of biphasic calciumphosphate bioceramics, J. Mater. Sci. Mater. Med. 14 (2003) 1995-2000.

[14] B. R. Constantz, M. T. Fulmer, B. M. Barr. In Situ Prepared Calcium Phosphate Compositionand Method, US Patent 5,336,264, Norian Corp, Mountain View, CA, 1994.

[15] B. R. Constantz, I. Ison, M. Fulmer, R. Poser, S. Smith, M. Van Wagoner, R. Ross,S. Goldstein, J. Jupiter, D. Rosenthal, Skeletal repair by in situ formation of mineralphase of bone, Science 67 (1995) 1796-1799.

[16] M. P. Ginebra, Calcium phosphate bone cements, in: S. Deb (Ed.), Orthopaedic BoneCements, Woodhead, Cambridge, UK, 2008, pp. 206-230.

[17] G. Mestres, M.-P. Ginebra, Novel magnesium phosphate cements with high earlystrength and antibacterial properties, Acta Biomater. 7 (2011) 1853-1861.

[18] A. S. Wagh, C. Primus, Method and Product for Phosphosilicate Slurry for Use in Dentistry and Related Bone Cements, US Patent 7,083,672, B2, August 1, 2006.

[19] T. Lally, Bio-Adhesive Composition, Method for Adhering Objects to Bone, Bindan Corp., US Patent 6,533,821 B1, Oakbrook, IL, 2003.

第 20 章

▓ CBPC 产品的环境影响评价 ▓

二十一世纪的一项挑战是使材料制造和工艺设计对新兴市场环境友好。CBPC 也必将面对这一挑战，除了在给定应用中要证明其性能外，它们必须符合严格的环保规定，作为新材料，其性能必须优于其他现有的材料如金属、烧结陶瓷、硅酸盐水泥和聚合物。

幸运的是，正如我们将在本章中看到的那样，对于 CBPC，这些挑战比我们想的要容易克服。原因很多：

（a）CBPC 由从地壳获得的无机氧化物与氧化物矿物制成，它们是无毒无害的。

（b）它们在常温环境条件下制备，需要的能源最少，减少了其制造过程中对环境的影响。

（c）它们的废弃物处置对环境影响最小，因为它们模仿了天然存在的矿物质陶瓷。

本章首次报道了这些材料对环境影响的建模评价，以前没有对这些材料进行环境影响评估的尝试，只因为它们是新型材料，刚刚才被引入市场。

20.1 从材料生产和处理中得出的影响环境的关键路径

材料的使用和生产工艺对环境的影响存在不同方式：

（1）酸化。酸化是由于来自环境中的过量二氧化碳的溶解而使海洋的 pH 降低的过程，或者是由于砍伐森林以及农业上过度利用的土地[1,2]、过度的酸排放导致环境破坏。通常，水资源、土壤和空气都能维持生物圈的中性或弱碱性的 pH 值。如果人类活动增加了环境中的碳排放，或者硝酸盐、来自化肥以及生态系统中的工业污染的酸性材料，水资源就不会维持海洋生物的生命，土壤就不会支持植物生命，动物和人类的生命将不能再繁荣兴旺。因此，新材料诸如 CBPC 必须证明它们在其制造和使用过程中产生的 CO_2 量最小，并且使用中不会利用其他产酸离子如硝酸盐。幸运的是，CBPC 产品是中性的。正如我们在第 18 章所述的各种浸出试验中所看到的，虽然它们是通过酸碱反应由酸式磷酸盐制备的，但不会有选择性地浸出酸性磷酸盐。因此，只要碳排放低，我们就可以放心地认为 CBPC 不会产生酸化问题。

（2）臭氧消耗。臭氧消耗是使用挥发性有机化合物（VOC）造成的直接后果，例如某些制冷剂、溶剂、推进剂和发泡剂。那些具有高蒸汽压的有机化合物通过空气传播，升到大气层之上，通过催化转化反应并影响臭氧层。臭氧层保护生物圈免受太阳光谱中强紫外线的破坏，臭氧层一旦损坏就会对地球上的生命产生负面影响，包括晒伤、皮肤癌、伤害植物等许多方面的损害[3]。根据当前 CBPC 应用的情况，在涂料应用领域中，通过使用无 VOC 的无机 CBPC 涂料代替释放 VOC 的聚合物涂料，可以显著降低溶剂对自然界和生命的影响。

（3）温室气体（GHGs）。能源是由燃料燃烧产生的，燃料的燃烧产生二氧化碳、乙烷和其他碳基气体，这些被称为温室气体，其导致全球变暖、北极地区冰盖融化和洪水[4]。不论燃料是煤、天然气还是生物燃料，都会产生温室气体。对于如何有效地燃烧也有理论上的限制，第 6 章讨论的热力学卡诺循环对于任何热机理都无法超越的效率给出理论上的极限。因此，有必要寻找最节约能源的产品和技术。正如我们将在本章中描述的模型计算中看到的，与其他材料的生产相比，CBPC 的制备技术被证明是能源消耗最少的，因此使用 CBPC 有助于减少温室气体释放。

（4）富营养化[5]。磷酸盐和硝酸盐是植物的营养成分，如果 CBPC 在使用过程中或处置后释放出磷，一方面可能有助于植物生长，但同时磷酸盐的过度排放也可能导致植物如藻类过度生长。这可能导致水流堵塞，并可能对海洋生物产生不利的影响。

有两个原因说明了使用 CBPC 可能不会产生富营养化而影响环境。磷酸盐资源，如磷酸盐岩并不像石灰岩和硅酸盐岩在地壳中那样丰富。因此，大规模使用 CBPC 水泥，与普通硅酸盐水泥（OPC）或任何其他硅酸盐产品竞争，既不经济也不可行。正如第 1 章所述，CBPC 产品具有附加值，这意味着少量地使用这些材料可以达到现有产品产品不能满足的独特需求。其次，正如我们在第 17 章中所叙述的，CBPC 产品并不浸出磷酸盐，磷酸盐是从磷灰岩中提取出来的，这些岩石是不可浸出的。因此，通过使用提取的磷酸盐来制备 CBPC 产品，可以制备具有磷灰石型矿物结构的有用产品，在使用后再返回到环境中。换句话说，磷酸盐是从大自然中借来的，在使用之后再回归大自然。

在以下的内容中，对 CBPC 用作水泥和涂料时的影响评估进行了建模和量化。

20.2　CBPC 产品的组成及其对环境的影响

材料在其生产、使用和使用寿命终止后的处置等所有阶段都会对环境产生影响。原材料的开采，在提炼和纯化期间，在产品的生产、包装、运输、使用和处理过程中都需要消耗能源，能源通过燃烧燃料产生，其过程产生温室气体。例如，硅酸盐水泥由挖出的石灰石、砂子和其他次要原料生产出来的。将这些组分混合、粉磨成细粉，在非常高的温度下煅烧成水泥熟料，最后再研磨成细粉。在生产的每个阶段使用的工艺都是高耗能的。随后将大量的水泥运送到分销商，然后再运送到用户现场，在那里浇筑成坚固的混凝土结构。上述每一环节中都会消耗能量。结构使用后被拆除，也需要使用额外的能耗。除非其中的一部分被回收利用，否则拆除的碎屑将被丢弃在环境中，废物因其高碱度而影响环境，这些环节对于包括CBPC在内的所有材料都是通用的。

　　材料的"从摇篮到坟墓"（整个生命周期）的每个阶段都需要评估其对环境的损害程度，然后预测产品在生产、使用和处置等各环节对环境造成的总损坏程度。这个工作是很难做的，因为在这种评估的每个阶段都涉及到各种因素。例如一些矿石很容易挖掘；从某些矿石中提取有用的原料可能比其他矿石更容易；消耗的能量将根据原料或产品需要运输的距离而变化；使用的能量也将根据生产产品的工艺方法，运到哪里，以及产品如何使用而发生变化。所有这些因素使得对环境影响的评估复杂化，也复杂化了不同但相似的材料对环境影响的公正比较。生命周期评估（LCA）模型可以解决这些问题，并确定了给定材料或产品对环境的实际影响[6]。

　　为CBPC开发的LCA模型将需要许多输入参数，在CBPC产品成为常用材料之前，收集这些输入参数是不可能的。因此，我们对CBPC环境评估的主要重点是对原材料生产的环境影响、为特定用途制作产品以及这些产品在使用过程中和使用后的影响。这些是LCA的主要步骤，基于提取与合成的化学知识，可以进行估算。估算中不涉及运输、仓储和相关服务的问题。

　　为开发这种模型，前几章讨论的CBPC的所有应用都需要分为两组，即水泥和涂料，分类见表20.1。

表20.1　CPBC产品种类及其对环境的影响（B：胶凝材料，F：填料，S：砂，G：碎石）

种类	应用	工艺细节	类似CPBC产品的降低环境影响程度的方法
混凝土 $B = 13.5\%$ $F = 20\%$ $S = 33.25\%$ $G = 33.25\%$	建筑结构	大量生产和高温烧结	通过废物（粉煤灰）回收利用、常温常压制作（除了少量煅烧氧化镁外）
水泥 $B = 40\%$ $S = 60\%$	油田 废物管理 核屏蔽		
生物水泥 $B = 90\%$ $F = 10\%$	牙科和骨科	聚合物基水泥、因使用量少，所以造成的影响也小	无机材料、影响微不足道
涂料 $B = 90\%$ $F = 10\%$	建筑防腐蚀、防火和热反射	聚合物基体、高温影响	无机材料、影响小

　　从前面的章节可以看出，在水泥组合物中，胶凝材料组分约占总粉末40%的质量分数，剩余部分是填料，如硅灰石或粉煤灰。当其用途与建筑结构相关，砂子和砾石以相等的比例加入到胶凝材料中；当其用途只是固井，一般不使用碎石或砂子。

　　在牙科水泥、骨骼水泥与涂料应用中，我们可以假设掺料占胶凝材料10%质量分数时，可以提高抗弯强度。在表20.1的第一列中给出了胶凝材料粉末混合物的比例。

　　每一种成分都会对环境产生不同的影响。例如，胶凝材料的组分在其开采、精炼和加工过程中对环境产生影响。如果掺料是粉煤灰，我们可以认为其影响为零，因为粉煤灰是电力生产过程中煤燃烧产生的副产品。事实上，在水泥产品中加入粉煤灰可以清洁环境。如果填料是硅灰石或任何其他矿物，它将对影响环境的评估产生负面贡献。砂和碎石由于露天开采和运输而影响环境。因此，根据使用的材料及其在混合物中的比例不同，不同的CBPC产品对环境产生的总体影响将会有所不同，因此在确定对环境的整体影响时，将对其贡献大小进行分别评估。

20.3　评估普通硅酸盐水泥能源消耗和温室气体排放的EPA模型

　　美国环保局制定了普通硅酸盐水泥（OPC）生产过程中计算能源消耗的核心模块指南[7]。利用核心模型可以计算生产中的能源消耗和温室气体排放。该模型适用于计算CBPC产品的相同参数。

　　核心模块可确定能源消耗和温室气体的不同来源，因为生产水泥中使用的组分不同，上述两者也是不同的。对于每个组分，从采矿到精炼的过程都用于计算消耗的能量，然后加权到最终产品中使用的材料总量中，并计算总能量。OPC就是一个很好的例子

　　以OPC计算为例，OPC中含有三分之二的氧化钙（CaO）和三分之一的其他成分，如沙子、少量的氧化铝、石膏、MgO、氧化铁等。CaO是通过碳酸钙（石灰石）的分解获得的，石灰石和其他组分的混合物约在1500℃左右烧成熟料，然后将得到的熟料粉磨成细粉以生产出可供使用的水泥。

　　在此操作过程中，使用热能来煅烧混合物。这是大量消耗能量的一个步骤。它是产生温室气体的主要来源。$CaCO_3$的分解是温室气体的另一个主要来源。用于运输燃料、开采矿物原料、破碎、研磨和混合操作，以及在原料开采和加工中使用的操作设备消耗的机械能都被归类为消耗的能量。这两个过程中的每一项，即热能和加工能，都被分配为所消耗的总能量的一个因子。由于热处理效率非常低，所以它们比加工步骤需要的能量更多。因此，我们可以将热处理过程中和机械加工过程中的能量消耗，分别分配影响因子为0.67和0.33（图20.1）。

　　生产1t水泥（OPC）消耗的总能量约为4800MJ（资料来源：硅酸盐水泥协会），这意味着热能消耗是4130MJ/t，机械加工消耗的能量是670MJ/t。

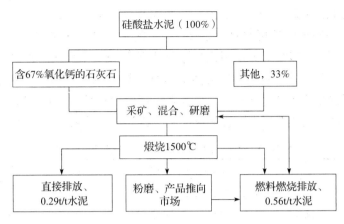

图 20.1　核心模块中假定的 OPC 生产中温室气体的来源

以类似的方式计算温室气体。如果存在化学分解释放的温室气体来源，则需要考虑温室气体的直接释放。在 OPC 的情况下，该释放直接来自于石灰石中的 $CaCO_3$ 在熟料煅烧过程中分解成的 CaO 和 CO_2 生成。由于 CaO 和 CO_2 的摩尔质量分别为 56g/mol 和 44g/mol，1t 的 $CaCO_3$ 会释放 0.44t 的 CO_2。而 OPC 中 CaO 的含量为 0.67% 时，生产 1t 的 OPC 需要 0.67t 的 CaO，其直接温室气体排放量将为 $0.67 \times 0.44 = 0.29t$。

Hanle 等人[8]报道，2001 年美国的水泥总产量约为 9000 万 t，而温室气体排放量估计为 7690 万 t。这意味着 1t 的 OPC 生产了 0.85t 的温室气体。因此，减去直接排放，我们可以得出结论，加工处理每 1t 的 OPC 产生 0.56t 的温室气体。

20.4　CBPC 生产过程中能源消耗和直接排放温室气体的估算

如第 14 章、第 15 章所讨论的那样，CBPC 是性能优越的水泥，可用在 OPC 水泥有局限性的场合，如核材料屏蔽和废物封装材料。将粉煤灰作为填料掺入到磷酸盐水泥中可增强其性能。如此，磷酸盐基水泥为我们提供了一个机会，使我们能够公平地比较其在减少环境影响方面对 OPC 产品的优势。为此，我们选择了含有粉煤灰的 Ceramicrete 作为目前使用的 CBPC 水泥产品的一个例子（第 14 和第 17 章），以估算其对环境的影响，并将其与 OPC 的结果进行比较。

生产 OPC 是将所有原材料混合在一起，并在一个工艺流程中煅烧成熟料，因此不需要对各个组分进行计算。然而在 CBPC 的制备中，计算更加复杂，CBPC 是由微溶氧化物或矿物与可溶性单碱磷酸盐溶液之间的酸碱反应制备出来的。根据 CBPC 的用途而使用不同的填料。因此，有必要计算每种成分的能源消耗量和温室气体排放量，然后累加它们以确定总能耗和温室气体总量。

由于 Ceramicrete 已经用于各种场合，所以可以根据类似于 OPC 的逻辑，针对不同的应用对其进行估算。在生产两种材料的情况中除了使用热处理，CBPC 还使用机械能进行提炼、粉磨、混合等，最终的酸碱反应也要用到化学过程。在不同情况下我们假设 Ceramicrete 使用的每吨原料的生产能耗与 OPC 的情况类似，这将会产生过高的估算，因为 CBPC 组分使用化学过程处理比 OPC 中使用的机械过程消耗更少的能量。因此，我们使用这种方法可能会过高估算能源消耗和温室气体的产生。然而，我们宁愿高估而不是过于保守，鉴于此，我们可以使用生产 OPC 的核心模型来计算 CBPC 生产中的能源消耗。遵循这种方法计算出的结果总结于表 20.2 中。

表 20.2 生产 1t 的 CBPC 产品消耗能量的估算

材料种类	成分	组成（质量分数，%）	能耗（MJ/t）	温室气体排放（t/t 水泥）	加工方式
Ceramicrete 组成	MgO	10	611	0.1	煅烧和其他机械处理
	KH_2PO_4	30	1575	0.22	化学处理
	粉煤灰	60	0	0	无
Ceramicrete	$MgKPO_4 \cdot 6H_2O$	100	2186	0.32	与水混合，不包括形成 Ceramicrete 产品
硅酸盐水泥	氧化物、少量硫酸盐、水化硅酸钙的混合物	100	4800	0.85	煅烧、直接排放 CO_2，其他机械处理

每个组分的实际计算过程如下：

（1）MgO

使用相同的工艺开采石灰石和白云石（MgO 的来源），从矿石中分别提取 MgO 和 CaO 的工艺中也类似。两者都需要采矿和煅烧，分别从 $CaCO_3$ 和 $MgCO_3$ 释放二氧化碳。然而，MgO 比 CaO 轻 0.785 倍，这意味着在提取 MgO 过程中产生的能量消耗和温室气体高出 1/0.785 倍。

Ceramicrete 混合物中的 MgO 含量为 10% 的质量分数。因此，MgO 在 Ceramicrete 生产过程中对耗能的贡献将为 $0.1 \times 4800/0.785 = 611MJ/t$。同样，此步骤产生的温室气体将为 $0.1 \times 0.85/0.785 = 0.1t/t$。

（2）KH_2PO_4

KH_2PO_4 所产生的能量消耗比温室气体的计算更为复杂，因为 KH_2PO_4 是通过 KCl 和 P_2O_5（通常是磷酸）之间的反应生成的。KCl 是从海底开采的，而 P_2O_5 的来源是磷灰石矿物。磷灰石中 P_2O_5 的平均含量为 29%（质量分数）[9]，而其在 KH_2PO_4 的含量为 52%（质量分数）。这意味着为产生 1t 的 KH_2PO_4 所需的 P_2O_5 量需要开采的磷灰石的量将为 $0.52/0.29 = 1.8t$。类似地，KH_2PO_4 中的 K 的含量为 29% 质量分数，KCl 中的 K 含量为 52.3% 质量分数。这意味着生产 1t 的 KH_2PO_4 所需的 KCl 的总量为（$0.29/0.523 = 0.55t$）。KCl 与磷灰石都需要开采，生产 $1t KH_2PO_4$ 需要的这两种物质的总量是 $1.8 + 0.55 = 2.43t$。生产 KH_2PO_4 不像生产 OPC 需要熟料煅烧或白云石煅烧生产 MgO 那样高的能耗，生产 KH_2PO_4 的步骤是室温化学工艺。这意味着我们可以忽略在 MgO 处理中使用的热能消耗，并且只考虑化学过程，我们假定化学过程与用于机械加工的因子 0.33 相当。此外，矿物原料的开采也将消耗机械能，因此我们也可以假设该步骤的因子为 0.33。这意味着 KH_2PO_4 生产的整个加工部分的能耗等于 $2.43 \times 0.66 \times 4800 = 7698 MJ/t$[①]。然而，由于用于 Ceramicrete 的 KH_2PO_4 的含量仅为 30% 质量分数，实际能耗为 $0.3 \times 7444.8 = 2233. MJ/t$[②]。

可以用类似的方式计算温室气体排放。在生产 KH_2PO_4 时，直接的温室气体排放微不足道，温室气体是用于采矿和加工化学品的燃料生产的的直接后果。因此，可以对其排放的温室气体做最宽松的估算，假设矿石开采、化学提取和制造产品与采矿采用的能源使用率相同。这意味着在生产 1t 的 KH_2PO_4 时，释放的温室气体的量为 $0.33 \times 0.66 = 0.218 t/tKH_2PO_4$。

（c）其他成分

因为水是一种容易获得的商品，所以可忽略其对能源消耗以及温室气体的贡献。粉煤灰是副产品，使用它即是清洁了环境，因此它的利用对环境的影响是积极的，所以可以获得一些碳信用额。但是，我们没有考虑进这一点，因为我们只是简单地估计了产生的最高温室气体量，我们的估计是非常宽松的。

在一些应用中，粉煤灰可被其他矿物如硅灰石替代。在这种情况下，有必要考虑硅灰石对能源消耗和温室气体排放的贡献。这可以遵循与 OPC 或 Ceramicrete 基本组成的相同逻辑来完成。在大多数情况下，这些填料是天然矿物质，其需要有限的加工处理，大部分能源消耗和伴随的温室气体排放主要来自其采矿和运输。因此，表 20.2 所示的核心模型估算的能源消耗或温室气体产量将大幅增加。图 20.2 中给出了原材料和各自的排放贡献。

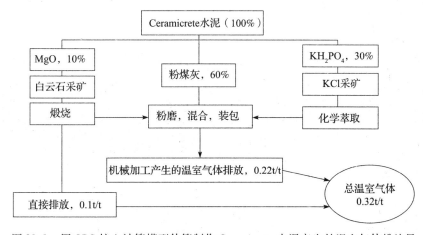

图 20.2　用 OPC 核心计算模型估算制作 Ceramicrete 水泥产生的温室气体排放量

---

① 计算错误，应为 $2.35 \times 0.66 \times 4800 = 7445.8 MJ/t$；——译者注
② 根据修正后得出的数据。——译者注

总之，如表 20.2 所示，CBPC 水泥生产中的能源消耗和温室气体排放量将低于 OPC 的 40%。很少有其他水泥可以在这方面与 CBPC 水泥竞争。

20.5　CBPC 涂料环境影响评估

我们可以将第 20.4 节的方法推广用于估算涂料的温室气体排放量。然而，在第 15 章讨论的涂料的情况下，温室气体排放只是影响环境的主要构成之一。正如我们在本章开头讨论的那样，由于目前的商业市场严重依赖有机材料，我们还需要考虑其他过程对环境的影响，当 CBPC 涂料进入市场时，这些过程可能会对环境产生重大影响。这包括释放 VOC（臭氧消耗）和有害的空气污染物（HAP）、酸化和富营养化。由于磷酸盐涂料完全是无机材料，所以其 VOC 排放为零。尽管如镉和铬不用于 CBPC 涂料的胶凝材料组分中，但它们可能存在于着色和产生纹理的颜料中。CBPC 涂料在装饰应用市场尚未完全开发，但在不久的将来可能会发生。如果那样，必须选择不含有害金属的颜料，且只能使用无机颜料。这是很容易实现的，因为市场上容易得到已经用于水泥和高温烧制陶瓷釉料的无机颜料。它们呈现出宽域而明亮的色彩，容易被市场所接受。此外，正如我们在第 17 章中所看到的，CBPCs 对这些金属具有优异的抗浸出性，因此可以阻止它们浸出到地下水中。

如果最终涂料中存在游离的酸式磷酸盐成分，酸化可能是个问题。正如我们在第 15 章中所看到的那样，对于稳定的涂料，我们需要过量的碱性氧化物与所有的磷酸盐反应，并在 pH 值为 7~9 的范围内形成稳定的产物。如此说来，在酸性范围内不可能生产出稳定的涂料，这意味着不会出现酸化问题。一些磷有可能会与雨水或水接触而被浸入环境中，例如在作为海洋涂料的情况下，我们从第 18 章讨论的 PCT 浸出研究中看到，稳定的良好 CBPC 中磷酸盐浸出水平可以忽略不计。因此，可以放心地认为酸化也不是一个大问题。

富营养化可能是个问题，因为即使充分反应的磷酸盐也可以作为肥料非常缓慢地释放。通常，磷酸盐材料被用作土壤中的肥料。然而，废弃的磷酸盐涂料在给定位置将不会达到如此大的量，因此土壤中将不会有过量磷酸盐而导致水流阻塞甚至损害水质。涂料是一种增值产品，用量虽小但使用后面积大，这意味着其优点大于其负面影响。即使这样，人们必须确保多余的未使用的酸式磷酸盐不被扔掉，而是被中和处理掉。

CBPC 涂料的原料生产过程中排放的温室气体可以用第 20.4 节所述的模型计算。以 Ceramicrete 为例，如第 15 章所述，胶凝材料成分是 MgO 和 KH_2PO_4，这两者都是制备 Ceramicrete 整块材料的主要成分。填料较少或可以完全没有。这意味着在涂料中不存在填料如粉煤灰等带来的主要优点。如此一来，涂料的碳排放量就升高了。实际上，取表 20.2 中的数值，并假设涂料配方中的 MgO 和 KH_2PO_4 含量相等，我们可以计算出净能耗和温室气体释放量。表 20.3 列出了这些数据。每项贡献的来源都可以在图 20.2 中找到。

表 20.3 的数据表明，生产每 1t 的涂料的能源消耗量和温室气体排放量均高于 Ceramicrete 材料的情况（表 20.2）。这是由于涂料组成中不含粉煤灰，而粉煤灰具有可忽略的能量消耗，并且不排放温室气体。另外的一个原因是由于在涂料中 MgO 含量较高。即使这样，生产涂料的能源消耗量也只是生产 OPC 的 86%，而温室气体的产生仅为 OPC 的 60%。

表 20.3　制造涂料生产中的能耗以及温室气体排放

成分	质量分数（%）	原材料		涂料	
		能量消耗（MJ/t）	温室气体排放（t/t）	能量消耗（MJ/t）	温室气体排放（t/t）
MgO	30	6110	1.0	1833	0.3
KH_2PO_4	30	7698	0.66	2309	0.218
水	40	0	0	0	0
总计	100	N/A	N/A	4142	0.518

习惯上，对涂料的计算基础表示为 $1m^2$ 涂装面积，而不是所生产的涂料质量。通常假定涂层厚度以 $50\mu m$ 来做计算，对于凝固后的涂层，可以采用 $2g/cm^3$ 的密度。利用这些参数，计算制造 Ceramicrete 涂料产生的温室气体将为 $0.0516kg/m^2$ 涂装面积。

遗憾的是，没有直接的方法将其与对商业涂料的环境影响进行比较，只是因为我们的评价是用于材料和制造过程，它们只是涂料整个生命周期评估的一部分。已有对商业涂料特别是关于 DSM（帝斯曼涂料树脂）的详尽研究报道[10]。在该研究中，计算了溶剂型、水性和粉末涂料的碳排放值，结论是溶剂型涂料中的碳排放最高，粉末涂料最低。实际的二氧化碳当量排放量在 $0.3\sim0.7kgeq\cdot CO_2/m^2$ 的范围内。而我们的结果为 $0.0516kg/m^2$，比其值低一个数量级。当对 Ceramicrete 进行全面 LCA 评估时，其他因素将产生额外的负担。然而，额外的负担不会超过或高于挥发性聚合物涂料那样的负担，如果有什么区别的话，将会显示出相似的低碳排放趋势，因为其所有组分都是环境友好的、无毒、不燃烧，并且没有负面健康影响。因此，我们可以得出结论，CBPC 涂料将展现出比任何聚合物涂料都低的碳排放量。

20.6　结论

CBPC 是在室温环境下生产的陶瓷材料。它们具有烧结陶瓷的许多生态效益，例如在本质上是天然无机材料、成分浸出量很低，产品也类似于天然矿物。同时，由于它们在环境温度下制备，所以不必消耗大量能量，因此它们的碳排放低。这些优点在其作为涂料使用时更加突出，因为这些无机涂料在制备无 VOC 释放的产品方面具有相当大的优势。如果选择了合适的颜料，也不会含有 HAPs。另外，生产中可以选择不产生酸化与几乎无富营养化的原料配方。

　　CBPC 涂料的这些优点将使其在市场上具有很强的竞争力，在环保意识越来越强烈的今天具有很强的吸引力。

　　对这些涂料的环境影响进行生命周期评估还为时过早，因为它们的应用目前尚不普遍。然而，本章的讨论说明了原材料的作用以及它们对环境的影响是微不足道的。这是个很好的开端。

参考文献

［1］ NOAA, OceanAcidification. PMEL CarbonProgram, www. pmel. noaa. gov/CO$_2$/Story/Ocean + Acidification, Last visited July 14, 2015.

［2］ Queensland Government Publications, Soil Acidification, www. qld. gov. au/environment/land/soil/soil-health/acidification/, Last visited July 14, 2015.

［3］ US EPA. The Science of Ozone Layer Depletion, http://www. epa. gov/pzone/science/, Last visited July 14, 2015.

［4］ NRDC, Global Warming, www. nrdc. org/globalwarming/, Last visited July 14, 2015.

［5］ USGS, Eutrophication, www. toxics. usgs. gov/definitions/eutrophication. html, Lastvisited July 14, 2015.

［6］ US EPA, Life Cycle Assessment (LCA), www. epa. gov/nrmrl/std/lca/lca. html, Lastvisited, July 14, 2015.

［7］ US EPA, Climate Leaders, Direct Emissions from Cement Sector, Climate Leaders Greenhouse Gas Inventory Protocol Core Module Guidance, 2003.

［8］ L. J. Hanle, K. R. Jayaraman, J. S. Smith, CO$_2$ emissions profile of the U. S. cementindustry, US EPA Publications, http://www. epa. gov/ttn/chief/conference/el13/ghg/hanle. pdf, Last visited on July 14, 2015.

［9］ Apatite, Wikipedia, https://en. wikipedia. org/wiki/Apatite, Last visited July 14, 2015.

［10］ DSM, Carbon Footprint Study for Industrial Coatings Applied on a Metal Surface, http://www. dsmpowdercoatingresins. com.

附录 A

物质的热力学性质

A.1 氧化物、氢氧化物、磷酸盐

表 A.1

物质	ΔH(kJ/mol)	ΔG(kJ/mol)	C_p(J/mol/K)
H(原子)	218.0	203.2	20.8
H_2(天然的)	0.0	0.0	28.8
O_2	0.0	0.0	
H_2O(液态)	−285.8	−236.7	75.3
H_2O(气体)	−241.8	−228.6	33.6
Na_2O	−414.2	−376.6	38.6
NaOH	−425.6	−377.0	59.5
NaH_2PO_4	−1543.9		135.0
Na_3PO_4	−1913.6		
K_2O	−361.5	−318.8	84.5
KOH(晶体)	−424.6	−374.5	64.9
KH_2PO_4	−1570.7	−1418.3	116.6
KUO_2PO_4		−2386.6	
Cs_2O	−345.4	−274.5	76.0
CsOH	−417.2	−355.2	67.8
MgO	−601.6	−569.6	37.2
$Mg(OH)_2$	−924.5	−596.6	77.0
$Mg(H_2PO_4)_2 \cdot 2H_2O$		−3200.3	
$MgHPO_4 \cdot 3H_2O$	−2603.8	−2288.9	
$MgNH_4PO_4$		−1624.9	

续表

物质	ΔH（kJ/mol）	ΔG（kJ/mol）	C_P（J/mol/K）
$MgNH_4PO_4 \cdot 6H_2O$	-3681.9		
$Mg_5F(PO_4)_3$		-5854.2	
$Mg_5OH(PO_4)_3$		-5758.0	
$Mg_5Cl(PO_4)_3$		-3791.5	
$Mg_4O(PO_4)_2$		-4172.7	
Mg_2FPO_4		-2305.4	
$Mg_5(PO_4)_2 \cdot 8H_2O$	-3780.7	-3538.8	
$Mg_5(PO_4)_2$		-5450.5	
$Mg_5(PO_4)_2 \cdot 22H_2O$		-8751.8	
$MgKPO_4 \cdot 6H_2O$	-3724.3	-3241.0	
CaO	-634.9	-604.2	42.0
$Ca(OH)_2$	-985.2	-659.6	87.5
$CaSiO_3$	-1634.9	-1549.7	85.2
$2CaO \cdot SiO_2(\beta)$	-2315.7	-2190.7	128.7
$3CaO \cdot SiO_2$	-2926.4	-2781.4	171.7
$3CaO \cdot 2SiO_2$	-3957.2	-3757.8	214.2
$CaO \cdot Al_2O_3$	-2324.1	-2206.6	120.7
$CaO \cdot 2Al_2O_3$	-3973.9	-3767.0	200.6
$3CaO \cdot Al_2O_3$	-3584.3	-3408.4	209.7
$CaO \cdot Al_2O_3 \cdot SiO_2$	-3293.2	-3650.6	156.6
$3CaO \cdot Al_2O_3 \cdot 2SiO_2$	-3981.9	-3780.0	205.2
$3CaO \cdot Al_2O_3 \cdot 3SiO_2$	-6646.2	-6718.1	323.1
$CaO \cdot MgO \cdot SiO_2$	-2262.7	-2296.0	123.2
$CaO \cdot MgO \cdot 2SiO_2$	-3203.2	-3245.9	156.1
$CaHPO_4$	-1814.4	-1681.3	111.4
$Ca(H_2PO_4)_2 \cdot H_2O$	-3409.7	-3058.4	258.8
$Ca_8H_2(PO_4)_6 \cdot 5H_2O$		-12263.3	
$CaU(PO_4)_2 \cdot 2H_2O$	-4304.6		
$Ca(UO_2)_2(PO_4)_2 \cdot 10H_2O$		-7147.0	
$CaNaPO_4$	-2004.1		
$Ca_{10}O(PO_4)_6$		-12307.8	
$Ca_5F(PO_4)_3$	-6872.0	-6491.5	376.0
$Ca_5OH(PO_4)_3$	-6738.5	-6338.5	385.0
$Ca_5Cl(PO_4)_3$	-6636.0	-6257.0	378.9
$Ca_5Br(PO_4)_3$		-6191.3	

续表

物质	ΔH(kJ/mol)	ΔG(kJ/mol)	C_P(J/mol/K)
$Ca_4O(PO_4)_2$		-4588.0	
Ca_2FPO_4		-2522.1	
Ca_2ClPO_4		-2371.7	
$NH_4H_2PO_4$	-1445.1	-1210.6	142.2
$NH_4UO_2PO_4$		-2201.6	
SrO	-592.0	-559.8	45.0
$Sr(OH)_2$	-959.0	-632.2	
BaO	-548.0	-528.4	47.3
$Ba(OH)_2$	-944.7	-655.2	101.6
RaO		-491.0	
$Al_2O_3 \cdot 3H_2O$(三水铝石)	-2586.6	-1608.9	183.4
$Al_2O_3 \cdot 3H_2O$(三羟铝石)	-1980.8	-1582.8	131.2
$Al_2O_3 \cdot H_2O$(一水硬铝石)	-1999.6	-1576.4	106.6
Al_2O_3(刚玉)	-1675.7	-1536.9	79
$Al(OH)_3$(非晶质)	-1274.8	-1136.6	93.1
$AlPO_4$		-4237.1	
$Al_2K(PO_4)_2(OH) \cdot 2H_2O$		-4044.7	
$Al_2NH_4(PO_4)_2(OH) \cdot 2H_2O$	-6567.7	-6077.5	
$Al_4(PO_4)_3(OH)_3$		-2809.6	
Y_2O_3	-1905.3	-1682.0	102.5
$Y(OH)_3$		-1858.0	
Ce_2O_3	-1796.2	-1706.2	114.6
$Ce(OH)_3$		-1896.6	
CeO_2	-1088.7	-916.3	61.6
$Nd(OH)_3$		-1876.6	
Nd_2O_3	-1807.9	-1759.8	111.3
TiO	-519.7	-489.2	40.0
Ti_2O_3	-1520.9	-1432.2	97.4
$Ti(OH)_3$		-1388.0	
Ti_3O_5	-2459.4	-2314.3	154.8
TiO_2	-944.0	-888.4	55.0
TiO_2H_2O		-821.3	
ZrO_2	-1100.6	-1036.4	56.2
$Zr(OH)_4$	-1661.9	-1073.7	
$Cr(OH)_2$		-350.7	

续表

物质	ΔH(kJ/mol)	ΔG(kJ/mol)	C_P(J/mol/K)
Cr(OH)$_3$(六方晶系)		−1090.1	
Cr$_2$O$_3$	−1139.7	−1058.1	
Cr(OH)$_3$(正交晶系)		−1046.8	
Cr(OH)$_3$nH$_2$O		−1008.1	
Cr(OH)$_4$		−539.7	−118.7
Cr$_2$O$_3$	−1139.7	−1081.1	
CrPO$_4$	−587.0	−1363.4	
H$_2$CrO$_4$(溶液)		−777.9	
MnO	−385.2	−362.9	45.4
Mn(OH)$_2$(正交晶系)		−377.4	
Mn(OH)$_2$(立方晶系)		−363.2	
Mn$_3$O$_4$	−1387.8	−1280.3	
Mn$_2$O$_3$	−959.0	−888.3	
Mn(OH)$_3$		−803.1	
MnO$_2$	−520.0	−464.8	−54.1
TcO$_2$		−369.4	
TcO$_3$		−460.5	
Tc$_2$O$_7$		−931.1	
Tc$_2$O$_7$·H$_2$O(或HTcO$_4$)		−1182.2	
Re(OH)$_3$		−579.9	
ReO$_2$		−372.4	
ReO$_3$		−532.6	
Re$_2$O$_7$		−1057.3	
FeO	−265.9	−283.7	48.0
Fe(OH)$_2$	−1118.4	−246.4	143.4
Fe$_3$O$_4$	−824.2	−1014.2	103.9
Fe$_2$O$_3$		−741.0	
Fe(OH)$_3$		−677.52	
CoO	−237.9	−214.2	55.2
Co(OH)$_2$(正交晶系)	−539.7	−218.9	
Co(OH)$_2$(立方晶系)	−541.4	−205.2	
Co$_3$O$_4$	−891.0	−702.2	123.4
Co(OH)$_3$		−481.7	
CoO$_2$		−216.9	
Ni(OH)$_2$（正交晶系）	−529.7	−215.9	

续表

物质	ΔH(kJ/mol)	ΔG(kJ/mol)	C_P(J/mol/K)
$Ni(OH)_2$（立方晶系）		-214.7	
$Ni_3O_4 \cdot 2H_2O$		-711.9	
$Ni_2O_3 \cdot H_2O$		-469.7	
$Ni_3(PO_4)_2$		-2347.3	
Cu_2O	-168.6	-146.4	63.6
CuO	-157.3	-127.2	42.3
$Cu(OH)_2$	-449.8	-117.8	
Ag_2O	-31.1	-10.8	65.9
$Ag(OH)_2$		-53.2	
AgO		-10.9	
Ag_2O_3	-33.9	-87.0	
Ag_3PO_4		-887.6	
$\varepsilon - Zn(OH)_2$		-321.9	
$Zn(OH)_2$(惰性)		-320.6	
$\gamma - Zn(OH)_2$		-320.6	
$\beta - Zn(OH)_2$		-319.8	
$Zn(OH)_2$(活性)	-641.9	-316.7	
$\alpha - Zn(OH)_2$		-314.8	
$Zn(OH)_2$(无定形)		-314.5	
ZnO	-350.5	-321.3	
$ZnHPO_4$		-1255.1	
$Zn_3(PO_4)_2 \cdot H_2O$	-4077.7	-3606.3	
CdO	-258.4	-224.8	43.4
$Cd(OH)_2$	-560.7	-473.6	
$Cd(OH)_2$(棕色)		-232.8	
CdO		-225.1	
HgO(红色)	-90.8	-58.5	44.1
HgO(黄色)		-58.4	
$Hg(OH)_2$		-274.9	
Hg_2HPO_4		-1006.5	
SiO_2(石英)	-910.7	-805.0	44.4
SiO_2(白石英)		-803.7	
SiO_2(鳞石英)		-802.9	
SiO_2(玻璃体)	-902.1	-798.8	
H_2SiO_3(无定形)		-785.8	
H_2SiO_3(无色)	-1188.7	-1012.5	

续表

物质	ΔH(kJ/mol)	ΔG(kJ/mol)	C_P(J/mol/K)
H_4SiO_4	−1481.1	−1332.9	
PbO	−219.0	−189.3	45.8
$Pb(OH)_2$		−183.7	
Pb_3O_4	−718.4	−617.6	146.9
Pb_2O_3		−411.8	
PbO_2	−277.4	−219.0	64.6
$Pb_3(PO_4)_2$		−2364.0	
$PbHPO_4$		−1178.9	
$Pb_4O(PO_4)_2$		−2582.8	
H_3PO_4	−1271.7	−1123.6	145.0
As_2O_3	−924.9	−576.0	116.5
As_2O_5		−772.4	
H_3AsO_3		−639.9	
$HAsO_2$		−402.7	
ThO_2	−1226.4	−1164.1	61.8
$Th(OH)_4$		−1111.3	
UO		−514.6	
$U(OH)_3$		−1490.9	
UO_2	−1085.0	−1031.86	63.6
$U(OH)_4$		−996.7	
U_3O_8	−3574.8	−3363.9	
UO_3H_2O		−1197.9	
$UO_3 \cdot 2H_2O$		−1194.4	
UO_3	−1223.8	−1142.2	81.7
U_3O_7	−3427.1	−3242.9	215.5
U_4O_9	−4510.4	−4275.1	293.3
$Pu(OH)_3$		−1633.1	
PuO_2		−979.1	
$Pu(OH)_4$		−948.2	
PuO_2OH		−1827.2	
$PuO_2(OH)_2$		929.7	
$Am(OH)_3$		1798.8	
Am_2O_3		−1682.0	
$Am(OH)_4$		977.5	
AmO_2		966.5	
AmO_2OH		1896.6	
$AmO_2(OH)_2$		880.8	

A.2　水溶液中的阴离子和阳离子

下表中列出的离子都是水溶液状态下的物质，为方便起见，没有使用符号（aq）。

表 A.2

离子	ΔH（kJ/mol）	ΔG（kJ/mol）	C_P（J/mol/dK）
H^+	0.0	0.0	0.0
OH^-	−230.0	−157.3	−148.5
e^-	0.0	0.0	
Na^+	−240.3	−261.9	46.4
K^+	−252.4	−282.2	21.8
Cs^+	−258.3	−282.0	−10.5
Mg^{2+}	−466.9	−456.0	38.5
$MgOH^+$		−626.7	
Ca^{2+}	−542.8	−553.0	0.8
$CaOH$		−718.4	
Sr_2^+	−545.8	−557.3	
$SrOH^+$		−721.3	
Ba^{2+}	−537.6	−560.7	
Ra^{2+}	−527.6	−562.7	
Al^{3+}	−531.0	−481.2	38.1
$AlOH^{2+}$		−694.1	
AlO_2^-	−930.9	−839.8	
$Al(OH)_4^-$	−1502.5	−1305.3	
Y^{3+}	−723.4	−686.6	−26.8
$Y(OH)^{++}$		−879.1	
Ce^{3+}	−696.2	−671.9	
Ce^{4+}	−537.2	−503.8	
$Ce(OH)^{3+}$		−790.4	
$Ce(OH)_2^{2+}$		−1025.9	
Nd^{3+}	−696.2	−703.7	−21.0
Ti^{2+}		−314.2	
Ti^{3+}		−349.8	
TiO^{2+}		−577.4	
$HTiO_3^-$		−955.9	
TiO_2		−467.2	
Zr^{4+}	−554.5	−519.7	

续表

离子	ΔH(kJ/mol)	ΔG(kJ/mol)	C_P(J/mol/dK)
ZrO^{2+}		-843.1	
$HZrO_3^-$		-1207.1	
Cr^{2+}	-143.5	-176.1	
Cr^{3+}	-256.1	-215.5	
$CrOH^{2+}$		-430.9	
$Cr(OH)_2^+$		-432.7	
CrO_2^-		-535.9	
CrO_3^{3-}		-603.4	
$HCrO_4$		-773.6	
CrO_4^{2-}	-881.2	-736.8	
$Cr_2O_7^{2-}$	-1490.3	-1319.6	
Mn^{2+}	-220.8	-227.6	50.0
$MnOH^{2+}$	-450.6	-405.0	
$HMnO_2^+$		-505.8	
Mn^{3+}		-82.0	
MnO_4^{2-}	-997.9	-503.7	
MnO_4^-	-541.4	-449.4	
Tc^{2+}		-77.2	
TcO_4^-		-630.6	
$HTcO_4$(溶液)		-629.5	
Re^+		-33.0	
Re^-	-46.0	-38.5	
Re^{3+}		-86.8	
ReO_4^{2-}		-631.6	
ReO_4^-		-699.1	
Fe^{2+}	-89.1	-84.9	
$HFeO_2^-$		-379.2	
Fe^{3+}	-48.5	-10.6	24.7
$FeOH^+$	-324.7	-277.4	
$FeOH^{2+}$	-290.8	-233.9	
$Fe(OH)^{2+}$		-444.3	
FeO_4^{2-}		-467.3	
Co^{2+}	-58.2	-53.6	
$HCoO_2^-$		-347.1	
Co^{3+}	-92.0	-120.9	

续表

离子	$\Delta H(\mathrm{kJ/mol})$	$\Delta G(\mathrm{kJ/mol})$	$C_{\mathrm{P}}(\mathrm{J/mol/dK})$
$\mathrm{Ni^{2+}}$	-54.0	-48.2	
$\mathrm{NiOH^{2+}}$	-287.9	-227.6	
$\mathrm{HNiO_2^-}$		-349.2	
$\mathrm{Cu^+}$	71.7	50.2	
$\mathrm{Cu^{2+}}$	64.8	65.0	
$\mathrm{HCuO_2^-}$		-257.0	
$\mathrm{CuO_2^{2-}}$		-182.0	
$\mathrm{Ag^+}$	105.6	77.1	21.8
$\mathrm{AgO^-}$		-23.0	
$\mathrm{Ag^{2+}}$		268.2	
$\mathrm{AgO^+}$		225.5	
$\mathrm{Zn^{2+}}$	-153.9	-147.2	46.0
$\mathrm{ZnOH^+}$		-329.3	
$\mathrm{HZnO_2^-}$		-464.0	
$\mathrm{ZnO_2^{2-}}$		-389.2	
$\mathrm{Cd^{2+}}$	-75.9	-77.7	-73.2
$\mathrm{CdOH^+}$		-261.1	
$\mathrm{HCdO_2}$		-361.9	
CdH		-233.2	
$\mathrm{Hg_2^{2+}}$	172.4	152.1	
$\mathrm{Hg^{2+}}$	171.1	164.8	
$\mathrm{Hg(OH)_2}$		-274.9	
$\mathrm{Hg(OH)^+}$	-84.5	-52.3	
$\mathrm{HHgO_2^-}$		-190.0	
$\mathrm{HSiO_3^-}$		-955.5	
$\mathrm{SiO_3^{2-}}$		-887.0	
$\mathrm{Pb^{2+}}$	-1.7	-24.3	-52.7
$\mathrm{PbOH^+}$		-226.3	
$\mathrm{HPbO_2^-}$		-338.9	
$\mathrm{Pb^{4+}}$		-302.5	
$\mathrm{PbO_3^{2-}}$		-277.6	
$\mathrm{PbO_4^{4-}}$		-282.1	
$\mathrm{NH_4^+}$	-132.5	-79.5	79.9
$\mathrm{H_2PO_4^-}$	-1292.1	-1135.1	-43.9
$\mathrm{HPO_4^{2-}}$	-1299.0	-1094.1	-265.7

续表

离子	$\Delta H(\text{kJ/mol})$	$\Delta G(\text{kJ/mol})$	$C_P(\text{J/mol/dK})$
PO_4^{3-}	−1277.4	−1025.5	−334.7
AsO^+		−163.6	
AsO_2^-	−429.0	−350.2	
H_3AsO_3		−639.9	
$H_2AsO_3^-$	−714.8	−587.4	
H_3AsO_4		−769.0	
$H_2AsO_4^-$	−909.6	−748.5	
$HAsO_4^{2-}$		−707.1	
AsO_4^{3-}	−888.1	−636.0	
Th^{4+}	−769.0	−733.0	
$Th(OH)^{3+}$	−1030.1		
$Th(OH)_2^{2+}$	−1282.4		
U^{3+}	−489.1	−520.5	
U^{4+}	−591.2	−529.1	
UOH^{3+}		−809.6	
UO^{2+}		−994.1	
UO_2^{2+}	−1019.0	−989.1	
Pu^{3+}		−587.8	
Pu^{4+}	−536.4	−494.5	
PuO_2^+		−857.3	
PuO_2^{2+}		−767.8	
Am^{3+}	−616.7	−599.1	
Am^{5+}		−461.1	
AmO_2^+		−813.8	
AmO_2^{2+}		−655.7	

附录 B

▓ 溶度积常数 ▓

氧化物	反应方程式	pK_{sp}
BaO	$BaO + 2H^+ \rightleftharpoons Ba^{2+}(aq) + H_2O$	47.24
$BaHPO_4$	$BaHPO_4 + H^+ \rightleftharpoons Ba^{2+}(aq) + H_2PO_4^-$	-0.20
MgO	$MgO + 2H^+ \rightleftharpoons Mg^{2+}(aq) + H_2O$	21.68
MgO	$MgO + H_2O \rightleftharpoons Mg^{2+}(aq) + 2(OH^-)$	6.32
$MgHPO_4 \cdot 3H_2O$	$MgHPO_4 \cdot 3H_2O + H^+ \rightleftharpoons Mg^{2+}(aq) + H_2PO_4^- + 3H_2O$	1.38
$Mg(NH_4)PO_4 \cdot 6H_2O$	$Mg(NH_4)PO_4 \cdot 6H_2O + 2H^+ \rightleftharpoons Mg^{2+}(aq) + NH_4^+ + H_2PO_4^- + 6H_2O$	-6.85
$Mg_3(PO_4)_2$	$Mg_3(PO_4)_2 + 4H^+ \rightleftharpoons 3Mg^{2+}(aq) + 2H_2PO_4^-$	15.82
$Mg_3(PO_4)_2 \cdot 8H_2O$	$Mg_3(PO_4)_2 \cdot 8H_2O + 4H^+ \rightleftharpoons 3Mg^{2+}(aq) + 2H_2PO_4^- + 8H_2O$	13.9
$Mg_3(PO_4)_2 \cdot 22H_2O$	$Mg_3(PO_4)_2 \cdot 22H_2O + 4H^+ \rightleftharpoons 3Mg^{2+}(aq) + 2H_2PO_4^- + 22H_2O$	16.0
$MgKPO_4 \cdot 6H_2O$	$MgKPO_4 \cdot 6H_2O + 2H^+ \rightleftharpoons K^+(aq) + Mg^{2+}(aq) + H_2PO_4^- + 6H_2O$	-3.55
Al_2O_3	$AlO_{3/2} + \dfrac{3}{2}H_2O \rightleftharpoons Al^{3+}(aq) + 3(OH^-)$	-33.5
$Al_2O_3 \cdot 3H_2O$	$AlO_{3/2} \cdot \dfrac{3}{2}H_2O \rightleftharpoons Al^{3+}(aq) + 3(OH^-)$	-36.3
$Al_2O_3 \cdot H_2O$	$AlO_{3/2} \cdot H_2O + \dfrac{1}{2}H_2O \rightleftharpoons Al^{3+}(aq) + 3(OH^-)$	-34.02
$Al(OH)_3$	$Al(OH)_3 \rightleftharpoons Al^{3+}(aq) + 3(OH^-)$	-32.34
$AlPO_4 \cdot 2H_2O$	$AlPO_4 \cdot 2H_2O + 2H^+ \rightleftharpoons Al^{3+}(aq) + H_2PO_4^- + 2H_2O$	-2.52
CaO	$CaO + 2H^+ \rightleftharpoons Ca^{2+}(aq) + H_2O$	32.63
CaO	$CaO + H_2O \rightleftharpoons Ca^{2+}(aq) + 2(OH^-)$	-4.63
$Ca_3(PO_4)_2$	$Ca_3(PO_4)_2 + 4H^+ \rightleftharpoons 3Ca^{2+}(aq) + 2H_2PO_4^-$	10.18
$CaHPO_4$	$CaHPO_4 + H^+ \rightleftharpoons Ca^{2+}(aq) + H_2PO_4^-$	0.55
$CaHPO_4 \cdot 2H_2O$	$CaHPO_4 \cdot 2H_2O + H^+ \rightleftharpoons Ca^{2+}(aq) + H_2PO_4^- + 2H_2O$	0.65
$Ca_8H_2(PO_4)_6 \cdot 5H_2O$	$Ca_8H_2(PO_4)_6 \cdot 5H_2O + 10H^+ \rightleftharpoons 8Ca^{2+}(aq) + 6H_2PO_4^- + 5H_2O$	23.48
$Ca_5(PO_4)_3OH$	$Ca_5(PO_4)_3OH + 6H^+ \rightleftharpoons 5Ca^{2+}(aq) + 3H_2PO_4^- + OH^-$	8.49

续表

氧化物	反应方程式	pK_{sp}
$Ca_5(PO_4)_3F$	$Ca_5(PO_4)_3F + 6H^+ \Longrightarrow 5Ca^{2+}(aq) + 3H_2PO_4^- + F^-$	−3.57
$Ca_5(PO_4)_3Cl$	$Ca_5(PO_4)_3Cl + 6H^+ \Longrightarrow 5Ca^{2+}(aq) + 3H_2PO_4^- + Cl^-$	11.14
$Ca_{9.54}Na_{0.33}Mg_{0.13}(PO_4)_{4.8}$ $(CO_3)_{1.2}F_{2.48}$	$Ca_{9.54}Na_{0.33}Mg_{0.13}(PO_4)_{4.8}(CO_3)_{1.2}F_{2.48} + 9.6H^+ \Longrightarrow$ $9.54Ca^{2+}(aq) + 0.33Na^+(aq) + 0.33Mg^{2+} +$ $1.2CO_3^{2-} + 4.8H_2PO_4^- + 2.48F^-$	−20.56
$CaU(PO_4)_2 \cdot 2H_2O$	$CaU(PO_4)_2 \cdot 2H_2O + 4H^+ \Longrightarrow Ca^{2+}(aq) + U^{4+}(aq) +$ $2H_2PO_4^- + 2H_2O$	−16.83
$Ca(UO_2)_2(PO_4)_2 \cdot 10H_2O$	$Ca(UO_2)_2(PO_4)_2 \cdot 10H_2O + 4H^+ \Longrightarrow$ $Ca^{2+}(aq) + 2UO_2^{2+}(aq) + 2H_2PO_4^- + 10H_2O$	−9.72
Ce_2O_3	$Ce_2O_3 + 6H^+ \Longrightarrow 2Ce^{3+}(aq) + 3H_2O$	−19.85
$CePO_4$	$CePO_4 + 2H^+ \Longrightarrow Ce^{2+}(aq) + H_2PO_4^-$	−2.69
ThO_2	$ThO_2 + 4H^+ \Longrightarrow Th^{4+}(aq) + 2H_2O$	7.47
ThO_2	$ThO_2 + 2H_2O \Longrightarrow Th^{4+}(aq) + 4OH^-$	48.53
$Th(HPO_4)_2$	$Th(HPO_4)_2 + 2H^+ \Longrightarrow Th^{4+}(aq) + 2H_2PO_4^-$	−6.63
$Th_3(PO_4)_4$	$Th(HPO_4)_2 + 8H^+ \Longrightarrow 3Th^{4+}(aq) + 4H_2PO_4^-$	−0.40
UO_2	$UO_2 + 4H^+ \Longrightarrow U^{4+}(aq) + 2H_2O$	3.8
UO_2	$UO_2 + 2H_2O \Longrightarrow U^{4+}(aq) + 4OH^-$	52.2
UO_2	$UO_2 + 3H^+ \Longrightarrow U(OH)^{3+}(aq) + H_2O$	2.63
UO_3	$UO_3 + 2H^+ \Longrightarrow UO_2^{2+}(aq) + H_2O$	4.97
UO_2HPO_4	$UO_2HPO_4 + H^+ \Longrightarrow UO_2^{2+}(aq) + H_2PO_4^-$	−3.48
$UO_2HPO_4 \cdot 4H_2O$	$UO_2HPO_4 \cdot 4H_2O + H^+ \Longrightarrow UO_2^{2+}(aq) + H_2PO_4^- + 4H_2O$	−3.42
$(UO_2)_3(PO_4)_2$	$(UO_2)_3(PO_4)_2 + 4H^+ \Longrightarrow 3UO_2^{2+}(aq) + 2H_2PO_4^-$	−7.2
$H_2(UO_2)_3(PO_4)_2 \cdot 10H_2O$	$H_2(UO_2)_3(PO_4)_2 \cdot 10H_2O + 2H^+ \Longrightarrow$ $2UO_2^{2+}(aq) + 2H_2PO_4^- + 10H_2O$	−11.85
$U(HPO_4)_2$	$U(HPO_4)_2 + 2H^+ \Longrightarrow U^{4+}(aq) + 2H_2PO_4^-$	−13.09
$UO_2(NH_4)PO_4$	$UO_2(NH_4)PO_4 + 2H^+ \Longrightarrow UO_2^{2+}(aq) + NH_4^+ + H_2PO_4^-$	−6.85
$UO_2NH_4PO_4 \cdot 4H_2O$	$UO_2NH_4PO_4 \cdot 4H_2O + 2H^+ \Longrightarrow UO_2^{2+}(aq) + NH_4^+ + H_2PO_4^- + 4H_2O$	−5.89
Pu_2O_3	$Pu_2O_3 + 6H^+ \Longrightarrow Pu^{3+}(aq) + 3H^2O$	22.28
PuO_2	$PuO_2 + 2H_2O \Longrightarrow PU^{4+}(aq) + 4OH^-$	33.72
PuO_2	$PuO_2 + 4H^+ \Longrightarrow PU^{4+}(aq) + 2H_2O$	−1.78
PuO_3	$PuO_3 + 2H^+ \Longrightarrow PuO_2^{2+}(aq) + H_2O$	13.19
$Pu(HPO_4)_2$	$Pu(HPO_4)_2 + 2H^+ \Longrightarrow Pu^{4+}(aq) + 2H_2PO_4^-$	−13.29
Am_2O_5	$Am_2O_5 + 2H^+ \Longrightarrow 2AmO_2^+(aq) + H_2O$	−2.8
AmO_3	$AmO_3 + 2H^+ \Longrightarrow AmO_2^{2+}(aq) + H_2O$	2.26
Am_2O_3	$Am_2O_3 + 6H^+ \Longrightarrow 2Am^{3+}(aq) + 3H_2O$	22.43

续表

氧化物	反应方程式	pK_{sp}
Am_2O_3	$Am_2O_3 + 3H_2O \Longrightarrow 2Am^{3+}(aq) + 6(OH)^-$	19.57
ZrO_2	$ZrO_2 + 4H^+ \Longrightarrow Zr^{4+}(aq) + 2H_2O$	5.64
ZrO_2	$ZrO_2 + 4H^+ \Longrightarrow Zr^{4+}(aq) + 2H_2O$	50.36
ZrO_2	$ZrO_2 + 2H^+ \Longrightarrow ZrO^{2+}(aq) + H_2O$	7.7
CrO	$CrO + 2H^+ \Longrightarrow Cr^{2+}(aq) + H_2O$	10.99
CrO	$CrO + H_2O \Longrightarrow Cr^{2+}(aq) + 2OH^-$	17.01
Cr_2O_3	$Cr_2O_3 + 6H^+ \Longrightarrow 2Cr^{3+}(aq) + 3H_2O$	8.39
Cr_2O_3	$Cr_2O_3 + 4H^+ \Longrightarrow 2CrOH^{2+}(aq) + H_2O$	4.58
Cr_2O_3	$Cr_2O_3 + 2H^+ + H_2O \Longrightarrow 2Cr(OH)_2^-(aq)$	-1.64
$CrPO_4$	$CrPO_4 + 2H^+ \Longrightarrow Cr^{2+}(aq) + H^2PO_4^-$	-3.07
MnO	$MnO + 2H^+ \Longrightarrow Mn^{2+}(aq) + H_2O$	17.82
MnO	$MnO + H_2O \Longrightarrow Mn^{2+}(aq) + 2OH^-$	10.18
FeO	$FeO + 2H^+ \Longrightarrow Fe^{2+}(aq) + H_2O$	13.29
FeO	$FeO + H_2O \Longrightarrow Fe^{2+}(aq) + 2OH^-$	14.71
Fe_2O_3	$Fe_2O_3 + 6H^+ \Longrightarrow 2Fe^{3+}(aq) + 3H_2O$	-0.72
Fe_2O_3	$Fe_2O_3 + 4H^+ \Longrightarrow 2FeOH^{2+}(aq) + H_2O$	-3.15
Fe_2O_3	$Fe_2O_3 + 2H^+ + H_2O \Longrightarrow 2Fe(OH)^+(aq)$	-7.84
Fe_2O_3	$Fe_2O_3 + 3H_2O \Longrightarrow 2Fe^{3+}(aq) + 6OH^-$	42.72
$FePO_4$	$FePO_4 + 2H^+ \Longrightarrow Fe^{2+}(aq) + H_2PO_4^-$	-2.34
CoO	$CoO + 2H^+ \Longrightarrow Co^{2+}(aq) + H_2O$	15.03
CoO	$CoO + H_2O \Longrightarrow Co^{2+}(aq) + 2OH^-$	12.97
Co_2O_3	$Co_2O_3 + 6H^+ \Longrightarrow 2Co^{3+}(aq) + 3H_2O$	-1.05
Co_2O_3	$Co_2O_3 + 3H_2O \Longrightarrow 2Co^{3+}(aq) + 6OH^-$	43.05
$CoHPO_4$	$CoHPO_4 + H^+ \Longrightarrow Co^{2+}(aq) + H_2PO_4^-$	0.49
$Co_3(PO_4)_2$	$Co_3(PO_4)_2 + 4H^+ \Longrightarrow 3Co^{2+}(aq) + 2H_2PO_4^-$	4.36
$Co(UO_2)_2(PO_4)_2 \cdot 7H_2O$	$Co(UO_2)_2(PO_4)_2 \cdot 7H_2O + 4H^+ \Longrightarrow Co^{2+}(aq) + 2UO_2^{2+}(aq) +$ $2H_2PO_4^- + 7H_2O$	-9.90
NiO	$NiO + 2H^+ \Longrightarrow Ni^{2+}(aq) + H_2O$	12.41
NiO	$NiO + H_2O \Longrightarrow Ni^{2+}(aq) + 2OH^-$	15.59
$N_3(PO_4)_2$	$Ni_3(PO_4)_2 + 4H^+ \Longrightarrow 3Ni^{2+}(aq) + 2H_2PO_4^-$	8.82
$Ni(UO_2)_2(PO_4)_2 \cdot 7H_2O$	$Ni(UO_2)_2(PO_4)_2 \cdot 7H_2O + 4H^+ \Longrightarrow Ni^{2+}(aq) + 2UO_2^{2+}(aq) +$ $2H_2PO_4^- + 7H_2O$	-9.50
Cu_2O	$Cu_2O + 2H^+ \Longrightarrow 2Cu^{2+}(aq) + H_2O$	-0.84
CuO	$CuO + 2H^+ \Longrightarrow Cu^{2+}(aq) + H_2O$	7.89
CuO	$CuO + H_2O \Longrightarrow Cu^{2+}(aq) + 2OH^-$	20.11

续表

氧化物	反应方程式	pK_{sp}
$Cu_3(PO_4)_2$	$Cu_3(PO_4)_2 + 4H^+ \rightleftharpoons 3Cu^{2+}(aq) + 2H_2PO_4^-$	2.21
$Cu_3(PO_4)_2 \cdot 3H_2O$	$Cu_3(PO_4)_2 \cdot 3H_2O + 4H^+ \rightleftharpoons 3Cu^{2+}(aq) + 2H_2PO_4^- + 3H_2O$	3.98
$Cu(UO_2)_2(PO_4)_2 \cdot 7H_2O$	$Cu(UO_2)_2(PO_4)_2 \cdot 7H_2O + 4H^+ \rightleftharpoons Cu^{2+}(aq) + 2UO_2^{2+}(aq) +$ $2H_2PO_4^- + 7H_2O$	-12.80
SrO	$SrO + 2H^+ \rightleftharpoons Sr^{2+}(aq) + H_2O$	41.15
$SrHPO_4$	$SrHPO_4 + H^+ \rightleftharpoons Sr^{2+}(aq) + H_2PO_4^-$	0.29
Ag_2O	$Ag_2O + 2H^+ \rightleftharpoons 2Ag^{2+}(aq) + H_2O$	6.33
AgO	$AgO + 2H^+ \rightleftharpoons Ag^{2+}(aq) + H_2O$	-3.53
AgO	$AgO + H_2O \rightleftharpoons Ag^{2+}(aq) + 2OH^-$	31.53
Ag_2O_3	$Ag_2O_3 + 2H^+ \rightleftharpoons 2AgO^+(aq) + H_2O$	-11.10
Ag_3PO_4	$Ag_3PO_4 + 2H^+ \rightleftharpoons 3AgO^+(aq) + H_2PO_4^-$	2.0
$Zn(OH)_2$	$Zn(OH)_2 + 2H^+ \rightleftharpoons Zn^{2+}(aq) + 2H_2O$	12.26
$\varepsilon - Zn(OH)_2$	$\varepsilon - Zn(OH)_2 + 2H^+ \rightleftharpoons Zn^{2+}(aq) + 2H_2O$	10.96
$Zn(OH)_2$	$Zn(OH)_2 \rightleftharpoons Zn^{2+}(aq) + 2OH^-$	15.74
$\varepsilon - Zn(OH)_2$	$\varepsilon - Zn(OH)_2 \rightleftharpoons Zn^{2+}(aq) + 2OH^-$	17.04
Zn_3PO_4	$Zn_3PO_4 + 4H^+ \rightleftharpoons 3Zn^{2+}(aq) + 2H_2PO_4^-$	7.6
$\alpha - Zn_3PO_4 \cdot 4H_2O$	$\alpha - Zn_3PO_4 \cdot 4H_2O + 4H^+ \rightleftharpoons 3Zn^{2+}(aq) + 2H_2PO_4^- + 4H_2O$	3.84
$Zn_5(PO_4)_3OH$	$Zn_5(PO_4)_3OH + H^+ \rightleftharpoons 5Zn^{2+}(aq) + 3PO_4^{3-} + H_2O$	9.1
CdO	$CdO + 2H^+ \rightleftharpoons Cd^{2+}(aq) + H_2O$	15.76
CdO	$CdO + H_2O \rightleftharpoons Cd^{2+}(aq) + 2OH^-$	12.24
HgO	$HgO + 2H^+ \rightleftharpoons Hg^{2+}(aq) + H_2O$	2.44
HgO	$HgO + H_2O \rightleftharpoons Hg^{2+}(aq) + 2OH^-$	25.56
Hg_2HPO_4	$Hg_2HPO_4 + H^+ \rightleftharpoons 2Hg^{2+}(aq) + H_2PO_4^-$	-5.2
PbO	$PbO + 2H^+ \rightleftharpoons Pb^{2+}(aq) + H_2O$	12.65
PbO	$PbO + H_2O \rightleftharpoons Pb^{2+}(aq) + 2OH^-$	15.35
PbO_2	$PbO_2 + 4H^+ \rightleftharpoons Pb^{4+}(aq) + 2H_2O$	-8.26
$Pb_3(PO_4)_2$	$Pb_3(PO_4)_2 + 4H^+ \rightleftharpoons 3Pb^{2+}(aq) + 2H_2PO_4^-$	-4.43
$PbHPO_4$	$PbHPO_4 + H^+ \rightleftharpoons Pb^{2+}(aq) + H_2PO_4^-$	-2.65
$Pb_5(PO_4)_3OH$	$Pb_5(PO_4)_3OH + 6H^+ \rightleftharpoons 5Pb^{2+}(aq) + 3H_2PO_4^- + OH^-$	-18.15
$Pb_5(PO_4)_3F$	$Pb_5(PO_4)_3F + 6H^+ \rightleftharpoons 5Pb^{2+}(aq) + 3H_2PO_4^- + F^-$	-20.47
As_2O_3	$As_2O_3 + 2H^+ \rightleftharpoons 2AsO^+(aq) + H_2O$	-1.02
As_2O_3	$As_2O_3 + H_2O \rightleftharpoons 2HAsO_2$	-0.68
As_2O_5	$As_2O_5 + 3H_2O \rightleftharpoons 2H_3AsO_4$	4.74
RaO	$RaO + 2H^+ \rightleftharpoons Ra^{2+}(aq) + H_2O$	54.0

附录 C

矿物名称及其分子式

矿物名称		分子式
Analcime	方沸石	$NaAlSi_2O_6 \cdot H_2O$
Anglisite	硫酸铅矿	$PbSO_4$
Autunite	钙铀云母	$Ca(UO_2)_2(PO_4)_2 \cdot 10H_2O$
Bayerite	三羟铝石	$Al_2O_3 \cdot 3H_2O$
Berlinite	块磷铝矿	$AlPO_4$
Bobierrite	磷镁石	$Mg_3(PO_4)_2 \cdot 8H_2O$
Böhmite	勃姆石	$\gamma\text{-}AlO \cdot OH$
Brushite	钙磷石	$CaHPO_4 \cdot 2H_2O$
Brucite	水镁石	$Mg(OH)_2$
Calamine	炉甘石	$ZnCO_3$
Cancrinite	钙霞石	$Na_6CaCO_3AlSiO_4 \cdot H_2O$
Cerrusite	碳酸铅矿	$PbCO_3$
Cherincovite	氢铀云母	$(H_3O)(UO_2)_2(PO_4)_2 \cdot 6H_2O$
Chernikovite	氢铀云母	$[(UO_2)_2(PO_4)_2 \cdot H_3O] \cdot 3H_2O$
Chlorite	绿泥石	$(Mg, Fe)_3(Si, Al)_4O_{10}(OH)_2(Mg, Fe)_3(OH)_6$
Chloroapatite	氯磷灰石	$Ca_5(PO_4)_3Cl$
Chloropyromorphite	氯磷铅矿	$Pb_5(PO_4)_3Cl$
Colmanite	硬硼酸钙石	$CaB_3O_4(OH)_3 \cdot H_2O$
Corundum	刚玉	Al_2O_3
Crandallite	纤磷钙铝石	$CaAl_3(PO_4, CO_3)(OH, F)$
Dahllite	碳磷灰石	$Ca_5(PO_4)_3CO_3$
Dittmerite	磷酸镁铵石	$MgNH_4PO_4 \cdot H_2O$
Dolomite	白云石	$CaMg(CO_3)_2$
Farringtonite	磷镁石	$Mg_3(PO_4)_2$

续表

矿物名称		分子式
Fluoroapatite	氟磷灰石	$Ca_5(PO_4)_3F$
Fluoropyromorphite	氟氟磷氯铅矿	$Pb_5(PO_4)_3F$
Gehlenite	钙铝黄长石	$Ca_2Al_2SiO_7$
Gibbsite	三水铝矿	$Al(OH)_3$
Goethite	针铁矿	$\alpha\text{-}FeOOH$
Haysite	水磷酸氢镁	$MgHPO_4 \cdot H_2O$, $MgHPO_4 \cdot 2H_2O$
Hematite	赤铁矿	Fe_2O_3
Heterosite	磷铁石	$FePO_4$
Hilgenstockite	板磷钙石	$Ca_4O(PO_4)_2$
Hopeite	磷锌矿	$Zn_3(PO_4)_2 \cdot 4H_2O$
Hydrargillite	三水铝矿	$Al_2O_3 \cdot 3H_2O$
Hydrogen autunite	氢钙铀云母	$H_2(UO_2)_2(PO_4)_2 \cdot 10H_2O$
Hydroxyapatite	羟基磷灰石	$Ca_5(PO_4)_3OH$
Hydroxy-pyromorphite	羟基磷氯铅矿	$Pb_5(PO_4)_3OH$
Lünebergite	吕讷贝格石	$Mg_3B_2(PO_4)_2(OH)_6 \cdot 6H_2O$
Magnesite	菱镁矿	$MgCO_3$
Magnetite	磁铁矿	Fe_3O_4
Minyunite	水磷铝钾石	$KAl_2(PO_4)_2(OH) \cdot 2H_2O$
Monazite	独居石	$(Ce, La, Y, Th)PO_4$
Montmorillonite	蒙脱土	$(Al, Mg)_8(Si_4O_{10})_3(OH)_{10} \cdot 12H_2O$
Newberyite	镁磷石	$MgHPO_4 \cdot 3H_2O$
Ningyoite	人形石	$CaU(PO_4)_2 \cdot 2H_2O$
Pitchblende	沥青铀矿	不纯的 UO_2
Pyromorphote	磷氯铅矿	$Pb_5(PO_4)_2(OH, Cl, F)$
Quartz	石英	SiO_2
Rutile	金红石	TiO_2
Schertelite	水磷酸氢镁铵	$Mg(NH_4, HPO_4)_4 \cdot H_2O$
Schertelite	水磷酸镁铵	$Mg(NH_4)PO_4 \cdot 4H_2O$
Serpentinite	蛇纹石	$Mg_3Si_2O_5(OH)_4$
Silicic acid	硅酸	H_4SiO_4
Smithsonite	菱锌矿	$ZnCO_3$
Sphalorite	闪锌矿	$(Zn, Fe)S$
Spodiosite	氟磷酸钙	$Ca_2(PO_4)F$
Strengite	红磷铁矿	$FePO_4 \cdot 2H_2O$

续表

矿物名称		分子式
Struvite	鸟粪石	$MgNH_4PO_4 \cdot 4H_2O$
Struvite-K	K-鸟粪石	$MgKPO_4 \cdot 6H_2O$
Struvite-(K，Cs)	(K，Cs)-鸟粪石	$Mg(K_xCs_{(1-x)}PO_4 \cdot 6H_2O$
Trolleite	羟磷铝石	$Al_4PO_4(OH)_3$
Variscite	磷铝石	$AlPO_4 \cdot 2H_2O$
Wagnerite	氟磷镁石	$Mg_2F(PO_4)$
Wavellite	银星石	$Al_3(PO_4)_2(OH)_3$
Whitlockite	磷钙矿	$Ca_3(PO_4)_2$
Wollastonite	硅灰石	$CaSiO_3$
Wüstite	方铁矿	FeO
Zinc blende	闪锌矿	ZnS

后　记

　　磷酸盐材料是令人着迷的材料，在无机化学、生物化学及生物地质化学方面起着重要作用。磷酸盐材料的传统应用领域主要涉及耐火材料、化工化肥产业、食品行业等。作为不定形耐火材料和免烧耐火材料的添加剂，磷酸盐在产生陶瓷烧结材料之前的中、低温范围内具有较强的结合强度；磷酸盐也是植物生长所必需的营养物质；又作为重要的食品配料和功能添加剂被广泛用于食品加工中。

　　曾在美国阿贡国家实验室做过全职科学家的 Arun S. Wagh 先生对磷酸盐材料的新用途做了大量研究探索工作，取得了众多成果。他曾在 2005 年出版了 *Chemically Bonded Phosphate Ceramics——Twenty- First Century Materials with Diverse Applications*（第一版，Elsevier）。他在退休之后也一直在进行着相关领域的探索和研究。译者有幸于 2008 年访美时与 Wagh 先生进行过交谈，他对所研究的磷酸盐材料的热爱和信心溢于言表。他的 *Chemically Bonded Phosphate Ceramics——Twenty-First Century Materials with Diverse Applications*（第二版，2016，Elsevier）增加了许多新的研究成果，令人耳目一新。本书的翻译得到他的大力支持，在此对他表示深深的敬意和感谢。

　　本书所描述的 "Chemically Bonded Phosphate Ceramics"，可像普通水泥那样拌和、凝结、固化，其硬化后的性能介于传统水泥胶凝材料与烧结陶瓷之间；其微观结构以晶体为主，而不是像普通水泥那样以胶体为主，因此可直译成 "磷酸盐化学结合陶瓷"。但是 "陶瓷" 一词，容易使人联想到狭义上的 "烧结陶瓷"，虽然现代 "陶瓷" 一词的含义已经在广义上指的是 "无机非金属材料，即除有机高分子材料和金属材料之外的固体材料"。在本书中 Wagh 博士也提到了 ceramics 同时包含 "陶瓷" 和 "水泥胶凝材料" 的含义。由于其可以像水泥那样使用，所以根据本书所述的大部分内容将书名定为《化学结合磷酸盐胶凝材料》，即通过化学反应，而不是水化反应（如硅酸盐水泥那样）来体现胶凝性质的磷酸盐材料。

　　本书所描述的磷酸盐化学胶凝材料具有多种功能、多种用途，如果能正确地应用到现代工程复合材料中，将会对建筑工业产生深刻影响，将会对 21 世纪的可持续发展以及安全方面起到重要作用。相信该书的翻译出版会有助于国内磷酸盐胶凝材料的研究与应用。

　　感谢广东省滨海土木工程耐久性重点实验室（深圳大学）在出版经费上给予的支持；感谢研究生孙晨、周志伟、王明燕、李玉玉、徐沐睿、洪鑫、李定发等参与翻译和校对；感谢东南大学 孙伟 院士和清华大学廉慧珍教授对本译著的支持，感谢清华大学王强副教授提供相关资料，感谢重庆大学钱觉时教授对全书给予重要性指导与建议；感谢西南科技大学卢忠远教授和赖振宇教授对第 17 章和第 18 章以及山东理工大学丁锐教授对第 16 章所做的专业上的重要修正。感谢中国建材工业出版社编辑对本书所做的严谨细致的编辑工作，以及细微而重要的修正。

由于译者的水平有限，书中难免存在疏漏和不当之处，敬请读者批评指正。

译者

2020 年 5 月于深圳